Forstästhetik.

Von

Heinrich von Salisch.

Dritte, vermehrte Auflage.

Mit 133 Textabbildungen.

Berlin.
Verlag von Julius Springer.
1911.

ISBN-13: 978-3-642-94093-4 e-ISBN-13: 978-3-642-94493-2
DOI: 10.1007/978-3-642-94493-2

Motto:

Für den geringsten Kopf wird es immer ein Handwerk,
für den besseren eine Kunst.

Goethe, Wilhelm Meisters Wanderjahre.

Vorwort zur ersten Auflage.

Wer der großen Aufgabe, eine Forstästhetik zu schreiben, gewachsen sein sollte, der müßte vor allen Dingen ein reiches forstliches Wissen sich erworben haben, ebenso müßte er im Gebiete der philosophischen Lehre vom Schönen wohl bewandert sein, und es dürfte ihm bei Lust und Liebe zur Sache nicht an Gelegenheit und Zeit gemangelt haben, in einem großen Wirkungskreise eigene Ideen durchzuführen und deren Richtigkeit am Erfolg der Versuche zu prüfen. Endlich und zu guter Letzt muß Zeit und Lust zum Schriftstellern vorhanden sein, was auch nicht jedermanns Sache ist.

Was nun mich betrifft, so habe ich vor dem Oberförsterexamen die staatliche Laufbahn verlassen und seitdem, fern von wissenschaftlichem Treiben auf dem Lande lebend, mehr vergessen als zugelernt. Auch eigene Erfahrungen konnte ich noch nicht viele einsammeln, denn noch ist kein Jahrzehnt verflossen, seit ich (auf weniger als 1000 ha) begann, planmäßig forstästhetische Versuche anzustellen. Demnach liegt es auf der Hand, daß ich mich selbst als nicht genügend ausgerüstet für die Aufgabe, welche ich aus Freude an der Sache mir stellte, erachten kann.

Diese Einsicht hat mich gleichwohl nicht abgehalten, mit dem Niedergeschriebenen auch an die Öffentlichkeit zu treten, denn mag mein Buch der Mängel und Lücken auch noch so viele haben, so wohnt ihm doch jedenfalls der Vorzug inne, das einzige seiner Art zu sein.

Ich habe dies ein für allemal vorausgeschickt, gedenke aber dafür in der Folge den Zusammenhang nicht durch Phrasen der Bescheidenheit, wie sie eigentlich für mich sich schicken würden (als z. B. „meines unmaßlichen Dafürhaltens" oder „wenn ich wagen darf, einer so hoch geachteten Autorität wie Herrn N N gegenüber eine abweichende Meinung zu äußern"), zu unterbrechen.

Nur weniges von dem, was ich bringen werde, ist neu*), vielmehr ist in den am Schlusse des Buches in Anmerkungen verzeichneten Werken von den hier verarbeiteten Gedanken vieles schon zu finden, auch wird

*) Die Vorschläge für den Durchforstungsbetrieb auf Seite 188 dürften neue Gesichtspunkte enthalten. (Seite 272 der III. Auflage.)

gar manches schon hier und da in der Praxis geübt. Gleichwohl hoffe ich, daß der Mehrzahl der werten Leser das meiste neu erscheinen wird; was ich aber jedenfalls für mich in Anspruch nehme, ist das bescheidene Verdienst, mit dem Sammeln des an so vielen Stellen zerstreuten Stoffes einen ernstlichen Anfang gemacht und die Bearbeitung der Forstästhetik als selbständigen Zweiges der Forstwissenschaft nach besten Kräften in Angriff genommen zu haben.

Postel bei Militsch, im Januar 1885.

von Salisch.

Vorwort zur dritten Auflage.

Die dritte Auflage — die zweite Auflage erschien 1902 — unterbreite ich der forstlichen Lesewelt verstärkt durch zwölf neue Kapitel und zahlreiche Einschaltungen. — Die Vorschläge zur Erziehung von Kiefern-Elitesamen auf Seite 243 und 371 bis 373 werden auch waldbauliche Beachtung verdienen.

Die Forstästhetik ist im Laufe von 35 Jahren aus zahlreichen Vorträgen und Aufsätzen entstanden. Es war meine Absicht, diese Entstehung durch völlige Neubearbeitung zu verwischen, doch hat mich ein Augenleiden daran verhindert, und ich will dahingestellt sein lassen, ob das ein Fehler gewesen ist. Der Leser wird nämlich lieber einige Wiederholungen in den Kauf nehmen, als durch öftere Zurückverweisungen zum Blättern genötigt zu sein. Sechzig neue Abbildungen und Figuren zieren das Werk.

Die nunmehr abgeschlossene Arbeit lege ich aus der Hand in der Hoffnung, daß es dem Buche beschieden sein möge, neue Freunde zu den alten zu erwerben und der Forstkunst draußen im Walde zu dienen.

Postel, Bezirk Breslau, den 31. Oktober 1910.

von Salisch.

Inhaltsübersicht.

I. Grundlagen der Forstästhetik.

A. Vorbegriffe.

B. Die Schönheit der Natur.

II. Angewendete Forstästhetik.

A. Forsteinrichtung und Forstwirtschaft, Weidwerk, forstliche Bauten und Gärten.

B. Schmuck des Forstes durch besondere, vorzugsweise im Schönheitsinteresse erfolgende Maßnahmen.

I. Grundlagen der Forstästhetik.

A. Vorbegriffe.

Erstes Kapitel.

Begriff und Aufgabe der Forstästhetik. Geschichte und Literatur der Forstästhetik als eines besonderen forstlichen Wissenszweiges. Notwendigkeit, sie zu studieren.

1. Was unter Forstästhetik zu verstehen sei.

Forstästhetik ist die Lehre von der Schönheit des Wirtschaftswaldes. Sie soll zeigen, worin dessen Schönheit besteht, wie sie zu pflegen ist und wie man die schönen Waldungen zu Nutz und Frommen der Menschen zugänglich machen kann.

Forstwirtschaft, unter Berücksichtigung ästhetischer Gesichtspunkte betrieben, werde ich Forstkunst nennen. Die Forstkunst ist ein Zweig der Landverschönerkunst, deren Aufgabe es ist, die Erde zum schönen Wohnort der Menschheit auszubilden.

Die Landverschönerkunst bildet ihrerseits einen Zweig der allgemeinen Kulturkunst der Erde.

Mit dieser Begriffsbestimmung folge ich dem Ästhetiker Karl Christian Friedrich Krause, dessen letztes Werk, „Die Wissenschaft von der Landverschönerkunst", im Jahre 1832 niedergeschrieben, aber erst im Jahre 1883 veröffentlicht worden ist.

Zur Landverschönerkunst gehören nach Krause neben der Baukunst im engeren Sinne und der Gartenkunst die Waldbaukunst, Feldbaukunst und Wiesenbaukunst. Als den schönsten Schmuck eines Landes aber bezeichnet Krause eine gesunde, kräftige, schöne, lebensfrohe Bewohnerschaft.

Über die Waldbaukunst spricht sich Krause wie folgt aus:

„Was nun erstens die Waldbaukunst betrifft, so ist deren Hauptgegenstand die Anlegung und Erziehung der Waldbäume und Waldsträucher, sowohl für den Nutzen, als für die Schönheit und das Vergnügen, dann auch die Erziehung der Waldtiere. Sie umfaßt auch die Erbauung der für den Zweck und die Schönheit des Waldes erforderlichen Häuser, Wege und Straßen, Wiesen und Gärten, sowie der erforderlichen Wasserleitungen und Wasserbehälter".

Die von mir durch Sperrdruck hervorgehobenen Zeilen sind besonders bemerkenswert durch die scharfen Grenzbestimmungen, welche sie enthalten. In das Gebiet der Forstkunst (oder wie Krause sagt, der Waldbaukunst) gehören solche Wälder nicht, welche allein für die Schönheit und das Vergnügen, nicht aber für den Nutzen bewirtschaftet werden; andrerseits gehören Häuser, Straßen, Gärten usw., soweit sie für den Zweck und die Schönheit des Waldes erforderlich sind, in das Gebiet der Forstkunst.

Forstkunst gehört zu den „Künsten des Bedürfnisses", hinsichtlich deren Schiller an Körner schreibt: „Künste des Bedürfnisses nenne ich alle, welche Objekte für einen physischen Gebrauch bearbeiten und wo dieser Gebrauch die Form des Objektes bestimmt... ...Sowohl der architektonische Künstler als der Redner und der handelnde Mensch haben in gewissen Fällen bloß einen ästhetischen Zweck und dann gehören ihre Produkte in die Klasse der eigentlich schönen Künste."

Wenn wir nun die Forstkunst als einen Zweig der Landverschönerkunst neben die Gartenkunst gestellt haben, so ist es geboten, vor einem naheliegenden Irrtum zu warnen. Es gibt nämlich eine ästhetische Richtung, welche als Aufgabe der Gartenkunst hinstellt, die Natur zu idealisieren. Wer das für möglich hält, der könnte es als Aufgabe der Forstkunst ansehen, die Waldnatur zu idealisieren.

Aber wie könnte der Mensch in aller seiner Schwachheit einer solchen Aufgabe sich gewachsen zeigen! Schon Goethe hat ähnliche Verirrungen bekämpfen müssen, in seiner Art kurz und gut mit einigen Versen sie abfertigend. Das betreffende Gedicht „Der Chinese in Rom" schalte ich hier ein, weil es leider wenig bekannt geworden ist.

„Einen Chinesen sah ich in Rom. Die gesamten Gebäude
Alter und neuer Zeit schienen ihm lästig und schwer.
Ach, so seufzt er, die Armen! ich hoffe, sie sollen begreifen,
Wie einst Säulchen von Holz tragen des Daches Gezelt.
Daß an Latten und Pappen, Geschnitz und bunter Vergoldung
Sich des gebildeten Aug's feinerer Sinn nur erfreut.

Siehe da glaubt ich, im Bilde, so manchen Schwärmer zu schauen,
Der sein luftig Gespinnst mit der soliden Natur
Ewigem Teppich vergleicht, den echten reinen Gesunden
Krank nennt, daß ja nur er heiße, der Kranke, gesund."

Einige Ästhetiker von Fach haben die Aufgabe der Gartenkunst richtig erkannt. So stellt z. B. Vischer es als Ziel der schönen Gartenkunst hin, „den Spaziergang auf der malerisch bunten Fläche zu idealisieren".

Wenn es nun nicht Aufgabe des Landschaftsgärtners ist, Natur zu idealiseren, so kann uns Forstleuten dies Ziel noch weniger vorgesteckt werden; aber an einem Ideal fehlt es uns gleichwohl nicht. Das bezeichne ich mit den Worten: Die Forstkunst hat die Aufgabe, den Wirtschaftswald zu idealisieren.

Wie die Baukunst sich zum Maurergewerbe verhält, so soll die Forstkunst sich über den handwerksmäßigen Betrieb der Forstwirtschaft erheben.

Der Waldnatur gegenüber ist unsere Aufgabe eine doppelte.

Zunächst gibt es Schäden abzustellen, die der Mensch verursacht hat. Ich führe wiederum Krause an:

„Kunst ist die zur Fertigkeit ausgebildete Kraft, etwas Wesentliches zu bilden oder zu gestalten, ins Leben zu setzen und im Leben wirklich zu erhalten. Der Mensch kann und vermag auch Wesenwidriges, Schlechtes und Böses zu gestalten; aber er soll es nicht tun. Tut er es doch, so ist, das Wesenwidrige zu bilden und zu gestalten, nicht Kunst, sondern Frevel und Sünde."

Wie viel „Wesenwidriges" haben wir umzugestalten!

Ferner haben wir, wie Krause sagt, „Wesen in neuen Hinsichten und Beziehungen schön zu bilden". —

Erläuternd weise ich darauf hin, daß dieser Anforderung entsprochen wird, wenn die Holzbestände in Hinsicht und Beziehung auf ihre dereinstige möglichst gute Verwertung und dabei schön erzogen werden.

Schwammfaule, lichte Altholzbestände, welche vielleicht im Park schön erscheinen, können den forstlichen „Hinsichten und Beziehungen" sich nicht anpassen. Solche sind daher durch Nutzholz versprechende Verjüngungen zu ersetzen.

Vom Unterschied zwischen Forst und Parkwald wird im angewendeten Teile ausführlicher die Rede sein, ich will daher hier nicht vorgreifen.

2. Es ist notwendig, bei forstlichen Maßnahmen allenthalben Schönheitsrücksichten zu beachten.

„Das Schöne soll unbedingt sein, daher die gleichfalls unbedingt verpflichtende Forderung, daß vernünftige Wesen das Schöne bilden."

Dieser Ausspruch Krauses kann durch religiöse Gründe und auf philosophischem Wege als richtig erwiesen werden. Man wolle das a. a. O. nachlesen. Hier genüge die Bemerkung, daß aus Gesichtspunkten der christlichen Nächstenliebe und auch im wohlverstandenen eigenen Interesse der obige Satz für das große Gebiet der Landverschönerkunst besondere Beachtung verdient. Nun kann nicht jedermann genialer Künstler sein, aber im Rahmen von Amt und Beruf kann jedermann in gewissem Sinne zur Hebung der Schönheit beitragen, und wäre es auch nur durch Reinlichkeit und Ordnungsliebe. Darüber hinaus etwas zu tun, hat man dem Forstmann vielfach verbieten wollen. So z. B. schrieb G. Heyer: „Wenn ein Privatier seinen Wald parkartig behandelt, und demselben die malerisch schönen, aber forstlich überhaubaren Bäume beläßt, so kann man ihm dies nicht verwehren, denn er hat in Bezug auf die Verwaltung seines Vermögens nur sich selbst Rechenschaft zu geben. Mit den Staatswaldungen verhält sich die Sache anders. Die Einkünfte, welche dieselben gewähren, dienen zur Erleichterung der Steuerlast sämtlicher Staatsangehörigen, auch der Ärmste ist dabei interessiert, daß die Staatswälder möglichst hohe Reinerträge abwerfen, denn er braucht dann weniger Steuern zu zahlen".

Von anderer Seite ist dagegen mit großer Wärme darauf hingewiesen worden, daß gerade die minder bemittelten Bevölkerungskreise Anspruch darauf haben, daß ihnen die Freude am Walde nicht durch fiskalische Engherzigkeiten verkümmert werde. Unter anderen hat Guse diesen Standpunkt wiederholt vertreten.

Einst, als Forstmeister in Trier, beschäftigte er sich im Kampf gegen Reinertragstheoretiker mit der Frage, ob der Staat bei seiner Wirtschaftsführung lediglich finanzielle Gesichtspunkte geltend zu machen habe, und gerade zugunsten der ärmeren Bevölkerung glaubte er diese Frage verneinen zu müssen. Einen Teil seiner Ausführungen lasse ich hier wörtlich folgen:

„Ich möchte die Herren in einige Reviere meines Bezirks führen. Die Tagesschicht ist zu Ende, die Nachtschicht beginnt, — die Grubenarbeiter kehren auf dem Bergmannspfade durch die Eichen- und Buchenwälder nach Hause zurück; — oder gehen auf demselben Wege zur Einfahrt. Sehen Sie, mit welchem Vergnügen die Leute die Waldluft einatmen! Beinahe andächtig blicken sie zu den hohen Wipfeln empor. Seht euch diese Bestände noch einmal an, das Herz eurer Kinder werden sie nicht mehr erquicken, denn die Forstwirtschaft der Zukunft wird sie nicht mehr zu dieser Pracht erwachsen lassen. Der Gründer behält seinen Park — ihm kann es ja niemand verwehren — aber ihr? Nicht einmal Buchenstangenhölzer werdet Ihr mehr übrig behalten, denn Nadelholz wird ja rentabler sein. Oder vielmehr, ihr werdet euch darein finden müssen, über schattenlose Felder eurem Heim zuzueilen, und eure Kinder werden ihre Spielplätze nicht mehr im nahen Walde haben, denn der Grund und Boden steht so hoch im Preise, daß es lächerlich wäre, hier noch Forstwirtschaft zu treiben."... „Wahrlich, die ärmeren Klassen sind es nicht, die man durch konservative Forstwirtschaft benachteiligt. — Der Wohlhabende macht Reisen und nimmt Eindrücke mit sich nach Hause, die ihn über die tägliche Umgebung trösten, der Ärmere kann es nicht."

Wer sich auf so idealen Standpunkt wie Guse nicht stellen will, sollte in Schönheitsfragen gleichwohl fiskalische Engherzigkeit meiden, denn die Pflege des Schönen im Walde trägt dem Waldbesitzer nicht nur eine Fülle persönlichen Genusses ein, sondern sie macht sich geradezu bezahlt, indem sie mancherlei greifbare Vorteile bringt.

Dies ausführlich nachzuweisen war der Zweck einer längeren Abhandlung, die ich in der Danckelmannschen Zeitschrift habe erscheinen lassen.

Daraus gebe ich hier nur die Stichworte an, weil ich durch ein näheres Eingehen dem angewendeten Teile dieses Buches vorgreifen würde.

1. Die Beachtung ästhetischer Gesichtspunkte sichert vor wirtschaftlichen Mißgriffen, weil man mit dem Streben nach dem Schönen, welches zur Vollkommenheit führt, das Gute und damit das Zweckmäßige gleich mit erreicht.

2. Die Dienstfreudigkeit der Beamten hängt mit ab von der Schönheit des Revieres.

Hierauf hat schon Pfeil wiederholt hingewiesen, unter anderem in seiner Abhandlung: „Das Wissen tut's nicht allein, wenn die Liebe fehlt".

Den Begriff derjenigen Liebe zum Walde, welche dem jungen Forstmann anerzogen werden soll, stellt Pfeil dahin fest, daß es „nicht diejenige Liebe ist, die der Holzhändler für einen Baum fühlt, weil er viel Geld eintragen wird, denn diese gleicht der des Fleischers für einen fetten

Ochsen oder für ein fettes Schwein, da sie sich nur durch Herunterhauen des Baumes oder Totstechen des Schlachtviehes bekundet. Es ist auch nicht die, welche in der Eitelkeit wurzelt, um schöne Bestände vorzeigen zu können, zu deren Erziehung oft derjenige, welcher sie vorzeigt, wenig oder gar nichts getan hat. Noch weniger ist es die eifersüchtige Liebe, welche alle anderen Menschen von der Mitbenutzung des Waldes ausschließen will, um ausschließlich darin zu herrschen und ihn willkürlich behandeln und benutzen zu können, denn diese wurzelt immer in einem verwerflichen Egoismus, sollte sich auch nur der Wirtschafter an die Stelle des Eigentümers setzen; die wahre Liebe zum Walde gehet aber immer Hand in Hand mit derjenigen zu den Menschen. Es ist die innige Teilnahme an dem Gedeihen der Bäume und des Waldes, das Streben, dies um der Bäume selbst willen zu fördern, und die Bereitwilligkeit, jedes persönliche Opfer dafür zu bringen, jede Beschwerde und Mühe dazu zu übernehmen".

Bei Forstleuten, denen die Liebe zum Walde fehlt, kann nach Pfeils Meinung „das größte Wissen" diesen Mangel nicht ersetzen, sie werden „ihre Augen nicht selbst überall haben", und „das andere ist, daß die pflichtmäßigen Stubenforstwirte gewöhnlich die ganze Forstwirtschaft bureaukratisch gestalten".

3. Die dem Walde um seiner Schönheit willen zugewendete Neigung der Bevölkerung ist dem Walde in vieler Hinsicht nützlich.

Seiner Zeit haben die Mächtigen den Wald geschützt, um des Wildes, um der Jagd willen, und auch heute noch ist die Jagdpassion hier und da für Erhaltung von Waldungen nützlich. An vielen maßgebenden Stellen aber, bei großen parlamentarischen Parteien, ist die Jagd nicht beliebt. Dennoch werden von den Parlamenten Mittel für Aufforstungszwecke und sonstige Kulturgelder stets anstandslos bewilligt, weil man den Wald liebt. Man liebt ihn nicht aus jagdlichen Rücksichten, kaum des Geldertrages wegen, hier und da als Schutzwald, am meisten aber um seiner Schönheit willen. Je schöner der Wald, desto mehr Liebe wird er finden, desto bereitwilliger werden die gesetzgebenden Körperschaften dem Walde reiche Mittel zuwenden und die Bevölkerung wird den schönen Wald lieben und ehren. Nur roher Pöbel vergreift sich am Schönen, nimmermehr aber kann man erwarten, daß die Bevölkerung einen Wald lieben und schätzen soll, wenn sie wahrnimmt, daß die Besitzer und berufenen Pfleger des Waldes ihn mit kaltem Eigennutz lediglich als Geldquelle ausbeuten unter gänzlicher Mißachtung alles dessen, was den Wald eigentlich erst zum Walde macht.

4. Die Freude an der Schönheit eines nahe gelegenen Waldes macht die Bevölkerung seßhaft.

Dies haben nicht nur die Staatsforstwirte aus sozialpolitischen Gründen zu beachten, sondern auch die Stadt- und Landgemeinden und die Privat-Waldbesitzer. Es muß jeder Grundbesitzer, wenn er wünscht, daß seine Söhne und Enkel gleich ihm die Scholle bewohnen, auf welcher Väter und Großväter geschaltet und gewaltet haben, einerseits die Kinder anspruchslos erziehen, andererseits aber nicht nur auf die Einträglichkeit, sondern daneben auch auf die Schönheit des Besitzes bedacht sein, damit sie den Besitz lieb gewinnen. Eigenen Waldbesitz kann leider nicht ein jeder haben, aber das ist ja gerade das Glückliche beim Genuß des Schönen, daß man, diesem Genuß sich hingebend und die Freude des Besitzers teilend, sich gewissermaßen selbst als Mitbesitzer fühlt. „Denn, wer genießt, besitzt, und kann der Eigentümer mehr tun?" (Graf v. Moltke.)

Der Eigentümer sieht allerdings mit geschärftem Blick. Neben der rein ästhetischen Befriedigung erfüllt ihn eine andere angenehme Empfindung, welche der ersteren verwandt ist. Ich habe sie früher einmal „den Stolz auf Waldbesitz" genannt. In diesem Zusammenhange denke ich aber nicht an den juristischen Eigentumsbegriff. Wie jeder Schlesier von den Schönheiten „unseres" Riesengebirges spricht, so rechnet sich der Deutsche als Miteigentümer des deutschen Waldes. Darum ist jeder Gesichtspunkt nicht nur für den Privatwald zu beachten, sondern auch für den Staatswald, jedes Mitglied der besitzenden Gemeinde fühlt sich als Mitbesitzer und genießt diese eigenartige Form der Befriedigung, welche zwar an und für sich keine ästhetische ist, deren Maß aber wesentlich durch die schöne Pflege des Forstes bedingt wird.

Leider hat diese weitherzige Auffassung immer noch Gegner. Daß in der Nähe volkreicher Städte, bei Badeorten, in Jagdrevieren großer Herren und in ähnlich bevorzugten Waldungen, wie z. B. an beliebten Touristenstraßen etwas für die Schönheit geschehen muß, wird nicht mehr verkannt, aber in abgelegene große Waldungen soll nach vieler Leute Meinung der Forstästhetiker sich nicht hineinwagen dürfen.

In der Literatur sind solche Äußerungen nur noch selten zu finden, aber die Praxis läßt erkennen, daß wohl noch die überwiegende Mehrzahl der Forstleute sich scheut, der Stimme der Ästhetik auch im Innern großer Waldungen Gehör zu schenken. Es ist das ein Ausfluß der dem Forstmann anerzogenen bescheidenen Zurückhaltung, die aber in diesem Falle zu weit geht.

Zunächst ist doch der Forstmann selbst „auch ein Mensch, so zu sagen", und der sieht doch den Wald alltäglich und mit Verständnis. Der Forstmann ist auf den Wald angewiesen, und er gilt daher mehr als viele Touristen. Deshalb sollen wir bei der Forstästhetik nicht nur an die Leute denken, die von außen in den Wald hineinkommen, denn auch für uns selbst ist die Schönheit des Waldes Lebensluft, uns erquickt und stärkt sie, uns lohnt sie für manche Mühsal, uns bietet sie Ersatz für manche Entbehrung. Damit wächst dann wieder die Arbeitsfreudigkeit, die Arbeitskraft, welche dem Walde lohnend zugute kommt.

Dann wolle man bedenken, daß die Entwickelung der Verkehrsverhältnisse schon manchen Wald erschlossen hat, dem das niemand vorhergesagt hätte. Weil nun schöne Wegeführung, Altholzbestände und manches andere sich nicht im Handumdrehen schaffen lassen, wie man eine Villa baut, so muß der Forst für alles, was etwa kommen kann, gerüstet dastehen.

Es würde zudem eine ganz kleinliche Auffassung sein, wollte man nur das schön gestalten, was man oft sehen kann und was von vielen Leuten gesehen wird.

Der Mensch genießt die Schönheit nicht mit den Sinnen, sondern durch den Geist. Wir erfreuen uns am Schönen, wenn wir wissen, daß es vorhanden ist, auch wenn wir es nicht sehen.

Die griechischen Meister, als sie die Giebelfelder ihrer Tempel mit jenen für alle Zeiten mustergültigen Bildsäulen ausstatteten, wendeten allen Seiten des Marmors, auch der, wie sie vermeinten, für immer vom Beschauer abgewendeten Seite, gleiche Sorgfalt der Ausführung zu. Sicher muß sie der Gedanke beherrscht haben, daß nicht nur das Schöne, was wir sehen, uns erfreut, sondern auch dasjenige, von welchem wir, ohne es zu sehen, nur wissen, daß es vorhanden ist. Gleiches gilt für unseren Wald. Auch wer ihn nie und nirgends betritt, dem muß doch daran liegen, daß wir ihn haben und daß er schön sei.

Man möchte das als selbstverständlich ansehen; weil aber gegen diesen Grundsatz so sehr oft verstoßen wird, will ich den Gedanken noch etwas weiter ausführen.

Mit der Freude am Walde steht es ähnlich wie mit der Freude beim Reiten: Ein Pferd mag noch so flott gehen, mag die angenehmsten Bewegungen haben, wenn es aber mit einem erheblichen Schönheitsfehler behaftet ist, z. B. Mangel der Schweifhaare, so wird man nicht gern darauf reiten, obwohl man beim Reiten den Fehler nicht sieht. Ebenso wird der Forstbesitzer seine Einkünfte lieber aus einem schön gepflegten Forst beziehen, als aus einem langweiligen, reizlosen Walde.

Über den Wert eines schönen Waldbesitzes für eine ganze Bevölkerung hat sich einst im Schles. Forstverein der Königl. sächsische Oberförster Schulze in erfreulichem Gegensatz zu Leuten vom Schlage G. Heyers sehr klar ausgesprochen. Er führte aus, wie jeder Sachse stolz sei, mit anderen Kunstschätzen die Sixtinische Madonna in seiner Heimat zu besitzen, so sei nicht minder jeder Sachse stolz darauf, in seinen Staatswaldungen einen wertvollen, schönen und einen angenehmen Besitz zu haben, und es sei geboten, das Erhebende, Schöne, Angenehme des Waldbesitzes neben den finanziellen Vorteilen in Betracht zu ziehen.

3. Geschichte und Literatur der Forstästhetik. Notwendigkeit, Forstästhetik als einen besonderen Zweig des forstlichen Wissens zu lehren und zu studieren.

Die forstästhetische Literatur hat sich nur sehr langsam entwickelt. Die erste forstästhetische Schrift erschien 1791 in England von Gilpin, Domherrn in Salisbury, Pfarrer in Boldre im Neuwalde. Eine deutsche Übersetzung, in Leipzig 1800 herausgegeben, liegt mir in zwei Bänden vor, unter dem Titel: „Bemerkungen über Wald-Szenen und Ansichten und ihre malerischen Schönheiten, von Szenen des Neuwaldes in Hampshire hergenommen". Das Buch ist sehr reich an feinen und zutreffenden Beobachtungen und noch heute wertvoll. Man sollte es mindestens alle fünf Jahre einmal lesen, und jedesmal wird man neue Feinheiten darin entdecken!

Nebenbei gesagt, es ist merkwürdig, daß Geistliche und andere theologisch vorgebildete Personen mehrfach auf forstlichem Gebiet bahnbrechend gewirkt haben. Neben Gilpin nenne ich Vierenklee, den Erfinder der nach ihm benannten Zuwachs-Formel, Stahl, den Begründer der ersten forstlichen Zeitschrift, und Bechstein, den Begründer der Forstlehranstalt in Dreißigacker.

Gilpins Buch scheint wie in Deutschland, so auch in seinem Vaterlande vergessen worden zu sein.

Es hat lange gedauert, bis in Deutschland selbständige ähnliche Regungen auftauchten. Im Jahre 1824 ließ von der Borch im Sylvan einen schätzenswerten Aufsatz erscheinen, und 1830 suchte er in der Allgemeinen Forst- und Jagdzeitung einen Verleger für eine „Ästhetik im Walde", die er mit Abbildungen geziert herausgeben wollte. Später beklagt er sich dann über Angriffe, welche dies Vorhaben ihm eingetragen habe. Seine Ästhetik ist nicht erschienen. Inzwischen haben Landschaftsgärtner, an ihrer Spitze Fürst Pückler, Botaniker wie Schleiden und andere Freunde des Waldes — ich nenne als die in dieser Hinsicht Verdientesten Masius und Roßmäßler — das Verständnis für die Schönheit der heimischen Waldnatur zu heben gesucht. Einen wesentlich bestimmenden Einfluß auf den Betrieb der Forstwirtschaft haben sie aber nur in wenigen bevorzugten Waldungen ausgeübt. Erst in neuerer Zeit beginnt es besser zu werden.

Auf wenig Seiten seiner „Waldpflege" hat G. König eine überraschende Menge beachtenswerter forstästhetischer Winke zusammengedrängt. Sein Ausspruch: — „Ein Wald in seiner höchsten forstlichen Vollkommenheit ist auch in seinem schönsten Zustande" — zeugt von seinem tiefgehenden Verständnis.

Lange ehe er schriftstellerisch hervortrat, hat sich König als einsichtsvoller Forstästhetiker praktisch betätigt, indem er die herrlichen Waldungen bei Eisenach, welche ihm seit dem Jahre 1829 unterstanden, durch zweckmäßig geführte Wege erschloß. Wir dürfen annehmen, daß Goethe und Petzold ihm hierbei fördernd zur Seite gestanden haben, denn der große Dichter liebte es, an den geselligen Zusammenkünften der Jäger und Forstmänner teilzunehmen. Sein feines Verständnis für die Baumwelt wird er auf die herzoglichen Beamten übertragen haben, und Petzold, lange Zeit in Thüringen tätig, wirkte von 1838—40 in Neuenhof bei Eisenach. Sicherlich hat er mit König, dem er geistesverwandt war, in engem Verkehr gestanden.

Auch Burckhardt hat in seinem „Säen und Pflanzen" ein bemerkenswertes Kapitel der „Waldverschönerung" gewidmet und an dieser Stelle, wie auch sonst noch anderweit, viele recht gute Beobachtungen und Ratschläge veröffentlicht, aber nicht allem, was er schreibt, kann ich beipflichten. Im allgemeinen schreibt er in bezug auf die Waldschönheitspflege: „Es läßt sich weniger nach vorgeschriebenen Regeln verfahren, als nach demjenigen, was die Auffassung des Waldschönen eingibt". Dieser Satz wird so weit gelten dürfen, als eine geläuterte Auffassung vom Waldschönen neben gutem Willen sicherlich die Hauptsache bei der Forstkunst ist. Ein solches sicheres Meister-Urteil („Der Meister kann die Form zerbrechen") ist aber nur sehr wenigen Menschen als Naturgabe geschenkt, ja es hat sich sogar statt ihrer bei vielen von Natur gut beanlagten Fachgenossen ein bedauerlicher Uniformitätsgeschmack eingenistet.

Daß ein in falsche Bahnen geleiteter Schönheitssinn zu wirtschaftlichen Fehlern verleitet, darauf hat schon Gayer mehrfach hingewiesen, und wer hätte es nicht schon selbst gesehen, wie so mancher brauchbare Vorwuchshorst und mit ihm so manche vorteilhafte Bestandesmischung vernichtet wurde, weil die Saatfurchen, die Pflanzreihen von einem Ende der Kultur bis zum anderen ganz gerade und ununterbrochen durchlaufen sollten. — „Sie sind mir beim Abschnüren im Wege", antwortete mir einmal ein Förster, als er die wenigen, durch den Kahlhieb hindurchgeretteten Buchen-Aufschläge der Kiefernsaat zuliebe abhackte. — Man wolle sich ferner erinnern, wie oft Pflanzen an höhere Horste, wo sie gewiß keinen Wachsraum hatten, verschwendet wurden, allein aus dem Grunde, damit die Kultur recht hübsch vollständig aussehen möchte. Gewiß hat schon jeder Verwalter eines größeren Revieres mehr oder weniger über diesen häufigen Verstoß geklagt, uneingedenk, was seine eigene Tätigkeit vielleicht ähnliches aus verwandter Ursache begangen, wie das bei der Regulierung von Wegen und Wasserläufen und bei der Ausscheidung der Abteilungen aus Vorliebe für die gerade Linie und für das Bild auf der Karte gar leicht begegnen kann.

Aber auch für den gut beanlagten und in keiner Weise ungünstig beeinflußten Forstmann ist die Kenntnis der Kunstregeln wichtig, reichlich so wichtig, wie für jeden Strebenden, der sich einer anderen Kunst widmet.

Der Forstmann kann nicht, wie Baumeister, Bildhauer, Maler erst skizzieren und modellieren und dann noch alles Verfehlte nach Belieben ändern, beziehentlich aus der Welt schaffen, denn sein Tun darf ja kein Geld kosten, im Gegenteil, es soll noch möglichst viel einbringen.

Nun ist es ja wahr, die heilende Hand der Natur macht viele Fehler gut, die wir begingen, manche Schönheit läßt sie sich entfalten, obwohl wir hemmend ihr in den Weg traten, aber oft machen wir ihr das heilende Walten doch gar zu schwer. Manche Übereilung unsererseits kann sie in Menschenaltern nicht wieder ausgleichen.

Ich würde vorgreifen, wollte ich das Behauptete an Beispielen erläutern; findet sich aber unter den werten Lesern der eine oder der andere, welcher dies Buch nicht aus der Hand legt, ohne bisherige Anschauungen berichtigt, für diese oder jene Maßregel eine Anregung gewonnen zu haben, so wird damit der Beweis für die Nützlichkeit und Notwendigkeit der Forstästhetik als besonderen Wissenszweiges praktisch am besten erbracht sein.

Die vorstehenden acht Zeilen sind aus der ersten Auflage meiner Forstästhetik hierher übertragen. Inzwischen hat Wilbrand wiederholt die Notwendigkeit nachgewiesen, daß Forstästhetik studiert werden müsse, und zwar nicht nur gelegentlich oder aus Büchern, sondern in besonders diesem Zweck gewidmeten Vorlesungen. Der letztere Wunsch ist wirkungslos verhallt, und auch in der Literatur hat sich verhältnismäßig wenig forstästhetischer Lernstoff angesammelt, wozu übrigens Wilbrand selbst das Beste beigesteuert hat. Zu meiner Kenntnis kamen noch forstästhetische Abhandlungen von v. Fischbach, v. Guttenberg, Hempel, Kraft, Dr. Baur, Dimitz und Kožesnik, die jeder viele gute und auch neue Gedanken ihrem Leserkreise vortrugen; Forstvereine widmeten einige Stunden bezüglichen Erörterungen, ja sogar das preußische Herrenhaus verhandelte einen forstästhetischen Antrag in der Kommission und im Plenum, auch bemühte sich der Schreiber dieser Zeilen, das bisher Geleistete durch weitere Beiträge zu ergänzen, aber das ist alles nur Stückwerk geblieben, gar nicht zu vergleichen mit dem Schaffensdrang, der auf anderen Gebieten forstlicher Geistesarbeit bewundert werden muß.

Den forstästhetischen Bestrebungen ist eine erfreuliche Bundesgenossenschaft durch die Pfleger der Naturdenkmäler — ich nenne in erster Linie Dr. Conventz — und die verschiedenen Heimatschutzvereine erwachsen. Deren noch junge Literatur überflügelt die unsrige schon bei weitem.

Wenn die Forstästhetik sich noch immer nicht einer so ausgiebigen Pflege erfreuen darf, wie sie anderen forstlichen Wissenszweigen zuteil wird, so liegt das meines Erachtens nur daran, daß ihr berufsmäßige Pfleger fehlen. Nur nebenbei nimmt man sich ihrer an, und ich halte es daher für angezeigt, auf diesen Übelstand mit einer etwas eingehenderen Betrachtung hinzuweisen:

Man hat mir über mein Buch viel Schmeichelhaftes gesagt, und hervorragende Vertreter der Wissenschaft, Professor Wimmenauer und andere, sind so weit gegangen, zu versichern, dies Buch genüge völlig, um den forstlichen Nachwuchs durch Selbststudium in ausreichendem Maße forstästhetisch zu schulen, höchstens seien geeignete Hinweise auf den Exkursionen und gelegentlich in den Vorlesungen über Waldbau, Forsteinrichtung usw. angezeigt. In diesem Sinne hat auch die 7. Hauptversammlung des deutschen Forstvereins in Danzig den Beschluß gefaßt: „Es erscheint angezeigt, daß in den forstlichen Hochschulen die Pflege der Waldesschönheit in akademischen Vorträgen behandelt wird."

Auf der 6. Hauptversammlung in Darmstadt ist man anderer Ansicht gewesen. Eine formelle Abstimmung durfte zwar aus geschäftsordnungsmäßigen Gründen nicht stattfinden, es unterliegt aber keinem

Zweifel, daß für den Antrag von Salisch = Dr. Walther eine sehr erhebliche Mehrheit vorhanden war. Dieser Antrag lautete in seinem zweiten, damals zurückgestellten und in Danzig abgelehnten Absatz:

„Die zuständigen Ministerien der Einzelstaaten sind zu ersuchen, die Abhaltungen besonderer Vorlesungen über Waldschönheitslehre an Hochschulen in die Wege zu leiten."

Auch heute noch bin ich der Ansicht, daß die Forstästhetik der dauernden Wahrnehmung und Förderung durch berufene Lehrer bedarf. Die Einwendungen der Herrn Gegner scheinen mir nicht stichhaltig.

Gelegentliche Hinweise in anderen Kollegien und bei den Exkursionen können der Bedeutung der Sache nur dann entsprechen, wenn der betreffende Lehrer den Gegenstand voll beherrscht; das kann aber nicht von jedem erwartet oder gar verlangt werden. Ein Dr. Stötzer allerdings und mancher andere wird wie auf seinen eigentlichen Arbeitsgebieten so auch auf dem der Forstästhetik anregend und fördernd wirken können; ich habe aber doch auch forstliche Lehrer kennen gelernt, deren ästhetische Betätigungen und Aussprüche von geradezu haarsträubender Unkenntnis und Urteilslosigkeit strotzten! — Sollen nun diese gezwungen werden, sich so weit forstästhetisch auszubilden, um ihre Hörer in erwünschtem Sinne beeinflussen zu können? Dies Verlangen würde ebenso grausam wie erfolglos sein.

Die philosophischen Grundlagen der Ästhetik können überhaupt nicht nebenbei gelehrt werden. Sie ganz zu übergehen, halte ich nicht für zulässig. Wie der Waldbau nicht ohne Bezugnahme auf chemische Kenntnisse vorgetragen werden kann, so die Waldschönheitspflege nicht ohne Bezugnahme auf gewisse allgemeinere philosophische Gedankengänge. Dem jungen Forstmann darf nicht zugemutet werden, daß er aus den weitschichtigen Vorlesungen, wie sie an Universitäten gehalten werden, ein für ihn ausreichendes Maß ästhetischer Grundbegriffe schöpfe, es muß ihm — ähnlich wie es bei anderen Hilfswissenschaften geschieht — das Studium durch einen Dozenten mundgerecht gemacht werden, welcher auf die Bedürfnisse seiner Hörer angemessene Rücksicht nimmt.

Gegen den Antrag von Salisch = Dr. Walther wurde auch geltend gemacht, daß dessen Annahme zu einer Überlastung der Studierenden führen müsse, die ohnehin schon sehr stark in Anspruch genommen sind. Meinerseits möchte ich glauben, daß die erforderliche Zeit für das forstästhetische Kolleg durch Einschränkung auf anderen Gebieten gewonnen werden kann, z. B. dürfen die Vorträge über Entomologie wohl gekürzt werden. Der gleiche Einwand würde sich aber in weit verstärktem Maße gegen den Danziger Beschluß geltend machen lassen. Wenn nämlich jeder Dozent bei seinem Fache gelegentlich Forstästhetik mit vorträgt, so können Wiederholungen, die allemal eine Zeitverschwendung sind, nicht ausbleiben, auch müssen die betreffenden Belehrungen jedesmal sehr ausführlich sein, wenn die Kenntnis der Vorbegriffe fehlt.

Einen naheliegenden Einwand, obwohl er mir verhältnismäßig selten entgegengetreten ist, muß ich noch berücksichtigen, daß nämlich schon ohne forstästhetischen Unterricht ästhetisch Vorzügliches geleistet worden sei. Solche Beispiele sind auch mir wohlbekannt, so hatte von Heimburg auf den holsteinischen Besitzungen des Großherzogs von Oldenburg seinerzeit geniale forstästhetische Leistungen aufzuweisen und die Teilnehmer an der 7. Hauptversammlung des deutschen Forstvereins in Danzig konnten in der Oberförsterei Oliva ein neues, ebenso zweckmäßiges wie schönes Wegenetz bewundern und sich an Fernsichten freuen, die kein Landschaftsmaler glücklicher hätte herausarbeiten können. Diese nicht nur einwandfreien, sondern geradezu idealen Anlagen sind den Herren Reg.- und Forstrat Regling, den Forstmeistern Liebeneiner, Danz und Schultz zu danken, und diese verdienten Männer hatten doch keinen forstästhetischen Unterricht genossen. Wenn aber solche leider recht seltene Ausnahmen, denen unzählige Barbareien gegenüberstehen, zuungunsten forstästhetischer Vorlesungen entscheiden sollten, dann könnte mit noch mehr Recht jedes andere forstliche Fach aus dem akademischen Unterricht gestrichen werden. Hat nicht mancher, ohne Forstzoologie studiert zu haben, seinen Wald erfolgreich gegen Insekten verteidigt? Verwertet nicht so mancher sein Holz auf das beste, ohne Forstbenutzung studiert zu haben? — Wir wissen aber doch alle, daß der akademische Unterricht in den bezeichneten Fächern seinen hohen Wert hat. Für das Gebiet der Forstästhetik wird der akademisch Gebildete vor dem Empiriker immer einen Vorsprung voraus haben. Wenn man die Kunstregeln beherrscht, weil man sie erlernt hat, dann wird man schneller, vielseitiger und sicherer arbeiten als ein anderer, der sich nur auf sein angeborenes Schönheitsgefühl verlassen muß. Die Sicherheit ist besonders wichtig, denn der Forstmann kann einen einmal gemachten Fehler nur selten verbessern. Für den Maler ist es ein leichtes, neue Lichter und neue Schattentöne aufzusetzen; wenn aber der Forstmann einen Baum, der im Mittelgrund einer Fernsicht wichtig war, hat weghacken lassen, dann kann er ihn nicht wieder aufrichten. Die Sicherheit des Urteils, wie nur gute Ausbildung sie verleiht, erleichtert dem Forstmann auch den Verkehr mit dem Publikum, zumal mit den Verschönerungsvereinen, welche jetzt überall dreinsprechen wollen, aber nur ganz ausnahmsweise forstliche Maßnahmen zu beurteilen vermögen.

Der forstästhetische Unterricht bedarf auch einiger Lehrmittel, und diese bedürfen eines kundigen Verwalters. Das Verständnis für so manche Naturschönheit erschließt sich dem aufnahmefähigen Sinn am vollkommensten, wenn Kunstwerke unsere Auffassungsgabe schärfen, darum muß der Lehrer Kunstblätter zur Hand haben! — Wie eigentlich die Buchenstämme gefärbt sind, welche herrlichen Farbentöne der besonnten Winterlandschaft eigen sind, bleibt manchem unbekannt, bis er im Bilde bewundern kann, wie ein Künstlerauge die Natur angeschaut hat. Am besten lernt man es, wenn man selbst den Pinsel zur Hand nimmt. — Mit welch herrlicher Linienführung ungleichaltrige Bestände, selbst klägliche bäuerliche Kusselwälder, sich vom Himmel abheben, das muß man dem Kunstmaler Max Fritz in Lübben abgesehen haben, um sich mit vollem Verständnis daran freuen zu können. So ist es mir selbst gegangen. Ich trieb schon 30 Jahre Forstästhetik und habe doch erst von Max Fritz gelernt, wie wechselreich und charakteristisch schön diese Linien sind. — Das sind nur wenige Beispiele, aber sie genügen zum Beweis, daß die höheren forstlichen Lehranstalten Kunstsammlungen besitzen müssen, und für diese sind Hüter nötig.

Auch die forstästhetische Literatur bedarf eines Hüters, der ihre Bände verständnisvoll sammelt, liebevoll verwaltet, vor Vergessenheit wahrt und zweckentsprechend den Studierenden zugänglich macht. Es handelt sich da um ganz stattliche Bücherreihen, denn bei der engen Wechselbeziehung, die zwischen der Forstkunst und anderen Künsten, namentlich nach der Richtung der Landschaftsgärtnerei bestehen, muß der berufene Pfleger auch Nachbargebiete beachten und deren klassische Erzeugnisse anschaffen. — Wie verhängnisvoll ist es gewesen, daß ein solcher Hüter bisher gefehlt hat. Gilpins Werk, wie hätte es sonst so ganz und gar vergessen werden können!

Nun aber den Hauptgesichtspunkt: Es ist gewissermaßen Ehrensache für die Forstästhetik, daß man ihr berufsmäßige Pfleger stelle, es sieht sonst so aus, als sei sie deren nicht würdig, als sei sie etwas Nebensächliches, ein Lehrgebiet, das sich an Bedeutung dem Waldbau, der Forsteinrichtung, der Forstbenutzung nicht entfernt an die Seite stellen dürfe. In Hessen freilich bildet die Forstästhetik einen Gegenstand des Staatsexamens; dadurch und durch ministerielle Verfügungen ist ihre Wertschätzung für Hessen gesichert, aber man empfindet es dort als einen

Übelstand, ein Fach prüfen zu müssen, welches auf der Hochschule nicht gelehrt worden ist.

Ganz konsequent von seinem Standpunkte aus hat Professor Endres in Danzig gegen jede Form forstästhetischen Unterrichts gestimmt. Er will keine Einwirkungen forstästhetischer Rücksichtnahme auf das bisher starr abgeschlossene Gebiet der Forstwissenschaft dulden; aber wir stehen nun einmal — und ich sage endlich! — an der Schwelle einer neuen Entwickelung, die allenthalben sich Bahn bricht. Vergebliches Bemühen wäre es, sich dagegen zu stemmen, unsere Aufgabe aber ist, den neuen und berechtigten Forderungen mit Verständnis entgegen zu kommen. — Ich schließe diese Ausführungen im Sinne Wilbrands mit dem Hinweis: „Der Forstmann muß zur Pflege der Schönheit, nicht allein seines Waldes, sondern der gesamten Landschaft, derartig befähigt sein, daß er die Führerrolle übernehmen kann, zu welcher er recht eigentlich berufen ist. — Dann erst wird er im Volksleben die angesehene Stellung, die ihm zukommt, in vollem Maße einnehmen."

Zweites Kapitel.

Die Ursachen des Wohlgefallens am Schönen.

1. Die dem Menschen innewohnende Fähigkeit, an den schönen Erscheinungen Gefallen zu finden.

„Wir legen die Schönheit den schönen Gegenständen als bleibende, innere Eigenschaft bei; wir behaupten, daß sie an sich selbst schön seien und bleiben, auch wenn wir sie nicht erkennten, nicht empfänden. Eine schöne Statue bliebe es, und wenn sie in die Tiefe des Meeres versenkt würde. Ebenso behielte das Schöne, die Schönheit, ganz denselben Wert, wenn sie auch an den endlichen Wesen nicht so selten wäre. Die schönen Gegenstände können zu uns in wesentlicher Beziehung stehen, aber sie werden nicht erst schön durch diese Beziehung zu uns."

Läßt man diesen Satz Krauses als richtig gelten, so ergeben sich alsbald zwei weitere Fragen:

1. Welche Eigenschaften der menschlichen Natur befähigen uns, an der Schönheit Gefallen zu finden?

2. Welche Eigenschaften sind es, die den Gegenständen anhaftend, unserm Schönheitsgefühl entsprechen?

Beschäftigen wir uns zunächst mit der ersten Frage. Darwin verlegt den Sitz unseres ästhetischen Urteils nur in den Sinn. Im zweiten Bande seines Buches über die Abstammung des Menschen schreibt er:

„Die Sinne des Menschen und der niedrigeren Tiere scheinen so beschaffen, daß glänzende Farben, gewisse Formen, wie auch harmonische und rhythmische Töne ihnen ein Vergnügen machen und schön genannt werden; warum es aber so ist, wissen wir nicht. Es ist sicherlich nicht richtig, daß im Geist des Menschen ein bestimmter Maßstab für körperliche Schönheit vorhanden sei. Es ist jedoch möglich, daß im Laufe der Zeit gewisse Geschmäcke erblich wurden, obgleich kein Beweis zugunsten dieser Ansicht spricht."

Darwins immerhin dankenswerte Zurückhaltung, die sich in den durch den Druck von mir hervorgehobenen Worten kundgibt, haben kleinere Geister nicht immer geübt. So schreibt z. B. Roßmäßler, der sonst auf dem Gebiete der Forstästhetik höchst verdiente Schriftsteller: „Es könnte möglicherweise die Meinung vermutet werden, die Natur habe sich dem gebildeten Geschmack der Menschheit anbequemt, welche Meinung mit jener zusammenfallen würde, die den Menschen zum Mittelpunkte der Schöpfung macht und alles seinem Interesse unterordnet. Dieses anmaßende Urteil, welches gerade diejenigen haben, die sich die Demütigsten nennen, ist unschwer zu widerlegen. Nicht der Baum und das Pflanzenreich ist nach dem Geschmack des Menschen eingerichtet, sondern der Geschmack der Menschen hat sich nach und an jenen gebildet. Der an Laubornamenten und Spitzbögen und Rosen überreiche altdeutsche Baustil weist ebensosehr auf unsern deutschen Wald hin, wie der altgriechische Säulenstil auf die einfach schöne Palme des Südens."

Daß es wirklich Leute gibt oder gegeben haben sollte, welche die Meinung hegen, die Natur habe sich dem gebildeten Geschmack der Menschheit anbequemt, kann ich trotz Roßmäßlers Angriff nicht glauben. Er hat in die Luft gestoßen und niemanden verwundet. Roßmäßlers Ausführung ist jedoch insofern bestechend, als sie eine halbe Wahrheit enthält; denn so weit müssen wir ihm beipflichten, daß lange Gewohnheit uns die Außenwelt vertraut und lieb macht, und uns endlich schön finden läßt, was im Vergleich zu Schönerem verhältnismäßig unschön ist. Aus solcher, durch die umgebende Natur entwickelter, von Geschlecht zu Geschlecht weiter vererbter und befestigter Geschmacksrichtung erklärt sich die oft augenfällige Übereinstimmung zwischen den Erscheinungen der Natur und den Leistungen des menschlichen Kunstfleißes. So sollen, um dem Roßmäßlerschen Beispiel noch ein zweites hinzuzufügen, nach der Meinung einiger Ästhetiker, das Vorherrschen von Grün im persischen Teppich auf die reiche Vegetation des persischen Gebirgslandes, die feurigen Farben der gewebten Stoffe aus Afrika auf die glühenden Beleuchtungen der Wüste zurückzuführen sein.

Der Roßmäßlersche Erklärungsversuch bleibt aber doch vollkommen unzulänglich. Wir können nimmermehr zugeben, daß die Natur uns vorzugsweise deshalb wohlgefällt, weil wir uns an sie gewöhnt haben, es müßte ja sonst unser ästhetisches Wohlgefallen an ihren Schätzen mit der Bekanntschaft, mit der Gewohnheit gleichen Schritt halten, was doch keineswegs der Fall ist. Ich will ganz davon absehen, daß auch der erste Eindruck seine Reize hat, ich will nur darauf hinweisen, daß schwerlich jemandem die nutzbare Knolle der Kartoffel, und wenn er sich noch so viel mit ihr beschäftigte, schöner erscheinen wird, als die Blüte der Rose.

Wenn aber das Wohlgefallen an der Natur nicht reine Gewohnheitssache ist, was liegt ihm dann zugrunde?

Vielleicht Zufall? Es müßten sehr verwickelte Zufälligkeiten gewesen sein, welche die Atome, aus denen die Außenwelt besteht, und diejenigen, welche in flüchtigem Wechsel unseren Leib aufbauen, jedesmal so ordneten, daß in den letzteren ein ästhetisches Wohlgefallen an den ersteren zum Gegenstande des Bewußtseins würde. Ich zweifle zwar nicht im mindesten, daß es auch in dieser Richtung an Erklärungsversuchen nicht fehlt, oder doch nicht lange mehr fehlen wird, da man ja sogar die moralischen Eigenschaften des Menschen in derselben Weise erklären zu können vermeinte; ich denke aber, die werten Leser werden es mit Theodor Hartig halten, der noch bis an sein Lebensende dabei verblieben ist, ein kunstvolles Bauwerk ohne einen Baumeister sich nicht denken zu können.

Ich lasse das bemerkenswerte Bekenntnis des verdienten Forschers hier wörtlich folgen: „Das Insektenleben ist reich an Fällen, in denen die verschiedenartigsten Naturkörper, hier Pflanzen und Tiere, in naturgesetzlicher Wechselwirkung stehen. Sie sind durchaus unvereinbar mit der modernen Anschauung, nach welcher selbst der Gedanke Produkt materieller Funktionen, eines Umsatzes der Gehirnsubstanz, sein soll. Mechanismus wie Organismus, wenn sie arbeiten, d. h. ihre Bewegungen einem vorgeschriebenen Zwecke, einem bestimmten Ziele dienstbar machen sollen, bedürfen einer leitenden Sonderkraft, die in bezug auf die tote Maschine Steuermann, Werkmeister usw., in bezug auf den Organismus Lebenskraft genannt ist, eine Kraft, die nicht dem Stoff eigen sein kann, da sie verschiedenartige Stoffe in gleicher Weise, gleiche Stoffe in verschiedenartiger Weise bewegt und verändert."

Das Wohlgefallen an Schönheit auf materialistischem Wege zu erklären, findet seine besondere Schwierigkeit in der Tatsache, daß keineswegs immer der Kampf um das Dasein durch diejenigen Veränderungen der Form und der Farbe erleichtert wird, deren Auftreten wir schön finden.

Wenn es nun nicht bloße Angewöhnung, nicht Zufall ist, daß die uns umgebende Natur uns schön erscheint, so wird in bezug auf das Kunstschöne die materialistische Lehre erst recht versagen.

Unser Wohlgefallen am Schönen, insoweit es ein rein ästhetisches ist, ist frei von jedem Eigennutz. Es gewährt schon die bloße Anschauung oder Erkenntnis schöner Dinge uns Genuß. Aus dem Kampf ums Dasein läßt sich diese Erscheinung nicht erklären, im Gegenteil müßte, wenn nur der Kampf um das Dasein die organische Welt regierte, der unpraktische Hemmschuh ästhetischer Anschauungsweise längst abgestreift worden sein.

Manchen Menschen ist solche Abstreifung allerdings in hohem Grade gelungen. Aber wie beurteilen wir diese Leute? Wir bewundern sie nicht, als ob sie fortgeschritten wären, wir verurteilen sie, und wir beweisen dadurch, daß wir ein ästhetisches Gewissen besitzen, welches im Reich des Schönen ebenso Beachtung fordert, wie das sittliche Gewissen in bezug auf Recht und Unrecht. Man kann es nicht selten beobachten, daß Leute über die Frage, ob ein Gegenstand schön sei, sich ebenso, ja noch mehr ereifern und heftiger streiten, als darüber, ob etwas gut sei oder nicht. Jeder sucht den andern mit Vernunftgründen zu überzeugen. Der oft angeführte Spruch: „de gustibus non est disputandum“ macht zwar dem Streit äußerlich ein Ende; aber jeder meint doch, der andere hätte ihm beipflichten sollen, es sei nicht nur unvernünftig, sondern auch unrecht, eine entgegengesetzte Meinung festzuhalten.

Dies ist nun, sozusagen, Gefühlssache. Wer für die Richtigkeit dieser Empfindung Beweise fordert, möge Örsted nachschlagen, welcher in geistreichen Gesprächen über den Kreis, über den Springbrunnen und über die Gründe des Vergnügens, welches die Töne hervorbringen, darlegt, daß unser Empfindungsvermögen Vernunftgesetzen gehorcht, und daß die uns regierenden Vernunftgesetze die nämlichen sind, welche auch sonst im Weltall herrschen.

In neuerer Zeit hat sich Jungmann im Anschluß an Plato ganz ähnlich ausgesprochen:

„Die Schönheit der Dinge ist deren tatsächliche Übereinstimmung mit dem vernünftigen Geiste, insofern sie durch diese demselben Gegenstand des Genusses zu sein sich eignen.“

Unsere Fähigkeit, die Schönheit zu genießen, entspringt demnach unserer Vernunft. Die tiefer gehende Frage nach dem Ursprung unserer Vernunft zu beantworten, ist mehr Aufgabe der Religion als der Ästhetik.

2. Die den Dingen anhaftenden Eigenschaften, welche ihre Schönheit ausmachen. Lehre vom Schmuck.

Wir fragen nun weiter: Welche Eigenschaften der Dinge sind es, welche, in tatsächlicher Übereinstimmung mit dem vernünftigen Geist, diesem Gegenstand des Genusses sein können?

Als schön vergegenwärtigen wir uns z. B. den Kölner Dom, einen Schillerfalter, die Beethovensche neunte Symphonie, ein Vergißmeinnicht, den Aufmarsch einer Kürassierschwadron, Schillers Wallenstein, einen Sonnenaufgang, eine Eiche, Shakespeares Romeo und Julia, den Fürsten Bismarck, eine Apfelsine und wir fragen uns: Was haben diese alle miteinander Gemeinsames?

Zunächst wohl, daß in jedem eine bestimmte Idee in die Erscheinung tritt. Diese Ideen sind ganz verschieden, aber eine jede findet in den genannten Beispielen ihre vollkommene und ersichtliche Verwirklichung. Wenn jemand das nicht fühlt, so hätte ich meine Beispiele schlecht gewählt. Für mich ist das erhabene Bauwerk in Köln das Ideal eines Domes, das Vergißmeinnicht am Bachrande das Ideal einer Frühjahrsblume usw.

Goethe legt Eugenien die Worte in den Mund:

„Der Schein, was ist er, dem das Wesen fehlt?
Das Wesen, wär' es, wenn es nicht erschiene?"

Der große Dichter hält also einen Schein ohne Wesen für nichtig, der Schein muß dem Wesen entsprechen. In diesem Sinne beruht die Schönheit auf Wahrheit.

Daher verlangen wir von einer Kirche, daß sie an dem aufstrebenden Turm, oder an einer das Himmelsgewölbe nachahmenden Kuppel schon aus der Ferne ihre Beziehung zu überirdischen Dingen erkennen lasse. Sie soll auch an ihrer Bauart erkennen lassen, aus welcherlei Stoff (Stein, Ziegel oder Holz) sie gefügt wurde, und welchem Zeitalter sie ihre Entstehung verdankt. Ja wir wünschen sogar, daß sie die besonderen Vorzüge ihres Baumeisters deutlich zur Anschauung bringe. Kurz gesagt: Kunstwerke und Menschenwerke überhaupt sollen einen bestimmten Stil haben.

Schinkels Bauten, sie sind ja schön, aber wie viel mehr würden wir dem Meister noch zu verdanken haben, hätte seinem Genie das stilgerechte Material zu Gebote gestanden, oder hätte er seinen Stil nach dem vorhandenen Material entwickelt.

Gegenüber den Gebilden der Natur kann man von Stil nicht wohl reden, wenngleich unser Geschmack an sie ähnliche Anforderungen stellt. Gebirgsbildungen sind uns um so wohlgefälliger, je deutlicher sie den plutonischen oder neptunischen Ursprung erkennen lassen; der rauhe Schrei der Möve gefällt uns, weil er dem ruhelosen Treiben dieses landscheuen Vogels gemäß ist; dem artenreichen Geschlecht der Noktuiden gereicht das charakteristische Flügelmal zur wesentlichen Zierde.

Wenn ein Ding so recht den Ideen entspricht, die wir von der Gattung haben, wenn seine Erscheinung eine typische ist, so kann es dem Kenner höchlich gefallen, obwohl es eigentlich nicht schön ist. Es ist dies diejenige Form der Auffassung, unter welcher der Arzt nicht nur mit Interesse, nein mit Genuß Bildungen zu betrachten vermag, welche für den Laien abstoßend häßlich sind.

Eine scheinbare Ausnahme bestätigt die Regel, indem gewisse Künste, welche wir als die Quelle höchster Schönheit anzusehen gewohnt sind, auf Hervorrufung des schönen Scheines ausgehen; aber gerade der Kunstleistung macht man es zum Vorwurf, wenn sie uns betrügt. Wachsfiguren bringen wir, wenn sie Leben vortäuschen wollen, ein Vorurteil entgegen und der Maler darf in dem Herausarbeiten einzelner Gegenstände im Vordergrunde nicht so weit gehen, daß sie geradezu plastisch erscheinen. Ganz natürlich, denn niemand will gern betrogen sein, es wäre denn mit einem harmlosen Scherz, wie in dem bekannten Wettstreit zwischen Zeuxis und Parrhasius seitens des letzteren geschehen ist. Das Beispiel des Arztes, der an krankhaften Vorgängen, die uns entsetzen, unter Umständen Gefallen findet, beweist aber, daß es nicht gleichgültig ist, was für eine Idee in die Erscheinung tritt. Die Ideen sind nicht gleichwertig, und viel hängt von der Art der Idee ab, welche erscheint. So mag z. B. eine Kreuzspinne unter den Spinnen die schönste sein, sie steht aber weit zurück im Verhältnis zur Schönheit eines Tagfalters. Der Tagfalter wiederum steht weit zurück im Vergleich mit höheren Wesen. Nur so lange er ganz vollkommen ist, gefällt er uns. Die menschliche Gestalt dagegen ist so überreich an Schönheit, daß ihr Idealbild selbst nach arger Verstümmelung noch Begeisterung wecken kann, wie der Torso beweist, an welchem Winckelmanns Kunstsinn entbrannte.

Neben manchen anderen Umständen, wonach wir den Wert der Ideen bestimmen, fallen namentlich die sittlichen Anforderungen unseres Gewissens schwer ins Gewicht. Darauf gründet sich die enge Beziehung zwischen dem Schönen und dem Guten. Schon der Sprachgebrauch zeigt, wie nahe beide Begriffe miteinander verwandt sind, durch die häufige

Gleichstellung der Worte schön und gut. Wir reden von einer schönen Tat, wo wir eigentlich eine gute meinen, wie ja schon die Griechen die Worte καλός und ἀγαθός gern zusammen gebrauchten: der Biedermann hieß bei ihnen καλὸςκἀγαθός, denn es würde ihnen wie ein Widerspruch erschienen sein, wenn der Ehrenwerte nicht auch schön, der Schöne nicht auch ehrenwert gewesen wäre.

In diesem Sinne sagt Sokrates: „Du bist wirklich schön, Theaetet, und ganz und gar nicht häßlich, wie Theodorus von dir gesagt hat; denn wer verständig zu reden versteht, der ist schön und gut."

Shakespeare, der philosophische Dichter, drückt sich ähnlich aus, indem er in bezug auf Othello den Herzog zu Brabantio sprechen läßt:

„Wenn man die Tugend muß als schön erkennen,
Dürft ihr nicht häßlich Euern Eidam nennen."

Ähnlich auch Klopstock:

„O Tugend, rief ich, Tugend, wie schön bist du!
Welch göttlich Meisterstück sind Seelen, die sich hinauf bis zu dir erheben!"

Einem nahe liegenden Einwande habe ich zu begegnen. Zahlreiche Kunstwerke kann man mir vorhalten, mit deren Moral es recht zweifelhaft bestellt ist, und welche doch allgemein als schön gelten, als z. B. Apollo, welcher dem Marsyas die Haut abzieht, oder den Schwan und Leda. Ich erwidere: mit solchen Kunstwerken hat es eine ähnliche Bewandtnis wie mit den Schinkelschen Bauten. Wie es diesen Abbruch tut, daß ihre Mauern, ihr Gebälk, ihre Ornamente innerlich das nicht sind, als was sie äußerlich erscheinen wollen, ebenso stehen auch die genannten Werke des Bildhauers und Malers tief unter solchen, welche mit gleicher Kunst eine unanfechtbare Idee zur Anschauung bringen. Nur die ganz außerordentliche Beherrschung der Form von seiten des Künstlers läßt uns die Mängel des inneren Gehaltes mit in den Kauf nehmen, aber wer möchte wohl als Gipsabguß, als alltäglichen Öldruck eine mittelmäßige Wiedergabe jener Werke im Zimmer dulden!

Wenn nun die Idee des Guten das Höchste ist, deren Erscheinung demgemäß auch die höchste ästhetische Befriedigung gewährt, so wird ihr die Idee des im gewöhnlichen Leben Guten, d. h. des Zweckmäßigen als nahe verwandt zur Seite zu stellen sein.

Schon oben, als wir bemerkten, daß die äußere Form dem Material entsprechen müsse, hatten wir den Begriff der Zweckmäßigkeit gestreift, auch jetzt wieder führt uns unser Weg zu ihm hin. Törichtes, unzweckmäßiges Handeln halten wir für unrecht, darum verletzt es uns, ähnlich wie ein sittlicher Mangel, während deutlich erkannte Zweckmäßigkeit entsprechend angenehm berührt. Der Mensch, ein vernunftbegabtes Wesen, kann nur vom Vernünftigen — (und dies ist das Zweckmäßige) — befriedigt werden, und dieser Grundsatz beherrscht natürlich auch unsere ästhetischen Bedürfnisse. Einige Beispiele mögen hier ihre Stelle finden, um das Gesagte zu verdeutlichen: an griechischen Tempeln stehen die Säulen einander gerade so nah, und nicht näher, daß sie die ihnen aufliegende Last sicher tragen können. Die stärkeren dorischen haben daher größere Zwischenräume, als die korinthischen. Beim leichtbelastenden Holzbau gefallen uns schlanke, weit voneinander stehende Säulen, und an Eisenkonstruktionen fordert das Auge bei größter Schlankheit der Träger die weitesten Spannungen. Am Palmenhause gefällt uns die leichte Bauart aus viel Glas und etwas Eisen, am Brückenkopf die standfeste Mauer mit den schmalen Fenstern und dem Zinnenkranz. Es gefällt uns ferner ein Gebäude, wenn es auch tadellos hergerichtet wäre, nur dann völlig, wenn es nicht ohne Zweck errichtet wurde. Aus diesem Grunde mußten die Tempelchen u. dgl., mit denen man früher die Parkanlagen reichlich verzierte, verworfen werden; von jenen Brücken zu geschweigen, deren man so manche in hohem Bogen über eine Rasenmulde spannte.

Wir hätten auch den entgegengesetzten Weg einschlagen und bei der Forderung der Zweckmäßigkeit beginnend zur Forderung des Guten gelangen können, wie der Ausspruch eines namhaften Ästhetikers (Fechner) beweist. Er sagt: „der beste Geschmack ist der, bei dem im Ganzen das Beste für die Menschheit herauskommt; das Bessere für die Menschheit aber ist, was mehr im Sinne ihres zeitlichen und voraussichtlich ewigen Wohles ist."

Unsere Bewertung des Ideeninhalts richtet sich aber nicht allein nach den Begriffen von Gut und Böse, von Zweckmäßig, und Zweckwidrig. Wir stellen alles Menschliche über das Tierische das tierische Leben über das pflanzliche, die Pflanzenwelt weit über das Reich der toten Gesteine. Dem entspricht auch im allgemeinen die Stufenleiter unserer ästhetischen Bewertung, was nicht ausschließt, daß auch die Gebilde und Erscheinungen der unorganischen Natur oft herrlich schön gefunden werden, denn sie ersetzen durch Größe, was an Lebendigkeit ihnen abgeht, und der fromme Dichter des Hiob ist nicht der einzige geblieben, der aus dem Wetter die Stimme des Herrn vernommen hat.

Es ist mir wohl bewußt, daß die Ästhetik nach einer gewissen strengeren Begrenzung des Begriffes mit Gut und Böse, mit Zweckmäßig und Unzweckmäßig nichts zu tun hat, sondern sich auf das beschränkt, was die Sinne uns übermitteln. Oder mit anderen Worten:

Für eine strengere philosophische Auffassung sind die Dinge nur insoweit Gegenstand des ästhetischen Wohlgefallens, als unser Geschmacksurteil über dieselben unbeeinflußt von Nebengedanken, betreffend ihren Zweck und ihr Wesen, lediglich auf die Art, wie sie erscheinen, sich gründet. Uns würde eine solche Betrachtungsweise unserem Ziele nicht näher führen; denn ein ganz unbeeinflußtes Geschmacksurteil kann in Wirklichkeit nie zustande kommen. Wie wir aus unserer Haut nicht heraus können, so vermögen wir auch unserer Erfahrungen, unseres Wissens uns nicht zu entkleiden.

Ein Beispiel möge das erläutern:

Den werten Leser, welcher mir so weit in graue Theorie gefolgt ist, lade ich ein, mich zur Erfrischung in das Grüne zu begleiten. Wir gehen miteinander in den Wald. Während die Dämmerung schon hereinbricht, sehen wir jenseits der Schlagfläche etwas Rötliches. Ist es ein absterbendes Farnkraut, ist es ein Reh? wir können es nicht unterscheiden und beachten es nicht mehr. Da plötzlich bewegt sich der rote Punkt, es ist also doch ein Reh, und wiewohl es nun wieder still steht, und bei der zunehmenden Dunkelheit noch weniger als zuvor davon zu sehen ist, so genügt nun doch der verschwindende rote Punkt, um das ganze Waldbild zu verschönern; denn wir sehen zwar nicht, aber wir wissen, daß es belebt ist.

Die letzten Worte leiten zu einem neuen Gedankengang über: Nächst den Ideen des Guten und des Wahren, des Stilvollen und des Zweckmäßigen spielen in der Ästhetik die unter sich nahe verwandten Begriffe Kraft, Leben und Freiheit eine große Rolle. Wo es an Kraft, an Leben und an Freiheit fehlt, bleibt Schönheit stets auf niederer Stufe haften. Selbst das scheinbar Leblose, der starre Kristall, ist uns davon Zeuge. Es folgt jeder seinem Bildungsgesetze, aber doch in eigener Form, so daß keiner dem anderen je ganz gleich sieht. An höheren Bildungen finden wir noch mehr Freiheit; so wird der goldene Schnitt wohl oft durchgeführt, aber nie ohne gewisse Abweichungen. Nach Zeising entspricht die Teilung des Körpers beim Mann dem Verhältnis von 5 : 8, beim Weibe von 3 : 5. Es sind dies dieselben Zahlen, welche dem Dur- und Mollakkord zugrunde liegen; das rein normale Verhältnis des goldenen Schnittes liegt zwischen diesen beiden Verhältnissen in der Mitte.

Wo Kräfte nicht walten, wird das Fehlende oft durch unsere Phantasie ergänzt. So rühmen wir an einer Kurve Freiheit und Bewegung und stellen sie somit über die gerade Linie, der es an Freiheit scheinbar gebricht; der Dichter aber weiß auch diese zu beleben, für ihn „eilt“ sie ihrem Ziele zu als „Länder verbindende Straße“. —

Gustav Fischer, Verlagsbuchhandlung.

JENA, Tag des Poststempels.

Einer verehrlichen Redaktion

beehre ich mich anbei:

1 Kanngiesser, Vergiftungen durch Pflanzen

Preis: Mk. 1.–

ganz ergebenst zu überreichen und um eine Besprechung in Ihrem geschätzten Blatte höflichst zu ersuchen.

Ich bitte, mich von einer erfolgten Rezension durch Einsendung eines Beleges freundlichst in Kenntnis setzen zu wollen, da es mir von größtem Werte ist, die Urteile über meine Verlagswerke kennen zu lernen. Sollte eine Besprechung nicht erfolgen, so dürfte ich wohl um gefl. Rücksendung bitten.

Mit größter Hochachtung

Gustav Fischer.

An die verehrliche Redaktion

„Frankfurter Zeitung"

Kunstmäßige Leistungen sollen sich vor handwerksmäßigem Tun durch Freiheit auszeichnen. Der nur nach eingelernten Gesetzen handelnde Fleiß und Verstand kann auf dem Gebiete des Schönen nie das leisten, was das frei schaltende Genie des Meisters vermag.

Sehr bemerkenswert ist die sinnige Art und Weise, wie Schiller die Ideen des Guten und der Freiheit miteinander für die Ästhetik in Beziehung bringt. In seinem an Körner gerichteten Briefe vom 18. Februar 1793 führt er den Nachweis, daß Schönheit nur da vorhanden ist, wo sich Freiheit in der Erscheinung zeigt. Eine sittliche Handlung, wenn sie nur geschieht, weil der Handelnde sich einem Zwange fügt, will Schiller als schön nicht gelten lassen. Erst, wenn dem Menschen die Pflichterfüllung zur Natur geworden ist, dann erst hat er moralische Schönheit und „das Maximum der Charaktervollkommenheit" erreicht. — Das ist nichts anderes, als was der Apostel Paulus im 7. und 8. Kapitel des Römerbriefes von uns verlangt. Vom Geiste Gottes getrieben als Gottes Kinder sollen wir Lust haben an Gottes Gesetz.

Haben wir bisher die Übereinstimmung der Erscheinung mit der zugrunde liegenden Idee als ein Erfordernis der Schönheit kennen gelernt, so ist damit das Wesen der Schönheit noch nicht genugsam dargelegt. Das Wesen der Schönheit beruht daneben auf Harmonie, oder, um einen techn ischen Ausdruck zu gebrauchen, auf Einheit in der Vielheit. Die Idee muß sich als herrschend offenbaren, indem sie die Teile zusammenfaßt.

Kein Ding, das wir wahrnehmen, besteht für sich allein, sondern es besteht nur als ein Teil der Welt, und erst diese, der Kosmos, ist eigentlich das Schöne; es erscheinen jedoch für den beschränkten menschlichen Gesichtskreis schon Teile als Ganzes, sobald für dieselben eine deutliche Begrenzung vorhanden ist, und sobald die kleineren Teile, in welche sie zerfallen, einen gemeinsamen Charakter erkennen lassen. Das Wohlgefällige solcher Ganzen kann von zwei Richtungen her gefördert werden. Es kann einerseits der Einheitsbezug stark hervortreten (man denke an eine einfarbige Tapete), es können andererseits die Teile stark hervortreten. Das wirksamste Verhältnis findet statt, wenn bei kräftiger Teilung doch die Einheit durchaus gewahrt bleibt. Dies ist dann der Fall, wenn jeder Teil des anderen zu seiner Ergänzung bedarf. Ein großes Gebäude im Renaissancestil, welches sich deutlich gliedert in Untergeschoß, Stockwerke und Dach, zeigt in seinen Teilen weit mehr Verschiedenheiten, als ein großer, zum Stadtviertel vereinigter Komplex von mehreren modernen großstädtischen Häusern aufzuweisen pflegt; bei jenem kann aber kein Teil ohne den anderen bestehen, während jede Mietskaserne recht wohl ohne die andere gedacht werden kann.

Abb. 1. Lärche und Birke im Rauhreif.

Die Größe der Teile muß vernünftigerweise im Verhältnis stehen zum Werte derselben. Gleichen, in ein und demselben Stockwerk liegenden Räumen wird man meist Fenster von einerlei Größe geben, während das Wohngeschoß eines Landhauses größere Fenster verlangt, als das Unter- und Obergeschoß besitzen.

Auf dem starken Einheitsbezug gleichartiger und gleichartig geordneter Teile beruht der Wert symmetrischer Anordnung. Jeder Tischler, der Maserholz zu einer Tischplatte verarbeitet, macht sich das zunutze. Der Schreiber, wenn er für die Aufschrift seines Aktenheftes ein weißes Schildchen zurechtschneiden will, faltet das Blatt über Kreuz, und dann gelingt selbst der ungeübten Hand eine hübsche Begrenzung, denn die Form wird streng symmetrisch.

Die nebenstehende Abbildung soll zeigen, daß selbst an sich schöne Dinge (in diesem Falle eine Birke und ein Lärchenbaum) minder günstigen Eindruck machen müssen, wenn sie eine Stellung einnehmen, die zu symmetrischer Anordnung geradezu auffordert, und dieser Forderung nicht entsprochen wird.

Auch bei der Teilung in ungleiche Teile kann der Einheitsbezug sehr bestimmt und schön festgehalten werden, wenn einerlei Verhältnis die Teile unter sich und mit dem Ganzen verknüpft. Dies ermöglicht der goldene Schnitt. Hier verhält sich der kleinere Teil zum größeren, wie dieser zum Ganzen. Teilt man in demselben Verhältnis weiter, so wird bei der immer gewahrten Gesetzmäßigkeit doch niemals unauflösliche Verwirrung entstehen können. Die vorgenommenen Messungen haben bewiesen, daß diejenigen Körper, welche wir als die schönsten anerkennen, in der Tat nach diesem Verhältnis angeordnet sind; so die menschliche Gestalt und die Meisterwerke der Baukunst aller Zeiten, auch die Schauspiele, welche in drei Akten den Knoten schürzen, in zweien ihn lösen.

Die Lehre vom goldenen Schnitt ist bisher in der Forstmathematik wohl etwas stiefmütterlich behandelt worden; sie wurde von der Zinseszinsrechnung überwuchert. Es wird darum nicht überflüssig sein, daß wir an dieser Stelle in unser Gedächtnis zurückrufen, was wir in Sekunda gelernt haben:

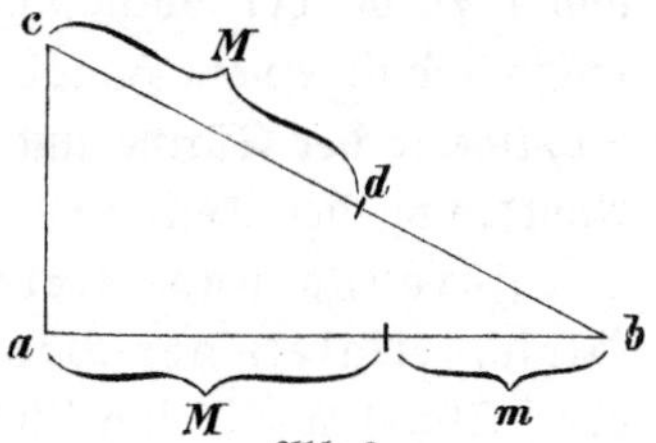

Abb. 2.

Soll eine Linie a—b durch den goldenen Schnitt geteilt werden, so richte man an einem ihrer Endpunkte ein Perpendikel auf (a c) gleich $\frac{ab}{2}$, demnächst ziehe man b c als Hypotenuse und schneide von dieser ein Stück $bd = \frac{ab}{2}$ ab. Es bleibt dann von der Hypotenuse ein Stück d c übrig, welches natürlich größer ist als $\frac{ab}{2}$. Die so gefundene Länge, wir wollen sie M nennen, schneide man von a b ab, so bleibt ein Rest, kleiner als $\frac{a\,b}{2}$, den wir mit m bezeichnen, und es verhält sich $a\,b : M = M : m$.

Das Vergnügen, den Beweis sich wieder aufzusuchen, will ich niemandem vorweg nehmen, und ebenso halte ich es hinsichtlich des arithmetischen Lehrsatzes, nach welchem das erste Hinterglied sich zum zweiten verhält wie die Differenz der Glieder des ersten Verhältnisses zur Differenz der Glieder des zweiten Verhältnisses. Auf Grund dessen können wir nämlich ansetzen: $M : m = a\,b - M : M - m$. Bezeichnen wir $M - m$ mit m_1, so können wir schreiben $M : m = m : m_1$, was sich nach Belieben bis in das Unendliche fortsetzen läßt, $m : m_1 = m_1 : m_2$ usw.

In ganzen Zahlen läßt sich das Verhältnis nicht wiedergeben, man kann sich aber demselben beliebig nähern durch Zahlen aus der Reihe 1. 2. 3. 5. 8. 13. 21. 34. usw., von denen jede immer die Summe der beiden vorhergehenden darstellt. Die größere Genauigkeit bieten die höheren Zahlen. $8 : 13 = 13 : 21$ kommt einer richtigen Proportion und dem Verhältnis des goldenen Schnittes schon etwas näher als $3 : 5 = 5 : 8$.

Beim menschlichen Körper entspricht der Unterkörper bis zur Taille dem größeren Abschnitt (M), der Oberkörper dem kleineren (m). Diesen (m) finden wir in der Partie von der Taille bis zum Knie wieder, und es bleibt daher vom Knie bis zur Sohle $M - M = m_1$ übrig. Diese Länge (m_1), von der Taille nach oben abgemessen, reicht bis zum Kehlkopf, es bleibt also für den Kopf $m - m_1 = m_2$. So beherrscht einerlei Verhältnis den ganzen menschlichen Körper. Es beherrscht auch die Wellenlinien, welche ihn begrenzen.

Wellenlinien sind dann besonders wohlgefällig, wenn deren Höhe zur Länge sich verhält wie $m : M + m$ oder wie M zu $M + m_1$, und wenn auch die Abdachung der Welle zum steigenden Teil dem Verhältnis $m : M$ entspricht.

An einem und demselben Gegenstande kann symmetrische Gliederung und Gliederung nach dem goldenen Schnitt vereint vorkommen, und es herrscht dann die erstere, soweit es sich um gleichwertige Teile handelt, also z. B. bei der Vorderansicht von Kirchen, die, wie der Dom zu Köln, rechts und links vom Hauptportal je einen Turm haben. Die verschiedenen Stockwerke der Türme und die Seitenansicht der Kirche zeigen dagegen Anordnung der Teile nach dem goldenen Schnitt.

Färbung und Zierat können unterstützend hinzukommen, auch Gleichartigkeit der Bewegung (man denke an einen Flug Tauben oder Stare) wirkt einheitlich verbindend. Endlich muß des Begriffes der Zweckmäßigkeit an dieser Stelle nochmals gedacht werden, weil gleicher Zweck zwischen sonst unverknüpften Dingen oft die wirksamsten Beziehungen herstellt. Wie verschiedener Natur und Gestalt ist die Ausstattung einer festlichen Tafel und wie schön ist alles geeint durch den gemeinsamen Zweck, dem sie dienen!

Was würde uns aber Schönheit nützen, wenn wir sie nicht verständen! Diesem unserm Bedürfnis nach Verständnis kommen die schönen Dinge durch eine allgemein-verständliche Sprache entgegen, durch die Sprache des Schmuckes.

Nach dem Urteil Selenkas, welcher dem Schmuck des Menschen ein reich ausgestattetes Bändchen gewidmet hat, ist „der Schmuck nichts anderes als eine allgemein-verständliche natürliche Sprache, geeignet, dem Nächsten von unseren Vorzügen bildlich zu berichten". Der menschliche Schmuck zerfällt nach Selenka in Gruppen, nämlich

1. Ringschmuck. Als solcher ist er als „Proportionalschmuck" bestimmt, die natürliche Gliederung des Körpers kenntlich zu machen, oder auch bestimmt, als „Symbol der Lebensfülle" zu dienen, indem er den Eindruck der Schwellung des Muskelfleisches hervorruft. (So z. B. der Armring, von den alten Germanen auf dem Oberarm getragen.)

2. Behangschmuck, welcher neben oder auf dem Körper senkrechte oder abfallende Linien zieht. (Z. B. das Diadem des Priamos, herabhängende Enden der Offiziersschärpe.) Er wirkt durch Gegensatz, „die welligen und wechselnden Konturen der organischen Form in ihrer lebensvollen Anmut hervortreten zu lassen." Behangschmuck hindert den Träger an raschen Bewegungen und deutet daher Würde an.

3. Richtungsschmuck (z. B. Helmzier von Roßmähnen) soll den Träger als leicht beweglich kennzeichnen.

4. Ansatzschmuck hat den Zweck, den Träger als ansehnliche Persönlichkeit zu kennzeichen (z. B. Grenadiermütze, Hofschleppe).

5. Lokaler Farbenschmuck (z. B. Blumen im Haar, Edelstein im Ring) soll die Aufmerksamkeit auf bestimmte Vorzüge des Besitzers, beziehentlich der Besitzerin (schönes Haar, schöne Hand) hinlenken.

6. Kleidungsschmuck: Der steife Halskragen des Soldaten ist „ein Sinnbild der steifen Haltung und im weiteren Sinne des disziplinarischen Gehorsams", der weiche Umlegekragen und die Jacke mit Brustaufschlägen soll dagegen die „nicht zugeknöpfte, sondern offenherzige Gesinnung andeuten". Das einfache Straßengewand der Jetztzeit deutet an, daß der Träger im Zeitalter des geschäftlichen Verkehrs lebt.

Die Verantwortung für diese Unterscheidungen überlasse ich Selenka, meinerseits würde ich manches anders abgeteilt, z. B. den Richtungsschmuck als eine Unterart des Ansatzschmuckes aufgeführt haben; aber jedenfalls ist seine Arbeit verdienstvoll, sie schärft unser Urteil und ist nicht nur für Würdigung des menschlichen Schmuckes, sondern ganz allgemein verwertbar. Dafür mögen einige Beispiele zeugen:

1. Ringschmuck: Fast jede Tischlampe zeigt ihn und ebenso jeder Grashalm (mit alleiniger Ausnahme des blauen Perlgrases, welches durch das Fehlen der Knoten gekennzeichnet ist). An Gebäuden sind die Gesimse dazu da, die Gliederung der Stockwerke schon äußerlich kenntlich zu machen.

2. Behangschmuck: Die Fleischlappen am Kopf des Truthahnes.

3. Richtungsschmuck: Der Rauch des rasch fahrenden Eisenbahnzuges, die Trauerbirke im Sturm.

4. Ansatzschmuck: Schweif und Federkamm des Pfauhahnes.

5. Lokaler Farbenschmuck: Die Blütenfarben, die blauen Flügeldeckfedern des Eichelhähers.

6. Kleidungsschmuck: Das starre Gewand der wintergrünen Nadelhölzer.

Daß der Schmuck nur eine untergeordnete Bedeutung hat, möge ein Beispiel erweisen: Die feiste Hand eines trägen Emporkömmlings wird um so widerlicher erscheinen, je mehr Ringe, je größere Edelsteine auf den Fingern stecken, die kraftvolle Hand des treuen Arbeiters ist schön auch ohne Ringschmuck, nur der Trauring paßt dahin und allenfalls der Siegelring. Eine wohlgepflegte Hand geistreicher Leute, welche nicht nur mit Worten, sondern auch mit Gebärden und Handbewegungen anmutig sprechen, wird einen dritten Ring vertragen.

Durch einen freundlichen Ausdruck wird sich jedermann sicherlich verschönen, Schmucksachen aber sind mit Vorsicht anzuwenden.

Das wird auch für den Wald gelten.

3. Die Freude am Schönen kann in verschiedener Weise gesteigert werden, sie muß vor Beeinträchtigungen bewahrt werden.

Je schöner ein Gegenstand ist, desto mehr wächst unser Genuß durch Erlangen einer genauen Bekanntschaft mit ihm. Ich erinnere daran, daß wir selten ein gutes Bild beim ersten Sehen oder ein gediegenes Musikwerk beim ersten Hören nach seinem ganzen Wert zu schätzen wissen; ich erinnere an den Standpunkt des Forschers, welcher durch Studium vertraut mit dem Bau der Insekten an der Raupe die Gliederung und am Tausendfuß die Ordnung herauskennt und beiden Tieren eine gewisse Schönheit nicht abspricht. Oft hört man freilich sagen, das Eingehen auf Einzelheiten, wie es das Studium mit sich bringt, vernichte alle Poesie, und die Trägheit nimmt diese Behauptung zum erwünschten Vorwande, um namentlich jede ernste Beschäftigung mit Botanik und Zoologie abzuweisen. Schon Goethe und Humboldt haben sich mit solchen Leuten auseinandersetzen müssen. Letzterer bezeichnet den gekennzeichneten Standpunkt als auf „Beschränkung und einer gewissen sentimentalen Trübheit des Gemüts" beruhend, hält die Frage aber doch für wichtig genug, um ihr mehrere Seiten seines Kosmos zu widmen. Er gibt zwar zu, daß das Verweilen bei den Einzelheiten das Gemüt nicht anregt („und das ist ein Glück für den sicheren Erfolg der Arbeit"), gleichzeitig aber betont er, daß man von den Einzelheiten aus dann, „zu größeren Ansichten geleitet", weit höheren Genuß haben werde, als im Stadium der Unwissenheit.

Der geneigte Leser wolle dies alles im Kosmos später selbst nachlesen, jetzt aber von mir weiter hören, daß wir die Dinge nicht nur nehmen, wie sie sind, sondern daß wir sie, von dem Unsrigen dazutuend, bereichern, indem wir ihnen „Ideen-Assoziationen" unbewußt anschließen. Solche Gedankenverknüpfungen sind von vielerlei Art. Die wichtigsten sind die, welche einer Verwandtschaft unserer geistigen Zustände mit den Verhältnissen der Körperwelt entstammen. So ist die hell beleuchtete Landschaft mit uns heiter, die babylonische Weide trauert mit uns, die dunkle Zypresse ist unserem Ernst verwandt.

In diesem allen ist nichts Willkürliches, wohl aber in jenen anderen Assoziationen, welche Örsted „Schönheit der Andichtung" nennt. Auch solche sind nicht unwirksam. So ziert den Löwen die ihm zugedichtete Großmut, die Taube die ihr zugesprochene Sanftmut und das Veilchen die Bescheidenheit zwar unverdientermaßen, aber ganz wesentlich.

Es spielen ferner die Ideen des Guten und Zweckmäßigen auch hier wieder indirekt eine große Rolle, und es kommt dabei nicht nur darauf an, was ein Ding jetzt ist oder einst sein wird, sondern fast noch mehr auf das, was es früher gewesen; noch wirksamer aber sind schließlich die rein persönlichen Interessen entstammenden Assoziationen: der Gedanke an Vorteile, welche man selbst genossen oder zu erwarten hat. Es sind auch diese durchaus berechtigt, wiewohl ihnen bisweilen bedauerliche Geschmacksverirrungen entspringen. Ich kannte einen Landwirt, der hielt ein fettes Schwein und ein wohlbestelltes Rübenfeld nicht nur für schön, so weit müßte man ihm recht geben, sondern für das weitaus Schönste auf der Welt.

Kaum ist ein anderes Gebiet der Ästhetik so streitig, wie das eben behandelte. Nach dem einen sollen die Gedankenverknüpfungen für das Wesen der Schönheit fast alles, nach dem anderen nichts ausmachen. Zur besseren Klarstellung des hier eingenommenen Standpunktes diene folgendes Beispiel: Schillers „Wilhelm Tell" gefällt allgemein wesentlich um der Liebe zum Vaterlande willen, die sich in diesem Stücke ausspricht, und insofern ist es die Idee des Guten, auf welche sich unser Wohlgefallen zurückführen läßt. Gefällt das Schauspiel nun aber einem Schweizer besonders, weil sein eigenes Vaterland verherrlicht wird, oder einem Schwaben, weil der Dichter nicht nur sein Landsmann, sondern auch ein sehr ehrenwerter Mensch gewesen, so sind das Gedankenverknüpfungen, welche mit der Natur des Kunstwerks eigentlich gar nichts zu schaffen haben. Nicht selten geschieht es, daß solche nebenhergehende Gedankenverknüpfungen unser Geschmacksurteil fast ausschließlich bestimmen.

Auf das vorher Gesagte zurückblickend und in der Erwägung, daß wir von Jahr zu Jahr die Dinge besser kennen lernen, daß wir ihnen täglich mehr von unseren Gedanken sie bereichernd anknüpfen, kommen wir zu der Erkenntnis, daß uns die umgebende Welt alljährlich schöner erscheinen müsse. Die Erfahrung bestätigt auch unsere Annahme, denn die gereiften Lebensalter haben weit mehr Sinn für Schönheit, als das Kindes- und frühe Jünglingsalter. An Ausnahmen fehlt es freilich nicht, und diese werden besonders durch unser Bedürfnis nach Wechsel der Eindrücke hervorgerufen. Dem Bergbewohner werden seine täglich gesehenen Berge zuletzt gleichgültig, und erst wenn er einmal für längere Zeit von ihnen entfernt gewesen, wird er ihren Anblick voll zu genießen vermögen, dann aber wird er ihren Wert gewiß noch ganz anders zu schätzen wissen, als der Bewohner der Ebene, der zum ersten Male in das Gebirge reist. —

Fragen wir uns nun, welche Verhältnisse am längsten unsere Aufmerksamkeit mit Interesse auf den Dingen verweilen lassen, so erkennen wir als solche erstens einen wirklichen Wechsel an den Dingen selbst, zweitens eine derartige Anordnung, daß die Dinge nicht sofort in ihrem ganzen Wesen erkennbar, von verschiedenen Standpunkten aus sich verschieden zeigen. Für jenes haben wir das wichtigste Beispiel an unserer Vegetation, deren fast täglich verändertes Gewand uns reichlich für die Pracht der Tropenländer entschädigt. Einen Beleg für das Zweite bieten winkelige Bauten mittelalterlicher Familiensitze, an denen man sich gar nicht satt sehen kann.

Leider ist unsere Unfähigkeit, fortgesetzt bei denselben Eindrücken zu verweilen, oft nur das geringste Hindernis im Genuß des Schönen, denn dieser wird besonders dadurch bedingt, daß wir uns körperlichen und geistigen Wohlseins erfreuen.

Mit ernsten Sorgen ist Genuß nur selten vereinbar, und vorübergehende Besorgnisse werden ihn nach Verhältnis mehr oder weniger schmälern, und ebenso sind wir von unserem Körper so abhängig, daß seine Leiden und seine Ermüdung unser Gemüt fast so sehr wie geistige Leiden und geistige Ermüdung abstumpfen.

Auf dieses alles näher einzugehen, scheint nicht erforderlich, wohl aber muß ich noch anführen, daß man unter Umständen durchaus nur für gewisse Arten des Schönen, für diese aber doppelt empfänglich ist. So wird der Traurige nur ernste Musik hören wollen, diese aber vielleicht in der Trauer lieber als sonst in gleichmütiger Stimmung. Wer körperlicher Ruhe bedarf, der wird einen beschränkten Garten — etwa belebt durch einen Springbrunnen — gern aufsuchen, während ihn die großartige Entfaltung der Natur im Hochgebirge geradezu unbequem berühren würde. Ein derartig beeinflußter Geschmack tritt nun nicht nur individuell und an den Individuen vorübergehend auf, sondern dieselbe Erscheinung zeigt sich mehr oder weniger in der Geschichte der Völker. So liegt es in religiösen und sozialen Zuständen tief begründet, wenn die Schöpfungen der Kunst sich bald dem Reinschönen, bald dem Erhabenen, bald dem Romantischen, bald dem Anmutigen mit besonderer Vorliebe zuwenden.

Ich gebrauchte eben Ausdrücke, welche ich noch nicht erklärt habe. Sie bezeichnen sämtlich sogenannte Modifikationen des Schönen. Aus ihrer großen Zahl seien einige, die für uns von Interesse sind, hier flüchtig erwähnt.

Reinschön heißt diejenige Form der Schönheit, welche durch vollkommenste Harmonie der Teile bei Abwesenheit gespannter Kontraste gefällt, während das Malerische (Pittoreske) gerade auf dem Vorhandensein solcher Kontraste beruht. Anmutig nennt man Schönheit in der Bewegung. Zur Erhabenheit erhebt sich die Schönheit solcher Erscheinungen, welche durch ihre Größe, oder besser gesagt, Großartigkeit uns das Bewußtsein unserer Kleinheit recht lebendig werden lassen. Tragisch nennen wir den Fall des Erhabenen. — Niedlich heißt das Schöne, wenn es ihm an Größe mangelt, wobei es nicht sowohl auf die Größe an sich, als auf die verhältnismäßige Größe ankommt. Eine Nelke z. B. kann an und für sich schön sein, eines Bahnwärters Gärtchen aber, wenn es auf metergroßer Fläche auch zehn ganze Nelkenstöcke hegt, wird man höchstens niedlich nennen.

Abb. 3. Wasserlache in Kittlitztreben.

Für den Forstmann ist besonders wichtig der Humor, als Tröster in den mancherlei Widerwärtigkeiten des Daseins. Eine lustige Blüte dieser Gattung des Schönen auf forstlichem Gebiet verdanken wir O. von Riesenthal, dessen „Bilder aus der Tuchler Haide" fast klassisch sind.

Wenn ein Bild oder eine Landschaft oder ein Musikstück in besonders einheitlicher Weise — und selbstverständlich angenehm — unser Gemüt berührt, dann nennen wir das stimmungsvoll. Selbst minder bedeutende Erscheinungen können uns sehr lieb werden, wenn sie unserer Stimmung angepaßt sind. Das eingeschaltete Bildchen einer Wasserlache mit Erlen- und Weidengebüsch ist dafür ein gutes Beispiel. Hier paßt alles trefflich zusammen. Eine Fichte im Vordergrund oder eine belebende Staffage würde vom Übel sein. Höchstens einige Wildenten würden wir als zum Ganzen passend annehmbar finden (Abb. 3).

Es sei hier noch die Bemerkung angeschlossen, daß auch das Häßliche immer noch irgendwelche Schönheit besitzt. „Jedes nicht schlechthin Schöne ist zugleich häßlich, und jedes Häßliche ist zugleich rücksichtlich schön." Man muß daher lernen, alles von der besten Seite zu sehen und zu zeigen.

B. Die Schönheit der Natur.

Drittes Kapitel.

Vorbemerkung über das Verhältnis des Naturschönen zu dem Kunstschönen.

Das Naturschöne ist für uns Forstleute vorzugsweise wichtig, weil wir mehr als viele andere Berufskreise im Freien leben und einen reichen Schatz an Naturschönheit zu hüten und zu pflegen haben.

Während der Alltagsmensch es als selbstverständlich ansieht, daß die Natur schön ist, während die Dichter den Lenz fast sooft wie die Liebe begeisterungsvoll besungen haben, sind die Philosophen sich nicht klar darüber, ob und inwieweit sie die Natur schön finden dürfen.

Hegel z. B. hat (ich folge in dieser Beurteilung Zeising) eine Existenz des Schönen innerhalb der Natur gar nicht gekannt, nur das Kunstschöne hat ihm als „das Schöne" gegolten. Auch Schiller, welcher für seinen Natursinn zahlreiche Proben abgelegt hat, setzt sich mit seinem besseren Selbst in Widerspruch, sobald er zu philosophieren anfängt. In seiner Abhandlung „über das Erhabene“ versteigt er sich zu dem Satze:

„Nun stellt zwar schon die Natur für sich allein Objekte in Menge auf, an denen sich die Empfindungsfähigkeit für das Schöne und Erhabene üben könnte; aber der Mensch ist, wie in anderen Fällen, so auch hier, von der zweiten Hand besser bedient, als von der ersten und will lieber einen zubereiteten und auserlesenen Stoff von der Kunst empfangen, als an der unreinen Quelle der Natur mühsam und dürftig schöpfen.“

Hermann hat bestimmter als andere sich über diese Fragen geäußert, indem er ausführt:

„Der ganze Inhalt der Kunst ist also gewissermaßen angezeigt und präformiert in der Natur. Die Natur hat gewissermaßen ihre ganzen wirklichen Dinge so erschaffen wollen, wie sie uns von der Kunst vorgeführt oder angezeigt werden; es sind gleichsam die eigenen ästhetischen Grundgedanken der Natur selbst, welche den Inhalt oder das Wesen der Werke der Kunst ausmachen. Es ist also an und für sich immer etwas schlechthin Wahres und Objektives in den Werken der Kunst enthalten und es ist zuletzt eben nur hierin, daß der hauptsächliche Wert oder die allgemeine Bedeutung derselben besteht.“

„Das einzelne Ding in der Natur ist durchschnittlich immer in Rücksicht seiner äußeren Erscheinung weniger vollkommen als das Werk der Kunst, und eben diese Unvollkommenheit ist es, durch welche das Bedürfnis der Entstehung dieses letzteren in uns hervorgerufen wird. Alle Kunst ist insofern zugleich eine Kritik oder Verurteilung der Natur in ihren gegebenen einzelnen Dingen oder Erscheinungen. Diese Kunst würde nicht in uns entstehen, wenn die Natur selbst vollkommen schön und ästhetisch befriedigend wäre. Die Kunst also erkennt überhaupt teils die Natur, teils übt sie zugleich eine Kritik und eine Verbesserung derselben aus. Es ist aber nicht anzunehmen, daß die Natur im allgemeinen oder an sich genommen unvollkommen sei oder daß sie die ihr eigentlich gesteckten Ziele verfehlt und irgendwie in einer unrichtigen Weise erreicht habe. Auch das an sich vollendetste Werk der Kunst würde andererseits, wenn es ein eigentlich wirkliches oder lebendiges Ding wäre, uns in gewisser Weise als unvollkommen, unbefriedigend oder nicht lebensfähig erscheinen müssen. Beide also, die Natur und die Kunst, ergänzen sich untereinander und müssen eine jede mit einem ganz anderen und selbständigen Maßstabe gemessen werden. Der Maßstab für die Beurteilung der Kunst kann nicht aus den einzelnen natürlichen Dingen selbst abgeleitet und entnommen werden. Diese letzteren müssen vom künstlerischen Standpunkte aus gewissermaßen immer niedrige oder unvollkommene sein. Inwiefern die Natur selbst die Eigenschaft eines künstlerischen Ganzen oder einer geordneten Totalität an sich zu tragen scheint, so sind es nicht ihre einzelnen Dinge oder Erscheinungen als solche, sondern nur ihre Einrichtung oder ihre Idee im Ganzen, welche mit dem Wesen eines Kunstwerkes verglichen werden zu dürfen scheint, und es besteht insofern die Bedeutung oder die Wahrheit der Kunst zuletzt darin, daß sie für uns eine Darstellung oder Erscheinung des ordnenden Einheitsgedankens der Einrichtung der Welt oder des Ganzen der wirklichen Dinge überhaupt ist. Das, was die Kunst verurteilt oder worüber sie hinausgeht, ist die empirisch gegebene Einzelheit als solche in der ganzen Unbehilflichkeit und Schwere ihrer zusammengesetzten Eigenschaften; dasjenige aber, was sie in der Natur anerkennt oder in sich zur Erscheinung bringt, sind die organischen Gedanken und die Lebensgesetze der Einrichtung des Wirklichen überhaupt. Das Individuelle in der Natur hat daher für die Kunst überall nur insofern einen Wert, als in ihm zugleich die Hinweisung auf irgendein allgemeines natürliches Gesetz enthalten ist, und es besteht eben in der Läuterung des einzelnen zu diesem seinem reinen und höheren Werte die allgemeine Aufgabe und der Charakter der Kunst."

Die Behauptung Hermanns, daß das „einzelne Ding in der Natur durchschnittlich immer in Rücksicht seiner äußeren Erscheinung weniger vollkommen" sei, als das Werk der Kunst, scheint mir ebenso ungerecht, wie weiter unten der Vorwurf, daß die empirisch gegebenen Einzelheiten als solche an „Unbehilflichkeit und Schwere ihrer zusammengesetzten Eigenschaften" leiden.

Diese Auffassung wurzelt in der an sich richtigen Wahrnehmung, daß der Künstler die Natur niemals einfach nachahmen kann. Während nun der Künstler den Stoff, den die Natur ihm entgegenbringt, für die Besonderheiten seiner Kunst umgestaltet, bringt es die auch großen Männern innewohnende Eitelkeit mit sich, daß er das eigene Werk für das Vollkommenere hält. Was würde man aber sagen, wenn der Bildhauer sein Werk über dasjenige des Dichters erheben wollte, nur deswegen, weil Lessing im Laokoon nachgewiesen hat, daß der Bildhauer den Stoff, welchen ein Homer ihm entgegenbringt, einesteils gar nicht, anderenteils nur nach völliger Umgestaltung gebrauchen kann.

Es verkennt übrigens Hermann nicht, daß auch das Kunstwerk, „wenn es ein eigentlich wirkliches oder lebendiges Ding wäre, uns in gewisser Weise als unvollkommen würde erscheinen müssen." Er unterläßt es nur, aus dieser Tatsache die entsprechenden Folgerungen herzuleiten.

Leider mißachtet mancher Mensch auch ohne Schuld philosophischer Lehrer das Naturschöne. Eine Wurzel dieses Übels liegt bei uns Alltagsmenschen in der unseligen Gewohnheit, Güter gering zu schätzen, welche uns ohne besondere Kosten und Anstrengungen zuteil werden. Was zahlt doch der Städter für ein dürftiges Sträußchen Frühjahrsblumen, wie glücklich ist er, wenn er in seinem Hofe einige Farrenkräuter am Leben erhält, und was haben dagegen wir? Wenig Nachdenken nur gehört dazu, um sich herauszurechnen, daß die Naturschätze, welche unsere Forsten bergen, allein schon durch ihren Schönheitswert den Wert aller Kunstsammlungen unermeßlich übersteigen, und in den ersteren sind wir die Museumdirektoren!

Noch auf einen wesentlichen Unterschied muß ich aufmerksam machen: die Beschäftigung mit dem Kunstschönen strengt an, bei längerer Dauer wird sie aufreibend, das Naturschöne aber erfrischt uns. Wie das kommt, dafür fand ich eine treffliche Erklärung bei Dimitz, der sie seinerseits aus Hallier (S. 361) geschöpft hat: „Es gibt zwei Organe unseres Geistes zur Aufnahme des Schönen, Urteil und Empfindung. Die Beurteilung schöner Gegenstände schreiben wir dem Geschmack zu, die Empfindung des Schönen dem Schönheitsgefühl. Vergleichen wir Naturschönheit und Kunstschönheit, so tritt uns in bezug auf Geschmack und Schönheitsgefühl ein großer Unterschied entgegen ... Beim Naturgenuß wird das Geschmacksurteil zurücktreten, weil die Natur selbst überall schön ist. Sie wirkt unmittelbar auf das Schönheitsgefühl, ohne das Geschmacksurteil herauszufordern ... Die Natur haben wir nicht hervorgebracht, sondern wir genießen sie bloß; die Kunst ist Menschenerzeugnis und will daher nicht nur genossen, sondern auch beurteilt sein."

Auch Unwissenheit trägt vielfach die Schuld, wenn das Naturschöne mißachtet wird. Selbst ein Jungmann schreibt, ohne zu ahnen, welche Blöße er damit sich gibt: „Was also zunächst den Kiesel und das Stück Holz betrifft, an denen man keine Schönheit finden kann, so haben wir ja nicht gesagt, daß wir beschränkten, an die Sinne gebundenen Menschen in jedem Dinge Schönheit finden, sondern daß jedes Ding schön ist, d. h. daß jedes Ding innere Gutheit besitzt und dadurch dem vernünftigen Geiste, der es klar erkennt, Grund zur Freude wird." Die Richtigkeit des Schlußsatzes habe ich an mir selbst erfahren, als mir R. Hartig und Remelé vor nun bald 32 Jahren die „innere Gutheit" des Stückes Holz und des Gesteins so klar wiesen, daß ich mir kaum noch vorstellen kann, wie jemand dergleichen nicht schön findet. Für das Gebiet der Tierwelt hat mir Altum die Augen geöffnet und zwar in solcher Weise, daß ich, vom Verständnis der Natur ausgehend, zur rechten Würdigung eines Kunstwerkes gelangt bin. Nach Eberswalde reisend besah ich in Berlin die berühmte Gruppe von Kiß, den St. Georg im Kampfe mit dem Drachen. Das Kunstwerk aber ließ mich kalt. Es war mir unverständlich, daß der Ritter sich des Schwertes zum Kampfe nicht bedienen wollte. Auf der Heimreise sah ich aber die Gruppe mit anderen Augen. Nun war mir der Drache belebt, nachdem mir Altum das Verständnis für die Kampfmittel der Tierwelt erschlossen hatte. Da war es mir mit einem Blicke klar, daß der Ritter mit dem Schwerte gegen dieses so gewaltig gerüstete Ungetüm nichts auszurichten vermöchte, daß nur der Beistand jener höheren Gewalt, die in der Kreuzesfahne ihr Sinnbild hat, ihm den Sieg verleihen kann.

Kunstverständnis und Naturverständnis ergänzen sich also, wie dies Beispiel zeigt, in schönster Weise.

Viertes Kapitel.

Farbenlehre der Landschaft.

Die Farbenlehre der Landschaft ist eine heikle Sache, hinsichtlich deren man erst nach einigem Studium mit sich ins klare kommt.

Zum Sehen bedürfen wir des Lichtes, aber die Lichtstrahlen selbst können wir nur dann wahrnehmen, wenn sie direkt unser Auge treffen. Deshalb können wir den Weg eines Lichtstrahles durch den Raum nur dann verfolgen, wenn der Strahl unterwegs Körper trifft, die er beleuchten kann. In vollkommen reiner Luft können wir den Weg des Lichtes also nicht verfolgen, wohl aber da, wo Trübungen vorhanden sind. In geschlossenen Räumen leisten diesen Dienst am häufigsten und oft sehr anmutig die Sonnenstäubchen, im Freien die Wasserbläschen der Wolkengebilde oder des Nebels.

In zweierlei Art kann das Aufleuchten der bestrahlten Gegenstände geschehen, nämlich indem sie einen Teil des empfangenen Lichtes von ihrer Oberfläche zurückwerfen, z. B. Metallsplitter, oder indem sie vom Lichte ganz durchtränkt gewissermaßen selbstleuchtend werden. Beides kann gleichzeitig stattfinden, wie z. B. an Eiskristallen wahrzunehmen ist. — Wenn man Wiesen und Teiche als Lichtquellen der Landschaft, — in übertragenem Sinne als Augen der Landschaft — bezeichnet, so trifft dies deswegen zu, weil Gewässer und Gräser einen guten Teil des ihnen zuströmenden Lichtes wieder abgeben. Durch Lichtwirkung können sehr kleine Körper unverhältnismäßig große Bedeutung gewinnen, wenn sie mehr Licht als ihre Nachbarschaft zurückwerfen, oder durch reichliche Lichtaufnahme selbstleuchtend zu werden scheinen. Besitzen sie dabei die Gabe, das Licht farbig zu brechen, dann ist die höchste Vollkommenheit erreicht. Am meisten bewundert habe ich in dieser Hinsicht Harztropfen, wie sie an frischen Abschnitten von Kiefernstämmen im Sonnenlichte

Abb. 4. Lärchenbäume im durchscheinenden Licht (Pontresina).

schillern. Ich glaube, daß sie an farbigem Glanz sogar die Tautropfen weit übertreffen, die in der Sonne doch auch wie Edelsteine leuchten. Ein frischbetauter Spinnwebfaden in der Morgensonne kann unsere Blicke bisweilen stärker fesseln, als die großen pflanzlichen Gebilde, zwischen denen er gespannt ist. Unendlich großartiger ist natürlich das Aufleuchten ganzer Baumwipfel, wenn sie früher und lichter als ihre Nachbarbäume im ersten Strahl der Morgensonne vom durchscheinenden Licht selbstleuchtend werden. Die hier eingeschaltete Abb. 4 kann den Reiz der herrlichen Erscheinung leider nur zum Teil wiedergeben.

Nicht nur die Lichtbilder, auch die Schattenbilder haben ihre Reize. Wundervoll zierlich erscheint auf dem Boden die Schattenprojektion niedrig herabhängenden Laubwerkes und gewaltig malt der überfallende Sonnenstrahl

„auf den glänzenden Matten
der Bäume gigantische Schatten“.

Auf den Unterschieden der Lichtstärke beruht die Schönheit vieler landschaftlicher Eindrücke. Schatten und Dunkelheit steigern, wie schon Gilpin treffend bemerkte, den erhabenen Eindruck des Waldes. Böcklin hat auf seinem berühmten Bild „das Schweigen im Walde“ nur fünf Stämme gemalt, und doch glaubt man einen großen Wald zu sehen; denn die hinter den Stämmen gelagerte Dunkelheit versinnbildlicht uns die Tiefe des weit sich erstreckenden Forstes.

Bei schwachem Licht vermag unser Auge besser die Unterschiede der Lichtstärken abzumessen, als bei greller Beleuchtung; darum kommt uns beim Mondschein der Unterschied zwischen hell und dunkel besonders groß vor. Lenau in seinem berühmten Vers von der Birke hat das feinfühlig zur Geltung gebracht. Bei Tage wird uns die Helligkeit der Birkenrinde nicht so auffällig, wie in mondheller Nacht. — Längst kennen die Künstler das eben angeführte Gesetz. Wenn sie die Gruppierung von Laubmassen studieren wollen, dann wählen sie mit Vorliebe den Beginn der abendlichen Dämmerstunde. Alsdann sondern sich die belichteten Teile des Laubdaches am deutlichsten von den beschatteten.

Sehr zierlich sieht man bisweilen die Schattenbilder des Laubwerks dem Waldboden eingewebt; wo aber das Kronendach so dicht geschlossen ist, daß die Sonnenstrahlen nur ganz vereinzelte kleine Lücken finden, da malt das Licht keineswegs ein Bild der Eingangspforten auf den Boden, im Gegenteil! Wir sehen auf dem Waldboden belichtete Kreise, die aber bisweilen sich teilweis decken, wie Münzen, die man ungeordnet auf eine Tischplatte schüttet. Jeder rundliche Fleck ist ein kleines, liebliches Sonnenbild. Die Sache erklärt sich sehr einfach, wenn man das Laubdach als die Decke einer großen Camera obscura ansieht. Betritt man eine Camera obscura, dann erblickt das Auge das verkleinerte Abbild der lichtspendenden Außenwelt, jeden Gegenstand in Form und Farbe, die ihm eigen sind. Ganz so wie dort das Bild der Umgebung, so entstehen im Waldinnern die kleinen Sonnenbilder (Abb. 5).

So viel über das Tageslicht und den Schatten im Walde. — Ehe wir uns mit dem farbigen Lichte beschäftigen, muß ich einige Bemerkungen über das Sehen im allgemeinen vorausschicken.

Sehen wir einen Gegenstand an, so spiegelt sich auf der Netzhaut unserer Augen ein sehr kleiner Teil seiner Oberfläche (so z. B. von einem

Stück Wild nicht viel mehr als etwas von der Oberfläche derjenigen Haare, welche uns zugewendet sind), und wir sehen nicht, sondern zufolge unendlich oft wiederholter Wahrnehmungen wissen wir, daß diesen Gesichtseindrücken das Vorhandensein eines Körpers in der Richtung des Blickes entspricht. Wieviel beim Sehen Übungssache ist, erfährt man am besten in der Zeit, wenn die ersten Barthaare dem Rasiermesser zum Opfer fallen. Wie müssen wir es da erst lernen, was wir später doch bei

Abb. 5. Sonnenflecke. (Zu Seite 41.)

jedem Handgriff vor dem Spiegel unbewußt befolgen, daß wir jedes im Spiegel erblickte Bild erst umkehren müssen, damit es der Wirklichkeit entspreche. In gleicher Weise haben wir es in früher Kindheit einst lernen müssen, die Größe, die Entfernung, die gegenseitige Lage der Dinge richtig zu beurteilen. Dieser Studien erinnern wir uns freilich nicht mehr, jetzt, wo wir im Gegenteil gar nicht mehr vermögen, einem Rehbock gegenüber davon abzusehen, daß zu der uns zugekehrten Oberfläche ein Körper gehört, der Körper eines Tieres. Alles, was wir sonst noch von dem Tiere wissen, die Zierlichkeit seiner Bewegungen, seine Vorsicht, seine Eigenschaft als Jagdtier, das ruft uns der eine Blick so deutlich mit in das Bewußtsein, daß wir (wie der Sprachgebrauch sehr bezeichnend sagt) gar nicht davon absehen können. Das Sehen ist also mehr, als wir gewöhnlich uns klar machen, eine Kunst!

Geläufiger als von dieser Tatsache ist uns die Kenntnis von den optischen Vorgängen beim Sehen. Wir haben alle einen mehr oder weniger deutlichen Begriff davon, wie das Bild auf der fein verzweigten Netzhaut zustande kommt. Unsere Netzhaut ist nun aber nicht auf ihrer ganzen Ausdehnung in gleicher Weise empfindlich, vielmehr vermittelt, sowohl hinsichtlich der Formen als der Farben, nur ein sehr kleiner Teil von ihr ganz deutliches Sehen, weswegen wir unser Auge, weit mehr als uns selbst bewußt ist, hin- und herbewegen. Zwei dicht nebeneinander befindliche Gegenstände betrachten wir nicht gleichzeitig, sondern einen nach dem andern, allerdings in so schneller Folge, daß wir uns des Wechsels in der Augenstellung gar nicht erst bewußt zu werden pflegen; wollen wir dagegen einen bestimmten Punkt deutlich sehen, so müssen wir den Blick ihm zugewendet festhalten, was wir nicht nötig hätten, wenn die Wahrnehmungen im ganzen Umfang des Gesichtsfeldes gleich scharfe wären.

Dieser Umstand, daß wir vorwiegend nur einen kleinen Teil unserer Netzhaut und immer wieder denselben auszunutzen veranlaßt sind, ist insofern von Wichtigkeit, als die Netzhaut die Eigenschaft besitzt, an einen Lichtreiz, welcher Art er auch sei, sehr rasch sich zu gewöhnen und ihn dann schwächer zu empfinden, um im Augenblick darauf für den entgegengesetzten doppelt zugänglich zu sein.

Ähnlich, wie uns nach dem hellen Aufleuchten eines Blitzes eine dunkle Nacht noch finsterer vorkommt, so erscheint uns auch, nachdem wir einen hellen Punkt scharf angesehen, eine dunklere Fläche, wenn wir ihr unmittelbar den Blick zuwenden, weit lichtärmer, als sie ist, und umgekehrt. Was die Farben betrifft, so erscheint dem Auge, nachdem es deren eine betrachtet hat, jedesmal die entgegengesetzte, d. h. diejenige, welche die erstere zu Weiß ergänzt, um desto reiner. Rot also ist um so feuriger, wenn es von Grün umgeben ist, Blau steht mit Orange in vorteilhafter Wechselbeziehung, Gelb mit Violett usw.

Es ist hier der Ort, auf die Art, wie Farbenempfindung bei uns zustande kommt, etwas näher einzugehen: Nach dem gegenwärtigen Stande der Wissenschaft scheint es erwiesen zu sein, daß die feinen Nervenenden, welche die hintere Wand des Auges bekleiden, von dreierlei Art sind, daß nämlich die einen für Lichtwellen größerer Länge besonders empfindlich sind, die anderen für solche von mittlerer, die dritten für diejenigen von geringster Länge. Man nimmt nun an, daß die Unterschiede der Farbeneindrücke dadurch hervorgebracht werden, daß diese verschiedenen Nervenarten gleichzeitig in verschiedenem Verhältnisse erregt werden. Diese Hypothese erlaubt die Erklärung vieler sehr auffallender Erscheinungen, zunächst der Farbenblindheit, dann der Tatsache, daß sehr verschiedenartige Lichtmischungen einerlei Farbeneindruck hervorrufen können, wie z. B. dem Auge weiß erscheinendes Licht ebensogut wie aus der Gesamtheit aller Regenbogenfarben, auch durch die Mischung von nur zwei Komplementärfarben gewonnen werden kann.

Legen wir irgendeinen beliebigen roten Gegenstand, z. B. ein rotes Löschblatt, auf ein weißes Blatt Papier, betrachten wir es mit unverwandtem Blick etwa eine halbe Minute lang, und entfernen wir es dann rasch, so sehen wir auf der Stelle, welche es eingenommen, ein grünliches Nachbild erscheinen. Unsere Hypothese erklärt diese Erscheinung sehr einfach folgendermaßen: Die für die roten Lichtwellen besonders empfindlichen Nerven sind auf einem Teile der Netzhaut augenblicklich ermüdet, sie werden daher nur noch schwach von den im weißen Licht enthaltenen roten Strahlen erregt, und infolgedessen ist das Gleichgewicht der Lichtwirkungen, bei welchem wir das Papier weiß sahen, gestört. Daraus folgt, daß wir mit der ermüdeten Stelle der Netzhaut das Papier für einige Augenblicke nicht weiß, sondern farbig sehen. Die hergebrachte Bezeichnung für diese Erscheinung ist *sukzessiver Kontrast*. Außer diesem kennt man eine noch wichtigere Art des Kontrastes, den *gleichzeitigen*.

Wiederholen wir den eben angestellten Versuch, richten aber dabei unsere Aufmerksamkeit nicht allein auf das entstehende Nachbild, sondern auch auf die benachbarte Fläche des weißen Papiers, so bemerken wir, daß auch diese scheinbar nicht ohne Veränderung geblieben ist: Sie zeigt sich dunkler und trägt einen Anflug der Komplementärfarbe des Nachbildes, das ist diejenige Farbe, deren wir uns bedienten, um das Nachbild hervorzurufen, in unserem Falle also Rot. Vielleicht erklärt sich das ähnlich, wie jene oft gemachte Erfahrung, daß ungleiche Größen, dicht nebeneinander gestellt, der Leichtigkeit wegen, mit der wir ihren Unterschied wahrnehmen, meist falsch geschätzt werden; wie wir z. B. geneigt sind, einen großen und einen kleinen Herrn, wenn sie nebeneinander stehen, den einen für größer, den anderen für kleiner zu halten als er ist, wie es uns auch begegnet, daß wir rasch wechselnde Gefälleverhältnisse ganz falsch beurteilen. Geht auf einer Straße stärkeres Gefälle unmittelbar in sehr geringes über, so überschätzen wir die Differenz der Gefälle, wir halten, wenn wir nicht den Blick durch lange Übung geschult haben, die wenig geneigte Fläche für eben, vielleicht sogar für ansteigend und wundern uns dann nicht wenig, wenn wir eines schönen Tages Wasser in einem Wagengleis in entgegengesetzter Richtung laufen sehen, als wir erwartet hatten. Ähnlich mag es sich vielleicht erklären, daß wir selbst dann, wenn wir den Blick unverwandt festhalten, so daß also von nachfolgendem Kontrast nicht die Rede sein kann, Licht unmittelbar neben Schatten für heller, Schatten neben Licht für dunkler halten, als beide erscheinen, wenn sie durch Übergänge vermittelt sind. In bezug auf die Farben wird der Versuch mit dem Nachbild vielleicht nicht jedem gelingen, weil es nicht leicht ist, den Blick völlig zu fixieren, man kann aber an jedem Winterabend auf die bequemste Weise die Erscheinung des gleichzeitigen Kontrastes auch auf andere Art kennen lernen: Bringt man, während wir noch nahe am Fenster das letzte Tageslicht zum Lesen benutzen, die Lampe in das Zimmer, und trifft ihr Licht das eine Blatt des geöffneten Buches, während das andere dem Fenster zugekehrt bleibt, so erscheint uns das erstere rotgelb, das letztere auffallend und kräftig blau gefärbt, obwohl es nach wie vor von demselben weißen Licht beleuchtet ist. Wie nun auf solche Art Farben erscheinen, wo keine sind, so erfahren nach demselben Gesetz vorhandene Farben, wenn sie nebeneinander gestellt werden, eine bisweilen sehr auffallende Abänderung: Sie scheinen verschiedener, als sie es in der Tat sind.

Es bleiben uns nun noch zwei Eigenschaften unseres Auges zu erörtern: Wie für das Ohr tiefe Töne lauter sein müssen, um hörbar zu werden, als hohe, so müssen die Farben von größerer Wellenlänge das Auge lichtstärker treffen, als die vom entgegengesetzten Ende des Spektrums, wenn sie wahrgenommen werden sollen. Wir sehen daher einen Gegenstand ganz verschieden gefärbt, je nachdem wir ihn bei hellerem oder schwächerem Lichte betrachten: im ersten Falle nehmen wir vorwiegend seine rötlichen und gelben Farbentöne wahr, im letzteren mehr die blauen und violetten. Den Malern ist diese Unterscheidung sehr geläufig. Sie teilen die Gesamtheit der Farben in zwei Gruppen, welche sie als warme und kalte Farben bezeichnen. Der Name mag sich wohl davon herschreiben, daß die einen mehr im warmen Sonnenschein, die anderen auf der Schattenseite auftreten. In seiner klassischen Sprache nennt Gilpin sehr zutreffend, „das herrliche Geschlecht der Tinten“, welche bald wärmer, bald kälter vom frühen Morgen bis zum späten Abend die Landschaft von Minute zu Minute neu kleiden, „Kinder der Sonne". Er widmet ihnen eine umfangreiche Betrachtung.

Durch einen einfachen Kunstgriff kann man in der Landschaft die warmen Farben vorübergehend stärker hervortreten lassen, wodurch das Bild in ungeahnter Weise verschönert wird. Das allen Malern, aber sonst nur wenigen bekannte Verfahren besteht darin, daß man den Kopf tief herabneigt, so daß ein Blutandrang nach den Augen stattfindet. Alsbald gewinnt die Landschaft an Lebhaftigkeit und Tiefe der Farben, besonders im Hintergrund.

Die Scheidung in warme und kalte Farben deckt sich fast genau mit der Sonderung in vortretende und zurücktretende. Die verschiedene Brechbarkeit der Lichtstrahlen, welche durch das Spektrum aufgewiesen wird, macht sich natürlich auch in den Medien unserer Augen geltend, und wir müssen daher den optischen Apparat derselben anders einstellen, je nachdem wir es mit Lichtstrahlen von mehr oder minder brechbarer Natur zu tun haben, vorausgesetzt, daß die Quellen, denen sie entstammen, gleich weit von uns entfernt sind. Legen wir einen blauen und einen roten Faden nebeneinander, so können wir nicht von beiden gleichzeitig den Verlauf der Gespinstfasern mit dem Auge verfolgen, sondern wir müssen für den roten das Auge so einstellen, als ob er näher, für den blauen, als ob er ferner wäre. Wir verfallen dann leicht in den Irrtum, zu glauben, daß der eine in der Tat näher sei, als der andere.

Der Eindruck kann noch gesteigert werden, wenn die vortretenden Farben gleichzeitig heller gehalten werden.

Die Maler, welche die verschiedensten optischen Täuschungen sich zunutze machen, um uns die Ebenheit ihrer Tafel vergessen zu lassen, wissen aus diesen Verschiedenheiten der Farbenwahrnehmung Vorteil zu ziehen.

Bis hierher bin ich in der glücklichen Lage gewesen, meine Ausführungen im wesentlichen an wissenschaftlich erwiesene Tatsachen anzuschließen, leider läßt uns aber die Physiologie bei einer der wichtigsten Fragen, die wir noch vor uns haben, fast gänzlich im Stiche, bei der Frage nämlich, warum von den möglichen Farbenzusammenstellungen so viele unser Mißfallen erregen. Die Farben, namentlich die reinen, sind ziemlich unverträglich. So sieht Grün neben Gelb sowohl als neben Blau nicht gut aus, wie denn schon Goethe die erstere Zusammenstellung als gemeinheiter, die letztere als gemeinhäßlich bezeichnete. Dies Urteil ist kaum zu streng. Denken wir uns den Rock eines

Gendarmen der goldenen Tresse beraubt, welche den blauen Aufschlag vom grünen Ärmel trennt, er würde abscheulich aussehen. Nur wenn sie ganz dunkel sind, vertragen sich Grün und Blau leidlich, wie die schottischen Tücher beweisen.

Im allgemeinen mißfällt die Nebeneinanderstellung von Farben, welche gegenseitig nahe verwandt sind, ohne sich doch so sehr zu gleichen, daß man sie als bloße Schattierungen einer und derselben Farbe auffassen kann, zwischen denen also weder eine genügend bestimmte Scheidung, noch eine enge Zusammenfassung möglich ist. Kann man nicht vermeiden, sie einander nahe zu bringen, so muß man wenigstens eine schmale Trennungslinie mittelst einer Schattenlinie oder durch Weiß oder einer anderen, zu beiden zupassenden Farbe einschalten. W e l c h e F a r b e n p a s s e n n u n a b e r u n b e d i n g t z u e i n a n d e r? Am ersten sollte man es von den Komplementärfarben vermuten, weil wir von ihnen wissen, daß sie durch Kontrast ihre Reinheit (oder, wie die Künstler sagen, ihre Sättigung) erhöhen, und dieser Schluß erweist sich auch insofern als zutreffend, als sie niemals schlecht miteinander aussehen, jedoch wird man mittelst derselben die allerbesten Zusammenstellungen noch nicht erzielen. Diese aufzufinden, vermag nur der gute Geschmack, nicht die Wissenschaft, und das ist auch natürlich; denn wir erinnern uns, daß Freiheit ein Haupterfordernis für alle höheren Stufen der Schönheit ist, und daß die Fülle der Schönheit daher den mathematisch berechenbaren Formen und Verhältnissen nicht innewohnt. Ebenso, wie rechtwinkelige Kreuzungen minder schön sind als manche andere Winkel, Kreisbogen minder schön sind als freiere Kurven, ebenso wird auch die Zusammenstellung der miteinander in genau sich ergänzender Beziehung stehenden Komplementärfarben als die beste nicht angesehen werden können.

F ü r d i e M e h r z a h l d e r F ä l l e g e n ü g t e s a b e r n o c h n i c h t, d a ß d i e F a r b e n, w e l c h e m a n w ä h l t, z u e i n a n d e r p a s s e n, e s k o m m t n o c h s e h r v i e l d a r a u f a n, d a ß m a n s i e v e r n ü n f t i g, j e d e e i n z e l n e a u f e i n e p a s s e n d e S t e l l e, v e r t e i l t. Wir müssen daher noch die Grundsätze kennen lernen, von welchen sich in dieser Hinsicht die dekorative Kunst leiten läßt. Von ihr können wir für unsere Zwecke mehr lernen, als von der Malerei, denn während letztere einen gefälligen S c h e i n hervorzaubert, will die erstere, ganz wie die Natur, daß die W i r k l i c h k e i t gefalle, indem sie die Gegenstände, welche der Mensch zu seinem Gebrauche herstellt, durch Formen und Farben, die über das Maß des unbedingt Notwendigen hinausgehen, zu bereichern und zu beleben sucht. Diese Belebung muß aber mit dem zu schmückenden Gegenstande in einem leicht verständlichen innigen Zusammenhange stehen, sie muß uns das Verständnis des Gegenstandes nach Form und Wesen erleichtern. *Den bevorzugteren Stellen werden daher auch die ausdrucksvolleren Farben zuzuweisen sein.* Von diesem Gesichtspunkte aus hat man sich die Farben in drei Klassen geteilt zu denken, nämlich:

I. Gold, Silber, schwarz, weiß (wir rechnen diese in der Folge dem gewöhnlichen Sprachgebrauch gemäß mit zu den Farben) und an Stelle des Goldes: gelb.

II. Die gesättigten Farben, d. h. die mehr oder weniger reinen Spektralfarben, in natürlicher Helligkeit.

III. Die gebrochenen, d. h. die mit anderen Farben gemischten, die dunkeln und die blassen Farben. Letztere sind solche, welche mit einem reichlichen Anteil weißen Lichtes gemischt sind.

Ein naheliegendes Beispiel für die glückliche Befolgung dieser Regeln bieten uns die forstlichen Uniformen: Das Tuch der Walduniform trägt eine gebrochene Farbe, gehört also in die dritte Klasse. Zur Ausschmückung sind der Kragen und die Biese aus der nächsthöheren, der Klasse der reinen Farben, gewählt, sie sind grün. Die Interimsuniform dagegen, deren Tuch selbst schon der zweiten Klasse angehört, erhält durch die goldenen Knöpfe einen Schmuck aus der ersten Klasse.

Auch die Militär-Uniformen lassen die Befolgung des gleichen Gesetzes deutlich erkennen.

Gegen die Angemessenheit der eben aufgestellten Klasseneinteilung lassen sich Bedenken kaum erheben, um so interessanter ist aber *die Frage, welche Verhältnisse gewissen Farben die allgemein zugestandene bevorzugte Stellung einräumen.* Teilweis mögen *physiologische Eigenschaften unseres Auges* den Ausschlag geben: der metallische Glanz, Weiß und Gelb als die hellsten Farben mögen das Auge besonders anreizen, ähnlich die reinen Farben des Spektrums, aber auch andere Gründe sind sicherlich mit im Spiele. Auf diese wird später zurückzukommen sein.

Die sogenannten *gebrochenen Farben* bringt übrigens die dekorative Kunst gern in der Weise hervor, daß sie die Farbstoffe nicht mischt, sondern sie in feinen Linien oder Punkten so dicht nebeneinander aufträgt, daß das von ihnen ausgehende farbige Licht aus einiger Entfernung für das Auge des Beschauers zu einer Gesamtfarbe verschmilzt. Abschattierungen der Helligkeit werden nicht selten in gleicher Weise erzielt, indem man weiße oder schwarze Linien auf den farbigen Grund aufträgt, und es ist einleuchtend, daß auf solche Art der harmonische Eindruck der Zusammenstellungen gewährleistet wird.

Man braucht, um das zu sehen, nicht bis zur Alhambra zu reisen, so mancher Kleiderstoff, so manche gewebte Tischdecke bieten vorzügliche Beläge.

Ich muß übrigens darauf aufmerksam machen, daß die vorstehend entwickelten Regeln der Polychromie nur unter der Voraussetzung gelten, daß überhaupt eine vielfarbige Ausstattung angezeigt ist. Es unterliegt also keinem Zweifel, daß ein bunter Rock nur nach ihren Gesetzen zusammengestellt werden darf, es soll aber keineswegs gesagt sein, daß ein solcher unter allen Umständen schöner sei, als ein einfarbiger. Die Wilden im Urwald und die Ästhetiker im Studierzimmer verkennen das bisweilen, die einen, indem sie sich tätowieren, die anderen, indem sie zu unbedingt das „farbenfrohe" Mittelalter zurückrufen möchten.

Wir sind jetzt endlich so weit gelangt, zu den Nutzanwendungen übergehen zu können.

Beginnen wir mit einer Betrachtung der Besonderheiten, der einzelnen Pflanzenteile, so finden wir an ihnen die Regeln, nach denen auch der Mensch zu Werke geht, wenn er einen Gegenstand farbig schmückt, mit wunderbarer Genauigkeit beobachtet. Es drängt sich uns hier sogleich die Frage auf, wie die Übereinstimmung dessen, was die Natur uns bietet, mit den Anforderungen unseres Schönheitsgefühls zu erklären ist.

Hierauf weiß ich keine andere Antwort, als die Bezugnahme auf den Seite 17 und 19 versuchten Nachweis, daß unser Schönheitssinn nach denselben Vernunftgesetzen, wie das übrige Dasein, hervorgebracht ist. Man könnte auch umgekehrt sagen: In der Natur herrschen die nämlichen Gesetze, welche für unsere Vernunft maßgeblich sind.

In diesem Sinne spricht sich auch Hermann aus wie folgt: „Das allgemeine Urteil des Menschen über den ästhetischen Wert einer Farbe aber schließt sich zuletzt auch überall in einer nicht zu verkennenden Weise an an die Stellung derselben in der ganzen Einrichtung oder Ökonomie der Verteilung der Farben an die verschiedenen Gebiete oder Provinzen der Erscheinung in der Natur. Auch die Natur bedient sich der Farben mit einer bestimmten Bedeutung oder Vernunft zur Illustrierung des Wesens der äußeren Dinge. Jede Farbe beherrscht im allgemeinen in der Natur oder der Objektivität einen bestimmten Kreis von Gegenständen oder Erscheinungen und sie wird ebenso auch in der Subjektivität oder im menschlichen Leben vorzugsweise auf einen bestimmten Kreis von Gegenständen, Zwecken und Begriffen in Anwendung gebracht. Dieser letztere Kreis aber schließt sich gewissermaßen immer als eine Fortsetzung oder Abspiegelung an jenen ersteren an. So schließt sich z. B. der ästhetische Wert der blauen Farbe für uns gewiß zunächst an die allgemeine Bedeutung oder den Charakter der objektiven Naturerscheinung des Himmels an. Es ist hier an und für sich ein weites Gebiet der empirischen Beobachtung des wirklichen Vorkommens und des sich hieran anschließenden ästhetischen Wertes der Farben eröffnet. Allerdings ist die Farbe an und für sich nichts als ein bloßer leerer Schein für das Auge, aber wir legen doch unwillkürlich diesem Schein eine Realität bei und es hängt derselbe auch in einer notwendigen und organischen Weise zusammen mit der ganzen Natur der uns umgebenden Dinge."

Von diesem Standpunkt aus unsere Untersuchungen wieder aufnehmend, weit abgewendet von kaltem Materialismus, wie Roßmäßler ihn vertritt, werden wir unsern Stoff nur noch interessanter finden, denn gesetzmäßiges Walten steht höher, als die Fügungen des blinden Zufalles.

Zunächst erinnern wir uns, daß die Farbenverteilung an den Gewächsen keine zufällige ist.

Wir wissen es für unendlich viele Einzelfälle nachzuweisen, daß bestimmte Farben an ihrer Stelle ganz bestimmten Zwecken dienen, und man darf daher wohl die Behauptung wagen: Jede Farbe dient einem bestimmten Zweck. Wo sie nun wichtigeren Lebensverrichtungen dienen, da müssen wir auch den wirksameren Farben begegnen, und auf diese Art ist die schönste Ordnung gewährleistet. Die Rinde, welche nur umschließt und schützt, entbehrt der hellen und reinen Farbentöne, das Laub, welches den rohen Stoff in organischen verarbeitet, steht schon eine Klasse höher. Blüten und Früchte sollen Insekten und Vögel heranlocken, damit sie der Pflanze unentbehrliche Dienste leisten; sie sind daher so gefärbt, daß sie deren Auge besonders reizen. Demgemäß tragen sie dieselben Farben, welche wir als solche, die auch unsere Sehnerven besonders in Anspruch nehmen, in die höheren Klassen stellten, nämlich die reinen Farben und die durch die eigenartige Beschaffenheit der Oberfläche mit Glanz ausgestatteten. Bei den Samen fehlt sogar das Schwarz nicht, welches auf das Auge des Samen verbreitenden Vogels wie auf unsere Sinne kräftig einwirkt, weil es in der Natur selten vorkommt.

Es erscheint uns nun nicht mehr wunderbar, daß wir den ersten

Grundsatz der Polychromie, die Verteilung der Farben nach verschiedenen Gruppen, je nach der Bedeutung des Pflanzenteils von der Natur so genau beobachtet sehen; in anderer Hinsicht bemerken wir jedoch, daß sich die Natur viel freier als die menschliche Kunst bewegt. Nah verwandte Farben stellt sie sehr oft nebeneinander, ohne den Eindruck des Gemeinen zu fürchten, und doch hat die gelbe Blüte des Hahnenfußes auf grüner Wiese, das blaue Vergißmeinnicht am grün bewachsenen Grabenrand, das grüne Blatt der Seerose auf dem blauen Wasserspiegel gewiß noch niemals jemandem mißfallen.

Sehen wir zu, warum in der Natur angeht, was in der Kunst mißfällt. Zur Erklärung erlaube ich mir an eine alltägliche Beobachtung zu erinnern: Es fällt uns sehr unvorteilhaft auf, wenn einmal am Anzug eines Menschen die Farben nicht zusammenpassen, wogegen man kaum je beachtet, ob die Farbe eines Sofaüberzuges zum Anzug dessen paßt, der eben darauf sitzt. Wir sind also in Hinsicht der Farbenzusammenstellung nur dann von strengem Urteil, wenn uns die Gegenstände, denen die Farben anhaften, veranlassen, diese einheitlich zusammenzufassen. Solcher Zusammenfassung entzieht sich nun die Freiheit der Natur. Daß hierin in der Tat zum großen Teile der Zauber beruht, mittelst dessen sie Unschönes vermeidet, erfahren wir sofort, sobald wir die Pflanzen zu Menschenwerk benutzen wollen. Vereinigen wir Blumen zu einem Strauß oder auf ein Beet, so dürfen wir nicht ungestraft Rose und Feuerlilie, Pelargonium und Phlox zusammen stellen. Am gefährlichsten erweisen sich die Teppichbeete mit ihren eng aneinander gerückten, scharf begrenzten Farben. Vor solchen Wagnissen hütet sich die Natur sorglich. Scharfe Begrenzungen drängt sie uns nicht auf, sondern sie läßt uns völlige Freiheit darin, was wir aus der Fülle, die sie bietet, zusammenfassen wollen. Da fällt es dann dem aufmerksamen Auge auf, wenn einmal etwas so ganz besonders hübsch zueinander stimmt, und das fassen wir zusammen, dagegen sehen wir über das minder Schöne leicht und gern hinweg. Das Vergißmeinnicht nehme ich in die Hand — und freue mich des herrlichen Blau, des schönen Gelb in der Mitte der Blume und des feinen weißen Saumes, welcher beide Farben sauber auseinander hält; ich beachte auch die schöne Abstufung der Farbentöne, wie sie zwischen den jüngsten rosa-roten und den älteren blauen Blüten stattfindet; aber man empfindet es durchaus nicht störend, wenn wirklich einmal die blauen Blumen zu dem Laub irgendwelcher saftgrünen Nachbarpflanze nicht passen. Das stumpfe Grün der eigenen

Blätter bietet den viel helleren und leuchtenderen Blüten eine sehr gute Unterlage.

Noch ein zweites, den Lesern vielleicht geläufigeres Beispiel will ich anführen: das Blaugrün der im Spätherbst entblätterten Blaubeerstengel und das Gelbgrün der Moose im Kieferwald passen ganz entschieden schlecht zueinander, aber wer bemerkt das? Höchstens wer eben einen Aufsatz wie den vorliegenden gelesen hat oder selbst schreiben will. Hier gehen die beiden Pflanzen unvermerkt ineinander über, dort trennen sie Farnkraut und absterbende Gräser und in der Ferne verschmelzen die kleinen Horste und Teppiche dem Auge so völlig zu einer gleichmäßig grünen Decke, daß wir uns dieses Schmuckes unserer lieben Kiefernwälder herzlich freuen, ohne auch nur im mindesten an den im Vordergrund wahrnehmbaren Einzelheiten herumzukritteln.

Gerade die verschiedenen Abstufungen des Grün sind übrigens unter sich unverträgliche Farben. Das wissen die Maler sehr wohl und darum finden wir auf jeder Ausstellung gewiß zehn Bilder mit braunen oder violetten Bäumen, ehe wir einem mit grünen Bäumen begegnen, und stammt dieses dann nicht von erster Meisterhand, so pflegt das Publikum gar nicht erst genau hinzusehen, es ruft alsbald aus: „der reine Spinat" und schreitet fort zu allen anderen Farben, nur nicht zu Grün.

Wenn es nun der Natur trotz solcher Sprödigkeit ihrer Hauptfarbe dennoch gelingt, uns immer zu befriedigen, so muß sie noch mehr Vorteile, als die eben kennen gelernten, vor dem Künstler voraushaben, und das ist auch in der Tat der Fall. Sie besiegt uns durch ihre Art zu mischen, zu verbinden und zu trennen.

In wie großartigem Maße bedient sie sich allenthalben des für den Künstler immer beschwerlichen Kunstgriffes, Mischfarben in der Weise herzustellen, daß sie auf den gefärbten Grund in feinen Linien oder Punkten andere Farben aufträgt.

Will sie das Grün nach weiß, nach schwarz, nach blau, rot oder gelb hin abtönen, so überkleidet sie die Blätter und Stiele mit feinen Haaren oder Drüsen, oder sie durchzieht sie mit Adern von der erforderlichen Farbe; und im Großen: wie reich und dabei wie vorsichtig stickt sie den Teppich der Wiesen! Nie läßt sie eine Farbe plötzlich auftreten, erst bringt sie sie in wenigen Punkten, dann reichlich, hier ganz herrschend, dort verschwindend und einer andern Platz machend. So versteht sie es einzurichten, daß alle jene Tausende von Farbentönen, welche die Wiese vom Frühjahr bis zum Herbst durchläuft, nie auch nur einen einzigen Mißton aufweisen. Das Stahlblau des Fuchsschwanzes, das Gelb des

Hahnenfußes, das zarte Rosa des Wiesenschaumkrautes und das helle Violettgrün des Honiggrases, das bräunliche Blau der Molinie, das Rot der Nelken, alle erhalten ihren Raum, und jede Farbe findet ihren Übergang zur anderen vermittelt.

Ganz ähnlich entsteht das herrliche Farbenspiel auf schwach vom Wind bewegter Wasseroberfläche, indem die besondere Farbe der Wellen und ihr verschiedener Glanz sich dem einheitlichen Grundton der Fläche einwebt.

Derartig Meisterin in feinsten Abstufungen und zartesten Mischungen greift die Natur zu dieser ihrer Kunst immer da, wo sie die vollendetste Schönheit darstellen will, wo sie gleichzeitig durch Form und Farbe zu wirken beabsichtigt; denn rein nebeneinander gestellte ungemischte Farben ziehen die Aufmerksamkeit zu sehr auf sich und bringen nicht selten dem Gesamteindruck Schaden. So ist die Waldschnepfe zweifellos schöner als der Papagei, und die Natur wußte wohl, was sie tat, als sie der Eiche und Buche den Blütenschmuck versagte, welchen sie der Saalweide, dem Schlehenstrauch, dem Seidelbast geschenkt hatte.

Die feinen Übergänge sind übrigens zum Teil nicht an den Gegenstand selbst gebunden, vielfach entstehen sie erst dadurch, daß Laub, Wasser und Luft das Licht, welches durch sie hindurchgedrungen ist, oder welches von ihnen zurückgeworfen wird, nicht ungefärbt lassen. Sie geben ihm einen vermittelnden Ton, welchem die Landschaft ganz wesentlich ihren einheitlichen Charakter verdankt. So paßt z. B. das kalte Weißgrau der Buchenstämme nicht gut zum warmen Grün des Buchenlaubes, man kann das aber in der Natur niemals bemerken, weil die Rinde von der Krone aus vom durchgehenden und zurückgeworfenen Licht einen wärmeren, besser zupassenden Ton erhält. Daß hierauf wirklich viel ankommt, beweist mir das sorgfältig genaue Porträt einer alten, durch einen prachtvoll knorrig gestalteten und auffallend hellen Stamm ausgezeichneten Posteler Buche. Diesem Stamme nun hat der Künstler eine ganz besondere Sorgfalt zugewendet, es ist ihm aber vielleicht gerade deswegen begegnet, daß er ihn in der Farbe malte, welche der Rinde eigentümlich ist (weißes Licht vorausgesetzt), nicht aber so, wie er ihn draußen sah. Die Folge ist nun, daß der weißliche Stamm etwas fremdartig in der Landschaft steht. Daß dies in der Tat die Ursache des Mißerfolges ist, davon überzeugte ich mich eines Tages, als ich zufällig eine blaue Brille trug, und durch diese hindurch den Stamm nicht mehr grell abgesondert und infolgedessen das ganze Landschaftsbild harmonisch gefärbt erblickte.

Wie konnte nun, wird man fragen, der Maler den Verstoß begehen, etwas anders zu malen, als er es sah? Ich glaube, das erklärt sich sehr einfach: Als er im grünen Wald skizzierte, da gewann seine Tafel denselben Vorteil wie die Natur, indem sich gefärbtes Licht über dieselbe ergoß, und dieses verlieh seinen Farben eine Harmonie, welche sie im weißen Lichte wieder einbüßen mußten. Ähnliche Erfahrungen können wir am Wasser machen. Dort sind es auch die durch Spiegelung hervorgerufenen schönen Übergänge, welche die Möglichkeit einer unvorteilhaften Zusammenstellung des dem Wasserspiegel eigentümlichen Blau mit dem Grün der Pflanzenwelt ausschließen. Das Spiegelbild der letzteren schiebt sich vermittelnd zwischen beide Farben ein. Theoretische Betrachtungen kann man nicht oft genug mit den Erscheinungen der Wirklichkeit vergleichen. In bezug auf den letzten Satz fand ich, als er eben niedergeschrieben worden, alsbald Gelegenheit zur Prüfung seiner Richtigkeit. Ich sah auf einer größeren Wiesenfläche nach heftigem Regen eine Anzahl kleiner Wasserpfützen stehen, von denen jede, entsprechend der Stelle des Himmels, die sie abspiegelte, eine verschiedene Farbe hatte. Die rötlich leuchtenden waren zweifellos die hübschesten, doch auch die bläulichen nahmen sich auf der grünen Wiese sehr gut aus, obwohl nicht die geringste Übergangsfarbe durch Spiegelung, auf welche ich den harmonischen Eindruck (für die Mehrzahl der Fälle wohl mit Recht) eben zurückführte, wahrnehmbar war, denn das Gras war vom Weidevieh zu kurz abgehütet, als daß sich davon etwas hätte spiegeln können. Nun wurde mir alsbald klar: das blaue Wasser und die grüne Wiese paßten deswegen recht gut, weil ihre Lichtstärken so sehr verschieden waren. Man wird sich erinnern, daß ich die Erklärung des schlechten Eindrucks gewisser Farbenzusammenstellungen darin glaubte suchen zu dürfen, daß wir ihnen gegenüber in Verlegenheit geraten, ob wir sie als verschiedene Farben oder als Schattierungen derselben Farbe auffassen sollen. Im vorliegenden Falle nun erleichtert uns der große Unterschied der Lichtstärke das Sondern und beseitigt jede störende Verschwommenheit.

Daß diese Erklärung wohl die richtige sein möchte, wurde mir um so wahrscheinlicher, als ich mir die Wiese als Teil eines Landschaftsgemäldes dachte. Ich mußte mir da sagen, daß ganz gewiß auf der Leinwand die Farben der Wirklichkeit nicht unverändert hätten wiedergegeben werden dürfen, ohne unschön zu werden. An einem sonst sehr schönen Bilde auf einer Breslauer Gemäldeausstellung konnte ich mich von der Richtigkeit dieser Vermutung überzeugen. Das Bild stellte einen

Alpensee mit herrlich grünem Wasserspiegel dar. An einer Stelle im Hintergrund war die Oberfläche des Sees offenbar durch einen aus einem Seitental zuströmenden Luftzug bewegt gewesen, und die Wellen spiegelten dort das klare Blau des Himmels wieder. Es gehört nur wenig Phantasie dazu, um sich vorzustellen, wie schön das in Wirklichkeit gewesen sein muß, auf dem Bilde aber standen die beiden Farben sehr schlecht miteinander, offenbar, weil der Maler nicht über so große Unterschiede in der Lichtstärke verfügt, wie die Wirklichkeit. In ähnlicher Weise wird zu erklären sein, daß die Gipfel der Bäume so schön zum Blau des Himmels passen, wobei aber noch zu bemerken ist, daß in der Regel die Kronen der Bäume gegen den Horizont gesehen werden, wo der Himmel meist andere Farben zeigt als reines Blau, während andererseits die Blätter über dem Beschauer ausgebreiteter Laubpartien im durchscheinenden Licht einen gelblichen Ton erhalten.

Wo es gilt, Gegensätzliches zu vereinen, da steht der Natur noch ein überaus wichtiges Mittel zu Gebote: die Luftperspektive. Niemals ist die Luft ganz rein; sie enthält immer, wenn auch in ganz kleinen Mengen, Wasserbläschen und andere Trübungen, welche je nach ihrer Zahl und Größe und nach der jedesmaligen Stellung der Sonne einen mehr oder weniger bemerkbaren Einfluß ausüben. Vorgelagert vor ferne Gegenstände werfen sie einen Teil der von diesen ausgehenden Lichtwellen wieder zurück und lassen statt deren andere Strahlen, welche sie von anderen Lichtquellen, hauptsächlich von dem blauen Himmel oder den Wolken aus empfangen, in unser Auge gelangen. Diesem Verhältnis ist es zuzuschreiben, daß wir die Ferne nach einerlei Gesetz mit abnehmender Deutlichkeit der Farben in so wundervoller Einheitlichkeit abgestuft sehen, die meilenweite Ferne nicht nur, sondern schon weit geringere Abstände, als wir gewöhnlich glauben. Man hat nur nötig, ein Bild von Böcklin, welches der roten Farbe der Gewänder gegenüber die Luftperspektive geflissentlich außer acht läßt, zu betrachten, um sich den Unterschied zwischen dem Bilde und den in der Wirklichkeit möglichen Farbenzusammenstellungen und zugleich die Vorzüge der Wirklichkeit klar zu machen.

Die Mittel, welche wir bisher kennen lernten, genügen der Natur, um die große Fülle von Harmonie und Schönheit darzustellen, deren wir uns alltäglich erfreuen; bisweilen aber stellt sie sich zur Aufgabe, durch schärfer gespannte Gegensätze mächtiger auf uns einzuwirken. Vorzüglich gilt das von den Morgen- und Abendbeleuchtungen, welche den Tag in festlicher Weise einleiten und abschließen. Wie kommt es nun, daß wir auch in solchen Bildern, welche die schärfsten Kontraste zeigen, niemals die Harmonie verloren gehen sehen?

In der Ebene sind die schönsten Beleuchtungseffekte wohl bei Sonnenuntergang im Kiefernwalde zu treffen; nehmen wir diese daher zum Beispiel, um an ihnen das Gesetzmäßige der Erscheinung nachzuweisen. Wer es zum ersten Male erblickt, wie sich die Kronen älterer Kiefern im Schein der scheidenden Sonne in herrliche Farbenglut kleiden, der wird wohl, von gehöriger Hochachtung vor den ehrenwerten Bäumen erfüllt, nach den Pinien des Südens zunächst kein Verlangen tragen. Wie geht es nun zu, daß das für gewöhnlich so bescheidene Kleid unserer Freundin plötzlich so reich geschmückt erscheinen kann?

Aus den vorangeschickten physiologischen Betrachtungen ist die Erklärung jetzt sehr leicht abzuleiten, und die im Eingang vielleicht zu groß erschienene Ausführlichkeit kommt uns nun zugute. Es genügt jetzt, daran zu erinnern, daß reichliches Licht den warmen Farben zustatten kommt, spärliches den kalten. Wir vergegenwärtigen uns ferner, wie nachfolgender und gleichzeitiger Kontrast diesen Unterschied der Farbengebung mächtig steigern, und endlich erkennen wir in dem vortretenden und zurücktretenden Verhalten der entgegengesetzten Farbengruppen die Ursache, welche das beschattete Innere des Waldes weiter zurückschiebt und somit dem Landschaftsbilde auch räumlich größere Unterschiede verleiht, als ihm in der Wirklichkeit eigen sind.

Das einfache Beispiel gibt uns also die Antwort auf obige Frage: die Farbenkontraste der Abendbeleuchtungen gehören nur zum kleinen Teil der Wirklichkeit an, zum größeren Teile finden sie ihre Entstehung durch Eigenschaften unseres Gesichtssinnes, und darum ist es nur natürlich, daß sie unserem innersten Wesen genehm sind, daß sie uns wohlgefallen.

Zu lehrreichen Beobachtungen in dieser Richtung bietet auch die Winterlandschaft Gelegenheit. So paradox es klingt, verdankt gerade diese ihren Hauptreiz den Farbenkontrasten, welche zwischen den beleuchteten gelblich oder rötlich erscheinenden und den beschatteten in das Blaue oder Violette spielenden Schneepartien zu sehen sind. Hier haben wir den gleichzeitigen Kontrast in schönster Ausbildung.

Man ist übrigens den Farben des winterlichen Waldes gegenüber vielfach ungerecht. Den biedern Tannenbaum rühmt das Lied wegen seines winterlichen Grüns, aber wer gedenkt des schönen Rotbraun, welches die Gipfel alter Erlen ihren Kätzchen und ihren vorjährigen Zapfen verdanken, des herrlichen ins Violett spielenden Braun, welches die Kronen der Rotbuchenbestände, wenn man sie von fern erblickt, umschleiert. (Die Spitzen der Knospendeckschuppen sind es, von denen die Färbung herstammt.) Der Schwärmer für die Fichte als den besonders durch sein Winterkleid ausgezeichneten Baum wolle sich doch einmal die Winterlandschaft recht unbefangen ansehen; ich glaube, ein schöner Dezembertag muß dann den eingewurzeltesten Vorurteilen einen gründlichen Stoß geben. Im Gegenteil gestaltet gerade der Niederwald, weil er das meiste junge Holz besitzt, dessen Rinde hell und lebhaft gefärbt ist, die Winterlandschaft sehr freundlich. Auf das Grün der Nadelhölzer braucht man dabei keineswegs zu verzichten. Man kann diese in größeren oder kleineren Horsten einsprengen. Sparsam angewendet, erscheinen sie nicht so düster, wie in größeren Massen, und ihre Farbe gewinnt durch Kontrast noch an Lebhaftigkeit, ebenso wie umgekehrt durch ihre Nachbarschaft der warme Ton der Laubhölzer eine Steigerung erfährt.

In einer Hinsicht allerdings sind die Nadelhölzer unvergleichlich. Im Mittelgrunde der Landschaft sind ihre kräftigen Farben durch die Luftperspektive noch wenig gebrochen, und sie bewirken daher, daß der Hintergrund durch Kontrast heller und zarter erscheint.

Doch ich ertappe mich darauf, dem zweiten, dem angewendeten Teil der Forstästhetik, vorzugreifen. Ehe wir zu diesem gelangen, sollen aber noch weitere Betrachtungen einzelnen Gebieten des Naturschönen gewidmet werden.

Fünftes Kapitel.

Ästhetische Betrachtung des Geländewurfes.

Der Forstmann kann nicht regelmäßig Kunstausstellungen besuchen, im Theater und in Konzertsälen sieht man ihn nur selten, zum Genuß der Werke der Dichtkunst mittelst Lesens guter Bücher fehlt ihm meistens die Zeit. Der Wald ist ihm aber Kunstausstellung, Konzertsaal, Theater und Bibliothek, alles zugleich. Für unsere geschulten Augen und unser naturwissenschaftliches Verständnis ist die Landschaft nicht mehr ein buntes Bild geblieben, sondern sie stellt sich uns dar als ein selbstgewachsenes Kunstwerk, in welchem der Zusammenhang von Ursache und Wirkung zum Ausdruck gelangt.

Für dichterische Anschauungsweise entwickeln sich in Feld und Wald alljährlich dramatische Vorgänge. Jeder Tag, vom Morgen bis wieder zum Morgen, jeder Witterungswechsel, die Jahreszeiten erneuern vor unseren Augen in regelmäßiger Folge bald liebliche, bald erhabene Schauspiele; aber alles, was wir jetzt erleben, wie gering erscheint es im Vergleich zu den gewaltigen Erschütterungen, denen das runzelige Antlitz der Erde seine heutige Gestalt verdankt. Wir Forstleute sind berufen, da zu wirtschaften, wo die Spuren jener Kämpfe besonders deutlich zutage treten — darum interessieren uns die Runzeln und die Falten und die alten Narben. —

Ein Forstmann, der sich daran genügen ließe, zu wissen, was auf dem Boden, den er bewirtschaftet, wächst — z. B., daß auf Muschelkalk Buchen vorzüglich wachsen, daß auf zusammengewehten Quarzsanddünen nur kümmerliche Kiefern gedeihen, daß im Schlick des Überschwemmungsgebietes Esche und Eiche üppig aufschießen, der wäre einem Geschäftsmann zu vergleichen, welcher den Rheinfall nur als Kraftquelle für elektrische Betriebe ansehen würde.

Wie die Geologie die Grundlage der Standortslehre ist, so sollte sie auch die Grundlage der Forstästhetik sein. Dessen mir wohl bewußt habe ich dem vaterländischen Boden die nachstehende Betrachtung gewidmet. Wer die Formationen kennt und zu ihrer ästhetischen Würdigung geschult ist, der wird Schönheiten nicht leicht übersehen, die anderen verborgen bleiben.

Theodor Vischer, der verdienstvolle Verfasser der allerersten Lehre vom Naturschönen (II. Teil seiner Ästhetik), stellt klar, in wie verschiedener Weise der Naturforscher und der Ästhetiker das Gelände betrachten, alsdann führt er den Nachweis, daß nur der die Schönheit der Landschaft recht zu erfassen vermag, der ihre Bildungsgesetze kennt. Er erläutert das durch den Hinweis auf den Bildungsgang der Maler und Bildhauer. „Nicht umsonst", so schreibt er, „liest man Künstlern Anatomie, denn an sich zwar brauchen sie das einzelne, was hinter der Oberfläche des menschlichen Organismus liegt, nicht zu kennen, aber sie kennen die Oberfläche erst, wenn sie wissen, nach welchen Gesetzen welche Teile in Ruhe oder Bewegung auf der Oberfläche hervortreten oder zurücktreten müssen. Mit aller gelehrten Naturkenntnis verhält es sich demnach in der Ästhetik so: man muß jene in sich aufnehmen, um sie aufgenommen zu haben, um sie als eine gleichsam verdaute in die ästhetische Anschauung aufgehen zu lassen; man muß wissen, um wieder zu vergessen, aber im Vergessen bleibt eine Frucht von dem Gewußten."

Auch der gänzlich unbewanderte Laie — die alltägliche Erfahrung beweist es, und es würde traurig sein, wenn es anders wäre — kann sich mit hohem Genuß in die Betrachtung einer schönen Landschaft versenken, wer aber tiefer zu blicken vermag, dem bietet sie doch noch mehr als dem

Unbewanderten. Ich habe mich in dieser Hinsicht früher auf Alexander v. Humboldt berufen. Es war mir erfreulich, vorstehend den Nachweis führen zu können, daß ein berufsmäßiger Ästhetiker zum gleichen Urteil gekommen ist.

Betrachten wir zunächst die Reize, welche allen Hochgebirgen, gleichgültig, welcher geologischen Formation sie angehören, eigen sind. Dann sollen in gleichem Sinne Hügelland und Flachland an die Reihe kommen.

Erst die Neuzeit (seit Rousseaus „Neue Heloise" 1761 den Geschmack seiner Zeitgenossen mächtig beeinflußte) hat Sinn für die Schönheiten des Hochgebirges, welches auf die Alten mehr schauerlich und abschreckend wirkte. Jene Schauer zu mildern haben sich zahlreiche Umstände vereinigt. Die Gebirge, wenigstens die europäischen, sind zumeist gut zugänglich geworden, und die gewohnten Annehmlichkeiten des täglichen Lebens begleiten den Bergsteiger des zwanzigsten Jahrhunderts weit hinauf bis über die halbe Höhe der Alpengipfel. Aber diese Umgestaltung der alpinen Verhältnisse ist es nicht allein, welche den Kulturmenschen auf die Berge führt. Es fehlt ja auch nicht an Bergen und ganzen Gebirgen, die noch jetzt wie vor Jahrtausenden sich unberührt von menschlichen Eingriffen erhalten haben und doch gerne aufgesucht werden. Wir selbst haben uns geändert. Unsere Neigungen und unsere Geschmacksrichtungen haben Wandlungen erfahren. Es ist darüber von Alexander v. Humboldt bis auf Riehl viel geistreiches geschrieben worden. Aus dem aufreibenden Treiben des modernen Lebens, aus unserer hochentwickelten Kultur, wo man nur noch selten einen Quadratmeter Land findet, der nicht die Spuren menschlicher Tätigkeit trägt, fliehen wir gern in Gefilde, denen der ursprüngliche Charakter bewahrt blieb. Die einen fliehen auf die See, die anderen aufs Hochgebirge, die Worpsweder Malerschule auf das Hochmoor! — So viel vom Reiz des Unberührten.

Unabhängig von der geologischen Formation ist der Reiz, den der Aufenthalt in jeder Hochlage darbietet und die Freude am Beobachten der verschiedenartigen Gestaltungen, welche man beim Aufsteigen an der begleitenden Pflanzen- und Tierwelt wahrnimmt. Höchst anschaulich und mit feinem Verständnis für forstliche Verhältnisse hat das Ratzel geschildert: „Ich sehe die Lebensformen in einer Landschaft; die zahllosen Bäume und Pflanzen, die, zerstreut oder in Gruppen, durch sie hin verteilt sind; in dem Gedanken, daß Leben Bewegung ist, sehe ich sie wandern, zusammenstreben, auseinanderfließen. Der ganze Berg dort kommt mir wie belebt vor, seine Bäume scheinen sich zu regen, die einen streben aufwärts, die anderen steigen herab. An einigen Stellen recken sie sich empor, an anderen verkriechen sie sich fast in den Boden. Im Tal sind sie aufrecht, gerade gewachsen und stehen dicht, dann schrumpfen sie ein und werden stämmiger auf den steilen Gradhängen, bleiben oft wie Büsche am Boden, die Buchen so gut wie die Fichten, und erheben sich wieder, sobald eine ebenere Stufe ihren Wurzeln breiten Boden gibt. Dabei sondern sich die Fichten, die Felsboden lieben, in dem sie sich mit ihren biegsamen Wurzeln festklammern und auf dem sie sich zusammenscharen, von den Buchen und Ahornen, die die lichten Stellen vorziehen: Vorsprünge, Bachränder, wo sie wenigstens eine Seite frei der Luft und Sonne darbieten. Bis zur Höhe der ersten Almen (1000—1500 m) steigen Fichten und Buchen fröhlich miteinander und bilden noch in bunter Mischung den Waldrand, an den die Buchen sich vordrängen. Dann gewinnen die Fichten das Übergewicht und erklettern in ganzen Reihen die Felsriffe, die häufiger aus dem Boden heraustreten. Oben sammeln sie sich wieder zu dichteren Beständen, und oft hat es den Anschein, als sende der Wald bei jeder Felsnase eine Kolonne Fichten hinab, die sofort verkrüppeln, wenn sie auf ein Steinfeld geraten, während sie am Bachrand sich wieder aufrichten, um noch tief in die Latschenzone hineinzuziehen, wo sie dann als die äußersten Vorposten aufrechten Baumwuchses in wundervollen, wenn auch zerzausten Exemplaren stehen. Diese an Felsrippen geklammerten und die steilsten Grate krönenden „Wetterfichten“ gehören zum Größten im Anblick der Kalkalpen, besonders der westlichen.“

Nicht nur der Baumwuchs, auch die sonstige Vegetation bietet uns beim Steigen eine interessante Begleitung. Wie groß ist doch der Gegensatz zwischen den üppig wuchernden, reichbeblätterten Stauden, z. B. Ampferarten, welche mit Weiderich (Lythrum) und Wasserdost (Eupatorium) im Schwemmland am Fuße der Berge das Bachufer zieren und jenen Schattenpflanzen, die mit verborgen blühender Haselwurz und duftigem Waldmeister, mit der frühlingsfrohen Leberblume und mit zartem Sauerklee weiter oben unter dem geschlossenen Kronendach der Buchen- und Fichtenwälder in den Teppich der Bodendecke eingestickt sind, und endlich jenen lichtbedürftigen Sonnenkindern, der Alpenanemone, dem Edelweiß, dem stengellosen Enzian, welche mit vielen anderen die Grenze des oberen Plenterwaldes überschreiten. Das sind Eindrücke, die jede Formation darbietet, wenn sie sich zu entsprechender Höhe erhebt.

„Wo es dem Menschen vergönnt ist, seinen Blick noch über die Grenze des pflanzlichen und tierischen Lebens im Hochgebirge hinaufschweifen zu lassen, da begegnen ihm die Bilder erhabener majestätischer Ruhe mitten in dem bewegten Treiben der organischen Welt, die festen Angelpunkte in dem Gewoge des ewig kreisenden Stoffwechsels. Kalt freilich und teilnahmslos gegen den Herzschlag der Schöpfung und dennoch dieser Schöpfung herrlichste Monumente, zu denen das fühlende Auge stets begeistert und gerührt emporschaut — erscheinen die Berge besonders zu Zeiten, wo der feindliche Schnee ihre höchsten Gerüste bedeckt, wie losgelöst von der heimatlichen Erde, wie schwebende Körper im Raume, Himmelskörper, unerreichbar und geheimnisvoll wie diese." (Graf Westarp).

Wie die Berge, so haben auch alle ebenen Flächen miteinander viel gemeinsam, gleichgültig, ob ein weites Schwemmland in der Flußniederung oder ob die Oberfläche eines ausgedehnten Quadersandsteingebietes oder ob das Plateau eines Kalksteingebirges die Ebene bildet. Für den Reiz weitausgedehnter ebener Flächen hat schon der Vater der Forstästhetik, Gilpin, feines Verständnis bewiesen. Ich schalte seine diesbezügliche Meinungsäußerung hier ein, indem ich immer wieder bedaure, daß das hochinteressante Buch bei uns in Deutschland so völlig hat in Vergessenheit geraten können. Gilpin also schreibt über den Reiz der Ebenen:

„Die Eigenheit dieser Grasebene besteht darin, daß ihre weit ausgedehnte Fläche vollkommen platt ist; sie muß daher der wellenförmig hinspielenden Fläche zwar an Schönheit nachstehen, übertrifft sie aber an Einfachheit und Großheit. Eine kleine platte Fläche ist von keinem Belang. Sie ist ein großer Kegelplatz. Sie besitzt weder Schönheit in ihren Teilen, die sie hebt, noch Größe in ihrem Ganzen, die sie wichtig macht. Ein kleiner Erdplatz sollte daher allemal abändern. Aber eine ausgebreitete platte Fläche erregt eine erhabene, gleichförmige Vorstellung, welche die Einbildungskraft erfüllt. Die erhabenste dieser Art ist die Vorstellung des Ozeans".

Das Bindeglied zwischen Gebirge und Ebene bilden die Hügellandschaften. Für die ästhetische Betrachtung zerfallen sie in zwei große Klassen, in solche mit ungleichartiger Bildung und in andere mit gleichartig gestalteten Bodenerhebungen. Die ersteren mögen interessanter sein, die letzteren wirken auf das Gemüt teils Sehnsucht erweckend, teils beruhigend. — Vor mir liegt ein Bild, welches den gealterten Goethe darstellt, wie er von einer Bank aus über eine harmonisch abgestufte, nach weiter Ferne hin aufsteigende Folge gleichartig gestalteter Berge hinblickt. Unter dem Bilde steht: „Über allen Gipfeln ist Ruh." Bild und Unterschrift stimmen trefflich zusammen.

Langgestreckte, flache Höhenzüge, welche wellenförmig einer an den andern sich anschließen und in weiter Ferne gegen den Horizont nur noch wenig sich abheben, wirken ähnlich. Hat man etwa auf eine Meile Entfernung oder in weiterer Ferne einen Bergrücken vor sich, der das Gesichtsfeld begrenzt, so nimmt dieser die Aufmerksamkeit in Anspruch, und man denkt wenig daran, was etwa dahinter liegt; folgen sich aber in scheinbar unabsehbarer Reihenfolge gleichartige Gebilde, dann wird der Blick in die Ferne geführt, das Gemüt weitet sich, man hat die Empfindung der Sehnsucht. — Der Eindruck kann verstärkt werden, wenn in weiter Ferne bemerkenswerte Einzelheiten in unbestimmtem Umriß hervortreten. Am lebhaftesten habe ich das empfunden, als ich im Spätherbst des Jahres 1870 vor Verdun lag. In westlicher Richtung in meilenweiter Entfernung überragte das hochgelegene Montfaucon flach geschichtete Hügelrücken. Von Tag zu Tag mehr fesselte die malerische Silhouette meinen Blick. Gar zu gern wäre ich hingeritten. — In ähnlicher Weise können selbst kleine Holzungen auf meilenweite Entfernung den Blick auf sich ziehen und die Aussicht bereichern.

Die Eigenartigkeit der Berglandschaften hängt weniger von dem Gestein ab, aus dem sie zusammengesetzt sind, als von den Schicksalen, die das Gebirge erfahren hat. Je älter die Formation ist, desto mehr Umwälzungen darf man bei ihr voraussetzen, und welches auch die Gestalt sein mag, welche dieUmwälzung ihr gegeben, ob gehoben wurde, ob Einbrüche stattfanden, ob Gletscherströme oder Wasser oder vom Wind getriebener Sand unvertilgbare Spuren hinterlassen haben, so verschieden diese Einwirkungen gewesen sein mögen, in einer Hinsicht wirkt der Anblick des Gestalteten gleichartig auf unser Gemüt: Wir werden hingerissen zur Bewunderung des Geschehenen, wir fühlen uns als vergängliche Wesen klein gegenüber der Erhabenheit der langen Zeiträume, in deren Tiefe wir den Blick zurückversenken. Auch wer nicht die Einzelheiten, die unserem Auge sich darbieten, alle richtig würdigen kann, der erkennt doch, daß das jetzt erstarrt vor uns Liegende einst bewegt war. Es sei mir gestattet, hier wiederum eine bezeichnende Stelle von Vischer einzuschalten, welcher sich über die Formen der Erdoberfläche wie folgt äußert: „Sie sind durch eine Bewegung entstanden, diese Bewegung und die Art ihrer Ursache sieht man ihnen dunkler oder deutlicher an, und so rufen sie die gewaltigen Gärungen und Umwälzungen vor die Seele, wodurch der Planet seine jetzige Gestalt sich gegeben hat. Diese Bewegung scheint sich im Anschauen zu wiederholen, die toten Formen leben auf, und der tätige Planet ist daher das Individuum, welches als das eigentliche Subjekt der Schönheit in diesem Schauspiele sich darstellt. — Das rechte Sehen ist ein inneres Nachzeichnen; man braucht dazu nicht Künstler zu sein, aber man muß sehen gelernt haben. Indem ich so die Erdbildungen sehend nachzeichne, hebe ich sie eigentlich auf und schaffe sie neu; ich verstehe und ahne in ihren Linien die Gewalt, die sie einst aus einem Chaos wirklich schuf, und mitgerissen, lege ich mich selbst in diese Gewalt und wiederhole ihren Prozeß." — Würde Vischer heutzutage geschrieben haben, so würde er sicherlich nach dem gegenwärtigen Stande der erdgeschichtlichen Forschung auch der gestaltenden Einflüsse des Wassers und Gletschereises Erwähnung getan haben, deren unauslöschliche Spuren so manchem Landschaftsbild eingeprägt sind.

Hat Werden und Vergehen an der Gestaltung unserer Erdoberfläche gearbeitet, so wirken diese beiden Erscheinungen sehr ungleichartig auf das Gemüt des Beschauers. Der Eindruck des Werdens erhebt, der Eindruck des Vergehens drückt nieder. Letzteres habe ich am stärksten empfunden, als ich die großen Schuttablagerungen bewunderte, auf welchen die Albulabahn waghalsig ihre Straße gebettet hat. Man kann sich dem Eindruck nicht entziehen, daß die gewaltigen Bergriesen, wie sie dem Zahn der Zeit schon so viel haben opfern müssen, dereinst ganz in Trümmer aufgelöst sein werden.

Den Eindruck von Kampf und Leben hat man am deutlichsten an der Meeresküste, wo die sturmgepeitschte Welle sich an den Klippen bricht, denen sie die Gestalt gegeben hat, und auch die Meeresdünen verdanken ihren Reiz nicht zum mindesten der Leichtigkeit, mit welcher wir uns über ihr Werden und Vergehen Rechenschaft geben.

Nicht immer wollen wir Kampf sehen, öfter verlangen wir nach Ruhe, die unser Gemütsleben wohltuend beeinflußt. Darin liegt der Reiz ausgedehnter Ebenen, und es gibt auch Bergformen, deren Anblick beruhigend und zugleich erhebend auf uns wirkt. Minder malerisch als die vielfach verwitterten Zinnen der Kalk- und Dolomitklippen, aber dafür beruhigender wirken auf das Gemüt die standhaften Gebilde der festen Urgesteine, die unter anderem im Riesengebirge eine so große Rolle spielen. „Jede Bergform", ich lasse wieder Ratzel für mich reden, „zieht uns an, in der eine gewisse Ruhe ist, sei es, daß sie sich symmetrisch aufbaut, daß sie sich der einfachen Pyramidenform nähert, wie der Venediger, oder daß sie die Größe mit einer gewissen breiten Massigkeit verbindet, ohne daß dabei die Kühnheit der Gipfelformen leidet. Das bezeichnet vielleicht am deutlichsten, was man am Montblanc als Vornehmheit des Aufbaues rühmt, wobei man allerdings die stolze Weite seines Firnmantels mit in Anschlag bringen muß. So begrüßt unser umherwanderndes Auge die Gruppierung um eine zentrale, dominierende Gestalt, wie in der Ortler- oder Berninagruppe, als ruhebringend." — Bei uns entspricht das Zobtengebirge in seiner unvergleichlich schönen Gliederung so sehr wie wohl kaum ein anderes den Anforderungen, welche der große Geograph im Hinblick auf alpine Verhältnisse so schön entwickelt hat.

Nunmehr einzelnen Gebirgsarten mich zuwendend, lehne ich mich an Cotta an. Nur im Gebiete des Diluviums, weil es den Boden meiner Heimat bildet, fühle ich mich zu Hause und arbeite mehr aus eigenem Wissen.

Die granitischen Gesteine pflegen, am häufigsten mit kristallinischen Schiefern verbunden, flache oder hohe Gebirgsrücken zu bilden, in denen sie oft als zentrale Kerne hervortreten. Wo es an solchen Erhebungen fehlt, sind die Bergformen so wenig entwickelt, daß man hier und da von einem „Gebirge ohne Berge" reden darf. Diesen Ausdruck gebraucht ganz treffend Seyfert von der sächsischen Seite des Erzgebirges, dessen Hauptmasse von Gneis und Glimmerschiefer gebildet wird. Nur tief eingeschnittene Täler gewähren uns dort den Genuß, Felswände bewundern zu können. Wo dagegen, wie in den westlichen Alpen, ihre Schieferung stark aufgerichtet ist, da bilden sie oft sehr schroffe und zackige Felsspitzen.

Für das Gebiet der Grauwacke sind Talbildungen charakteristisch, wie solche durch starke Windungen ausgezeichnet im Harz und im Fichtelgebirge reizvoll gestaltet sind.

Kalksteingebirge bilden häufig breite, fast ebene Plateaus, welche an ihren Außenwänden oder gegen die wenigen sie durchschneidenden Täler hin steil, oft felsig enden. Am Südharz sieht man Kalkberge mit langgestrecktem, geradem Kamm sargartig entwickelt. Sie machen einen melancholischen Eindruck.

Am interessantesten sind die Formen des Quadersandsteins, wo er seine Flächen der Verwitterung darbietet. Aus zumeist senkrechten und wagerechten Linien gestaltet die Formation Gebilde von großartiger Pracht oder von anziehender Wunderlichkeit. Es gehört wenig Phantasie dazu, um in den Felsen der sächsischen Schweiz Schlösser und Burgen, Tierköpfe und Menschengesichter zu erblicken. — Die wechselvollen Bilder der Felswände machen um so mehr Eindruck, als sie zu der beinahe ebenen Oberfläche der Formation in schroffem Gegensatze stehen.

Am meisten belebend auf das Landschaftsbild wirken Durchbrüche der jüngeren Eruptivgesteine. Porphyre, Grünsteine, Basalte, Phonolithe und Trachyte treten felsig und kuppig aus den umgebenden Landschaften hervor, oft als Wahrzeichen weiter Gebiete, wie z. B. in Schlesien der vereinzelt aus der Ebene aufragende Gröditzberg. Gabbro bildet den Gipfel des herrlichen Zobtengebirges. In alter Zeit haben solche Berge nicht selten den günstigsten Standort für Befestigungen geboten, deren Trümmer ihnen heute noch Reiz verleihen. — Als unvergleichlich schön habe ich die Silhouette des vulkanischen Rhöngebirges wiederholt mit Genuß betrachtet.

Von vereinzelt aus der Ebene aufragenden Basaltbergen genießt man zwar weite, aber nicht die schönsten Fernsichten; denn es fehlt an Vorder- und an Mittelgrund. Am Rande einer Berglandschaft beleben Kegel und Kuppen der Eruptivgesteine ebensosehr den Blick auf das Gebirge, wie sie selbst zur Bewunderung desselben günstigsten Standort gewähren.

Bei uns in Norddeutschland breitet sich über die Gebilde der älteren Formationen weithin das Diluvium aus, dessen Entstehung wir dem nordischen Gletschereis verdanken. In manchen Landstrichen nimmt das Diluvium sehr anmutige, ja sogar großartige Formen an. Letzteres gilt besonders dort, wo zwischen die langgestreckten Rücken oder in das kuppenreiche Hügelland Seen eingelagert sind; aber auch wo dieser besondere Schmuck fehlt, wird ein heimatfrohes Auge selten unbefriedigt bleiben. „Die Modellierung eines Hohlweges, eines Raines zeigen dem kundigen Auge", wie Vischer ohne Übertreibung sagt, „eine Welt von Reizen."

Dies gilt besonders vom Lößboden. „Der Löß stellt in seiner ursprünglichen Ausbildung eine hellgelbe, kalkhaltige, feinsandige Bildung dar, die infolge des geringen Tongehaltes im nassen Zustande nur geringe oder gar keine Plastizität, wohl aber durch ihre Feinkörnigkeit im trockenen Zustande einen bedeutenden Zusammenhalt besitzt. Hierdurch erhält der Löß die Neigung, an den Rändern von Tälern und Schluchten in steilen Wänden abzubrechen." (Wahnschaffe.) — Wie malerisch sind die Hohlwege in den Trebnitzer Bergen!

In meilenweiter Erstreckung begleiten nicht selten sogenannte Binnendünen den Fuß des diluvialen Hügellandes. Schon in meiner frühesten Jugend erregten zwei meinen Heimatkreis durchschneidende Dünenzüge mein Interesse. Besonders lieb war mir der „Chimborazzo", eine

Sandkuppe im Klein-Kommerower Wald (Kreis Trebnitz in Schlesien). Worin liegt nun der Reiz dieser nur zu geringer Höhe ansteigenden Bildungen? Zum Teil wohl in ihrer eigenartigen Verschiedenheit, durch welche sie mit der wiesenreichen und zumeist fruchtbaren Umgebung in Kontrast treten, und auch in der Steilheit der Böschungen, im bunten Wechsel der eigenartigen Formen. Damals wußte man noch nichts von ökologischer Pflanzengeographie, nichts von xerophilen Pflanzen, aber das sah ich doch: es war eine eigenartige, in ihrer Erscheinung einheitliche Vegetation, die sich auf dem warmen Sande ebenso wohl fühlte, wie ich selbst, dem es lieb war, einen sogar nach dem stärksten Regen immer gleich wieder trockenen Spielplatz zu wissen. Auch bot der „Chimborazzo" eine Fernsicht nach dem Trebnitzer Katzengebirge im Süden, nach den Königlichen Forsten im Norden und Osten, die einzige Fernsicht, deren Klein-Kommerowe sich rühmen durfte. Besonders früh und abends war sie nicht zu verachten. Von Ost nach West streicht meilenweit der Dünenzug und oft fragte man sich: Verdankt er seine Entstehung einem Meere, dessen Wellen einst hier gebrandet haben?

Das Angeführte bezeichnet die Mehrzahl der Gedankenverbindungen, welche mir die Dünenzüge im Binnenlande lieb gemacht haben, der Hauptreiz aber liegt in der Form selbst. Diese Form erzählt von Jahrhunderte und Jahrtausende langem Werden und Vergehen, von Aufbauen und Einreißen. Langsam baut der Wind im Verein mit den Sandgräsern die Düne. Größere Pflanzungen befestigen das Gewordene. Dann fährt der Sturm darein, bricht Lücken und erweitert die Angriffsstellen zu tief eingeschnittenen Pforten, zu ausgehöhlten Kesseln, während er gleichzeitig an anderen Stellen im Übermut rundliche Kegel aufschüttet, um welche er spielt. Der Neigungswinkel der Böschungen läßt deutlich erkenen, aus welcher Richtung Wind und Sturm zumeist geblasen haben. Schließlich siegt die Pflanzenwelt. Hat die Kiefer Wurzel gefaßt, dann ist es mit der Herrschaft des Windes vorbei. Wie in plötzlicher Erstarrung liegt die jüngst noch so bewegliche Sandmasse für alle Zeiten beruhigt, wenn nicht etwa menschlicher Unverstand den Wald vernichtet und den Sand als Gespielen des Sturmes wieder freigibt. — Es ist wie im Märchen, wo alles Lebendige stillstand, als Dornröschen von der Spindel gestochen war. Wie sie gingen und standen, in voller Bewegung, so schliefen sie ein, die Hofleute und die Dienstboten, die Pferde im Stall und die Tauben auf den Dächern!

Die eingeschaltete Abbildung 6 gibt eine vortreffliche Darstellung, wie Wind und Pflanzenwuchs an der Nordseeküste Dünen bauen und Dünen einreißen. — Wer sein Auge schult, wird an den alten Binnendünen annähernd so viel Gefallen finden, als an den Meeresdünen.

Fast gehört es zu den Ausnahmen, wenn ein Dünenzug vereinzelt bleibt. Meist bilden sie zu mehreren parallel laufende Ketten, und in den Tälern zwischen ihnen liegen dann anmoorige Erlenbrüche, Wiesen oder auch Wassertümpel. Da findet dann der Naturfreund, sei er Botaniker oder Zoologe oder bodenkundlicher Forscher, ebenso auch der Weidmann, unsäglich viel anziehendes und erquickliches. Vom stolzen, knotenlosen Halm des blauen Perlgrases, unter dem der Hase so gern sich drückt, bis zum Heidekraut, dessen Triebspitzen im Winter dem Wild

Abb. 6. Dünenhang von der Insel Norderney.

rettende Äsung darbieten, von der dunklen Erle, der hellen Esche, der weißen Ruchbirke bis zur Kiefer, deren Wurzel sich bis zu den feuchteren Bodenschichten herabsenkt, vom Ameisenlöwen, der im kunstvollen Trichter auf Beute lauert, bis zum Dachs, der viel verzweigte Stollen weit in den Sand vortreibt, von der stolz hinsegelnden Libelle bis zum stürmischen Hühnerhabicht, vom lustigen, aber leider so lästigen Kaninchen bis zum König des Waldes, dem jagdbaren Hirsch, der so gern am Fuß der Düne die vom Moorwasser geschwärzte Suhle aufsucht, zu seiner Zeit aber am sandigen Hang den Brunftschrei ertönen läßt, das alles und noch viel mehr birgt die Dünenlandschaft, wenn sie in guter Hand ist, wenn sie einem größeren gepflegten Walde zugehört.

Ein lange Zeit rätselhaft gebliebener Schmuck ist der Moränenlandschaft eigen: die Findlinge. Gerade diese, welche einst so viel zu raten gaben, sind berufen gewesen, Rätsel zu lösen; denn ihnen verdanken wir die sichersten Aufschlüsse über den Gang der allgemeinen Vereisung. Wenn rechter Schmuck nur solcher ist, der eine Sprache redet, so gehören Findlinge zum schätzenswertesten Schmuck weiter Gebiete. Sie erzählen uns von den fernen Landen, aus denen sie herstammen, vom Vorrücken und Zurückweichen der Gletscher, mit welchen sie bis zu uns gelangt sind. Oft durch Rundung oder wunderliche Form (Dreikanter!), fast immer durch schöne Farben ausgezeichnet, imponieren sie nicht selten durch Größe. Ich erinnere an die Markgrafensteine der Rauenschen Berge, von deren einem im Jahre 1827 etwa die Hälfte abgesprengt worden ist, um daraus die Steinschale für den Berliner Lustgarten herzustellen. Im rohen Zustande soll das verwendete Stück Granit 1600 Ztr. gewogen haben. Im märkischen Provinzialmuseum in Berlin sah ich den größeren Markgrafenstein in noch unversehrtem Zustand bildlich dargestellt. — Nach Wahnschaffe befindet sich das größte Geschiebe der Provinz Pommern, vielleicht Norddeutschlands, auf dem Kirchhof von Großtychow, woselbst es mit einem Kreuz geschmückt wurde. Der Block besteht aus granitenem Gneis, hat 44 m Umfang, 3,14 m Höhe, 16,9 m Länge und 11,25 m Breite. Sein Inhalt wird auf 600 cbm geschätzt.

Jegliche Landschaft, sei es Hochgebirge, sei es Hügelland oder Ebene, zeigt sich am schönsten da, wo sie von Wasser belebt wird.

Vom Gipfel bis zum Fuß der Berge, oft das Gebiet zahlreicher Formationen durchsetzend, folgen die Wasserläufe mit Vorliebe den Bruchstrecken, in der Regel aber den Tälern, die sie selbst ausgewaschen oder doch wenigstens erweitert haben. Tal und Wasser gehören zusammen. Die trocken liegende Talsohle befriedigt weniger. Genußreich ist die Beobachtung, wie das fließende Wasser an der Gestaltung seiner Ufer arbeitet. Dabei gilt einerlei Gesetz für das kleine Rinnsal im Oberlauf, wie für den mächtigsten Strom, der dem Meere zueilt, daß nämlich Mäanderwindungen immer weiter seitlich ausgreifen, sobald sie begonnen haben, sich zu bilden — und wo fehlten sie ganz, solange die Wasserbautechniker den Fluß nicht „begradigt" haben! Bei Krümmungen eines Wasserlaufes fließt das Wasser an der konvexen Seite stärker und greift das einschließende Ufer an. An den Windungen ist somit das ausgeschweifte Ufer das steilere, das vorspringende das flachere. Die größte Wassertiefe liegt an der ausgeschweiften, der konvexen Seite. In Flußkrümmungen ist der Wasserdruck vermehrt, weil hier noch ein Faktor hinzutritt, die Schwungkraft, dieselbe Kraft, die das Wasser in einer schnell gedrehten Schüssel über den Rand schleudert und stets nach außen in der Richtung der Tangente wirkt. Wie diese Schleuderkraft an der konvexen Seite der Flußkrümmungen wirkt, kann man zur Zeit jedes Hochwassers sehen. Eine einzige ergiebige Schneeschmelze, ein einziger Gewitterregen kann hier zur Verlegung des Flußbettes führen.

Ist es dem Wasser nicht vergönnt, murmelnd oder rauschend ungehemmt seinen Talweg fortzusetzen, wird es zu Weihern oder Seen gestaut, dann erregt es unser Interesse um so mehr, je höher der See gelegen ist. Bergseen verfehlen niemals ihre Wirkung. Man hat den Eindruck, als beschaue die Gebirgswelt sich selbst in deren klarem Spiegel.

Ich widerstehe der Versuchung, meinerseits das Wasser zu verfolgen, bis es, wieder aufwärts gestiegen, als Wolke am Himmelszelt unserem Auge von Minute zu Minute wechselnde Bilder darbietet und bald die Sonne verhüllt, um im Augenblicke darauf dem freundlichen Sonnenstrahl neue Pforten zu öffnen. Roßmäßler, der verdiente Verfasser des populär-ästhetischen Werkes „Der Wald", hat auch dem Wasser einen stattlichen Band gewidmet. In diesem ist eine ansprechende Studie über die Schönheit der Wolkenbildungen enthalten. Um dem Andenken Roßmäßlers gerecht zu werden, schalte ich hier wenigstens die Schlußzeilen dieses Abschnittes ein. Man kann sie fast einen Dithyrambus nennen:

„Das Kommen und Scheiden der Sonne wird durch die Wolken zu einer Festlichkeit voll Glanz und Leben, während es ohne sie eine majestätische Feierlichkeit ist. Scheinen nicht die in allen Abstufungen geröteten Wolken einander zuzurufen, welche von ihnen der scheidenden Herrin näher stehe — welche sie, nachdem sie schon geschieden ist, noch sieht, bis endlich auch die am Abendhimmel am höchsten stehende Wolke sich entfärbend eingesteht, daß auch sie die geschiedene nicht mehr erblicken kann. Wenige Minuten noch, und in dem düstern Grau der Trauer stehen die Verlassenen am dunkelnden Himmel."

Sechstes Kapitel.

Steine als Schmuck der Waldungen.

Im vorigen Kapitel ist bereits von den Findlingsblöcken die Rede gewesen, welche den Diluvialbildungen eigen sind; diesen und anderen Ablagerungen von Steinen und Felsblöcken widme ich dieses besondere Kapitel. Weil es nur wenige Forstreviere gibt, denen Steine ganz fehlen, hoffe ich, daß diese Untersuchungen, wenn auch nicht alle, so doch viele Leser interessieren werden, zumal die gewonnene Einsicht im angewendeten Teile dieses Buches verwertet werden soll.

Angeregt durch Moltke, welcher den bei Peterhof künstlich hergestellten felsenreichen Forellenbach rühmt, versuchte ich eines Tages, dem Wasserlauf eines kleinen Grenzbaches durch Hineinwälzen von Feldsteinen mehr Abwechselung zu verleihen. Die kleinen Stromschnellen waren, wie mir schien, ganz hübsch ausgefallen, bald aber kam ein Wolkenbruch, dessen Fluten alles durcheinander wirbelten. Nun erst, das Werk der Naturgewalt mit meinen Künsteleien vergleichend, erkannte ich, wie kläglich meine Versuche gewesen waren. Diese Erfahrung veranlaßte mich, in der Literatur Rat zu suchen, aber in den mir zugänglichen Büchern habe ich über den Gegenstand nur wenig vermerkt gefunden.

Von der Gartenkunst hergestellte Steingruppen pflegten nur zu zeigen, wie man es nicht machen soll. Von der Natur zu lernen hat aber auch seine Schwierigkeit. Begibt man sich in die Berge zum Studium der Erscheinungen, dann überwältigt zunächst deren unendliche Mannigfaltigkeit. Wer aber „den ruhenden Pol in der Erscheinungen Flucht" ernstlich sucht, dem wird eine gewisse Gesetzmäßigkeit sich offenbaren, die um so augenfälliger zutage tritt, je größere Verhältnisse man betrachtet. So z. B. bleibt im Gebiet der Donau das Gerölle zumeist im Bette der Wildbäche liegen, und nur selten gelangt es in den Bereich der Gebirgsflüsse. Der gröbere faustgroße Schotter wird allenfalls bis Preßburg vom Stromwasser getragen, leichterer Schotter gelangt bis Ofen-Pest, sodann bloßer Sand bis Widdin, endlich Schlamm bis zu den Mündungen des Stromes in das Schwarze Meer.

Daß dem so sein muß, leuchtet selbst dem Laien ohne weiteres ein, aber viel schwieriger gestaltet sich die Erklärung der Aussortierung im oberen Flußlauf. Wenn dieser wechselnde Gefälle besitzt, so sollte man eigentlich glauben, daß alle Steine, große und kleine, da zusammen zu finden sein müßten, wo das Gefälle am geringsten ist — denn auch die großen Steine müssen am häufigsten da liegen bleiben, wo sie sich am leichtesten behaupten können.

Tatsächlich ist das Gegenteil der Fall, denn man findet die meisten und die größten Steine auf den steilsten Stellen. Diese Erscheinung lernte ich begreifen durch eine Arbeit von F. Wang, welcher ausführt:

„Jeder vermehrte Materialtransport vermindert unter sonst gleichen Verhältnissen die mittlere Geschwindigkeit des Wassers, also auch dessen Stoßkraft und demzufolge auch die Erosion."

Abb. 7 möge andeuten, wie ich mir den Vorgang denke.

Auf der gleichmäßig verlaufenden Bachsohle AD habe sich von A bis B größeres Gestein gelagert. Dann ist auf dieser Strecke die Sohle geschützt. Unterhalb dauern die erfolgreichen Angriffe fort; zunächst wird die Sohle dicht unterhalb B so erheblich angegriffen, daß ein Wasserloch entsteht; weiter unten wird sie derartig abgetragen, daß sie sich stellenweise fast eben zeigt. Diese Strecke geringeren Gefälles reicht dann bis an neue Hindernisse der Auswaschung, welche die Sohle schützen (C—D der Figur). Daß diese Erklärung zutrifft, unterliegt mir jetzt, nachdem ich sie gefunden, keinem Zweifel mehr. Ihre Richtigkeit ergibt jeder Spaziergang an einem Erlengraben. Da findet man die stärksten Gefälle allemal zwischen Baumstöcken und Baumwurzeln, während doch die Annahme ausgeschlossen ist, daß die Erlen sich nur dort hätten ansiedeln können,

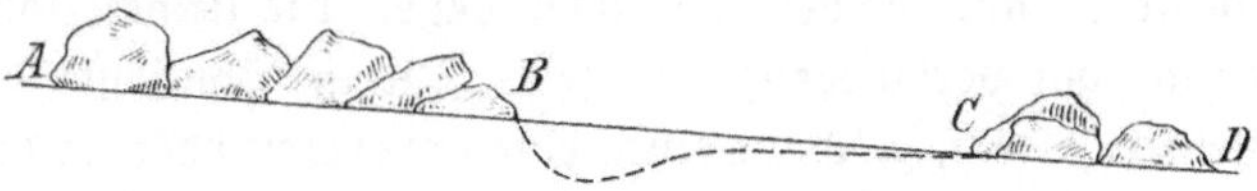

Abb. 7. Schematische Darstellung von Gerölle im Wildbach.

wo das Wasser rascher strömt. Hier ist es daher ohne weiteres ersichtlich, daß die Gestalt des Wasserlaufes durch die Abflußhindernisse, nicht umgekehrt diese von jener bedingt wurden.

Auch noch in anderer Weise werden die Gesetze der „Materialsortierung", welche für ganze Flußgebiete gelten, im felsigen Wildbach streckenweise durchbrochen, denn gar häufig trifft man die schwersten Blöcke den kleineren Geschieben vorgelagert. Dieser Widerspruch erklärt sich dadurch, daß das größere Geschiebe nur im Murgang talabwärts bewegt werden kann. Ein solcher aber folgt seinen eigentümlichen Gesetzen. Wang beschreibt das sehr anschaulich:

„... im Falle eines Murganges, wenn das Wasser infolge der Verunreinigungen eine breiartige Konsistenz mit höherem spezifischen Gewicht angenommen hat, werden außerordentlich große und schwere Steinblöcke, ja oft häusergroße Felstrümmer mit Leichtigkeit talwärts geführt."

„Wie eine geschlossene Phalanx rückt der Murgang, in welchem die Masse des Geschiebes jene des Wassers oft weit überwiegt, und in welchem die Steine vorerst im bunten Durcheinander hart nebeneinanderliegend und sich berührend, mit Schlamm vermengt, fortgeschoben werden, langsam gleichmäßig heran, alles mit sich reißend, was sich seinem Talgange entgegenstellt. In dieser außerordentlich tragfähigen, weil spezifisch schweren Masse, findet aber bald eine Materialsortierung in der Weise statt, daß das größte Geschiebe vermöge der erhöhten lebendigen Kraft vorwärts zu eilen trachtet. Die Geschiebsmassen des Murganges lösen sich sozusagen langsam aus ihrem innigen Kontakt und sortieren sich in einer dem Einzeltransport entgegengesetzten Weise.

Das gröbste Material ist nunmehr voraneilend, am nächsten der Sohle, das feinste zurückbleibend und in der Strömung hoch oben zu finden."

Kaum bedarf es des Hinweises, daß Übergangsformen vorkommen. Wenn der Murgang zum Stillstand gekommen, greift wieder der Einzeltransport Platz und ordnet nach seiner Weise die Steine um. Das geht aber nicht so rasch, wie es sich niederschreibt. Die kleinen leichten Steine, welche zurückblieben, sollen nun vorauseilen. Gar oft aber müssen sie Halt machen auf der beschwerlichen Reise. Die Ursache solchen Aufenthaltes kann gar verschiedener Art sein. Die gewöhnlichste Ursache ist, daß der kleinere Stein, geschützt durch einen größeren oder an den flachen Rand geschleudert, der Strömung widersteht. Seine eigene Richtung gegen den Strom kann auch seine Reise aufhalten, wenn er eine Lage gewonnen hat, in welcher er dem Strom die geringste Angriffsfläche bietet. Dies geschieht z. B. bei walzenförmigen Steinen, wenn ihre Längsachse in der Stromrichtung liegt. Kleinere Steine finden vorübergehend auch dicht unterhalb von großen Steinen und ebenso an breiten Stellen des Flußbettes Ruhe, weil in beiden Fällen die Strömung gemildert ist.

Öfter noch hemmen sich die wandernden Steine gegenseitig. Dies kann in dreierlei Weise geschehen: Hat sich ein größerer Stein im Wasserlaufe festgesetzt, dann können andere durch diesen aufgehalten werden. Ferner kann man beobachten, daß flache Steine an anderen hinaufschieben, wie schematisch die Abb. 7 bei B zeigt. Solche Platten liegen dann sehr fest und halten weitere Massen in der Bewegung auf. Seltener stauen sich die Gesteine gewölbeartig, dann aber immer so, daß die geschlossene Seite des Bogens bergauf weist. Auf diese Art entstehen Wasserfälle und Stromschnellen, welche deshalb ganz besonders hübsch zu sein pflegen, weil die über Steine abstürzenden Wasseradern nach einem Brennpunkt gerichtet sich vielfach kreuzen und sich vereinen, um sich dann wieder zu trennen (Abb. 8).

Wunderbar ist, daß Gartenkünstler es umgekehrt zu machen pflegen. Unter Aufwand von viel Zement wird allen Regeln der Baukunst zuwider die Wölbung talabwärts gerichtet, als hätte man an Stelle der Natur lieber die Schnauze eines Sahnenkrügleins sich zum Muster genommen.

Runde Steine folgen anderen Gesetzen. Man findet sie in zweierlei Lagen — oft eingeklemmt oder doch gefangen zwischen größeren kantigen, öfter jedoch am Rand oder auf Untiefen gestrandet zwischen viel kleineren, flachen und eckigen Steinen; denn große Kugeln, wenn einmal in rasche Bewegung geraten, pflegen nicht so bald wieder Halt zu machen. Ihre eigene Schwungkraft entreißt sie dem Einfluß der Strömung.

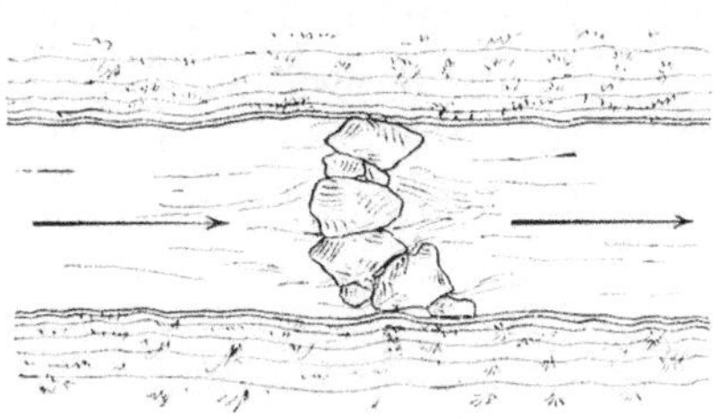

Abb. 8.

Die Richtigkeit der vorstehend entwickelten Regeln, die auch für die Meeresbrandung gelten, konnte ich vor Jahren im Lesezimmer des Reichstagsgebäudes an dem vortrefflichen Bilde des Ostseestrandes von Eugen Bracht studieren, auf welchem die länglichen Steine alle (es sind ihrer gegen 30 abgebildet) ohne auch nur eine Ausnahme mit der Längsachse vom Ufer nach dem Meere hinweisen. Dies ist auch ganz begreiflich, denn so lange ein Stein parallele Richtung mit dem Wellenschlag behält, bleibt er ein Spiel der Brandung und wird vorwärts und rückwärts bewegt, was sofort aufhört, sobald er sich dem Ansturm des Wassers mit der schmalen Seite entgegenstellt. In dieser Lage verharrt der Stein.

Auch die nicht vom Wasser bewegten Gesteinstrümmer streben zu Tale, die Reise geht aber langsam, und sie haben daher Zeit, sich recht gemütlich einzurichten. Sie liegen deshalb meist auf der breitesten Fläche und stets mehr oder weniger tief in den Boden gebettet, wo solcher unter ihnen vorhanden ist. Bilden aber andere Steine oder gar feste Felsen den Untergrund, oder hemmen Baumstämme die Wanderung, so reist der Stein langsamer als das Erdreich, welches gleichfalls zu Tale strebt. Dieses aufhaltend bildet dann der Stein eine Stufe (Abb. 9).

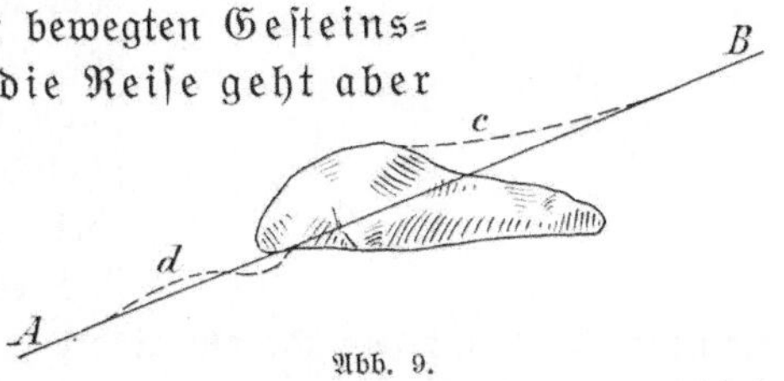

Abb. 9.
AB ursprüngliche Neigung des Bodens. Die punktierte Linie bei c deutet die durch Rutschungen hergestellte neue Oberfläche dar, die Neubildung bei d ist durch das Tierleben verursacht.

Sehr wechselvolle Bilder kann man auf Trümmerfeldern antreffen, deren ganze Oberfläche mehr oder weniger dicht mit Steinen bedeckt ist. Wie der Mensch schwere Lasten auf untergelegten Walzen zu bewegen pflegt, so hilft sich auch die Natur. Große Steinplatten begeben sich auf die Wanderschaft am liebsten auf beweglicher Unterlage und mit möglichst kleiner Reibungsfläche (Abb. 10 u. 11).

Oft stockt die Wanderung vor festen Hindernissen. Dabei entstehen meist treppenartige Absätze (Abb. 12).

Steine, die meist zu Wasser gereist sind, nun aber schon lange auf dem Trockenen sitzen, wie die Findlinge, folgen in bezug auf das Ver-

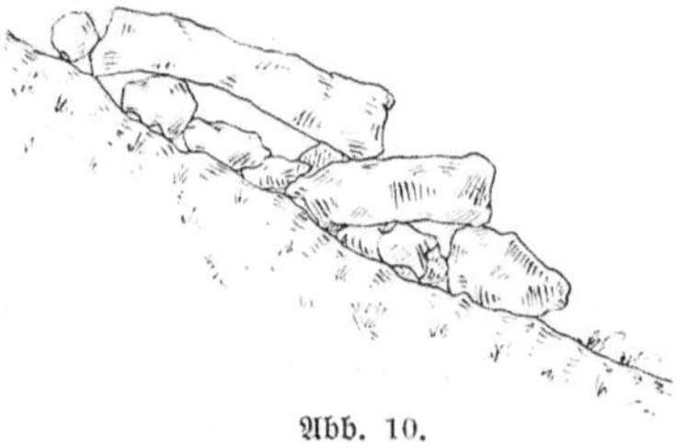
Abb. 10.

Abb. 11.

sinken in den Boden und die langsame Wanderung zu Tale den nämlichen Gesetzen.

Nun gibt es noch Steine, die überhaupt noch nicht auf der Wanderung gewesen sind. Durch ungleichmäßig fortschreitende Verwitterung vom Grundgestein getrennt, befanden sie sich zufällig in Gleichgewichtslage oder doch annähernd in solcher, so daß sie den Reibungswiderstand der Grundfläche nicht überwinden konnten und in scheinbar recht unbequemer Stellung verharren mußten. Solche Bildungen sind es, welche der Einheimische dem fremden Gast mit besonderem Stolz zu zeigen pflegt.

Abb. 12.

Daß Füchse, Kaninchen und andere Höhlenbewohner gern unter und zwischen Steinen sich eingraben, wird jedem Leser gegenwärtig sein, ebenso, daß die Pflanzenwelt sich gern bei Steinen ansiedelt. Moose und Flechten vermehren am meisten den Eindruck, daß ein Block schon lange an Ort und Stelle lagert.

In seinem Gedicht „Atmosphäre“ bricht Goethe in die Klage aus:

„Ich muß das alles mit Augen fassen,
Will sich aber nicht recht denken lassen.“

Diese Klage trifft wie für die Wolkenschichten so für die Lagerung der Steine zu. Ebenso paßt aber auch des Dichters Trostwort:

„Dich im Unendlichen zu finden,
Mußt unterscheiden und dann verbinden.“

Möchte dem Leser — ich hoffe es — das Verbinden der Einzel-

Abb. 13. Geschiebe führender Wildbach. Nach einem Gemälde von Karl Hasch. (Zu Seite 76.)

erscheinungen in der Natur zu einem von Gesetzen beherrschten Ganzen leichter werden, wie mir das Trennen gewesen!

Aber wer sich daran wagt, das Trennen und Zusammenfassen nicht nur geistig beim Bewundern der Natur zu üben, wer ihren Vorbildern folgend sich der rohen Steine zu Verschönerungszwecken bedienen will, der erst wird die Schwierigkeit in vollem Umfange ermessen können.

In einem späteren Kapitel werde ich versuchen, durch einige praktische Winke die schwere Aufgabe zu erleichtern. Hier galt es zunächst nur, die Freude am Schönen, wie es die Natur bietet, insbesondere das Verständnis für ihre steinerne Sprache (saxa loquuntur!) zu erhöhen.

So möge sich ein Ausspruch Selenkas bewahrheiten:

„Der Schmuck ist nichts anderes als eine allgemeinverständliche natürliche Sprache, geeignet, dem Nächsten von unseren Vorzügen bildlich zu berichten.“

Dieser Satz gilt nicht nur vom Schmuck des Menschen. Auch der Wald erzählt durch seinen Schmuck (dazu gehören die Steine) seinem Nächsten — das ist der Forstmann — gar viel. Möchte es mir gelungen sein, das Verständnis für diese „natürliche Sprache“ ein wenig zu fördern.

Das Bild 13 dieses Kapitels läßt erkennen, daß der Künstler genau die Natur zum Vorbilde genommen hat, und deshalb ist es lehrreich. Wir sehen die Wellen des Gießbaches über Steine schäumen, welche seine Sohle vor Erosion schützen, während er im Vordergrund eine ebenere steinfreie Strecke erreicht. Am Ufer rechts sehen wir den T-förmigen Block durch Auflagerung auf kleinere Steine festgehalten. Durch den Block vor der starken Strömung geschützt hat sich Schotter behauptet. Von beiden Ufern her schieben sich Felstrümmer abwärts, alle mit der Längsachse in der Richtung des stärksten Gefälles gelagert. Diejenigen, welche der Gießbach noch nicht freigelegt hat, sind in den Boden eingesunken und bilden treppenartige Absätze.

Siebentes Kapitel.

Allgemeines über den ästhetischen Wert der Pflanzenwelt.

Vor mir liegen die Beiträge zu einer Ästhetik der Pflanzenwelt von F. Th. Bratranek, im Jahre 1853 in Leipzig erschienen, ein Band von 438 Seiten, überreich an geistreichen Bemerkungen, fast jede Seite ansprechend. Der romantisch veranlagte Verfasser beleuchtet die Beziehungen, welche zwischen unserer Innigkeit und der Pflanzenwelt bestehen. Unter Innigkeit versteht er denjenigen Teil unseres Wesens, welchen Goethe im Anschluß an Sokrates den Dämon des Menschen genannt hat, den man wohl auch das Herz nennen könnte, nämlich den

Kern des individuellen Lebens, in welchem die allgemein menschliche oder geistige Anlage sich zur Erscheinung bringt. — Diese unsere Innigkeit tritt der Pflanzenwelt leihend gegenüber, d. h. wir legen dem pflanzlichen Leben ein unserer Natur verwandtes Streben und unsere Empfindungen unter, wie sich das in unzähligen Äußerungen der Volksseele, und zwar ganz besonders in dichterischen Leistungen, kundgibt. Bratranek stattet sein Werk demgemäß mit Wiedergabe von Volksmärchen der verschiedensten Nationen und mit zahlreichen Dichterstimmen aus, wobei Lenau und Geibel besonders reichlich zu Worte kommen. — Die letzten Zeilen des hierher übernommenen Lenauschen Gedichtes sind in dieser Hinsicht besonders charakteristisch:

„Wie reitet sich's durch einen Wald so traut,
Wenn nur die Wipfel noch von Sonne wissen,
Nur noch zuweilen eines Vogels Laut
Verhallt in ahnungsvollen Finsternissen.
Das Auge kann kein Tier des Walds erkunden,
Ein Eichhorn nur erblickt' ich in den Zweigen;
Es kam behend und still und ist verschwunden,
Die Einsamkeit des Waldes uns zu zeigen.
Und doch hier lebt des Lebens welche Fülle!
Ein stummes Rätsel, das sich nie verraten,
Die Pflanze ist sein Bild und seine Hülle,
Und allwärts grünen seine stillen Taten.
Die Wurzel holt aus selbstgegrabenen Schachten
Das Maß des Stamms und treibt es himmelwärts,
Ein rastlos Drängen, Schaffen, Schwellen, Trachten
In allen Adern; doch wo bleibt das Herz?"

Wie vorstehend das Drängen und Trachten, so preist in gleich poetischer Form derselbe Dichter das Glauben der Pflanze:

„Liebliche Blume
Primula veris
Holde, dich nenn ich
Blume des Glaubens.

Gläubig dem ersten
Winke des Himmels
Eilst du entgegen,
Öffnest die Brust ihm."

Ich füge noch eine Probe Platenscher Dichtung hinzu, zwei Verse eines Liedes, in welchem die Pflanzenwelt als klagend aufgeführt wird:

„Die Nebel, ach, verdüstern
Des Himmels lichte Zone,
Die Winde weh'n und flüstern
Im Laub erhabner Rüstern
Und in der Pappelkrone.

Es ist, als ob das ganze
Gefild erfrostet schaure,
Und als ob jede Pflanze,
Entblättert vor dem Kranze,
Das eigne Los bedaure."

Solche Naturbetrachtung, so ansprechend sie in vieler Hinsicht ist, genügt aber nicht für den Leserkreis dieses Buches, denn ich hoffe, daß es von tatkräftigen Wirtschaftern in die Hand genommen werden wird, die sich nur selten den Luxus gönnen, sentimentalen und romantischen Stimmungen nachzuhängen. Ich werde mich darum bei der Betrachtung der Schönheiten der Pflanzenwelt mehr an Vischer als an Bratranek anlehnen. In Vischers Sinne bemerke ich: Das Neue, welches die organische Natur vor der unorganischen voraus hat, ist nicht nur ihr Leben, sondern das Auftreten von Formen und Farben, die nur ganz gelegentlich und in verschwindendem Umfang dem mineralischen Gerippe der Erde eigen sind. Rundung, wie wir sie an Baumstämmen und besonders an Früchten auftreten sehen, grüne Farbe, die auf unsere Augen und dadurch auf unser Gemüt so wohltätig wirkt, labender Duft, das alles tritt uns mit der Pflanzenwelt neu entgegen. Besonders ins Gewicht fällt für uns der verstärkte Einheitsbezug des Ganzen und seiner Teile, denn Wurzel und Stamm, Beastung, Laubwerk und Blüten, alles ist aufeinander angewiesen, und die morphologische Betrachtungsweise, zu welcher Goethe sich durch die Blattentwickelung einer Palme angeregt sah, erschließt uns beim Anblick des Blattwerkes selbst sehr schlichter Gewächse (z. B. der Scabiosa Columbaria) die Freude am Werden, an der Entwickelung.

Der Einheitsbezug bekundet sich u. a. auch durch symmetrische Anordnung, die sich besonders in Blüten geltend macht, noch öfter durch verwickeltere, aber die ganze Pflanze beherrschende Gesetze der Blattstellung, wie sie so deutlich zutage treten, wenn man einen Kieferzweig entrindet und die spiralig geordneten Ansatzstellen der Nadeln mit der ebenso kunstvollen Ordnung der Zapfenschuppen vergleicht. Am merkwürdigsten ist die $^2/_5$-Stellung, bei welcher immer das fünfte Blatt nach zwei Windungen über dem ersten steht. Diese Stellungsverhältnisse kehren bei allen fünfblättrigen Blütenpflanzen wieder. Zuerst hat man sie bei der Rose beobachtet. Verbindet man in der Rosenknospe die Ansatzstellen der Blumenblätter oder die Spitzen der Kelchzipfel durch Linien in der Reihenfolge wie die Blätter einander decken, so entsteht der Drudenfuß, jenes Symbol des Geheimnisvollen, die uralte Hieroglyphe, welche die pythagoräischen Philosophen über ihre Briefe setzten, die Druiden auf ihrer priesterlichen Kleidung gestickt trugen, und die Baumeister des Mittelalters in die Fensterrosen der gotischen Dome (z. B. St. Quen zu Rouen) zeichneten (Abb. 14). Schließlich wurde die Rose, weil in keinem Naturdinge auffälliger dieses Symbol zutage tritt als in der Rosenknospe,

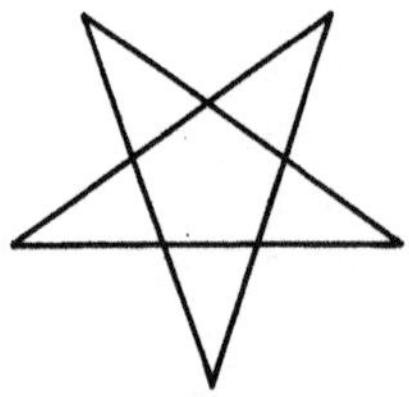

Abb. 14.

selbst zum Symbol des Geheimnisses. An der Decke der Ratsstuben angebracht sollte sie zur Amtsverschwiegenheit mahnen. Daher der Ausdruck sub Rosa.

Die Geheimnisse nicht nur der Pflanzenwelt, sondern der ganzen Schöpfung, haben zu ernstem Nachdenken veranlagte Gemüter gerade beim Anblick der Rose oft beschäftigt. Indem ich mich nicht scheue, die Grenzen der Mystik zu streifen, führe ich hier zwei Zeilen an, in denen der Seraphinische Wandersmann (Angelus Silesius) Gedanken eingeschlossen hat, die zu den tiefsinnigsten gehören, welche sich der Menschenseele offenbart haben:

„Die Rose, welche hier dein äußeres Auge sieht,
Die hat von Ewigkeit in Gott also geblüht."

Nach Zeit und Ort werden wir auch vor anderen Blüten als vor der Königin der Blumen mit gleicher Bewunderung, gleicher Erschütterung uns ernsten Betrachtungen hingeben dürfen, und nicht nur die Blüte, auch die Frucht und das sommerliche und winterliche Gewand von „Gras und Kraut, die sich besamen und fruchtbaren Bäumen, da ein jeglicher nach seiner Art Frucht trägt und ein jeglicher seinen eigenen Samen bei ihm selbst hat auf Erden", können und sollen uns zur Andacht stimmen.

Von der Mystik eines Angelus Silesius kehre ich zu nüchterner Betrachtung unserer Waldungen zurück.

Vor anderen sonst begünstigteren Erdstrichen hat unsere Pflanzenwelt den Zauber voraus, den ihre Erscheinung im Wechsel der Jahreszeiten durch wunderbar harmonische Anpassung darbietet.

Alle diese Reize treten an so vielerlei Pflanzenfamilien und Arten und an jeder Art so verschiedentlich auf, daß wir immer aufs neue Anregung empfangen.

Hierbei denke ich weniger an das Auftreten sogenannter terratologischer Erscheinungen, vereinzelt bleibende, wunderbare, aber doch für das Verständnis des Pflanzenlebens wichtige Bildungen, die man hin und wieder beobachtet, wie z. B. durchgewachsene Lärchenzapfen oder Weißbuchentriebe mit gegenständigen Blättern, — ungleich wichtiger ist die Umwandlung, welche pflanzliche Arten erfahren, indem sie neue Abarten, Spielarten und Formen bilden.

Wenn ich weiterhin auf vorkommende Spielarten und auf besonders merkwürdig entwickelte Einzelbäume eingehen werde, so geschieht dies nicht aus Vorliebe für Absonderliches, und ich weiß auch sehr wohl, daß selbst den Landschaftsgärtnern die unzählige Menge der kultivierten Spielarten unbequem zu werden anfängt. — Mein Interesse für die

Spielarten steht im Einklang mit der Naturauffassung eines Örsted, welchem ich den Nachweis entlehne, daß auch minder schöne Abarten, Spielarten und Formen wichtig sind, weil sie „die Idee des Dinges offenbaren".

„Die Natur führt jede ihrer Ideen in unzähligen Abänderungen und in Werken aus, deren Hervorbringung in unüberschaulichen Zeiten stattfindet; in der Gesamtheit aller soll sich die ganze Idee ausdrücken. Gleichwie ein Denker sich einen Grundgedanken in den verschiedensten Formen ausbildet, gleichwie ein Tonkünstler dasselbe tut, wenn er ein Motiv variiert, ebenso die Natur, nur in einer unsäglich größeren Mannigfaltigkeit. Jedes einheitliche Wesen (Individuum) ist eine solche eigentümliche Ausführung der Grundidee des Gegenstandes. Aber die reiche Natur beschränkt sich nicht darauf, uns Ausführungen zu zeigen, in welchen die Gedanken gleichsam abgeschlossen vor uns stehen; nein, sie zeigt sie uns mit zahllosen Abwechselungen von Endlichkeitsverhältnissen, welche ein einseitiger Betrachter die am meisten in die Augen fallende Unvollkommenheit nennen wird, die aber der, welcher sich die Naturauffassung zu der Höhe gebracht denkt, wozu sie sich in dem ganzen Menschengeschlecht entwickeln soll, dazu bestimmt finden muß, die Idee des Dinges in ihrer ganzen Fülle für einen mächtigen, klarschauenden Geist zu offenbaren."

Achtes Kapitel.

Der ästhetische Wert der Holzarten.

Zunächst gilt es, den ästhetischen Wert der Holzarten kennen zu lernen.

Bei der nachstehenden Betrachtung unserer Hauptholzarten stelle ich dem forstlichen Gebrauch entsprechend die harten Laubhölzer voran, dann lasse ich das Nadelholz und die Weichhölzer folgen, um mit dem Strauchwerk zu schließen. Ein besonderer Abschnitt ist einigen wichtigen forstlichen Ausländern gewidmet.

1. Die harten Laubhölzer.

Eiche.

Der erste Platz gebührt unstreitig der Eiche, weil sie im Alter bis zum Charakter des Erhabenen heranwächst. Sie verdankt diesen Vorzug ihren Größenverhältnissen und der kräftigen Gliederung aller

Abb. 15. Susanneneiche in Postel. Umfang in Brusthöhe 6,20 m.

ihrer Teile, denen man es ansieht, daß jeder einzelne Stamm neben den Gesetzen der Art auch eigenen, ihm innewohnenden Gesetzen folgt.

Schon in der Stellung der Knospen, welche zwar alle spiralig geordnet, aber oft an Größe untereinander sehr verschieden am Zweige stehen, offenbart sie ihr eigenwilliges Wesen. Dem entspricht auch der Wuchs der Zweige, der Äste, sogar der Wurzeln, wenn sie überirdisch sichtbar hervortreten.

„Tum fortes late ramos et brachia tendens huc illuc“, rühmt sie der Dichter. Hier- und dahin nach Belieben reckt sie die gewaltigen Äste, aber sie behält dabei Gleichgewicht — media ipsa ingentem sustinet umbram.

Esculus inprimis, quae quantum vertice ad auras
Aethereas, tantum radice in Tartara tendit.
Ergo non hiemes illam, non flabra neque imbres
Convellunt: immota manet multosque per annos
Multa virum volvens durando secula vincit.
Tum fortes late ramos et brachia tendens
Huc illuc, media ipsa ingentem sustinet umbram.

Virgil. Georg. II. 290.

Ich schalte hier die „dicke Eiche“ bei Kirchgöns in Darmstadt ein, nicht als eine der stärksten, wohl aber als besonders charakteristisch. Ihr Umfang beträgt in Brusthöhe 5,50 m (Abb. 16).

Der Eindruck, welchen die Sinne unmittelbar durch ihren Anblick empfangen, wird gesteigert durch das, was wir von ihr wissen. Wir kennen ihre Widerstandskraft gegen die Elemente. Während sie es verschmäht, im sanften Wind zu flüstern, erhebt sie brausend ihre Stimme im Sturm und widersteht ihm im Streite. Poetisch wissen wir es zu ihren Gunsten zu deuten, daß die gewaltige Kraft des Blitzes so oft an ihr sich erprobt. Wir finden sie aus dem Kampfe hervorgehend, nicht ohne ehrenvolle Narben, doch gerüstet, im Zeugen neuer Äste, neuer Wipfel ihre Lebenskraft nur um so gewaltiger zu entfalten, jene Lebenskraft, von welcher der Dichter das Bild hernimmt, um die Blütezeit seines Volkes ihr zu vergleichen. Des Volkes, nicht eines einzelnen Mannes, denn wie verschwindet der einzelne Sterbliche, wenn er seine Lebensdauer vergleicht mit der ihrigen, wenn er zurückrechnet vor dem Stamm, dessen Querschnitt die Brusthöhe überragt: wer ist wohl Kaiser gewesen in deutschen Landen damals, als das Schwarzwild von der Überfülle der Mast die Sameneichel im jungfräulichen Boden des alten Plenterwaldes barg; wenn er sich zagend fragt, wohin wir angelangt sein werden, wohin die Kinder und Kindeskinder, bis aus einer der Eicheln, die wir heute mühselig in gegrabenen Streifen auslegen, ein Stamm erwachsen kann, jenem gleich, der vor uns liegt.

Manche Beobachtung kommt noch hinzu, untergeordneterer Art, aber doch immerhin geeignet, den Eindruck zu verstärken: Oft sehen wir die Eiche andere Holzarten überragen: sie scheint königlich sie zu beschützen.

Abb. 16. Die „dicke Eiche" bei Kirchgöns.

Als die letzte ergrünt sie: sie kommt als die vornehmste nach den anderen. Niedere Pflanzen macht sie sich dienstbar als ihr Gewand, um mit herrlicher Farbe und sanfter Umhüllung die allzugroße Rauheit ihres Borkenkleides zu mildern. Dem zahlreichen Getier des Waldes spendet sie Nahrung und Obdach, und zuletzt wird sie noch geadelt durch den Gebrauch, zu welchem der Mensch sie bestimmt, denn zu gemeinem Dienste ist ihr Holz nicht feil.

Ihr Laub, — vom Bruch des glücklichen Waidmanns bis zu dem Ehrenkranz des heimkehrenden Kriegers und den Ehrenpforten für Fürsten und Könige, — vertritt für uns Deutsche den Lorbeer.

Maler und Dichter, berühmten sowohl als unberühmten Namens, haben es sich von jeher angelegen sein lassen, die Vorzüge unseres Baumes in das rechte Licht zu stellen. Die forstlichen Zeitschriften aus dem ersten Dritteil unseres Jahrhunderts sind vorzugsweise reich an zum Teil trefflichen Gedichten zum Preise der Eiche.

Fleißiger noch sind die Maler bei der Sache. Ihr Pinsel ist zwar nicht jeder Eiche gewachsen, solchen am wenigsten, wie sie der Forstmann am liebsten erzieht: den schlanken Schäften des geschlossenen Hochwaldes und den gerundeten Kuppeln der gepflegten Oberholzbäume im Mittelwalde, desto besser aber nützen sie jene Gestalten aus, wie sie im alten Plenterwald und vorzüglich im Hudewald erwuchsen. Das hat schon Gilpin erkannt, als er die malerischen Schönheiten der Eichen seiner Heimat rühmte, einer weiten Waldgegend am Ufer des Avon, in welcher von hundertzwanzig Jahren noch verwilderte Pferde ihr Wesen trieben.

Jene Eichen des New-Forest, die dem Zahn der frei weidenden Ponys entwachsen waren, erkannte er als „die malerischesten Bäume, die man sehen kann. Sie bekommen selten hohe Stämme, wie andere Eichen in fetterem Boden, allein ihre Äste (Krummholz für den Schiffbauer) schlingen sich gemeiniglich in den malerischesten Formen ineinander. Überhaupt glaube ich, daß, je magerer der Boden ist, desto malerischer ist der Baum — d. h. um so schöner ist die Verästung, die er bildet."

„Überdies sind die Eichen im Neuwalde nicht so sehr mit Belaubung überladen, als andere in fetterem Erdreich. Eine überladene Belaubung verdirbt alle Form, so wie im Gegenteil, wenn das Laub zu dünn ist, der Baum verdorben, verschrumpft und dürftig aussieht. Malerisch vollkommen ist ein Baum, wenn er Belaubung genug hat, eine Masse zu bilden; aber doch nicht so viel, daß sie seine Äste versteckt. Eine der größten Schönheiten eines Baumes ist seine Beastung. Diese muß hier und da, selbst wenn der Baum voller Blätter ist, unter der Belaubung hervorblicken."

Ich bin überzeugt, der geneigte Leser wird an vorstehendem Zitat gar nichts Besonderes finden, vielmehr das darin Gesagte für selbstverständlich halten. Das ist es aber keineswegs. Die theoretische Betrachtung, wenn sie uns in klaren Worten entgegengebracht wird, finden wir einleuchtend, aber vor die Wirklichkeit gestellt, gelingt es dem ungeübten Auge nicht immer, die malerische Schönheit sicher herauszuerkennen und den Blick an ihr zu weiden.

Selbst absterbende Eichen können malerisch schön sein. Oft ist der Versuch gemacht worden, architektonische Bildungen aus pflanzlichen Formen herzuleiten. Wer mit einiger Phantasie die dürren Eichenäste betrachtet, kann wohl allerhand Ungeheuer herauskennen — Schlangen, Drachen, Hundsköpfe, wie sie als Wasserspeier die gothischen Bauten wunderlich zieren.

Nächst der Gliederung des Astbaus und der hierdurch bedingten Verteilung des Laubes in große Massen sind es die Anordnung der Blätter im einzelnen am Zweige, außerdem ihre Größe, Gestalt und Farbe, die für das Aussehen des Baumes entscheidend sind.

Die Blattstellung unserer beiden heimischen Eichenarten zeigt eine durchgreifende und ästhetisch wichtige Verschiedenheit.

Allgemein bekannt ist der Unterschied der Länge der Blattstiele, aber nicht genugsam scheint beachtet zu werden, daß die Blattflächen nach Lage und Form ganz wesentlich durch die Länge des Stieles beeinflußt werden. Den Blättern der Stieleiche nämlich, kurz angeheftet am Zweig, wie sie sind, gelingt es nicht oder nur zum Teil, die vorteilhafteste Stellung gegen das Licht einzunehmen, wogegen die Traubeneiche nur ihre langen Blattstiele zu wenden braucht, um das Laub völlig eben ausgebreitet der Sonne zuzukehren. Man darf also in gewissem Sinne sagen, wie es G. L. Hartig auch getan hat, daß ihre Blätter wechselweise an den Zweigen stehen nach Art der Buchenblätter.

Während nun die erstere Form der Anordnung an älteren Bäumen am besten zur Geltung kommt, indem sie jeden Kurztrieb durch einen wohlgeordneten fein abschattierten Strauß ziert, nehmen sich die in einer Ebene ausgebreiteten Blätter der Traubeneiche an jüngeren Stämmen, welche vorwiegend Langtriebe entwickeln, besonders gut aus.

Wie mit der Stellung, so ist es auch mit dem Glanz des Laubes. Dessen Mangel ebensowohl wie sein Vorhandensein kann je nach Umständen als Vorzug aufgefaßt werden. Der Glanz eines Körpers rührt bekanntlich davon her, daß er einen Teil der auffallenden Lichtstrahlen als ungefärbtes weißes Licht von seiner Oberfläche abprallen läßt. Lebhafte Farbenwirkungen kann man darum nur von nicht glänzenden Körpern erhalten oder von solchen, welche das Licht nur in einer einzigen Richtung als Glanzlicht reflektieren. In letzterem Falle natürlich nur dann, wenn man einen Standpunkt wählt, der nicht in der Richtung jener ungefärbten

Strahlen liegt. Die minder glänzenden Blattrosetten der Stieleiche vertragen daher wie ein Aquarellbild jede Richtung der Beleuchtung, während glänzendes Laub im Sonnenschein aus einiger Entfernung gesehen ebenso mißfarbig erscheinen kann, wie Ölgemälde der Anfänger, denen die Ausstellungskommission einen Platz mit falschem Lichte angewiesen hat, um einem Mackart, einem Achenbach diejenigen Beleuchtungen einzuräumen, welche den Glanz der ebenen Tafel unschädlich in irgendeinen Winkel des Saales hinwerfen, während sie die pastos aufgetragenen Stellen („Farbenklexe", sagt der profane Laie, wenn er näher hinzutritt, um zu sehen, wie es gemacht wird) bald als Edelstein, bald als Vollmond, bald als Welle aus dem allgemeinen Düster hervorleuchten läßt. So leuchtet oft aus dem Halbschatten lichter Kiefern ein Zweig der Traubeneiche weithin durch den Bestand.

Auch im abgestorbenen Zustand bildet das Eichenlaub einen Schmuck des Waldes. Besonders zum Grün der Nadelhölzer paßt ihr herbstlicher Farbenton. Zur Farbe der Kiefer wie der Fichte bietet er eine herrlich abgestimmte Ergänzung, indem das blasse Braungelb im Verhältnis zur mattgrünen Kiefer ein wenig vor-, im Verhältnis zur lebhaft grünen Fichte ein wenig zurücktritt.

Junge Eichen und ein Teil der älteren halten das Laub den ganzen Winter über fest. Der Sturm, der damit raschelt, kann es ihnen nicht entreißen, nur freiwillig lassen sie es fallen, wenn sie, eine nach der andern, im Lenz ihre Knospen öffnen und neues Laubwerk und die verschwenderische Fülle ihrer zarten Blütentrauben entwickeln.

Im winterlichen Zustand sind alte Eichen farbenprächtig, weil grüne Moose, blaugraue und gelbe Flechten, in ihrer malerisch zerklüfteten Rinde angesiedelt, dem Stamme ein buntes Kleid verleihen, aber im Stangenholzalter sehen laublose reine Eichenbestände nicht schön aus. Diese Beobachtung hat mir den ersten Anstoß zu forstästhetischem Nachdenken gegeben, als ich in der Oberförsterei Alten-Plathow försterte und meine Tätigkeit hauptsächlich darin bestand, reine Eichenstangenorte zur Durchforstung auszuzeichnen. Dort fehlte es völlig an belebendem Eindruck einer eingesprengten Buche, Birke oder Kiefer. „Dat's Kruppzeug" — hatte Ahlemann gesagt, wo er eine angeflogene Kiefer sah. War sie auch ganz tadellos gewachsen, so ließ er doch die Kiefer selbst auf ärmeren Sandboden heraushauen.

Rotbuche.

Buchen sind schwer zu malen. Ihre Darstellung bietet dem Pinsel so große Schwierigkeiten, daß sie nur der Meisterhand gelingt, denn der regelmäßige fächerförmige Bau ihrer Zweige sieht im Bilde leicht steif aus, namentlich an den Kronen jüngerer Buchen, deren obere Äste ziemlich steil aufwärts streben.

Die Natur läßt aber den Eindruck von Steifheit nicht aufkommen, am wenigsten dann, wenn dem eben rasch verlängerten Triebe noch nicht genugsame Kraft innewohnt, um sich zu tragen, so daß er sich in schönem Bogen abwärts neigt. In diesem Zeitpunkt gewährt die junge Buche wohl den lieblichsten Anblick, welchen unser Wald bietet. Man sieht es da den Stämmchen nicht an, daß sie bestimmt sind, wenn erst das Stangenholzalter hinter ihnen liegt, zu einer noch höheren Stufe der Schönheit heranzuwachsen, zu jenen Beständen der feierlichsten und großartigsten Pracht, wie keine andere Holzart sie aufweisen kann. Die schönsten deutschen Wälder liefert uns die Buche, besonders dort, wo die erhabene Einheit des Bestandes durch Wechsel in den Formen des Geländes vor Eintönigkeit geschützt wird. Bei den Eichen kann es begegnen, daß man vor Bäumen den Wald nicht sieht, denn diese wollen einzeln, jede in ihrer Eigenart, gewürdigt werden. Anders die Buchen: In strenger Form sich aufbauend, eine wie die andere als schlanke, mächtige Säule in ebenmäßigem Abstande, fügen sie ihre Kronen dicht zusammen zum hohen Kuppeldach, welches sie über leichtem Astwerk mit wohlgeordnetem Laube wölben. Ein wunderbar feines, mattschillerndes Silbergrau, belebt durch den zarten Überzug der Flechten und Moose, umkleidet die langen, wohlgerundeten Schäfte, die jene gewaltigen Hallen urwüchsiger Altholzbestände tragen. Mehr wie andere stimmen sie den Menschen zur Andacht und vieles spricht dafür, daß sie zum Entstehen des gotischen Baustiles die Anregung gegeben haben. Noch gesteigert wird der feierliche Eindruck durch das Fernhalten allen Beiwerks, welches den Charakter des Ganzen stören könnte. Nur Waldmeister, Sauerklee und zarte Gräser durchbrechen schüchtern die gleichmäßig ausgebreitete Decke des abgefallenen rotbraunen Laubes, denn nur selten erreicht ein Lichtstrahl in ungeschwächter Kraft den Boden.

Ja, durch die verschiedensten Bilder und Tugenden erfreust du das Herz des Forstmanns, du deutsche Buche! Wir wissen deine Zartheit zu schätzen, wenn wir dich mit sanfter Vermittelung zwischen den rauhen Stämmen alter Eichen jede Bestandeslücke ausfüllen sehen, wenn wir dich betrachten, wie du mit mütterlicher Sorge über deinen jungen Nachwuchs schützend die Arme breitest, wenn unser Auge an den Farben sich weidet, mit denen deine Knospen anschwellend den ersten warmen Sonnenstrahl begrüßen, um dich dann, herrlich zu gewimperten Blättern entfaltet, für Frühling, Sommer und Herbst in dreimal neues Prachtgewand zu kleiden. Bringst du endlich das Laub dem Winterfrost zum Opfer dar, so läßt du dir neue Festkleider von ihm versprechen. Aus feinen Zweigspitzen, welche mit den stattlichen Knospen regelmäßig besetzt sind, webst du selbst den Grund, damit der Reif strahlende Muster, mit Edelsteinen verziert, hineinstickt.

Wer vergißt jemals den herrlichen Anblick eines mit Rauhreif in wunderbarster Schönheit gezierten Buchenaltbestandes oder eines von frischem Schneeanhang belasteten Gertenholzes, wenn ein sonniger Wintermorgen ihm auch nur einmal solche Herrlichkeit enthüllt hat. Und dieses Schauspiel darf man ohne störende Nebengedanken betrachten, denn als echter Mittelgebirgsbaum vermag die Buche einen Schmuck zu tragen, der andere Holzarten unter seiner Last begraben würde.

Sehr abweichend beurteilen die verschiedenen Ästhetiker den Charakter der Buche. Während ich Roßmäßler beipflichten möchte, der in der Buche den weiblichen (in der Eiche den männlichen) Typus verkörpert zu erblicken glaubt, findet Grottewitz, daß man für die Buche das Bild eines schönen, stattlichen Ritters wählen müßte aus der Zeit der Minnesänger, im Gegensatz zu der einem alten biderben germanischen Recken vergleichbaren Eiche. Weniger günstig urteilte Bratranek, der in der Buche den Charakter rücksichtsloser Energie des Mannes sieht, oder gar Vischer, wenn er sagt: „Die steifen, nur in der Mitte nach unten etwas ausgebogenen Äste stehen in schneidender, kratzender Linie ab, das gezähnte breit elliptische Blatt sitzt auf kurzem Stiele, abwechselnd gegenständig, und spielt wenig im Winde, der Körper der Krone schließt sich wenig modelliert fest zusammen. Dem Stamme sieht man die Härte des Holzes an, strenge Kraft ist der Ausdruck, der ebendaher eine in sich zusammengefaßte gesunde und tüchtige, aber herbe Stimmung bewirkt.“ Dieses Urteil kann sich nur auf solche Buchen beziehen, die ihren Standort in ungünstiger Lage haben, denn dann nehmen sie leicht harte und wunderliche Formen an.

Von fernher gesehen bilden Buchenwaldungen in der Landschaft einen herrlichen Hintergrund, vor dessen ruhigen Massen Mittelgrund und Vordergrund sich trefflich abheben. Besonders eigenartig wirkt aus der Ferne der violette Farbenton, den Buchenwipfel annehmen, wenn ihre Knospen im ersten Frühjahr schwellen, und das Rotbraun des Buchenwaldes im Spätherbst findet unter den deutschen Holzarten nicht seinesgleichen.

Hainbuche.

Nomen — omen. In hainartig lichter Stellung nehmen die vielgestaltigen Hainbuchen sehr schöne Formen an. Ihr knorriger Stamm zeichnet sich durch die oft hoch hervortretenden starken Rippen aus, die ihm ein malerisches Äußere geben. Die Beastung ist bald aufstrebend, bald mehr oder weniger wagrecht oder gar hängend. Die Zweige tragen reichlich eine tief grüne Belaubung, die sich in schöne Massen gliedert. Darum ist diese Holzart bei den Landschaftsgärtnern sehr beliebt.

Die Hainbuche besitzt einen wunderbar zähen Charakter. Niemals läßt sie sich vom Spätfrost verunstalten, und der Schere des Gärtners setzt sie wie dem Zahn des Wildes und des Weideviehs eine unverwüstliche Triebkraft entgegen. Fehlen ihr unter den fortwährenden Angriffen Zeit und Kraft, einen Stamm zu bilden, so breitet sie an den Boden angeschmiegte schlanke Zweiglein aus, welche Senker bildend sich bewurzeln und einen eigenartigen Rasen bilden.

In samenreichen Jahren werden die Zweigspitzen durch die Last der geflügelten Samentrauben so tief herabgebogen, daß man Trauerbäume zu sehen glaubt. Dann ist der ernste Baum der Tummelplatz des verschwenderisch fressenden Kernbeißers.

Esche.

Die Esche nimmt im ästhetischen Sinne eine eigenartige Mittelstellung ein zwischen den Weiden und Pappeln einerseits und den Eichen andererseits; denn ihr gefiedertes Laub bewegt sich bei jedem Windhauch wie das Laub der Weidenhölzer, ihre Zweige dagegen beugen sich wie Eichenzweige erst stärkerem Wind.

In der freien Landschaft sind die Eschen mit ihren malerisch gegliederten Kronen heitere Bäume. Am Rande des Wiesenbaches entzücken sie uns, wenn ihr schlanker Stamm unsern Blick von der blumigen Wiese hinauflenkt zu den in tiefem Blau ruhig dahinschwebenden Sommerwölkchen! Gegen den Himmel gesehen bilden ihre Fiederblätter, einander überschneidend, ein entzückendes feines Netzwerk. Als Straßenbäume gefallen sie durch ihre vornehme, ruhige Haltung, wenn sie, von den Bäumen des Bestandes sich abhebend, die Straße im Walde begleiten, oder wenn sie im Dorf durch ihre strenge architektonische Form die Traulichkeit der ländlichen Bauten zu noch höherer Geltung bringen. Als besonders reinliche Bäume passen sie gut in die Dorfanlagen, sie hegen wenig Insekten und der glatte Schaft sieht oft wie frisch gewaschen aus.

Der gewaltigen Entwickelung älterer freistehender Eschen

entspricht die Wertschätzung, die schon unsere Altvordern ihnen zuteil werden ließen, obwohl sie keine Mast brachten. Sie verehrten die Esche Yggdrasil als den Weltenbaum, der mit Wurzeln, Stamm und Ästen die Wohnsitze der Menschen und der Götter umspannte. Dazu, daß die Esche zum Weltenbaum gestempelt wurde, mag eine Eigenschaft beitragen, die wir Forstleute ihr zum Vorwurf machen: ihre Neigung zur Zwieselbildung, die früh beginnend, sich in die oberen Verästungen fortsetzt. Festgefügt haben derartig reichgegliederte Kronen einen Charakter, den man als Sinnbild weltumspannender Triebkraft wohl auffassen darf. Unter unseren heutigen zivilisierten Verhältnissen kennen wir die Esche nur noch als wohlgepflegten Baum an der Landstraße oder im Forst, und was wir da sehen, paßt allerdings nicht zu der Vorstellung, die man sich von der Yggdrasil machen muß. Um den Begriff, der bei uns von der Esche lebt, angemessen zu erweitern, schalte ich hier die Beschreibung eines Eschenbaumes ein, der im Jahre 1891 im Augustenburger Schloßpark dem Sturm zum Opfer fiel: „Die Gipfelhöhe betrug 34 m, in 8 m Höhe teilte sich der Baum in drei ziemlich gleich starke Hauptäste. Zwei dieser Äste teilten sich in ca. 15 m Höhe, der eine Ast in drei, der andere in zwei noch immer baumstarke Äste. Der Umfang des Baumes betrug am Fuße, 40 cm über der Erde, 8 m. In 5 m Höhe hatte der Baum die gleichmäßigsten Proportionen bei einem Umfange von 4,35 m. Der Durchmesser des Beschattungskreises betrug 32 m." — (Schleswig-Holsteinisches Forstbotanisches Merkbuch.)

Auch um ihrer Wehrhaftigkeit willen mag die Esche den Herzen unserer Vorfahren nahegestanden haben; denn sie lieferte die Lanzenschäfte und die Pallisadenpfähle. Schon das angelsächsische Alphabet weiß von ihr zu rühmen:

„Esche ist überhoch,
Den Menschen wert,
Fest im Grund,
Hält recht Stand,
Wenngleich sie anfallen
Viele Männer —"

(Nach Masius.)

Eingefügt in den starren Rahmen des forstlichen Hochwaldbetriebes kann die Esche nur einen Teil ihrer Vorzüge entwickeln. Ein Eschenstangenort von größerer Ausdehnung ist, der blassen Rinde wegen, nicht recht schön, die kraftvoll dunkle Erle und die weißrindige Ruchbirke müssen ergänzend hinzukommen.

Horstweise im Buchenbestand eingesprengt bietet die Esche eine willkommene Abwechselung. Man soll ihr die feuchteren Lagen einräumen, wo dann unter ihrem milden Schirm eine reichliche Bodenbegrünung von zarten Schachtelhalmen, Farnkräutern und einigen hübschen Blütenpflanzen (goldgelbe Lysimachia, architektonisch aufgebaute Disteln u. a.), sich einstellt und doppelt gewürdigt wird, weil das Kronendach des umgebenden Buchenbestandes kein blattgrünes Pflanzenleben unter sich duldet. — Eng umschlossen in Einzelmischung bildet die Esche zwischen Buchen auf besten Böden himmelhohe, glatte Schäfte heran, auf welche das Beiwort elegant trefflich paßt. Solche erstklassige Stämme habe ich unter anderem auf der Insel Alsen bewundert.

Die Esche ist ein schlagender Beweis, daß es sich auch wirtschaftlich schwer straft, wenn man Schönheitsrücksichten außer acht läßt. Ihrer ästhetischen Vorzüge uneingedenk hat man ihren Anbau mißachtet, und jetzt, wo Technik und allerhand Luxus nach Eschenholz verlangt, fehlt es daran!

Ahorn.

Vor einigen Jahren hatte ich mit Ahornbäumen ein kleines Erlebnis. Dr. Karl Bolle, der inzwischen hochbetagt und doch zu früh verstorbene verdiente Dendrologe, wollte mir in der ehemaligen Tegeler Baumschule die alten über hundertjährigen Roteichen zeigen, welche von Burgsdorff dort angebaut hat. Wir freuten uns zunächst am prachtvollen Wuchs der Lärchenbäume, die auch aus Burgsdorffs Saaten stammen, und dann glaubten wir die Roteichen zu erblicken, die ich an der glatten Rinde sofort erkannte. Die mächtigen vollbelaubten Bäume leuchteten in prächtigem Frühlingsgrün durch den Wald, und ich gestand mir: der Roteiche habe ich Unrecht getan, sie ist doch wirklich ein unvergleichlich schöner Baum, — als wir aber näher kamen, da erkannten wir: Die Gruppe, die uns entzückt hatte, das waren keine Eichen, sondern zwei Spitzahornbäume und ein Feldahorn. Weiterhin fanden wir dann auch die Roteichen. Die standen noch ganz kahl da, in bezug auf Beastung und auf Farbe ihrer Rinde blieben sie hinter der Schönheit der Ahorngruppe weit zurück.

Die Schönheit der Belaubung, den Vorzug früh zu ergrünen und lebhafte Herbstfarben anzunehmen, haben alle drei Ahornarten gemeinsam. Die großartigste Entwickelung der Laubmassen zeigt der Bergahorn, den auch die platanenartig abblätternde helle Rinde auszeichnet. Spielend trägt der glatte Schaft die schwere Last reicher Belaubung. In wundervolle Worte hat dies Goethe gefaßt, die er dem Faust in den Mund legt:

Altwälder sind's! die Eiche starret mächtig,
Und eigensinnig zackt sich Ast an Ast;
Der Ahorn mild, von süßem Safte trächtig,
Steigt rein empor und spielt mit seiner Last.

Der Spitzahorn wirkt durch die Lebhaftigkeit seiner Farben: durch goldige Blüte, die, vor dem saftig grünen Laub erscheinend, uns das Frühjahr verheißt, durch hellgelbes Laub im Herbste, dessen Schein mit der Sonne wetteifert, und das bisweilen durch karminrote Flecken belebt wird.

Der Feldahorn ist sowohl als Strauch wie als Baum eins der ästhetisch wertvollsten Glieder des Waldbestandes. Sein tief und zierlich eingeschnittenes rundes Laub nimmt im Herbst leuchtend goldgelbe Farbe an. Ältere Bäume wachsen sich zu eichenartigen, höchst malerischen Formen aus.

Der geflügelte Same, der beim Spitzahorn in schweren Büscheln, beim Bergahorn in langen Ketten herabhängt, bildet einen malerischen Schmuck und lockt das Kunstgewerbe zu schöner Stilisierung.

Im westlichen Deutschland kommt der französische Ahorn (A. Monspessulanum) vor, den habe ich im Nahetale strauchartig wachsen sehen. Seine zierliche, efeuähnliche Belaubung erregte mein Interesse. Die im zeitigen Frühjahr reichlich auftretenden gelben Blüten werden zum Schlehenstrauch eine schöne Ergänzung bilden. Unter günstigen Umständen erreicht der französische Ahorn 6—8 m Höhe. Ein derartiges Bäumchen habe ich in den Magdeburger Anlagen, unweit der Elbe, sehr reich und hübsch blühen sehen.

Rüster.

Feldrüster, Bergrüster und Flatterrüster haben den herrlichen Kronenbau und die reiche Belaubung gemeinsam. In dieser Hinsicht sind die schönsten, welche ich kenne, die Bergrüstern auf der Höhe des Zobtens. Schon Gilpin schreibt, daß kein Baum mehr geeignet sei, große Lichtmassen aufzunehmen, ein Lob, welches sehr begreiflich ist, da er vorzugsweise, wenn nicht ausschließlich, Bergrüstern gekannt haben wird. Alle drei Arten erfreuen uns durch zeitige Blüte. Viele Feldrüstern und einige Flatterrüstern nehmen im Herbst eine herrliche rotbraune, zum Teil auch karminrote Laubfärbung an. Die Flatterrüster bedeckt sich fast alljährlich nach dem Abblühen mit einer Unmenge bräunlicher Samen und in diesem Zustand ist der Baum im Vordergrunde unschön. Er bietet aber einen günstigen Hintergrund für vortretende Farben. In den letzten Jahren meiner Reichstagstätigkeit hatte ich nur zu oft Gelegenheit, aus dem südöstlichen Turmzimmer des Reichstagsgebäudes über die Baumwipfel der Tiergartens nach dem Brandenburger Tor hinzublicken. Da war es mir eine Freude, zu sehen, wie schön die blühenden Spitzahorne sich von den abgeblühten Flatterrüstern abheben und umgekehrt, wie gut sich die blaßbräunlichen Kronen hinter den hellgrüngelben ausnehmen. Diese Beobachtung war mir ein neuer Beweis, daß jede Farbe schön ist, wenn sie in der richtigen Verbindung auftritt.

Wilde Obstbäume.

Die wilden Obstbäume, nämlich Apfelbaum, Birnbaum und Vogelkirsche, schmücken das Frühjahr durch reiche Blütenpracht, den Herbst durch bunte Laubfarben. Besonders der Birnbaum zeichnet sich durch Farbenwechsel aus. Er kleidet sich im Frühjahr weiß, im Sommer grün, im Herbst rot, im Winter schwarz. Freistehende Birnbäume machen im Winter durch ihre Farbe und die an wirres Haar erinnernden feinen Zweigspitzen einen melancholischen Eindruck. Der alte wilde Apfelbaum dagegen, „borstig wie ein Keiler", steht trotzig da „als ein urwaldlicher Zeuge", wie Burkhart sehr bezeichnend schreibt. Fröhlich erscheint der Kirschbaum; gerade aufschießend kleidet er seinen Stamm in glatte Rinde, schmückt er seinen Wipfel mit glänzendem, an Lorbeerblätter erinnernden Laube. Während seines Blütenschmuckes beherrscht er das Waldbild und im Sommer deckt er nicht nur „dem Spätzlein seinen Tisch", wie es in Hebels anmutigem Gedicht heißt, sondern auch Amseln, Stare, Dohlen, Krähen und andere gefiederte Gäste werden von den bunten Kirschen herbeigelockt.

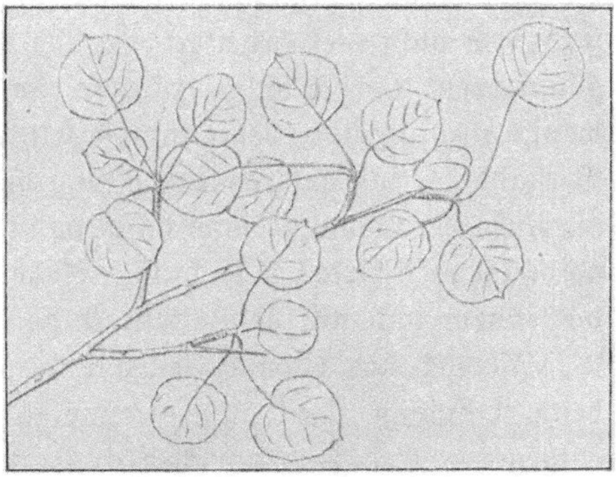

Abb. 17. Zweig eines wilden Birnbaumes.

Was man von wilden Obstbäumen in der Nähe der Dörfer und an den Waldrändern zu sehen bekommt, ist meist nur verwildert und reicht nicht heran an die Eigenartigkeit der im Innern zusammenhängender Waldungen vorkommenden wirklich wilden Formen. Die Abb. 17 zeigt einen Zweig der hier in Postel heimischen Formen des wilden Birnbaumes. Mit ihren langgestielten runden Blättchen ähneln derartige dornige Sträucher und Bäumchen den kultivierten Formen nur wenig.

2. Die Nadelhölzer.

Kiefer.

Aus der Zahl der Nadelholzarten stelle ich die Kiefer voran, diese bevorzugend, weil sie, wenn nicht das schönste, so doch ganz gewiß das interessanteste Nadelholz ist.

Fast hätte ich Lust, etwas überschwänglich ihr Lob zu singen, aber so bescheiden wie sie ist, würde es gar nicht in ihrem Sinne sein, wenn sie jemand über Gebühr herausstreichen wollte. Das hat nun auch keiner getan, im Gegenteil, recht viel unverdienter Tadel ist ihr Los gewesen. Die Kiefern auf vierter oder fünfter Bodenklasse, mit besonderer Vorliebe die Eisenbahnen begleitend, haben für den Blick des abgespannten Reisenden ja nicht viel Erheiterndes, das muß ich zugeben; aber auch unter günstigeren Verhältnissen pflegen sie den modernen Kulturmenschen wenig anzusprechen, denn für die Einzelheiten fehlt ihm meist Zeit und Verständnis, zur tieferen Auffassung des Ganzen aber der Überblick und die Ruhe des Gemütes, und da ist dann der verwöhnte Tourist mit seinem absprechenden Urteil bald fertig. Anders wir, denn wir sehen mit wohlwollendem und mit geschultem Auge.

Ist doch das Wohlwollen auf Gegenseitigkeit begründet, denn schon beim Empfang streckt uns freundlich einladend die Kiefer die Arme entgegen. Ihre Äste am W a l d e s s a u m, die das Innere gegen Wind und Sonne schützen, S-förmig schön abwärts geschwungen und an der Spitze wieder sich hebend, neigt sie uns entgegen, freundlich wie die Zweige der Linde, der gastlichen. Wer uns so entgegentritt mit hohler Hand, das kann kein Feind sein. Feindlich ist das Konvexe, das spitz Starrende, darum meidet, darum mildert die Kiefer solche Formen, so viel sie vermag. Der gerundete Stamm ist in elastische Borkeschuppen gekleidet, von freundlich warmer Farbe, friedlich bewohnt von anspruchslosen Flechten. Weich und nachgiebig sind die langen Nadeln, zur Gestalt schwellender Ruhepolster vereinen sich deren leichte Büschel.

Man darf drei ganz verschiedene Erscheinungsformen der Kiefern unterscheiden: Junge Kiefern, alte im Schluß erwachsene und freistehend erwachsene Kiefern, diese weichen mehr voneinander ab, als z. B. Linde von Rüster, Tanne von Fichte; denn wer möchte wohl, wenn es ihm nicht von Kindheit an geläufig geworden wäre, das Musterbild symmetrischer Regelmäßigkeit des ersten Jahrzehntes in ihren späteren Ausgestaltungen (sei es nun als hoher schlanker Schaft mit schirmförmiger Krone, sei es ein tief und unregelmäßig beasteter frei erwachsener Sonnenbrüter) wieder erkennen.

In der Jugend zeigt sie den typischen Nadelholzcharakter durch die vollkommene Regelmäßigkeit ihres Baues, die Symmetrie ihrer Zweigstellung und die kegelförmige Gestalt des Wipfels. Nun unterliegt es zwar keinem Zweifel, daß die auf Symmetrie beruhende Schönheit eine Stufe niedriger im Range steht, als die freie und doch im Gleichgewicht gehaltene Gruppierung der Laubhölzer; wo aber ihre starre Form durch Zierlichkeit einen eigenen Reiz gewinnt, solange sie also noch jung und klein sind, da vermögen die Nadelhölzer gar wohl mit den Laubhölzern um den Preis zu ringen. Wer möchte wohl den Christbaum geringer schätzen als die Pfingstmaien! Nun wählt man zum Christbaum zwar nicht leicht die Kiefer, sondern die an Farbe lebhaftere, durch die Menge der Seitenzweige zierlichere Fichte, aber über diese Zurücksetzung weiß sich unsere Freundin zu trösten. Schmücken wir sie nicht mit Lichtern, so setzt sie selbst sich die Kerzen auf. Lange im voraus rüstet sie sich auf ihre Festtage, denn das weiß sie gar wohl, daß sie haushälterisch mit ihren Mitteln schalten muß, wenn sie auf ihrem armen Standort bestehen, mit Ehren bestehen will. So hat sie denn schon im Herbste den jungen Trieb herangebildet. In warmer Knospe eingeschlossen hält sie ihn für den kommenden Mai bereit. Schon kennt jedes Nadelpaar die Stelle der zierlichen Spirale, an der es hervorbrechen und dreißig Monate lang grünen soll, denn dort harrt seiner schon das Deckblatt, seine erste Jugendzeit umhüllend zu beschützen. Jenes Deckblatt, nur zum Schützen bestimmt, nicht in das stoffumwandelnde Grün gekleidet, gibt dem jungen gerade aufrecht stehenden Trieb die schimmernde helle Färbung. Das trifft gerade zu der Jahreszeit, wo die Kulturen fertig sind und der Forstmann Muße hat, einmal die liebe Familie allesamt, groß und klein, mit in den Wald zu nehmen. Dann springt das kleine Volk von einem Bäumchen zum anderen: „das ist mein Christbaum, das ist deiner, den zündest du an, den ich", und nun geht es an die Arbeit, ein Stäbchen in der Hand zum Anzünden, ohne Flamme zwar, aber mit lebhafter Phantasie und recht lauter Fröhlichkeit, immer von einer Kiefer zur anderen. Das ist dann ein Familienfest, ein Frühjahrsfest, des guten alten Claudius „Herbstling" und „Eiszäpfel" an die Seite zu stellen, über welche im Wandsbecker Boten, Teil 2, das Festprogramm nachgelesen werden kann. Meine Kinder haben es selbst erfunden, doch werden sie dem guten Roßmäßler, bei welchem sich der Keim des gleichen Gedankens schon vorfindet, die Priorität nicht streitig machen. Der Kiefernwald ist übrigens auch im Winter ein rechter Kinderwald, warm, windstill, trocken und reich an tausend Kleinigkeiten, wie sie den Kindern Freude machen. Da sind die alten Zapfen ein schönes Spielzeug für die Kleinsten, von den Größeren wird schon das Korallenmoos gewürdigt und die Pracht der Hypnumarten. Aus diesen kriecht in der warmen Stube das Marienkäferchen heraus (die Schlesier sagen Sommerkälbel); das ist dann ein Ereignis, dieser Besuch im Winter im Zimmer; draußen aber gibt es ganz andere Dinge noch zu bewundern. Da ist das zutrauliche Goldhähnchen, das sich so hübsch von nahe betrachten läßt, da sind die geschäftigen Meisen, der hämmernde Specht, und unter dem Wachholderstrauch sitzt der Hase und denkt nach. Da muß auf den Teckel acht gegeben werden, der die Kinder so gern begleitet, sonst stöbert er ihn auf und jagt ihn unermüdlich. Meinerseits aber will ich es nicht treiben wie der ungezogene Teckel, will mich nicht durch die warme Spur des Hasen auf Nimmerwiedersehen von meinem Wege abbringen lassen, sondern so systematisch, pedantiich meinen Weg gehen, wie die Kiefer bis über das Stangenholzalter hinaus im geschlossenen Holzbestande sich aufbaut! Die Zierlichkeit ihrer Jugendjahre ist nun längst dahin, und doch versteht sie es noch, obwohl sie steif ist, nicht steif zu scheinen. Denn die Triebe sind nicht mehr so lang wie anfangs, darum kann das kleine Gezweig die Krone ansehnlich verdichten und deren eiförmigen Umriß wohltätig abrunden. Nun steht die Kiefer nicht mehr wie in ihrer ersten Jugend im Gegensatz zur Erscheinung der Laubhölzer, sondern sie paßt sich ihnen harmonisch an, darum kann sie in der Zusammenstellung mit ihnen zwar oft nützen, aber niemals etwas verderben, so daß sie ebenso als vereinzelte oder horstweise Einsprengung in Laubholzbestände paßt, wie umgekehrt das Laubholz, in die Kiefernbestände eindringend, zu jeder Jahreszeit gute Wirkung tut. Wie das gemeint sei, wird man sich durch den Vergleich mit der Fichte leicht klar machen. Diese mit ihrem spitzigen Wipfel und den spitz zulaufenden Zweigen, ihrer regelmäßigen etagenförmigen Gliederung, ihrer Nadelfülle und dunklen Farbe, steht in jeder Hinsicht in einem Gegensatz zum Laubholz, darum kann sie zwar am rechten Orte mehr wirken als die Kiefer, aber auch am unrechten einiges verderben.

Wo die Kiefer frei erwachsen darf, da lösen sich die rundlicheren Formen ihrer Verzweigung immer mehr in einzelne gesonderte Gruppen auf, und immer vollkommener wird dann von Jahr zu Jahr ihre Annäherung an den Laubholzcharakter. Es gewährt viel Unterhaltung, solche Stämme einzeln darauf hin zu betrachten, wie bei einem jeden von ihnen die Umwandlung sich vollzogen hat oder sich anbahnt. Bei genauer Beobachtung wird man dann finden, daß gerade das gespannte Gleichgewicht, zu welchem der Bildungsgang der Kiefer angelegt ist, die

Ursache wird für ihre Entwickelung zu freieren Formen. Gerade deshalb, weil um die Mittelknospe jeden Jahrestriebes geschart alle Seitenzweige aus einerlei Höhe und in einerlei Richtung entspringen, braucht deren einer nur durch einen zufälligen Umstand (etwas steiler aufwärts gerichtete Stellung) vor seinen Altersgenossen begünstigt zu werden, so gewinnt er ihnen, die sich alle gegenseitig die Wage halten, alsbald einen großen Vorsprung ab, wie in einer demokratisch nivellierten Republik gar leicht ein Diktator sich aufschwingt. Ein solcher pflegt sein Machtgebiet gewalttätig zu erweitern, so auch unser Kiefertrieb. Mehr Licht genießend als seine Brüder vom selben Jahrgang, überwächst er nicht nur diese, sondern auch die höher stehenden jüngeren Quirläste und erobert sich immer mehr Lichtraum, bis er an einem gleichfalls durch bevorzugte Stellung begünstigten Aste einen ebenbürtigen Gegner findet. So ist der regelmäßige Verlauf. Die Eingriffe der Insekten- und Pilzwelt, auch Schneedruck und Schneebruch, die Angriffe des Wildes, des Weideviehes, hin und wieder auch menschliches Zutun pflegen diesen regelmäßigen Gang zu durchbrechen und zu interessanten, oft sehr schönen, nicht selten mehr phantastischen als schönen Bildungen den Anlaß zu geben.

Meistens wirken solcher Einflüsse mehrere nacheinander, um einem Baum sein Gepräge zu geben. Die Pflanzenwelt im ganzen und jedes Glied derselben im besonderen ist uns ja dadurch mehr als die unorganische Natur interressant, daß sie wie der Mensch ihre Schicksale hat, denen so leicht der Schein geliehen werden kann, als „erlebe die Pflanze auch, was sie lebt. Wie ganz natürlich dies Leihen vor sich geht, zeigt die tägliche Erfahrung. Man hofft mit den Pflanzen, man sieht sie an, als hätten sie Gefühl ihrer Kraft, man fühlt etwas wie Achtung vor jenem Greise des Waldes, an dem so manche Geschlechter der Lebenden vorübergegangen, man bedauert den vom Froste vernichteten Fruchtbaum, die vom Blitz entwurzelte Eiche, als wäre ihr Schicksal tragisch". Die Kiefer wird der Feinheit ihrer Verzweigung und der Leichtigkeit ihrer Nadelbüschel wegen allerdings niemals den großartigen, den *tragischen* Eindruck machen wie die Eiche, obwohl sie, unvermögend, durch Austreiben schlafender Augen (wie die Laubhölzer es tun) kahl gewordene Stamm- und Aststellen wieder zu bekleiden, die Spuren früherer Erlebnisse unverlierbarer trägt als diese. Es werden nämlich jene Spuren oft zwar nicht verwischt, aber doch verschleiert, denn ein jeder Kiefernzweig besitzt die Fähigkeit, nach dem Lichte hin, wenn das Licht von einer Seite, die ihm früher versperrt war, Zutritt gewinnt, Triebe zu entsenden, oft in entgegengesetzter Richtung als in welcher der Ast sein Wachstum begonnen hat und noch fortsetzt. So entstehen die runden Formen ihrer Gruppierung, welche einen so freundlichen Eindruck auf uns machen, weil wir nur die Gesamtform beachten, während die Einzelheiten des feinen Gezweigs, auf welchen sie beruht, erst dem geflissentlich prüfenden Blick auffallen. (Ganz anders wie bei der großartiger angelegten Eiche, bei welcher gerade das Zurückwachsen einzelner Zweige einen kräftigen, energischen Eindruck macht.)

Die einseitig beasteten erst ganz spät ihrer Altersgenossen beraubten Kiefern werden allerdings immer melancholisch bleiben, doch brauchen wir deswegen noch nicht mit Roßmäßler alle Nadelhölzer anzusehen als „vereinsamte und wie trauernde Fremdlinge, denn seit die Steinkohlenperiode dahin ist, haben die Genossen von damals, aus jenen anderen Pflanzengeschlechtern, die ihre Wipfel unter die ihrigen mischten, sie verlassen, sie fühlen es fast wie ein trauriges Vorrecht, nur allein zu herrschen, wo sie früher mit Anverwandten gern die Herrschaft teilten".

Schöner als die erst nach längst vollendetem Höhenwuchse frei gestellten Stämme erscheinen solche, die, schon von früh an auf sich selbst angewiesen, sich gegen manchen Angriff zu wehren hatten. Ihnen sind die Narben ein Zeichen des Kampfes, ein Schmuck. Da sehen wir dürre Wipfel, durchtränkt mit Harz, jahrzehntelang das Gedächtnis an einen zähen Kampf gegen den Blasenrost, an ein rasches Erliegen vor unzähligen Mengen der Kieferneule bewahren. Noch nach einem halben Jahrhundert zeigen bei so manchem Stamm dürre Äste, wie er einst frei erwachsen schon einmal seine Krone niedrig angesetzt und ausgebreitet hatte, bis er später, durch nachwachsendes Geschlecht gezwungen, höher einen neuen, den jetzigen Wipfel bildete. Die Mannigfaltigkeit wird noch vergrößert durch den individuellen Charakter, welcher unserer Holzart innewohnt, und durch die Verschiedenheit des Standortes. Aufstrebender und in die Breite gehender Wuchs, Drehwüchsigkeit des Stammes oder der Äste oder des ganzen Baumes, schlanke oder knickige Stammform, Neigung der Zweige oder der Äste oder beider zum Herabhängen, das alles sind Erscheinungen, welche sowohl durch die ererbten Eigenschaften der einzelnen Kieferspielarten, wie durch den Standort bedingt werden. Diese Verschiedenheiten kommen bei eintretenden Störungen erst recht zur Geltung.

Wie ja auch wir Menschen im gewöhnlichen alltäglichen Leben die Vorzüge und Fehler unseres Charakters nicht so zuverlässig erkennen lassen, als in Zeiten der Not oder ungewöhnlichen Glückes, so wächst auf mittleren Standortsgüten die Kiefer schlecht und recht; aber auf Ortstein, bei stauender Nässe, auf ärmstem Sand weicht sie von der alltäglichen Form ebensogern ab, wie auf üppigem Humusboden. Unter solchen Verhältnissen kommen die Eigentümlichkeiten der Spielarten und der einzelnen Individuen alsbald zum Vorschein. Ich erinnere zunächst an die merkwürdigen Kiefernwipfel bei Eberswalde, die, vom „Waldgärtner" in Zypressenform erzogen, Ratzeburgs Interesse so sehr erregten, daß er das Titelblatt seiner „Forstinsekten" mit der künstlerisch aufgefaßten Abbildung zierte. Das Bild wird älteren Fachgenossen in Erinnerung sein, weniger vielleicht der begleitende Text, welchen ich hier wörtlich mitteile der (von mir) gesperrt gedruckten Stelle wegen, aus welcher hervorgeht, daß Ratzeburg die Erscheinung gerade vom ästhetischen Standpunkte aus bemerkenswert fand. Er schreibt:

„Wir haben hier nahe bei Neustadt, unmittelbar hinter dem Schießhause, etwa ein Dutzend alter Kiefern, welche nicht bloß deshalb sehr merkwürdig sind, weil sie den Fraß schon ungewöhnlich lange aushielten und einen ganz anderen Wuchs dadurch erhielten, sondern auch weil sie alle auf der Höhe stehen und, über das Laubholz hervorragend, gegen den Horizont vortrefflich abstechen. Einige haben die auffallendste Ähnlichkeit mit Zypressen, andere mit den beschnittenen Taxusbäumen, welche sonst in Kunstgärten Mode waren, und Herr Hylesinus ist daher gewiß nicht unpassend von Linné der hortulani naturae famulus genannt worden. Unser genialer Rösel gewann sie daher auch so lieb, daß er sie, in einem schönen Bilde dargestellt, dem Werke verehrte."

Meinerseits habe ich an den Schützenhauskiefern nicht ganz so viel Geschmack finden können wie Ratzeburg, den wohl entomologische Leidenschaftlichkeit zu günstiger Beurteilung verführte. Unvergleichlich schöner waren — ich weiß nicht, ob jetzt noch einige von ihnen am Leben sind — jene herrlichen Stämme des Lieper Revieres, welche in den Beläufen Maienpfuhl und Breitefenn auf ehemaligen alten Eichenräumden durch Grunert seiner Zeit übergehalten worden sind, Jahrhunderte alte, längst freigestellte Kiefern mit mächtigen, weit ausgedehnten malerischen kupferroten Ästen und riesigen gleichgefärbten Stämmen. Aus eigener Anschauung kenne ich zwar jene Kiefern nicht. Die schönsten mir bekannt gewordenen Kiefern zeigte mir Keßler auf den Rauener Bergen.

Die Kiefern meines einstmaligen Lehrreviers, der Kgl. Oberförsterei Katholisch-Hammer, zeichnen sich durch Bildung großartig schöner Horste aus. Haben wir die Kiefer bis jetzt begleitet, wie sie, von starrem Nadelholzcharakter zu immer freierer Bildung sich entfaltend, Laubholzformen annimmt, so ist dieser Vorgang natürlich auch in Katholisch-Hammer zu verfolgen, wenn auch in minder großartigem Maßstabe, als auf märkischem Boden.

Es ist aber jene Gestalt, welche die Kiefer in von Jugend an freiem Stande erreicht, meines Erachtens nach nicht die schönste, zu der sie sich aufschwingen kann. Zur höchsten Pracht erhebt sie sich, wenn sie ganz ihrer Natur gemäß erwächst. Wo ein Plätzchen im Bestand durch Windbruch oder andere Ursache genügenden Lichteinfall erhält und der Boden gerade in rechter Verfassung sich befindet, da sehen wir ja die Kiefer überaus reichlich anfliegen und bis zu ansehnlicher Höhe so dicht gedrängt emporwachsen, wie wir ähnlichen Schluß bei unseren Freisaaten niemals erzielen oder wenigstens nicht erhalten können. In solcher Stellung behaupten sich dann aus der großen Zahl der Mitstrebenden nur die würdigsten Stämme, denen der Trieb innewohnt, unbeirrt gerade aufwärts strebend, der Schwerkraft der Erde Trotz zu bieten, bis sie die Höhe erreicht haben, wie der Standort sie ihnen erlaubt.

Ein Jahrhundert verfließt währenddessen. Nun beginnen sie wagerecht ihre Äste als stolzen Schirm auszurecken. Dicht benadelt breiten sie ihr Gezweig dem Licht entgegen, nicht mehr bedacht, dessen stoffumwandelnde Kraft zur Erzeugung großer Holzmassen auszunützen, veredeln sie jetzt das bisher gebildete Holz, bis es dem Eichenholze im Werte nahe kommt, indem sie den roten Kern jährlich mehr verbreitern. Dessen erfreulichen Anblick genießt man freilich bei Lebzeiten des Baumes nicht, inzwischen darf man die schöne Rinde bewundern. Damit der lange ast- und knotenlose Schaft der architektonischen Gliederung nicht entbehre, ist diese nach Form und Farbe eine ganz andere unten als an den oberen Stammteilen. Unten braunrot, tief in grobe Schuppen malerisch zerklüftet, oberwärts lebhaft gefärbt, zart gefurcht, in feine Schichten sich abblätternd. Immer heller werdend bekleidet sie die Krone, die Äste, wunderbar kontrastierend gegen das tiefe, ernste, dunkle Grün der Nadeln. Zu solcher Gestalt erwachsen steht die Kiefer unvergleichlich da. In unserer Vegetation wenigstens haben wir nichts Ähnliches, und darum fühlt sie sich auch leicht vereinsamt und macht einzeln stehend einen melancholischen Eindruck, aber wenn ihrer mehrere, nahezu 300 Jahre alt, aus einerlei Horst hervorgegangen, zu lichter Gruppe vereint, dicht beieinander bleiben, oder wenn sie andere Holzart, die Buche besonders, schirmend überragen, da sind sie von höchster Pracht. Ein rechtes Meisterstück der gestaltenden Mutter Natur.

Wer Rückerts „Nal und Damajanti" gelesen hat, wird sich mit Freude des 14. Gesanges erinnern, wie

Damajanti, die herzbetrübte,
Gattensuchende schmerzgeübte,
Fand irrend in des Waldes Schoß
Den Baum mit Namen Kummerlos.
Mit dem herrlichen kummerlosen
Fing die Bekümmerte an zu kosen:
Beglückter Baum in Waldesmitte,
Der du ragest nach Königssitte,
Von vielen Kronen behangen,
Von keinem Kummer umfangen!
Mir fiel ein schweres Kummerlos;
O Kummerlos! mach mich kummerlos.

Wollten wir uns einen Freund unter den Bäumen des Waldes wählen, um mit ihm von Freud und Leid zu reden, zu welchem könnten wir da anders gehen wollen als zu solcher alten Kiefer. Auch sie steht jetzt nach manchem Jugenddrang „kummerlos", hoch erhaben über uns, aber sie flüstert herab mit melodischer Sprache.

Doch ich habe versprochen, möglichst nicht überschwänglich zu werden, was sich auch in Prosa schlechter ausnimmt als in Rückertschen Versen. So will ich denn als Sühne für das eben begangene Vergehen noch eine recht trockene Betrachtung aus der angewendeten Farbenlehre bringen. Die Farbe der Kiefer ist, wenn ihr nicht Beleuchtung einen vorübergehenden Schimmer leiht, keine glänzende, und man kann darum ihren Wert leicht verkennen, sobald man erst anfängt, zu vergleichen und zu kritisieren.

Namentlich sieht eine vereinzelte junge Kiefer zwischen Fichten wie ein Aschenbrödel aus, es hat aber schon der alte Gilpin, den ich bei der Eiche und Buche sooft anführen durfte, darauf hingewiesen, wie keine Farbe an und für sich schön oder unschön sei. Es kommt eben alles darauf an, ob sie an ihre Stelle paßt und ob sie in der Zusammenstellung, in der sie auftritt, gute Wirkung tut. Die Kiefernadel hat eine bescheidene, zurücktretende Farbe, sie bildet einen ganz vorzüglichen, zart sich abstufenden Hintergrund für jedes Landschaftsbild im großen, und im einzelnen bringt sie das heitere Frühjahrs- und Herbstgewand ihrer treuesten Begleiter auf armem Standort, der Birke und Aspe, zur allerschönsten Geltung: Auch die anderen Nadelhölzer (Fichte, Tanne, Lärche) sehen in Kiefern eingesprengt vortrefflich aus und bilden mit ihnen bisweilen eine sehr schöne Zusammenstellung. Es widerspricht das keineswegs dem anfangs

Gesagten, denn es ist ein großer Unterschied, ob jemand festlicher angezogen sich unter eine schlichte Gesellschaft mischt oder ob derselbe im Hausrock zwischen lauter weißen Halsbinden zu Tische sitzen soll. Letzteres ist sehr unbehaglich. Aus diesem Grunde paßt auch die Kiefer nicht in den Garten, wenigstens so lange nicht, als sie noch ganz jung ist. Im Stangenholzalter ist das schon anders, denn auf vorzüglich gepflegtem Gartenrasen gewinnt durch Kontrast ihr Stamm eine prachtvolle Röte; daher sehen die Kiefern in den Villengärten der Berliner Vororte recht gut aus, zumal ihre rundliche Krone zu den spitzwinkeligen Dächern und Türmchen der modischen Villen auch ihrerseits einen gut wirkenden Gegensatz bildet.

Fichte.

Als ein Eroberer hat die Fichte dem Laubholz und der Kiefer weite Gebiete abgerungen. Ob das waldbaulich zu billigen ist, diese Frage zu entscheiden, ist nicht meine Sache. Vom ästhetischen Standpunkt aus kann dieser Siegeszug nicht als eine erfreuliche Erscheinung betrachtet werden. Mit der verfeinerten Technik des Pflanzbetriebes sind die modernen Fichtenkulturen zu Mustern der Regelmäßigkeit geworden, jede Pflanze gleicht genau der anderen nach Größe und Gestalt. Bald schließen sie sich zur Dickung zusammen, die jegliches sonstige pflanzliche Leben austilgt; die Dickung wächst zum Stangenort heran, dessen geschlossenes Kronendach keinen Lichtstrahl durchdringen läßt. Eine Stange sieht genau aus wie die andere, das Ganze ist maßlos langweilig!

Die wiederkehrenden Durchforstungen vermögen diesen Zustand nicht zu bessern, denn die sorgsam geführte Axt zwingt den sich entwickelnden Bestand jedesmal wieder in peinliche Regelmäßigkeit zurück. Erreicht schließlich der Stangenort die untere Grenze des Baumholzalters, dann hat ihm längst der Rechenstift die Daseinsberechtigung abgesprochen. Er verfällt der Axt, ehe ihm noch vergönnt war, zur Großartigkeit sich zu entfalten. — Am unleidlichsten sind Fichtenbestände der geschilderten Art im ersten Frühjahr. Wenn anderweitig schon sprossendes Leben sich regt, dann stehen sie düster und traurig, fast feindselig da. Sie selbst zeigen kein Leben und sie dulden auch nicht, daß unter ihrem Dach sich Leben rege!

Wenn man aber Geduld hat, wenn der Waldbesitzer nicht auf baldigen Rentengenuß angewiesen den Stangenort zum Altholz heranwachsen lassen kann, welche Wandelung geht da mit der öden Langweiligkeit vor sich! Ehe wir es uns versehen, hat sich das Einerlei zur großartigen Einheit entwickelt! Für die Pracht alter Fichtenbestände lasse ich Schmerz zeugen, um von dessen fortreißender Schreibweise wenigstens eine Probe zu geben:

„Der Kiefernwald ist ein Lichtsaal im Vergleiche mit dem dunklen Waldraum, in dem dicht aneinander die ernsten Fichten stehen. Mehr noch; der Fichtenbaum ist nicht allein der ernste Schweiger, über seiner ganzen Gestalt liegt eine Schwermut, die ihm die Äste gebogen und niedergedrückt hat bis auf die Erde, die auch den ergreift, der ihm entgegentritt. Wer mit gesammelten Gedanken in den stillen Fichtenwald tritt, der wird, wie sehr ihn die Freude vor Augenblicken fröhlich gestimmt hat, mit einem Male still werden. Das ist die Allmacht der Natur, die uns, wie hier im dunklen, ruhigen Fichtenwald, so plötzlich und so mächtig ergreift, daß wir ihr uns ganz gefangen geben müssen. Als läge im Walde irgendwo ein großes Geheimnis verborgen, dem jeder nachlauscht, so kommt es uns vor, und zuzeiten bleiben wir stehen mitten zwischen den alten grünen Bäumen, die das Geheimnis ergründen möchten." — (Schmerz, Naturgeschichtliche Charakterbilder.)

Zum Charakter des Erhabenen wachsen Fichtenbestände heran, wenn gewaltige Säulen die hochragenden Kronen dem Himmel nahe bringen. Mit mächtigen Wurzeln an das Gestein geklammert, machen sie uns den Eindruck des Wohlgegründeten, in rauhe Borkenschuppen prächtig gekleidet erscheinen sie malerisch. Im unteren Teil ist das Rindenkleid durch mannigfache Flechten schön geschmückt, in der oberen Stammhälfte bedarf es keines Aufputzes, denn was könnte schöner sein, als die dunkle rotbraune Färbung, die ihm eigen ist.

Mag hier und da Schneebruch oder Sturm ein Bestandesglied gefällt haben, was tut's! — Doppelt freudig gedeihend übernehmen die Nachbarstämme an der Lücke nicht nur den Massenzuwachs, sondern auch das einfallende Licht! Aus dem allgemeinen, fast schauerlichen Düster der geschlossenen Bestandesteile leuchtet ihre besonders reiche, glänzende Benadelung in schönem Gegensatz hervor, unter ihrer Traufe aber begegnet der Blick so manchem Lieblichen — etwa einer Glockenblume, einer Pyrola, einer Orchis oder der Bogenschmiele, zum mindesten einem Fliegenpilz — Erscheinungen, die wir an solcher Stelle doppelt würdigen; denn unser Gemüt ist nicht darauf eingerichtet, den Eindruck des Erhabenen lange ertragen zu können.

Ganz anders und vielleicht noch stärker als der geschlossene Bestand wirken frei erwachsene alte Fichten auf uns ein, jene herrlichen, jeder in seiner Art charakteristisch gebildeten Baumriesen, wie sie die Ridingerschen Kupfer, die Zeichnungen eines Calame, eines Dorée aufweisen.

Welch ein Reichtum der Formen, welche kraftvolle Entwickelung, welche malerischen Silhouetten! Gegensätze, wie sie größer kaum gedacht werden können.

Verfolgen wir die Entwickelung eines derartigen, frei erwachsenen Naturkindes: Als zierliches Pflänzchen hat sich der Sämling aus dem Waldmoos emporgearbeitet. Bald beginnt er in Stockwerke gegliedert nach oben und gleichzeitig auch nach der Breite sich zu entwickeln, wobei jedes Ästchen zweizeilig mit Zweiglein besetzt sich fächerförmig ausbreitet. Da ist nichts zu spüren von der fast an Schmiedearbeit erinnernden Steifheit, die den in der grellen Sonne auf der Kahlschlagfläche künstlich angesiedelten Fichten eigen ist! Das in der Jugend angelegte Gerüst findet bis ins hohe Alter hinein seinen regelmäßigen Ausbau. Am schönsten tritt es zutage, wenn leichter Schneebehang die Linien ziert und kennzeichnet. Die pedantische Regelmäßigkeit des Baues kann aber niemals störend wirken; denn das Gerüst ist überkleidet von herrlichem Gewebe der verschiedenartig geordneten kürzeren Triebe. Bei älteren Bäumen beschweren herabhängende Seitenzweige besonders die oberen Enden der Äste, welche dann festlich ausgestreckten Fahnen zu ähneln pflegen (Abb. 18). Ein so bekleideter Ast bildet ein Gehänge von so festlicher Schönheit, daß die Girlanden der Kranzbinderin dagegen nicht aufkommen. Unvergleichlich schön sind diese Gebilde zur Blütezeit, wenn aus der dunklen winterlichen Benadlung die saftgrünen Maitriebe hervorbrechen und zahllose männliche und weibliche Blüten zwischen dem Grün in schönen roten Farbentönen prangen. — Einen weiteren Schmuck erhalten später die Fichtenwipfel durch stattliche Zapfen, deren jeder in der schönen Anordnung seiner Schuppen ein kleines Kunstwerk darstellt. — Das Ganze wird belebt durch das bewegliche Eichkätzchen und den auch im Winter sangesfrohen Kreuzschnabel, jene geschickten Kletterer, denen die Fichte den Tisch deckt.

Abb. 18. Fahnenförmige Fichtenzweige.

Mußte ich hinsichtlich der schematisch reinen Fichtenbestände rügen, daß sie im ersten Frühjahr unleidlich erscheinen, weil sie ihre Knospen später entfalten, als die Laubhölzer, so gestaltet sich dieser Mangel zum

Vorzug, wo zeitig ergrünende Laubhölzer beigemischt oder wenigstens vorgepflanzt wurden. Die Fichte in ihrer noch winterlichen Düsterheit bildet einen Hintergrund, vor welchem Buchen und Birken doppelt schön erscheinen.

Einen prachtvollen Gegensatz bilden geschlossene Fichtenbestände und tiefbeastete Einzelbäume auch zu der Lichtfülle der blumigen Wiesen und der bewegten Gewässer. Der Reiz des Geheimnisvollen macht sie am Waldsaume interessant, und ihre Eigenschaft, daß sie vor Wind und Regen besonders gut schützen, macht sie anziehend.

Die frei auf der Wiese erwachsene Fichte unterscheidet sich sehr stark vom sonstigen Nadelholzcharakter. Weit ausladend ruhen ihre Äste auf dem Boden, während die regelmäßig gestaffelte Pyramide sich nach oben verjüngt, um mit nadelscharfer Spitze zum Äther aufzuragen.

Unzählige Gedankenverbindungen bereichern das Bild der Fichte, sie ist uns nicht nur ein nutzbarer, sie ist auch ein festlicher Baum. Unsere frühesten fröhlichen Kindererinnerungen knüpfen sich an den Christbaum. Wenn Dorf oder Stadt sich zu festlichem Empfange rüstet, dann schmücken Fichtenmaste, verbunden mit Laubgewinden, die Gassen. Bei traurigem Anlaß gibt ernstes Fichtengrün vereint mit Lebensbaum und Palmenwedel den Räumen ernste Weihe.

Ich könnte so noch lange fortfahren, aber der Schönheit der Fichte kann man durch schildernde Worte doch nicht voll gerecht werden, und es soll ihr in einem späteren Abschnitt durch Hinweis auf die Vielgestaltigkeit ihrer Spielarten und ihrer Wuchsformen noch weiterer Raum gewidmet werden.

Edeltanne.

Wie die Buche zur Eiche, so verhält sich in vieler Hinsicht die Tanne zur Fichte. Die Edeltannen haben vor den Fichten mehrere Vorzüge voraus: Die breiteren, glänzenden, auf der Unterseite mit schönen Linien gezierten Nadeln, die kraftvoll aufrecht stehenden Zapfen, im Alter die Abwölbung der Kronen, aus welchen bisweilen, wie Masius treffend bemerkt, „die Äste in die Luft hineingreifen".

Die Leichtigkeit, mit welcher die Tannen sich selbst verjüngen und die Entlegenheit ihrer bergigen Standorte lassen den Beschauer vergessen, wieviel auch der Tannenforst der Sorge des Menschen verdankt. Unter ihrem „dunkel stahlblauen Schatten" empfindet der Wanderer „Schauer im Innern des Waldes, Waldeinsamkeit in der grün überschatteten, harzig duftenden Halle, wo die Vegetation mit sich allein ist und in ihrer Frische nichts von dem Schweiße des kämpfenden Menschenlebens weiß".

Lärchenbaum.

Die charakteristischen Vorzüge des Lärchenbaumes sind sein aufstrebender Wuchs, seine zarte Verzweigung und seine lebhaften Farben. — Selbst im Winter, wenn er kahl dasteht, schmückt er den Wald farbig, denn sein gelbbraunes, meistens reichlich mit Zapfen besetztes Gezweig bildet einen schönen Gegensatz zum düsteren Grün der Fichten und Tannen, und auch der Stamm zeigt schöne Farbentöne. Dies gilt besonders im Hochgebirge, wo die Borkenschuppen alter Lärchen an der Sonnenseite zimmetfarbig prangen, am übrigen Stamm aber zierlichen Flechtenbesatz tragen. — Das helle Grün der zarten Benadelung kommt — wie ich das bereits im Kapitel „Farbenlehre" S. 40, Abb. 4 hervorhob — besonders im durchscheinenden Lichte zur Geltung. In dieser Hinsicht kann sich nur die maigrüne Birke mit der Lärche messen. — Leider sehr rasch vorübergehend ist der Herbstschmuck, den goldige Farbe der Benadelung unserem Baum verleiht.

Auch in anderer Hinsicht sind Lärchenbäume wohl geeignet, die große Düsterheit von Nadelholzbeständen zu mildern; denn sie beschatten den Boden nicht so sehr, wie die Fichten und Tannen es tun. Gräser und Waldblumen können sich deshalb unter ihrem Schutze ansiedeln, und in dem gedämpften Licht, dessen sie teilhaftig werden, gedeihen.

Leider ist die Lärche mancherlei Schädigungen (Miniermotte, Lärchenkrebs) ausgesetzt, und das Vorkommen von säbelförmigem Wuchs macht sich hier und da unangenehm bemerkbar. Diese Erscheinungen sind in ästhetischer Hinsicht so unwillkommen wie in wirtschaftlicher, aber sie bedeuten doch nur einen Übergang, wenn die Axt des Forstmanns das Kränkelnde oder sonst Unschöne immer rasch beseitigt. — Und wenn schließlich auch nur ganz wenige Lärchenstämme übrig bleiben, so genügt doch schon eine geringe Zahl, um dem Forst zum großen Schmuck zu gereichen.

Arve.

Die Arve zeichnet sich durch Kraft und Weichheit der Formen aus. Die Kraft bekundet sich durch aufstrebenden Wuchs, die Dichtigkeit und lebhaft grüne Farbe der Benadelung, durch die tiefen, das Innere des Wipfels verdunkelnden Schatten, die Schwere der vom Wipfel leicht getragenen Zapfen und besonders die Lebenszähigkeit, mit welcher selbst alte Arven erlittene Unbill überwinden. — Die Weichheit bekundet sich durch die zarte, zu rundlichen Formen sich zusammenschließende Benadelung und durch die schöne Rundung der großschuppigen, besonders in jugendlichem Zustande prächtig gefärbten Zapfen. Reicher Flechten-

Abb. 19. Eibe im Berzgündletal. Der älteste Baum in Bayern. (Zu Seite 108.)

ansatz mildert selbst die Starrheit der unteren abgestorbenen Äste und Zweige.

Der Arvenwipfel wird belebt vom Tannenhäher, welchem die süßen Nüsse zur Nahrung dienen.

Auch fern von der ursprünglichen Heimat kann die Arve zu unvergleichlicher Schönheit heranwachsen. Dies beweist ein mächtiger, tief beasteter Stamm, der auf der Pfaueninsel bei Potsdam inmitten eines weiten Rasenplatzes sich malerisch entwickelt hat.

Alle Verantwortung aber müßte ich ablehnen, wenn jemand auf das von mir gespendete Lob hin die Arve im Hochwald oder auch nur in größeren geschlossenen Horsten des Plenterwaldes rein anbauen wollte. — In solcher Stellung kann sie ihren Charakter nicht entfalten, sie sieht dann kümmerlich und düster aus.

Eibe.

Das dunkle Grün der Nadeln, welches nicht wie bei der Tanne durch starken Glanz belebt wird, dazwischen die Pracht der roten Beeren, der malerische Bau der Beastung, die helle Rinde machen den sagenumwobenen Eibenbaum zu einem der wertvollsten Bewohner unserer Forsten. Dunkeler als alle anderen Holzarten hebt sich seine Krone selbst aus weiter Ferne gesehen von der Umgebung ab.

Alte Eiben — es gibt ihrer bei uns nur noch wenige! — nehmen meist sehr malerische Formen an, die besonders eindrucksvoll erscheinen, weil die schön beschuppte Rinde den Stamm und das Astwerk auszeichnet. — Abb. 19 auf voriger Seite zeigt eine der schönsten, nicht die stärkste deutsche Eibe. Letztere wird weiter unten bei den starken Bäumen vorgeführt werden.

Es ist eine merkwürdige Erscheinung, daß diese Holzart, die so viel Unbill erträgt — von den ärgsten Verstümmelungen erholt sie sich, langdauernde Beschattung vermag sie zu ertragen — gar so selten geworden ist. Leider sind ihre Nadeln und jungen Zweige giftig, und das muß uns abhalten, ihre Wiedereinführung in den Waldungen in großem Umfang zu betreiben. Wo sie vorhanden ist, werden wir sie in Ehren halten!

3. Die weichen Laubhölzer.

Linde.

In Danzig machte Prof. Endres gegen die Einführung forstästhetischer Hochschulvorlesungen den Einwand, daß der zu ihrer Abhaltung verurteilte Dozent schon nach zwei Vorlesungen den Stoff erschöpft haben würde. Ich rief dazwischen: „Allein über die Schönheit der Linde kann man ein ganzes Sommersemester lang lesen." — Wenn ich an dieser Stelle die Linde nur kurz behandle, so liegt es nicht am knappen Stoff, den sie darbietet, sondern an der Erwägung, daß die Breite der Darstellung einigermaßen im Verhältnis zu der forstlichen Wichtigkeit stehen muß, und es läßt sich nicht verkennen, daß die Linde forstlich weit weniger wichtig ist, als zum Beispiel die Kiefer, der sie in vieler Hinsicht ästhetisch nahe steht. Freistehende ältere Linden setzen ihre Zweige in ziemlich steilem Winkel an, senken sie dann und heben sie wieder an der Spitze, ganz ähnlich wie das bei der Kiefer am Waldrand zu beobachten ist. An den Zweigspitzen vereinen sie ihr Laubwerk zu rundlichen Formen, die etwas Einladendes haben. Tiefe Schatten lagern zwischen den Laubmassen und bewirken eine schöne Gliederung.

Das Lindenblatt steht unter allen Blättern der heimischen Baumwelt mit seiner anmutvollen Herzgestalt einzig da. Seine Beweglichkeit, die nicht so groß ist wie bei den unruhigen Pappeln, aber doch größer als bei der Eiche und Buche, gestattet dem Winde ein anmutiges Spiel. — Einst habe ich es mir zum Zeitvertreib gemacht, ein Lindenblatt auf die Verhältnisse des goldenen Schnittes zu prüfen, da fand ich eine schöne Übereinstimmung.

In vielfacher Hinsicht schön und bemerkenswert ist die kunstvoll gebaute, reich gegliederte Lindenblüte. — Die hellgefärbten Deckblätter am Stil der Blütenstände geben den Lindenkronen eine eigenartige Färbung, die in das gleichmäßige Grün des sommerlichen Waldes eine schöne Abwechselung bringt. — Der süße Blütenduft der Linden hat in der heimischen Baumwelt nicht seinesgleichen, und erlabt das Gemüt. Zur Blütezeit finden sich unzählige geflügelte Gäste bei den Linden ein, von den fleißigen Bienen bis zu den prangenden Faltern, unter welchen ich besonders oft den großen Silberstrich bewunderte.

Die dichterische Phantasie aller Völker ist vom Lindenbaum stark angeregt worden. Bedeutende Gedankenverbindungen bereichern ihr Bild, unseren Vorfahren war sie heilig. — Es ist ein Irrtum von Klopstock gewesen, daß er die Eiche statt der Linde als den heiligen Baum der Deutschen ansah. — Später wurde die Linde zum Baum der Liebenden. Als Gerichtslinde, als Kirchhofsbaum ist sie von altersher hoch geschätzt worden.

Die Botaniker sind sich noch nicht darüber einig, ob es nur zwei oder noch mehr deutsche Lindenarten gibt. Forstästhetisch verdient keine den Vorzug vor der anderen, denn die Größe des Laubes macht die

Schönheit eines Baumes nicht aus. Fast will es mir scheinen, als sei die Laubgruppierung bei den kleinblättrigen Linden schöner, und als seien diese auch fleißiger im Blühen. Die beiden Arten ergänzen einander, denn die kleinblättrige, die später ergrünt, blüht auch später, und sie verlängert daher die Jahreszeit des Lindenduftes bis in den Hochsommer.

Pappeln.

Weichhölzer geben der Landschaft etwas Freundliches. Das gelangte mir so recht zum Bewußtsein, als ich einst aus den Buchenwaldungen der sogenannten holsteinischen Schweiz in die Auenwälder des Weistritztales heimkehrte. Wie heiter erschienen mir die durchsichtigen Wipfel der Schwarzpappeln, der Aspen und der Birken im Vergleich zu den ernsten Formen der undurchsichtigen Buchenkronen.

Durch die leicht gebauten Kronen der Pappeln spielen Wind und Sonne und rufen „springende Lichter" hervor. Das leicht bewegte glänzende Laub wirft den Widerschein der Sonne bald hierhin, bald dorthin, und auf dem Boden huschen die Sonnenstrahlen mit dem Schatten wechselnd hin und her. Dabei sind die Bäume gesprächig. Ihr Flüstern verrät uns die Richtung des Windes oft so zuverlässig, wie die Beobachtung des Wolkenzuges. Zur Blütezeit wehen die langen Kätzchen anmutig im Winde. Jede Pappelart hat ihre besonderen Vorzüge.

Die Schwarzpappel nimmt im Alter viel malerischere Formen an, als die kanadische. Sie entsendet ihre starken Äste in schönem Winkel vom Stamm, die Borke ist tief gefurcht und zeigt wie die Äste und Zweige eine helle, fast weiße Färbung, durch welche sie im Winter zu Eichen und Nadelholz einen guten Gegensatz bildet. Alte, weibliche Bäume gewähren zur Zeit der Fruchtreife, wenn die großen weißen Wollbüschel die Krone bedecken, einen höchst merkwürdigen Anblick, der aber in der Nähe von Wohnungen nicht gern gesehen ist, weil die abfliegende Samenwolle überall eindringt und lästig wird.

Die Silberpappeln sah ich am schönsten an den Donau-Ufern. Dort streicht unaufhörlich der Luftstrom über ihr Gezweig. Sich beugend und wieder erhebend zeigen sie wie das Wellenspiel des Flusses unaufhörlichen Farbenwechsel, bald die helle, bald die dunkle Seite dem Lichte zukehrend. Prachtvoll ist auch die Herbstfarbe dieses lange nicht genug angepflanzten Baumes.

Der Silberpappel ähnlich zeichnet sich die Arbele oder Graupappel durch besonders malerischen Wuchs aus. Ich selbst kenne sie nur aus städtischen Anlagen, sie scheint im deutschen Osten keine Rolle zu spielen, wohl aber in den nordwestlichen Provinzen. Ein Kenner schildert sie uns als einen Baum, der oft als einziges Wahrzeichen baumartigen Lebens in den Freilagen des Westens sich zeigt, und mit stattlicher Form, aus der Ferne einer über den Häusern schwebenden Wolke vergleichbar, neben einsamen Gehöften den Stürmen Trotz bietet.

Aspen mit ihren langwallenden Kätzchen, die sie sich wie eine blonde Allonge-Perrücke im ersten Frühling aufs Haupt setzen, gehören zu den

Abb. 20. Aspen an einem See im Grunewald. Nach einem Gemälde von Leistikow.

lieblichsten Frühlingsboten, und den Spätherbst verschönern sie mit goldiger, bisweilen sogar karminroter Laubfärbung. Wer sie nur von geringen Böden kennt, muß sie notwendig unterschätzen. Auf Aueboden und auf tiefgründigen, feuchten, humosen Tonböden bauen sie auf schnurgradem, sehr hell berindeten Schaft prachtvolle, hochgewölbte Kronen, deren schweres Laubwerk sich in schöne Gruppen gliedert. — Die eingeschaltete Abb. 20 zeigt Aspenwurzelbrut, die an sich unbedeutend, doch für den Mittelgrund eines Landschaftsbildes um der hellen Belaubung willen wichtig ist, ein Beweis, daß auch das Unbedeutende am rechten Orte große Wirkung tun kann.

Erle.

Die Roterle ist am schönsten im Frühjahr, wenn ihre Knospen schwellen und ihre langen Blütenkätzchen herabwallen. Sie bildet dann einen Hintergrund von wundervoll violettroter Färbung. Im Spätherbst hebt sie durch ihre dunkel bleibende Laubfarbe das Goldgelb der anderen Weichhölzer, und im Winter sind die mit Zapfen und Kätzchen reich besetzten Kronen alter Erlen, deren braunrote Farbe vortrefflich zum Grün der Kiefern paßt, wiederum ein Schmuck des Waldes, der zeitweise durch den Besuch der zwitschernden Zeisigschwärme belebt wird.

Die Roterle gehört an das Wasser, zu dessen hellem Schimmer das dunkle Erlenlaub wirksamen Gegensatz bildet, während der Glanz des Laubes zu den springenden Lichtern der Wellen trefflich paßt.

Die Grünerle (Alnus viridis) überzieht quellige Abhänge in den Alpen mit ins Bläuliche schimmerndem, saftig grünem Laubwerk, von welchem Fichten, Lärchen und Arven sich schön abheben. Hier und da sieht man auch Erlensträucher in Felsspalten wurzeln und anmutig über dem Abgrund schweben.

Die Weißerle kann sich an ästhetischem Wert mit der Roterle nicht messen, wenigstens nicht bei uns in der Ebene. Ihre Vorzüge sind das zeitige Blühen und der Farbenwechsel, den ihr Laub zeigt, sooft ein Windstoß die helle Unterseite der Blätter nach oben wendet.

Birke.

Es gibt wohl keinen zweiten Baum, dem „Gedankenverbindungen" bei uns Forstleuten so sehr im Wege stehen, wie die Birke. Was eigentlich ihr Vorzug ist, die unverwüstliche Triebkraft, das machen wir ihr zum Vorwurf. Sie macht uns beim Ausläutern der Schonungen einige Schwierigkeit, außerdem ist sie im Großen nur zu niedrigen Preisen abzusetzen. Sie gilt als Waldunkraut und vielfach wird sie vom nüchternen Praktiker verachtet. Ganz anders beurteilt sie der unbefangene Naturfreund. So z. B. rühmt sie A. Thümer, dem ein Teil der nachstehenden Ausführungen entlehnt ist, als „zum Entzücken geschaffen".

Zwei Glanzzeiten hat die Birke, die erste, wenn sie bräutlich im grünen Schmucke des jungen Frühlings prangt, die andere, wenn in sonnigen Herbsttagen ihr zierliches Laub wie blinkendes Gold am schwanken Gezweig herabrieselt. — Auch ihre Winterfarben schmücken die Landschaft. Wer das Beresinapanorama von Fallat kennt, wird die herrlichen Farben bewundert haben, welche das Gezweig ferner Birkenbüsche im Abendsonnenschein zurückstrahlt. Vom Künstler darauf hingewiesen, wird man den gleichen Vorzug in der Natur desto öfter wahrnehmen und sich daran erfreuen.

Einen besonderen Schmuck verleiht der Winter dem Birkengezweig durch anhaftenden Rauhreif, der an den feinen Ruten sich so gern niederschlägt.

Die Ruchbirke hat vor der anderen noch drei Vorzüge voraus: Ihr Stamm kleidet sich in besonders tadelloses weißes Gewand, ihr Laub spendet im Frühjahr köstlichen Wohlgeruch und behält längere Zeit eine saftig grüne Farbe.

Selten gleicht eine Birke der anderen. Trauerbirken mit lang herabwallenden Zweigen finden sich besonders häufig unter den Betula

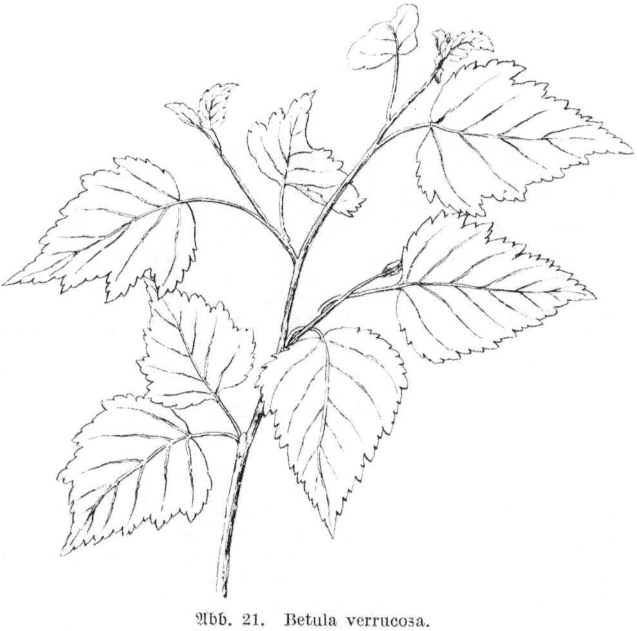

Abb. 21. Betula verrucosa.

verrucosa. Bei windstillem Wetter, wenn ihre in regelmäßigen Abständen verteilten Blätter im Sonnenschein glitzern, erinnern sie an den Tropfenfall eines Springbrunnens. Noch mehr beschäftigen sie das Auge und die Phantasie, wenn der Wind oder gar der Sturmwind die schwanken Ruten durcheinander wirbelt. Ob unsere Dendrologen recht haben, wenn sie nur zwei zu Bäumen heranwachsende Birken im deutschen Walde unterscheiden, indem sie die Ruchbirke als Spielart der weichhaarigen Birke ansehen, ist mir recht zweifelhaft, doch fehlt mir zu selbständigem Studium dieser Frage die Zeit.

Um der ästhetischen Wichtigkeit der Unterscheidung willen schalte ich den Zweig einer jugendlichen Betula verrucosa (Abb. 21) ein und die stark duftende Zweigspitze einer Ruchbirke (Abb. 22) in natürlicher, abwärts gerichteter Stellung, als Beweis, daß auch bei dieser Art Trauerbirken vorkommen.

Betula verrucosa ist gewissermaßen das Leitmotiv des Sandbodens, die Ruchbirke dagegen des Moorbodens. Daher wird sie in der Mark sehr bezeichnend Luchbirke genannt. Auf gutem Boden kommen beide Birkenarten gemeinsam vor.

Zusammenhängende Birkenbestände sind in Deutschland selten.

Abb. 22. Betula pubescens.

Wer ihn vorurteilsfrei betrachtet, muß den Birkenwald schön finden. Schon der Blick in das Gewirr der weißen Stämme mit den geheimnisvollen schwarzen Runen ist ganz ohne Seitenstück in unserer Baumwelt und recht eigentlich märchenhafter Art Zwar Böcklins gruseliges Einhornfabeltier will hier nicht gedeihen, aber duftige Elfengeister mit weißen Schleiern scheinen in der Tiefe des Bildes zu weben und zu schweben... Und dazu der entzückend grüne Wandelteppich des Bodens mit den zierlichen Grasrispen, den weißen Sternen des Hornkrauts und der Mieren, den lichtgelben Körbchen des Mausöhrchens, den blauen Träubchen des Ehrenpreises. — Wenn die Schönheit der Birken voll zur Geltung gelangen soll, dann bedarf sie der Ergänzung durch andere

Holzarten, für Herbst und Winter durch Nadelhölzer, für die Zeit des Maiengrüns durch rötlich austreibende Spielarten der Eiche, der Aspe und des Spitzahorns.

Übrigens: Die Birkenstämme sind gar nicht rein weiß. Wer sie mit frisch gefallenem Schnee vergleicht, der muß bemerken, daß die abblätternde Rinde zart rötlich oder ockerfarbig getönt ist.

Streifen wir forstliche Engherzigkeit ganz ab, dann erblicken wir in der Birke eine Freundin des Menschen, denn mannigfach sind ihre Beziehungen zu ihm. Von den Pfingstmaien, die vor Tür und Tor, ja vor dem Altar das „liebliche Fest" begrüßen, und dem mit bunten Tüchern und Bändern winkenden „Maibaum" ländlicher Feste bis herab zur strafenden Rute und dem fegenden Besen zeigt sie, wie innig sie mit Sitten und Bedürfnissen des Volkes verwachsen ist. Traulich, ich möchte sagen, dem treuen Hunde gleich, begleitet sie den Menschen durch die gemäßigten Breiten nordwärts bis in die Länder der Mitternachtssonne, wo sie sich jenseits der Baumgrenze in den Gefilden des ewigen Schnees als krüppeliges Kraut verliert.

Weiden.

Von den Weiden gilt zum Teil das nämliche, was ich bei den Pappeln einleitend bemerkt habe.

Einige Arten stehen mit Luft und Licht noch enger in Beziehung, wie die Pappeln, daher ist der dichterische Ausdruck, mit welchem Rückert ihr feines Gezweig als Gefieder bezeichnet, sehr zutreffend.

Aus der großen Zahl der Arten greife ich einige mir besser bekannte zur Besprechung heraus:

Fünfmännige Weide. Herrlich lorbeerähnlich glänzende Belaubung, von welcher sich die großen männlichen Kätzchen leuchtend goldgelb abheben. An den weiblichen Sträuchern haftet die silberglänzende Samenwolle bis tief in den Winter. Die Zweige sind schön braunrot.

Silberweide. Wächst zu mächtigen, malerischen Bäumen heran. Unzählige Spielarten gestatten die mannigfachste Verwendung. Besonders schön zeigen sich im Spiel des Windes diejenigen, deren Blätter oben dunkelgrün, unten weiß sind. Im Winter schmücken besonders die Goldweiden, die sich untereinander durch mehr oder minder gelbe oder rötliche Zweige, durch hängenden oder aufstrebenden Wuchs unterscheiden.

Knackweide. Lebhaft grüne Belaubung, stattlicher Wuchs.

Mandelweide. Eigenartig ist der Stamm, welcher die Rinde in großen Schalen abblättert, wie der Bergahorn. Davon führt sie in der

Mark den bezeichnenden Namen „Krebsweide". (Dr. C. Bolle.) Den Vorzug verdienen diejenigen, deren Laub oben glänzend dunkelgrün, unten blaßgrün (meergrün) gefärbt ist.

Lorbeerweide. Blau bereifte Zweige, zeitig entwickelte große Kätzchen.

Saalweide. „Bei den noch unbelaubten Zweigen leuchtet sie im Märzmonat durch die Blütenfülle ihrer mit goldgelben Kätzchen bedeckten Zweige aus anderem Baumwerk hervor."

Werftweide. „Wasserkrummholz" nennt sie Dr. C. Bolle. Auf Waldwiesen sich selbst überlassen bildet sie eigenartige, vollkommen kreisrunde Strauchgruppen von einer Regelmäßigkeit, als wenn sie mit der Heckenschere beschnitten wäre.

Ohrweide. Die reichlichen Blüten duften besonders schön.

Hanfweide. Unter den vielen Spielarten verdienen diejenigen mit gelber Rinde den Vorzug, deren Laub oben dunkelgrün, unten weiß ist.

Kriechweide. Vielfache Formen mit zierlicher Belaubung.

Purpurweide. Schöne purpurrote Blütenkätzchen an männlichen Sträuchern.

Von Seemen, der namhafte Weidenkenner, hat die Freundlichkeit gehabt, eine aus vielfachen Kreuzungen hervorgegangene, ganz besonders schöne Weide nach meiner Wenigkeit zu benennen. An starkem Wuchs und üppiger Belaubung gleicht dieser neue Bastard, den ich aus Prümmern bei Aachen erhielt, der Salix dasyclados Wimmer. Vor letzterer, die wohl nur in weiblichen Exemplaren verbreitet ist, zeichnet er sich durch prächtige männliche Blütenkätzchen aus.

Sorbusarten.

Das vielgestaltige Ebereschengeschlecht mit seinen drei Hauptvertretern, der Vogelbeere, der Mehlbeere und der Elsbeere, denen sich im Nordosten die schwedische Mehlbeere zugesellt, ist durch Gestalt und Farbe des Laubes, zeitiges Ergrünen, reiche duftende Blütenpracht, besonders aber durch die Beerentrauben zum Schmuck der Bestände sehr geeignet.

Durch schönste Herbstfarbe zeichnet sich das platanenartig gezackte Laub der Elsbeere aus. Alle Arten beleben mittelbar den Wald, indem sie auf ihre Wipfel die Vogelwelt (Drosseln, Dompfaffen u. a.), unter ihre Krone das Wild zu Gaste laden. Wer auch nur hier und da an Wegerändern eine Eberesche pflanzt, wird bald die Freude haben, daß sie, durch Vögel verbreitet, als freundliches Unterholz in den Bestand einwandert.

Traubenkirsche.

Wie die Weiden, so bietet auch die Traubenkirsche einen Übergang von den Bäumen zu den Sträuchern. Bald aufrecht wachsend, öfter aber niedergebogen und unregelmäßig verzweigt, bildet diese Holzart schon durch die Wuchsform eine vortreffliche Ergänzung des Bestandesbildes in steifen Erlen, mit denen vereint sie so gern vorkommt. Das junge saftgrüne Laub und die weiße, fast zu stark riechende Blüte sind so durchscheinend, daß sie fast wie selbstleuchtend aus dem Innern der Bestände hervorstrahlen.

4. Die Sträucher.

Zugleich mit der Traubenkirsche sah ich den Hirschholunder blühen, als ich den Nesigoder Tiergarten besuchte. Die sonst unscheinbar gelbliche Blüte war durch den Gegensatz der strahlend weißen Trauben merkwürdig gehoben. Solcher Hilfe bedürfen die roten Beeren nicht, welche im Sommer zur Zierde des Waldes erscheinen, um die Blütenpracht zu ersetzen.

Minder farbig, aber in der Form viel großartiger, wirkt der schwarze Holunder mit seinen großen Blütendolden und schwarzen Früchten vor seinem schön gruppierten Laube. Der schwarze Holunder ist so recht ein Strauch für Wirkung in die Ferne.

Nicht in botanischer Hinsicht, wohl aber standortlich und ästhetisch gehören Hasel und wilder Schneeball, Schlehe und Pfaffenhütchen, Kreuzdorn und wilde Rose, Weißdorn und Schießbeere zueinander. Die unerschöpfliche Mannigfaltigkeit, mit welcher die Natur etwa am Saume eines Mittelwaldes oder an einem Landgraben diese Straucharten bald vermischt, bald scheidet, kann man nicht genug bewundern. Versucht man, algebraisch sich klar zu machen, wieviel verschiedenartige Zusammenstellungen möglich seien, so kommt man zu unfaßbar hohen Zahlen, und dann findet man es auch begreiflich, daß die Natur sich nie und nimmer zu wiederholen braucht. Und wie schön sind die Sträucher schon jeder für sich. Die Hasel putzt sich mit den wallenden Kätzchen als erster Frühlingsbote, dann mit dem stattlichen schön gerundeten Laube. Der wilde Schneeball mit seinen Blütendolden prangt viel anmutiger, als die taube Gartenform; obenein bringt er die durchscheinenden hellroten Beeren zwischen herbstlich buntem Laub. Die Schlehen begrüßen den Lenz im weißen Brautschleier. Pfaffenhütchen zieren den Herbst. Kreuzdorn und Hartriegel bieten im saftigsten

Grün den ganzen Sommer über den schönsten Hintergrund für die bunten Sträucher, besonders für Blüte und Frucht der zahlreichen Arten wilder Rosen, des blütenreichen Weißdorn und der bescheidenen Schießbeere, an welcher aber der aufmerksame Naturfreund mit Vergnügen wahrnimmt, daß sie nebeneinander die honigreiche Blüte, die noch unreifen, erst grünen, dann roten, und schon gereifte schwarze Beeren trägt, so für Insekten und Vögel, wie für das äsende Wild den Tisch deckend. — Und wieviel Wohlgeruch spendet solches Strauchwerk! Ein besonderer Vorzug der anmutigen Weinrose ist es, daß auch ihr Laub schön duftet.

Eine ungünstige Beziehung zur Tierwelt besteht allerdings für Weißdorn, wilden Schneeball und Pfaffenhütchen insofern, als diese Holzarten leider sehr oft von einer Gespinst anlegenden Mottenraupe kahl gefressen und arg verunziert werden.

Auf ärmere Bodenklassen herabsteigend muß ich Weinrose und Schießbeere nochmals anführen, die sich mit Wacholder und Ginster gern vergesellschaften.

Als Shakespeare im Sommernachtstraum den Theseus sprechen ließ:

„Und in der Nacht, wenn uns ein Grau'n befällt,
Wie leicht, daß man den Busch für einen Bären hält",

da hat er gewiß an den Wacholder gedacht, denn kein Gesträuch ist so vielgestaltig, wie dieses, und darin liegt sein Hauptvorzug.

Besonders schön sind die weiblichen Sträucher, wenn sie zwischen den grünen Nadeln von blauen Beeren strotzen.

Neben dem ernsten Wacholder wachsend schmückt sich der Besenginster im Mai mit goldener Blütenpracht, im Winter aber „erhält sein stets grünes Gezweig das Bild des Fortlebens der Vegetation zwischen Eis und Schnee lebendig".

Ähnliche Dienste verrichten die anderen, minder auffälligen Ginsterarten. Wo sich deren gelber Blüte die rosenroten Ruten der Hauhechel am Waldrande beimischen, gibt es sehr schöne Farbenkontraste.

Als besonders befähigt, im tiefen Waldesschatten zu wachsen, fasse ich die wilden Ribesarten (rote und schwarze Johannisbeeren und die Stachelbeeren) zusammen. Wie alle Schattenpflanzen ergrünen sie sehr zeitig, um das erste Frühlingslicht auszunützen, ehe über ihnen das Laubdach sich verdichtet.

Um dieses Vorzuges willen sind sie schätzenswert, daneben auch noch als Bienenweide.

Die Heidepflanzen, nämlich das Heidekraut in mehreren Arten, Heidelbeere, Preißelbeere, Moosbeere, Rauschbeere, Bärentraube, Andromede in zwei Arten, endlich der Kienporst bilden eine scharf charakterisierte Familie. Wie viele Vorzüge haben nicht die Heidepflanzen vor den Blütenpflanzen besserer Standorte voraus! Als die vollendetsten Trockenheitspflanzen widerstehen sie den dörrenden Heidewinden, und der Weidmann, wenn er einen Heideblütenstrauß heimbringen will, darf darauf rechnen, daß die zarten Gebilde stundenlang auch ohne Wasserbefeuchtung frisch bleiben. Eigenartiger Duft, besonders von der Glockenheide, und reich entwickeltes Insektenleben verstärken den Eindruck, den das blühende Heidemeer auf unser Gemüt ausübt.

Die Königinnen unter den Heidepflanzen sind die Alpenrosen. Ihre Blütenpracht mildert durch heitere Farben den Ernst der schroffen Bergnatur.

Heidepflanzen sind die stimmungsvollsten Pflanzen, sie sprechen mehr als andere zum Gemüt. So schreibt Fürst Pückler in einem seiner liebenswürdigen Briefe: „Wenn Du Waldesschatten und Einsamkeit liebst und den tausendstimmigen Gesang zahlloser Vögel, und wenn mit sinkender Sonne auch die lebende Natur in Schlaf versinkt, das geheimnisvolle Rauschen und Flüstern der Bäume, die hoch über Dir ihre Wipfel kosend zueinander neigen — dann komme hierher, und Du wirst selige Augenblicke verleben. Auf üppig grünen, sammetweichen Teppich von Heidelbeerkraut und Moos gelagert, von wildem Rosmarin und Farrenkräutern umrankt, habe ich hier schon manche Stunde meines Lebens süß hingeträumt, bis ein schüchternes Reh vorüberrauschend mich an die Heimkehr erinnerte."

Dem gemeinen Heidekraut und der Glockenheide sei nachstehende besondere Betrachtung gewidmet: Es gehört zu den bemerkenswertesten Unterschieden, die zwischen menschlichen Kunstgebilden und der Natur bestehen, daß die ersteren nur für die Betrachtung mit unserem Auge, und in der Regel nur für bestimmte Gesichtswinkel und abgemessene Entfernungen berechnet sind, während die letzteren jede Art der Betrachtung vertragen. Mag man sie aus der Ferne sehen, mag man sie aus der Nähe anschauen, mag man sie unter die Lupe nehmen, ja bis zu tausendfacher Vergrößerung fortschreiten, immer wieder enthüllen sich neue Schönheiten. — Eine Anzahl namhafter Künstler widmet seit den letzten Jahrzehnten ihre Kraft der Heidelandschaft. Ihr genialer Pinsel stellt die Heide dar, bald wie sie in düsterem Ernste unter dunklen Wolken ruht, bald sonnig in purpurrotem Blütenkleid unter blauem Himmel gelagert, der sich in klaren, saftig grün umsäumten Wasserbecken spiegelt. Tritt man aber ganz nahe an das Bild heran, so löst es sich in unschöne Farbenflecke auf. Wie anders zeigt sich die Heide in der Wirklichkeit! Die Sprosse und besonders die Blümchen, die klein, zum Teil winzig klein, den Heideteppich weben, wie reizvoll sind sie auch bei Betrachtung aus nächster Nähe; wie erfreut die zierliche Gestalt der Blumenkrone, wie graziös sind die Glöcklein spiralisch am Stengel geordnet!

Nun gibt es noch eine große Zahl von Straucharten, welche, im allgemeinen wenig verbreitet, örtlich von Wichtigkeit sind. Hier in meiner Gegend schmückt der stark duftende Seidelbast den April mit rosenroten Blüten, und vereinzelte Berberitzensträucher (bekanntlich darf man diese Herbergen schädlicher Pilze nur fern von Feldern dulden) fallen durch ihre malerischen Verzweigungen auf, besonders aber dann, wenn sie mit gelben Blüten oder blutroten Früchten prangen.

Wichtiger als diese ist die Stechpalme (Hülse), welche leider den schlesischen Wäldern fehlt, dieser noch im tiefsten Waldesschatten gedeihende herrliche Strauch, „welcher die Lorbeerform des Südens in einer ihrer schönsten Gestaltungen bei uns vertritt“. Besonders schön ist die Stechpalme, wenn ihre scharlachroten Beeren zwischen dem glänzenden, stark bewehrten Laube hervorleuchten.

Als örtlich beschränkt, aber auf ihrem naturgemäßen Standort unschätzbar, sind noch viele Straucharten zu nennen, vor andern das Knieholz, dessen malerische Büsche Kamm und Lehnen unseres Riesengebirges zieren, ferner die verschiedenen Arten von Heckenkirschen, Felsenbirne, Felsenmispel, Rainweide, die Strauchbirken, Seekreuzdorn, wolliger Schneeball, die Pimpernuß, Goldregen. Letzteren herrlichen Blütenstrauch über sein natürliches Verbreitungsgebiet anzupflanzen, erscheint leider unstatthaft, weil er so sehr giftig ist.

Von den Halbsträuchern seien Himbeeren und Brombeeren genannt. Letztere in allen ihren Arten verdienen besondere Beachtung. Daß einige Brombeerarten im Herbste wundervolle Laubfarben annehmen, scheint den Malern besser bekannt zu sein, als uns Forstleuten, die wir, fremde Holzarten bewundernd, die Reize der heimischen Flora oft unterschätzen. Halb immergrün schmücken manche Brombeerarten den winterlichen Wald, ihn belebend, indem sie dem Wilde Äsung bieten. (Rubus plicatus.)

An Schlingpflanzen sind die deutschen Waldungen arm. Um so höher sollte man das Vorhandene schätzen.

Dr. C. Bolle preist die Standorte der Mark, wo der Efeu noch reichlich auftritt, mit warmen Worten: „Gleich Heiligtümern der Natur, nur von wenigen erblickt, zeigen sich jene Waldszenen, an welchen der Efeu, selbst zum Baume geworden, an einem anderen Hochstamme in voller Freiheit emporklimmt."

Das wunderbarste ist am Efeu die Zweigestaltigkeit, daß nämlich die oberen Triebe im Alter als verzweigte Äste frei in die Luft wachsen und stark glänzende ganzrandige Blätter tragen. Merkwürdig ist ferner, daß diese Äste sich im September und Oktober mit Blüten bedecken, die äußerlich unscheinbar, für die Bienen aber so anziehend sind, daß der Naturfreund schon von ferne durch das laute Summen der fleißigen Insekten auf die Efeublüte aufmerksam gemacht wird.

Nicht so großartig, aber heiterer als der Efeu zeigen sich das duftende Geisblatt und die wuchernde Waldrebe, letztere mit weißer Blüte und silbernen Samenbüscheln im schön gefiederten Laube.

5. Fremdländische Holzarten.

Die Einbürgerung fremdländischer Holzarten in unseren Forsten ist bis jetzt nicht von erheblichen Erfolgen gekrönt gewesen. Die Zahl derer, die in ganz Deutschland Bürgerrecht erlangt haben, ist äußerst gering. Örtliche Bedeutung erlangten einige, aber nicht viele. Immerhin muß ihnen eine kurze Betrachtung gewidmet werden.

Der erste Eindringling, die Edelkastanie, ist wohl auch der schönste. Zu gewaltigen Abmessungen heranwachsend ähnelt sie in Stamm und Beastung der Traubeneiche. Ihre Belaubung habe ich allerdings nicht so schön gefunden, wie das Eichenlaub; denn die lang ausgezogenen Spitzen der Blätter geben ihren Laubmassen etwas Unruhiges. Wenn sich die Edelkastanie zur Blütezeit mit den rahmfarbigen Kätzchen bedeckt, bringt sie eine schöne Abwechselung in das sommerliche Grün des Waldes, aber man darf ihr dann nicht zu nahe kommen, denn ihr Blütenduft berührt keineswegs angenehm.

Im Niederwald zeichnet sich die Edelkastanie durch die gewaltige Triebkraft der Schosse und die üppige Entfaltung mächtiger Blätter vor allen einheimischen Holzarten aus.

Die Roßkastanie bedarf nicht, daß man ihr ein Loblied singe. Die Eigenartigkeit ihrer großen, zu mächtigen Gruppen zusammentretenden Blätter, die Schönheit ihres Astbaues, die alljährlich eintretende Blütenfülle, die ansehnlichen Früchte, alles dieses vereinigt sich, um die Tochter der griechischen Berge uns lieb zu machen.

Nord-Amerika sendete in unseren Wald Eichen-, Eschen-

und Walnußarten. Ein Vorzug der amerikanischen Eichen und Eschen ist die schöne Herbstfärbung, welche besonders der Scharlacheiche eigen ist. Die Roteiche entwickelt, soweit meine Beobachtungen reichen, allerdings nur in der Jugend das prächtige Herbstrot, wovon sie den Namen führt. Es ist mir aber versichert worden, daß in Oberschlesien alte Roteichen vorkommen, die alljährlich in schöner, roter Belaubung prangen. Die gezackte Blätter tragenden amerikanischen Eichen leiden unter demselben Übelstand, wie die Edelkastanie, daß nämlich ihre Belaubung in den großen Massen des Baumschlages nicht zu so schönen rundlichen Polstern zusammentritt, wie das Laub unserer einheimischen Eichen. — Die Vorzüge der Stieleiche und der amerikanischen Eichen scheint Quercus alba zu vereinigen; denn ihr Laub trägt runde Lappen, und es gruppiert sich vortrefflich. Meine 35 Jahre alten Exemplare färben sich jeden Herbst wundervoll blutrot, und sie halten ihr Laub bis tief in den Winter hinein fest. Ihren Namen führt die weiße Eiche von der auffallend hellen Färbung der Rinde.

Die amerikanische Esche (Fraxinus americana L) kleidet sich bei Beginn des Herbstes prächtig goldgelb, aber die Herrlichkeit dauert nur kurze Zeit. Zeitiger als alle anderen Holzarten im Walde steht sie kahl da.

Hinsichtlich der Schönheit der Beastung stehen die amerikanischen Eichen den unsrigen nach, und auch die Kanadische Pappel zeigt niemals den malerischen Bau unsrer einheimischen Schwarzpappel. Die Äste stehen unter einerlei Winkel vom Stamme ab, und die Verzweigung hat auch etwas Steifes.

Dem malerischen Kronenbau unsrer Eichen nähert sich merkwürdigerweise eine Holzart von sonst ganz anderem Charakter, die Akazie. Alte Akazien kann man zur Winterszeit aus der Ferne mit Eichen verwechseln; im übrigen aber entfernt sich diese Mimosencharakter tragende Holzart ganz besonders weit vom gemeinsamen Charakter der deutschen Holzarten. — Der Mimosencharakter offenbart sich im Verhalten des Laubes gegen das Licht. Während die Blätter unserer Holzarten ausnahmslos darauf bedacht sind, möglichst viel Licht aufzufangen, scheut das Akazienlaub die volle Bestrahlung durch das Sonnenlicht. Die deutschen Holzarten breiten ihre Blätter so aus, daß sie vom Licht möglichst senkrecht getroffen werden. Dies tritt am deutlichsten bei den langgestielten Blättern des Spitzahorns zutage, die Akazie dagegen gibt ihren Fiederblättchen schiefe Stellung gegen die Sonne, um das Blattgrün vor Schädigung durch zu starke Bestrahlung zu schützen.

Zu den Eigenartigkeiten der Akazie gehört es auch, daß sie im Frühjahr sehr lange ruht, um dann überraschend schnell Laub und Blüten zu entfalten, jene Blütenpracht, die in reicher Fülle den ganzen Baum umhüllt und weithin ihre Wohlgerüche in die Luft verbreitet.

Unter den fremdländischen Nadelhölzern haben bisher nur zwei Arten forstliche Bedeutung erlangt.

Die Weimutskiefer ist in der Jugend sehr hübsch geziert durch ihre feinen glänzenden Nadelbüschel, weshalb sie von Weise sehr zutreffend Seidenkiefer genannt wird. Im Alter macht die Geschlossenheit ihrer düsteren Bestände einen großartigen Eindruck. Unter allen Holzarten hat sie, wenn ich so sagen darf, die feinste Stimme; denn sie ertönt sehr zart beim leisesten Säuseln des Windes. Hinter unserer gewöhnlichen Kiefer steht sie insofern zurück, als ihr Stamm sich nicht in rötliche Rinde kleidet. Als ästhetischen wie als wirtschaftlichen Fehler muß ich ihr ferner zur Last schreiben, daß ihre Krone durch Angriffe des Markröhrenkäfers sehr garstig verunstaltet wird.

Die vielgerühmte Douglasie kann den Vergleich mit der Fichte nicht aushalten, hinter deren Schönheit sie zurückbleibt, weil das Rindenkleid — soweit sich bis jetzt erkennen läßt — auch im Alter sich nicht rötet.

Die amerikanischen Holzarten vom Zypressencharakter und Lebensbaumcharakter gehören zu den schönsten Zierden unserer Parkanlagen. Wie sie sich im Walde ausnehmen werden, wenn sie heranwachsen, vermag ich noch nicht zu beurteilen. Das gleiche gilt von den Juglans- und Carya-Arten.

Die Pechkiefer (Pinus rigida) will ich nicht mit Stillschweigen übergehen, weil sie ganz eigenartige Vorzüge besitzt. Vor 35 Jahren habe ich ein Pechkieferwäldchen angelegt in der Erwartung, daß ich es als Wildremise niederwaldartig dicht halten könnte; zum Abtrieb habe ich mich aber nicht entschließen können, denn die Bäume haben sich sehr schön malerisch entwickelt. Ihre reiche Benadelung behält auch im Winter, wenn unsere Kiefer unansehnliche Farbentöne annimmt, ein schön frisches Grün. Die großen violetten Blütenkätzchen und die zahlreichen großen Zapfen bilden einen eigenartigen Schmuck dieser Holzart.

Wir leben im Zeitalter der Waldheilstätten, Waldschulen usw., die alle vom erquicklichen Duft der Nadelhölzer segensreiche Wirkungen erwarten. Es mag daher erwähnt werden, daß die Pechkiefern selbst die einheimische Kiefer als Duftspender übertreffen.

Als einen Mangel dieses Abschnittes empfinde ich es, daß ich den Verhältnissen der Österreich-Ungarischen Lande nicht durch Würdigung der ihnen vorzugsweise eigenen, zu erhabener Schönheit heranwachsenden Holzarten gerecht werden kann. An der Ausführung weiterer Reisen behindert, kann ich die Schwarzkiefer, die Panzerkiefer und die Omorika-Fichte nur kurz abfertigen, indem ich aus dem Werk von Dimitz über Bosnien und die Herzegowina kurze Zitate hier einschalte.

Dimitz besuchte die Omorika-Fichten hoch in der majestätischen Region des strengen Bergwaldes, wo die schlanken, schier zypressenartigen Kronen dieser seltenen Holzart immer deutlicher sich aus dem Bestande abzuheben begannen. Er berichtet darüber: „Im ersten Augenblicke erschienen uns diese Bäume wie die bekannten schmalkronigen Fichten der höheren Karpathen, allein der lebendige Astansatz erwies sich als ein viel reicherer und dichterer, mancher Baum trug in seiner halben Höhe sogar längere Äste als unten, wo die Krone begann. Es waren schüttere Horste, die den charakteristischen Habitus eines jeden Individuums scharf zur Geltung kommen ließen, Stämme von 80—100-jährigem Alter, spitzwipfelig und dicht behangen mit den dunkelvioletten, wie vom zartesten Pflaumenreif angehauchten, vanilleduftenden Zapfen. Vergebens suchte ich nach einer ausgesprochenen zweiten Altersetage dieses Omorikawaldes, doch waren ziemlich reichlich junge Pflanzen zu treffen, die wir bei jedem Schritt sorglich in acht nahmen... Allein, wenn mich der erste Anblick der Panzerföhre (einen Monat später) in der Wildheit ihrer Umgebung, in ihrem mutigen Kampfe ums Leben im tiefsten ergriff, so mutete mich die Omorika des Stolač wie ein Bild ruhiger Resignation an, wie ein Weiser, der zu sterben versteht." (A. a. O. S 34.)

Von der Panzerföhr heißt es: „Wetterfest und sturmtrotzig ist die Panzerföhre, nach ihrer Lebenskraft beinahe von eisernem Naturell. „Ihren knorrigen, kurz verästelten Wurzeln scheint eine besondere Kraft inne zu wohnen, sich den Felsen anzuschmiegen, in die Ritze und Spalten zähe Klammern einzuschieben und den Fels selbst zu zerklüften. Solcherart fest verankert, streben dann die mächtigen Stämme im Bogen nach aufwärts und strecken ihre abgerundeten, vielfach durchbrochenen Kronen frei in die Lüfte." (A. a. O. S. 30.)

Der dritte Charakterbaum Bosniens, die Schwarzkiefer, ist unseren österreich-ungarischen Nachbarn schon längst vertraut, wenn sie auch in der Nähe der Hauptstadt des Kaiserreiches nicht in so gewaltiger Entfaltung vorkommen mag, wie in den neuerworbenen Landesteilen. Was wir in unseren Gärten von Schwarzkiefern sehen, gibt wohl nur einen kümmerlichen Begriff von der Großartigkeit, die dieser dunkelbenadelten Holzart eigen ist, wenn ihre Kronen im Sonnenbrand auf den hellen Klippen südlichen Kalkgesteins von Fülle und Kraft strotzend sich ausbreiten.

Als Alleebäume glaube ich noch einige Linden empfehlen zu dürfen. Um ihrer herrlichen Blütenfülle willen und des schönen Laubes wegen, welches niemals von Mehltau befällt, nenne ich die Krimlinde (Tilia dasystila), um der schönen Blüte willen die amerikanische Linde und, als letzte von allen blühend, die Silberlinde.

Neuntes Kapitel.

Die Schönheit der Waldblumen und der Bodendecke im Walde.

Wollen wir uns über die Schönheit der Waldpflanzen im einzelnen klar werden, so vergleichen wir sie am besten mit den Gartenblumen. Letztere sind verwöhnte Gebilde. Man verlangt von ihnen starke und langwährende Blütenfülle oder Blätterpracht. Dafür erhalten sie als Gegenleistung auf gut vorbereitetem Boden Düngung, Wasser, Licht, und sie werden verteidigt gegen Unkräuter; dann bringt man sie durch Anbinden oder Niederhaken in eine Haltung, die ihre Vorzüge am besten zur Geltung kommen läßt. — Die Waldblumen dagegen sind auf sich selbst gestellt. Was ihnen meist kärglich zugewiesen wird, das gut auszunutzen ist ihre Sache, und aus der entsprechenden Anpassung erwachsen die besonderen Vorzüge der Bodenflora.

Am sparsamsten müssen die Waldblumen das Licht ausnützen. Sollen Blumen farbige Reize zur Geltung bringen, so kann das in doppelter Weise geschehen, entweder indem sie das Licht von ihrer Oberfläche weiß oder farbig zurückwerfen, oder indem sie sich ganz durchleuchten lassen, und dadurch gewissermaßen selbstleuchtend werden. Letzteres ist der Vorzug fast aller Waldblumen. Der Blumenflor siedelt sich da an, wo ein Lichtstrahl zur Erde dringt. Das Licht selbst ist ja nur dann sichtbar, wenn es als Strahl direkt in unser Auge eindringt. Die Blumen fangen das Licht auf und lenken davon einen Teil in unser Auge zurück. Auf diese Art werden die Blumen scheinbar selbst zu Lichtquellen, die den Wald erleuchten. Das gleiche gilt von zartem Laube, wie es vielen Gliedern der Waldbodendecke eigen ist. Am auffälligsten war mir die Erscheinung immer am Eichentüpfelfarn (Cystopteris fragilis).

Der Gärtner muß mit ganz wenigen Blütenpflanzen auskommen. Es sind ihrer nur 12, die in unseren Gärten eine weite Verbreitung erlangt haben, weil sie sich den Kulturbedingungen anpassen. Um nun doch farbige Abwechselung zu schaffen, ruht die Kunst des Gärtners nicht eher, als bis die Blüten jedweder Art einen möglichst großen Teil des Farbenkreises durchlaufen, ja selbst die Laubblätter sollen farbige Abweichungen aufweisen, indem sie bald purpurn, bald silbern zu spielen haben. Und nun die Gestalten! Größe, Füllung, Rundung, Ausfranzung und viel andere Abwechselung wird der Natur aufgezwungen. Darüber geht leider das Typische der betreffenden Pflanze verloren. — Unsere Waldpflanzen aber, die sich bei hartem Kampf ums Dasein behaupten müssen, können nur bestehen, indem sie die Entwickelung ihrer Organe auf das Notwendige, auf das Zweckmäßige beschränken. Insofern das Wesen der Eleganz darin besteht, daß bestes Material auf das Beste unter Vermeidung alles Überflüssigen verwendet wird, sind die Waldblumen bei aller Einfachheit elegant. Darauf angewiesen, mit geringsten Mitteln ihr Dasein zu behaupten, haben sie, eine jede nach ihrer Art, sich den Verhältnissen angepaßt. Wir finden bei ihnen jede Form typisch entwickelt und lebhafte Farben in ausgesprochener Reinheit. Natürlich kommen Ausnahmen vor, die gewissermaßen dazu da sind, um zu beweisen, daß überall in der Natur Freiheit herrscht. Ich denke dabei an die grünen Blüten des zarten Moschuskrautes und der Listera ovata, besonders auch an die unter den Laubblättern versteckten Blüten der Haselwurz, die übereinstimmend gewissermaßen eine Protestkundgebung veranstalten gegen moderne Naturauffassung, welche in den Blütenfarben nichts weiter sieht, als Lockmittel zum Herbeirufen der Insekten. Die genannten grünen, beziehentlich im Verborgenen blühenden Blumen scheinen bekunden zuwollen, daß für diesen Zweck farbiger Schmuck nicht notwendig ist. Überreich an Hilfsmitteln weiß die Natur immer wieder neue Wege zu finden!

Die Waldblumen bindet kein Gärtner an Stäbe, darum müssen sie leicht sein und deswegen sind sie zierlich. Aus der Leichtigkeit ihres Baues erwächst ferner der ästhetische Vorteil, daß sie mit dem Abblühen dahin sind. Sobald sie welken, verschwinden sie für unser Auge, wogegen der Blumenfreund im Garten seine Pelargonienrabatten und seine Rosenbäume regelmäßig durchsehen und Verblühtes beseitigen muß, damit nicht die welken Blumen das ganze Beet verunzieren. — Die leichte Blüte ruht auf elastischem Stiel, der dem Windhauch nachgibt, ohne zu brechen, ein Vorzug, der ganz besonders den Gräsern eigen ist. Das Graziöse der Haltung, das Schwanken und Wiederzurückkehren ins Gleichgewicht ist ein besonderer Vorzug der Wald- und der Wiesenblumen.

Auch in dieser Hinsicht gibt es Ausnahmen. Die wilde Balsamine (Impatiens nolitangere) und einige andere Arten fühlen sich nirgends anders wohl, als in vollkommenem Schutz gegen Luftbewegungen, wie das Innere des Waldes ihn bietet. Diese Pflanzen zeigen dann in ihrer Steifheit einen wundervollen architektonischen Aufbau.

Der Gärtner muß froh sein, wenn er sein Beet so besetzt hat, daß es ihm womöglich für das ganze Jahr weiter keine Sorge macht. Nur der Vermögende gönnt sich den Luxus mehrmaliger Bepflanzung. Wie ganz anders sorgt für uns die Waldnatur durch ewig reichen Wechsel! Anfangs bietet sie uns nur bescheidene Blümlein dar, solange unsere im Winter erwachsene Sehnsucht noch mit Geringem zufrieden ist, und nicht übersieht, wenn der goldige Sonnenstrahl am Waldquell sich im bescheidenen „Golden-Milzkraut" (Chrysosplenium) spiegelt. Von Woche zu Woche kommt Schöneres. Weit mehr lichtempfänglich und lichtspendend, als die wohlriechenden Veilchen der Gärten, entfalten im Walde die himmelblauen Hundsveilchen neben gelben und weißen Blumen ihre Kronen, und so geht es fort bis in den Hochsommer. Auf unscheinbarem Stengel erscheinen oft ganz plötzlich die herrlichsten Blütenwunder, z. B. die im reinsten Weiß schimmernde Graslilie (Anthericum ramosum) oder eine große Glockenblume (Campanula persicifolia). Es ist begreiflich, daß das Volksgemüt solchen auf armem Standort plötzlich erscheinenden und ebenso wieder vergehenden Blumen Wunderwirkungen beizumessen geneigt gewesen ist; denn sie kommen und gehen selbst, wie ein Wunder. — Sollte ich einmal angeben, welche Blume wohl als die Wunderblume des deutschen Märchens anzusehen sei, so würde ich mich für die violette Spielart der Waldtulpe (Anemone vernalis) entscheiden. Ich habe sie nur ein einziges Mal vor jetzt 42 Jahren blühen sehen, als ich in der Oberförsterei Katholisch-Hammer auf Kiefernboden III. Klasse mit Nachbesserung einer Kiefernjährlingspflanzung beschäftigt war. Da prangte die große Blume zwischen den ärmlichen Standortsgewächsen (Potentilla, Schafschwingel usw.) wie ein Wunder, ein Zeugnis für die Schaffenskraft der Natur, die selbst in dürftigsten Verhältnissen Herrliches hervorzubringen vermag. Hätte etwa ein Gärtner aus Mutwillen eine Hyazinthe dahin gepflanzt gehabt, das wäre etwas ganz anderes gewesen, ich würde es als eine Ungehörigkeit empfunden haben.

Die liebevolle Vertiefung in die Reize der einzelnen Waldblumen ist nicht jedermanns Sache, aber niemand kann sich dem großartigen Eindruck entziehen, der von massenhaft vereinten Blütenpflanzen ausgeht. Wenn der Berghang vom blühenden Fingerhut oder von dicht aufgeschossenen Weidenröschen purpurn gefärbt wird, da kann wohl — solange diese Herrlichkeit währt — kein Auge teilnahmslos dreinschauen. Auch die Massenwirkung der Schneeglöckchen und der Himmelschlüssel in den Mittelwaldschlägen, das Himmelblau der Leberblumen, wo sie zahlreich vereint sich entfalten, solche Erscheinungen erzwingen sich immer Beachtung. Auch ganz niedrige Pflanzen können bei massenhaftem Auftreten dem Waldbild einen eigenartigen Charakter geben. So z. B. verschmelzen Sauerklee und Waldlabkraut mit den saftigrünen Laub- und Lebermoosen zu herrlichen Teppichen, in welche Pyrola-Arten und andere schön blühende Schattenpflanzen geschmackvoll eingewebt sind.

In biologischer Hinsicht besteht ein Gegensatz zwischen den blattgrünen Pflanzen, die unorganische Nährstoffe verarbeiten und den Pilzen, die von ersteren leben. Auch ästhetisch tritt dieser Unterschied sehr scharf zutage. Mit Dryaden und Elfen bevölkert unsere Phantasie Stämme und die Blütenkelche; die Pilze dagegen personifizieren wir als Gnomen und Wichtelmännchen. Diese sind zwar kleine, aber gedrungene, kraftvolle Erscheinungen. — Die Märchenphantasie ist der Wirklichkeit gut angepaßt. Während die im Winde säuselnden Baumkronen eine Stimme haben, die Blumen und Gräser anmutig jeden Lufthauch durch Heben und Senken sichtbar machen, während sie ihre Kelche öffnen und schließen und ihre Kronen dem Sonnenlichte zuwenden, steht der Pilz unbeweglich da. Aus den Tiefen der Erde bricht er hervor, man weiß nicht, woher er kommt, über Nacht erwachsen steht er stolz auf breitem Fuß, ein Fremdling in seiner Umgebung, oder er erhebt einen derben Hut auf hohem Schaft, indem er sich kraftvoll empordrängt und verlangt, daß Gräser und Kräuter ihm ausweichen. Er kommt, entfaltet sich, vergeht — ein eigenartiges Wunder vor unseren Augen.

Kann der einzelne Pilz an Feinheit der Gliederung und Mannigfaltigkeit der Organe sich mit den blattgrünen Pflanzen auch nicht vergleichen, so ist doch die Mannigfaltigkeit, die in dem ganzen Geschlechte herrscht, bewundernswert. Von der runden Hirschtrüffel bis zum hochstrebenden Parasolpilz, vom Steinpilz, dem Bilde urwüchsiger Gesundheit, zum zarten Muscheron, von den gallertartig ungegliederten Massen mancher Schleimpilze bis zum korallenartig aufstrebenden Ziegenbart und der wunderlichen Herkuleskeule, welche Gegensätze der Gestaltungen! — Und nun die Farben! den ganzen Farbenkreis durchlaufen sie in schönen gebrochenen Tönen, hin und wieder aber, z. B. beim Fliegenpilz, zur Reinheit sich erhebend. Auf ein und derselben Pilzkappe treten die verschiedenartigsten Farbentöne auf; allemal ist die Verteilung der Farben dem architektonischen Aufbau des Pilzes trefflich angepaßt, Bänder und Tupfen bilden reizenden Zierat.

Mich stimmt der Anblick von Pilzen immer heiter. Sind es die niedlichen Personifizierungen der „Schwammerlinge", die in den „Fliegenden Blättern" so oft wiederkehren, ist es das freudige Zuspringen der passionierten Pilzsammler und Sammlerinnen, wenn sie den Steinpilz erblickt haben — es äußert sich da eine Art von Jagdpassion — ist es der Gedanke an den besonders freundlichen Empfang, den der Forstmann daheim findet, wenn er den Rucksack voll Morcheln, oder die Weidtasche voll roter Reizker mitbringt — es mag wohl alles zusammenwirken und etwas eigene Leckerhaftigkeit hinzukommen. Wann würde wohl menschliches Empfinden jemals von nur einerlei Eindruck bestimmt? — Daß viele Pilze giftig sind, daß viele das Kernholz unserer wertvollsten Holzarten zersetzen, daß andere schädlichen Rohhumus in günstigere Formen umsetzen, alles dieses bestimmt mit unser Urteil über die Pilze, indem es bald im ungünstigen, bald im günstigen Sinne uns beeinflußt.

Im sentimentalen Zeitalter haben Liebende mit der Blumensprache ihre Spielerei betrieben. Ein ernsthafter Ästhetiker, Bratranek, widmet ihr eine längere Abhandlung. Dem Naturforscher sprechen die Pflanzen auch heute noch eine bedeutsame Sprache, sie erzählen — wie übrigens die Felsgebilde und die Tiere auch — von Jahrtausende zurückliegenden Zeiten, so z. B. findet sich in einer Felsschlucht der sächsischen Schweiz nur noch an einer einzigen Stelle ein winziges Farrenkraut (Hymenophyllum tunbridgense), dessen nächstes Vorkommen in Luxemburg und dann erst wieder jenseit des Ärmelmeeres beobachtet ist. Es erzählt vom einstigen Zusammenhange Englands mit dem mitteleuropäischen Festland. Andere pflanzliche Relikte belehren uns über die Wanderungen des Eises in der Diluvialperiode, die Ausdehnung des Steppenklimas usw. — Für uns Forstleute sprechen die Glieder der Bodenflora eine sehr vernehmliche und eine sehr beachtenswerte Sprache; doch darüber brauche ich mich an dieser Stelle nicht zu verbreiten, weil schon zwei wichtige Zweige unserer Wissenschaft, die Standortslehre und der Waldbau, auf diese Verhältnisse unsere Aufmerksamkeit hinlenken.

Die Kleinsträucher, die Blumen, die Gräser und die Pilze sind eingewebt in die aus abgestorbenen Pflanzenteilen bestehende Bodendecke. Laub- und Nadelreste, vermengt mit abgestorbenen

Zweigen, durchbrochen von Moosen und anderen zarten Gewächsen, bilden einen unnachahmlichen Teppich. Ich schreibe ganz mit Bewußtsein „unnachahmlich", und wer die Nachahmung versucht hat, wird mir darin Recht geben. — Wiederholt habe ich mich bemüht, zu Vordergrundstudien aus dem Walde heimgebrachtes Material in natürlicher Weise zusammenzustellen, aber es ist mir nie gelungen.

Dieser Mißerfolg wird begreiflich, wenn man weiß, wie sorgsam die Natur ihren Teppich webt. Ebermeyer hat eine anmutige Schilderung des Laubabfalles den forstlichen Naturfreunden wie folgt übermittelt:

„Ohne von einem Lüftchen gerührt zu sein, löst sich aus den bunten, im goldigen Lichte der Herbstsonne prangenden Baumkronen sanft und leise ein Blatt nach dem anderen vom Zweige ab und fällt, oder vielmehr schwebt und tanzt in wunderschönen Ringelreihen zur Erde nieder, und zwar hat jede Baumart ihren besonderen Blättertanz. Die herzförmigen Blätter der Linde, die sich so früh zur Erde begeben, schwingen sich anders ab, als die lappigen des Ahorns, oder die handförmigen der Roßkastanien. Bei allen beschreibt die Bahn eine graziöse Spirale, aber die Windungen derselben haben je nach den Gesetzen des Gleichgewichts, welches zwischen Stiel und Blattfläche stattfindet, ihre eigene Form. Indes auch von demselben Baume fällt kein Blatt ganz auf gleiche Art, wie seine Genossen, das größere durchläuft seinen letzten Gang rascher; ein von Reif beschwertes kommt auffallend schneller zur Erde; ein drittes fällt auf einen Zweig, rastet da eine Zeitlang und begibt sich dann in Gesellschaft mehrerer Gefährten, die es durch sanfte Berührung zum Hingang angeregt, zu Boden nieder. Stundenlang könnte man zusehen und würde immer neue, schöne Fallbewegungen gewahren."

Vielfache Gedankenverbindungen knüpfen sich bereichernd an das fallende Laub. Wir gedenken an Homers tiefempfundene Hexameter:

„Gleich wie Blätter im Walde, so sind die Geschlechter der Menschen.
Blätter verweht zur Erde der Wind nun; andere treibt dann
Wieder der knospende Wald, wann neu auflebet der Frühling;
So der Menschen Geschlecht, dies wächst und jenes verschwindet."

Aber wir brauchen nicht bis in das klassische Altertum zurückzugreifen. Wer das Kommersbuch näher zur Hand hat, als die Klassiker, wird schon in der zweiten Nummer die rechte Würdigung der Waldstreu finden. Dort redet Theodor Körner („Die fünf Eichen von Dallwitz") deutsche Eichen also an:

„Und wenn herbstlich eure Blätter fallen,
Tot auch sind sie euch ein köstlich Gut;
Denn verwesend werden eure Kinder
Eurer nächsten Frühlingspracht Begründer.

Schönes Bild von alter deutscher Treue,
Wie sie bessre Zeiten angeschaut,
Wo in freudig kühner Todesweihe
Bürger ihre Staaten festgebaut. —

Ach, was hilft's, daß ich den Schmerz erneue?
Sind doch alle diesem Schmerz vertraut!
Deutsches Volk, du herrlichstes von allen,
Deine Eichen stehn, du bist gefallen!"

Das schöne Gleichnis hat nicht getrogen. Bald nachdem (1811) die Strophen gedichtet worden, sank der Dichter zwar dahin für sein Vaterland, doch „tot noch ist er ihm ein köstlich Gut!" Ihn mit den Tausenden seiner Kampfgenossen aus alten und neuen Tagen ehren wir als „unserer heutigen Frühlingspracht Begründer".

Zehntes Kapitel.

Die Pflanzengemeinschaften.

Jede ästhetische Betrachtung der Pflanzenwelt bleibt unzulänglich, solange sie, nur mit den einzelnen Arten beschäftigt, die Beziehungen außer acht läßt, die zwischen den Pflanzen unter sich, zwischen der Pflanzen- und der Tierwelt und besonders zwischen den Pflanzen und dem Boden und Klima bestehen. Ich habe es immer als einen besonderen Mangel meiner Forstästhetik empfunden, daß eine derartige Untersuchung darin fehlte. Die Schuld lag an der Schwierigkeit der Aufgabe und auch daran, daß die botanische Wissenschaft sich bisher wenig mit solchen Fragen beschäftigt hat. Nun hat sich aber Graebner das Verdienst erworben, durch eigene Studien und durch Herausgabe der ökologischen Pflanzengeographie von Warming einer derartigen Betrachtungsweise die Wege zu ebnen.

Die ökologische Pflanzengeographie ist wohl der jüngste Zweig der botanischen Wissenschaft. Nach Warming ist ihre Aufgabe, darüber Rechenschaft zu geben, welche natürlichen Vereine vorkommen, welche Haushaltung sie kennzeichnet, und weshalb Arten mit verschiedener Haushaltung so eng verknüpft sein können, wie es oft der Fall ist. Sie belehrt uns darüber, wie die Pflanzen und die Pflanzenvereine ihre Gestalt und ihre Haushaltung nach den auf sie einwirkenden Faktoren, z. B. nach der ihnen zur Verfügung stehenden Menge von Wärme, Licht, Nahrung, Wasser u. a. einrichten.

Es wird der Wissenschaft versagt bleiben, die verwickelten Beziehungen des Pflanzenlebens jemals restlos zu enthüllen; aber das bisher Erkannte genügt doch schon für die Bedürfnisse des Laien, und ich hoffe, das Verständnis für die Waldesschönheit nicht unwesentlich zu fördern, wenn ich einige Lesefrüchte aus Warming und Graebner hier Platz finden lasse.

Wir wissen, daß „Einheit in der Vielheit" zu den wesentlichen Eigenschaften der schönen Außenwelt gehört. Die pflanzenökologische Betrachtung hilft uns diese Einheit besser zu erkennen.

Ich beschränke mich auf die Darstellung extremer Verhältnisse, weil solche dem Verständnis die geringste Schwierigkeit bieten. Bodengüte, Feuchtigkeit, Wärme und Licht spielen die Hauptrolle bei Zusammensetzung der Pflanzengemeinschaften.

Die üppigen Schuttpflanzen, z. B. die Klette und die Nessel, charakterisieren einen an Nährstoffen überreichen Boden; interessanter aber sind für uns die Standortsgewächse des ärmsten Bodens, z. B. das feine Straußgras vom Kieferboden fünfter Klasse, welches seine Bedürfnisse aufs äußerste einzuschränken vermag. Es gehört zu den besonderen Reizen des trockenen Sandes, daß er so zierliche Pflanzengebilde hervorbringt. Neben dem mangelnden Mineralstoffgehalt ist es der Wassermangel, der unsere armen Kieferböden schädigt, und der gleiche Mangel kann auch den Wert mineralisch reicher Böden stark herabdrücken. Unter Wassermangel können auch Pflanzen leiden, die ganz im Wasser stehen, wenn der nasse Boden zugleich kalt ist und durch diesen Übelstand die Wurzeln verhindert werden, so viel Feuchtigkeit aufzunehmen, als der oberirdische Pflanzenteil für die Verdunstung eigentlich braucht.

Die auf Überstehen von Trockenheitsperioden eingerichteten Pflanzen hat de Candolle Xerophilen genannt, Warming schreibt zutreffender Xerophyten, denn es ist nicht immer anzunehmen, daß besagte Pflanzen die Trockenheit lieben, wenn sie auch im Ertragen derselben sich vor anderen auszeichnen. Für uns Forstleute sind wohl die Xerophyten die interessantesten Pflanzen, denn im Sinne des letzten Absatzes gehören selbst unsere begehrlichen Laubhölzer, wie z. B. die Rotbuche, in diese Klasse. Die blattabwerfenden Laubhölzer passen sich dem Winter, wo die Wasseraufnahme der Wurzel stockt, durch Abwurf der verdunstenden Blätter an. Unsere beiden immergrünen Laubhölzer, die Stechpalme und der Efeu, schützen sich durch dichte Oberhaut der Blätter gegen Verdunstung. Holzarten, die auf im Sommer an Trockenheit leidenden Boden herabsteigen, wie z. B. Betula verrucosa, überziehen zum Beginn der Trockenheitsperiode ihr Laub mit einem Wachsüberzug, einem Schutzmittel, dessen die Ruchbirke auf ihrem feuchteren Standorte nicht bedarf. — Sowohl für die wasserarme Winterzeit, wie für den trockenen Hochsommer haben Fichte und Kiefer ihre Nadeln gar kunstvoll eingerichtet. Der rundliche Querschnitt der Nadeln bietet die geringste Verdunstungsfläche. Noch besser schützen sich die Heidekräuter durch die Schuppenform ihrer am Schaft anliegenden schmalen Blättchen. — Es ist nicht angängig, an dieser Stelle die tausenderlei Schutzmittel der Pflanzen gegen Dürre eingehend zu besprechen, nur noch etliche Stichworte mögen Platz finden. Viele Pflanzen — nicht bloß in der Wüste, sondern auch bei uns — drängen ihre Vegetationszeit auf kurze Wochen zusammen, um dann als Samenkorn oder in unterirdischer Ruhe als Zwiebel oder sonst ausdauernder Wurzelstock die Unbilden der wasserarmen Zeit zu überdauern. Andere schützen sich durch ein Haarkleid gegen Verdunstung, andere wissen ihr Laub so umzustellen, daß es dem austrocknenden Strahl der Mittagssonne möglichst geringe Angriffsflächen aussetzt. Hierfür bieten die fest zusammengerollten Blätter des Silbergrases (Weingärtneria canescens) und die nervös auf die Richtung der Sonnenstrahlen reagierenden Fiederblättchen der Akazie sehr gute Beispiele. — Für den Laien schwieriger zu erfassen sind die inneren Anordnungen im Blatt, z. B. bei der Fetthenne (Sedum), wo Schleimstoffe die Verdunstung hemmen, und bei anderen Pflanzen, deren besonders derber Zellenbau als sogenanntes Palisadengewebe die Luftzirkulation im Blatte einschränkt.

Diejenigen Pflanzengebilde, welche zeitweilig völligen Wassermangel aushalten müssen, besonders die Bewohner der Felswände, die Ansiedler auf den Borkenschuppen im Kiefernwald, sind so eingerichtet, daß sie auch völliges Ausdörren ertragen können. Die vielgestaltigen Flechten und manche Moose mögen noch so sehr ausgedörrt sein, das tötet sie nicht; ein erfrischender Regen ruft sie nach langem Schlaf zu neuem Leben zurück.

Die Xerophyten sind meist auf reichlichen Lichtgenuß eingerichtet. Ganz andere Lebensbedingungen haben die Schattenpflanzen, und es ist interessant zu vergleichen, wie auch diese ihrer Schwierigkeiten Herr werden. Viele verstehen es, ebenso wie die Xerophyten ihr Wachstum in der günstigsten Jahreszeit voll zum Abschluß zu bringen, so z. B.

harrt das Schneeglöckchen 9 Monate lang als Zwiebel in hoffnungsvollem Träumen auf die Märzsonne, dann entwickelt es Blüte und Blätter in freudiger Hast, denn gar wohl ist ihm bewußt, daß bald der Mittelwald in zwei Stockwerken über ihm ergrünen und alles chemisch wirksame Licht verschlingen wird. Bis diese schlimme Zeit eintritt, muß es die Reservestoffe für seine nächstjährige Entfaltung gesammelt haben. Anders das Leberblümchen im Buchenwalde und die Haselwurz. Sie schaffen es nicht durch die Eile, sondern durch die Dauer ihres sattgrünen breitentwickelten Laubes, welches sie den ganzen Sommer über im spärlichen Lichte arbeiten lassen.

Zur Erörterung der Beziehungen zwischen Pflanzengemeinschaft und der Tierwelt übergehend bitte ich den Leser, sich lichte Holzbestände mit zwischenliegenden Wiesenflächen zu vergegenwärtigen, welche der Rinderweide geöffnet sind. Wie anders sieht ein solcher Revierteil aus, wenn wir unser Beispiel aus den Berghalden bei Tölz in Oberbayern oder aus der Johannisburger Heide in Ostpreußen wählen, und doch, wieviel Gemeinsames: Wir finden nur Pflanzen, die dem Weidevieh gegenüber widerstandsfähig sind, in freudiger Entwickelung begriffen. Diese Widerstandsfähigkeit kann dreierlei Ursachen haben: zumeist — dies gilt von den Gräsern — besitzen sie einen ausdauernden Wurzelstock, der befähigt ist, aus tiefliegenden, in der Erde Schutz findenden Knospen immer wieder neue Sprosse zu treiben. Andere Pflanzen sind durch Bitterstoffe geschützt, welche dem Vieh nicht zusagen. Dies gilt z. B. von den stolzen Enzianen der Alpenmatten, von dem lieblichen Tausendguldenkraut bei uns. Die zarten Dolden der wilden Möhre und die goldigen Rispen des Johanniskrautes werden gleichfalls verschmäht und unterbrechen das Einerlei der vom Vieh kurz gehaltenen Grasnarbe. Andere Pflanzen verteidigen sich durch Dornen und Stacheln, so die Eberwurz (Carlina acaulis), der Brombeerstrauch und der Wacholder. Hier und da kommt minder wehrhaften Pflanzen der Standort zu Hilfe; am Sumpfgraben, den das Vieh nicht gern betritt, entwachsen Erlen und Weiden seinem Zahn, am Felsblock oder am steilen Hang, der seltener betreten wird, vermögen Buchen, Fichten, selbst Tannen, wenn auch langsam, emporzukommen. Sie nehmen die interessanten Formen an, die als Weidbuchen, Weidfichten usw. unter anderem von Dr. Klein vielfach abgebildet und mit Recht gepriesen worden sind. Auf diese Art entstehen die mannigfaltigsten, dabei in sich stets einheitlichen, in ihrer späteren Entwickelung schönen Bildungen.

Grasflächen, die in voller Entfaltung nicht vom Vieh und noch nicht von der Sense heimgesucht sind, haben nicht minder ihre eigenen Reize wie die Weiden. Besonders wohlgefällig sind die Vereinigungen von Gräsern und Blumen, wie sie auf Waldblößen und Waldwiesen so oft zu sehen sind. Von den Gräsern mit in die Höhe genommen stehen auch die Wiesenblumen wie die Grasährchen auf feinen, elastischen Stielen, die jedem Windhauch nachgeben, um alsbald sich wieder aufzurichten, während Gartenblumen nach einigermaßen heftigem Wind übel zerzaust zu sein pflegen. Das Verhalten im Wind verleiht unseren Gräsern und deren Begleitern [ich nenne: Fleischblume (Lychnis flos cuculi), Glockenblume (Campanula), Pferdekamille (Chrysanthemum leucanthemum) und Hahnenfußarten], besonderen Reiz; denn der Wind wirkt niemals gleichmäßig, sondern in mehr oder weniger regelmäßigem Anschwellen und Abflauen. So entstehen regelmäßige Bewegungen, wie sie an sich schon den Blick zu fesseln vermögen. Sie erinnern an das Wellenspiel des Meeres, denn man empfängt abwechselnd helleres und dunkeleres Licht von näheren und ferneren Stellen desselben Geländes. Dabei ergibt sich Farbenwechsel, und man nimmt daher Verschiedenes innerhalb derselben Einheit wahr. Dies alles erscheint in gleichmäßigen Wiederholungen, und man schaut gesetzmäßiges Wirken mit Genuß an.

Wir sind gewöhnt, beim Anblick der Natur an den **Kampf ums Dasein** zu denken, welcher tatsächlich eine große Rolle spielt; aber kaum minder wichtig als dieser sind für die Pflanzengemeinschaften **gegenseitige Freundschaftsdienste**, die oft sehr verschiedene Pflanzen einander leisten. Wie ganz anders gedeiht die Kiefer mit zwischenständigen Buchen, die ihr milden Humus zuführen und eine Lockerheit der oberen Bodenschicht erhalten, wie sie für reichere Entwickelung des pflanzlichen und tierischen Lebens im Boden so nützlich ist.

Nun wäre noch viel zu sagen über die Beziehungen der Pflanzenwelt zu den Tieren des Waldes: zum Wild, zu den Vögeln, den Insekten, Beziehungen, deren Art der Mensch nicht immer auf den ersten Blick erkennt. Ein Beispiel möge genügen. Im Engadin, so wurde mir dort erzählt, hatte man den Tannenhäher verfemt, weil er vermeintlich die Ansamung der Arve verhinderte, indem er ihre süßen Samen naschte. Dann aber in einem besonders reichen Samenjahr ward beobachtet, daß der Verdächtige durch reichliches Anpflanzen der hartschaligen Kerne zehnfach wieder gut machte, was er in den kargen Jahren gesündigt hatte. Auf jedem Klippenabsatz, wo keines Menschen Fuß hingelangen kann, sah ich junge Arven reichlich hervorsprießen, welche dem heitern Vogel ihr Dasein verdankten. Seitdem gehören Arve und Tannenhäher in den Augen des Alpenforstwirts wieder zusammen.

Die Mannigfaltigkeit der Erscheinungen also ist überaus groß, und doch ist die Einheit deutlich ausgeprägt. Die Wissenschaft hat uns das nach mühevollem Forschen klargelegt; dem scharfen Auge des erfahrenen Forstmannes hat sich diese Wahrheit aber schon längst erschlossen!

Der ästhetische Wert der forstlichen Pflanzengemeinschaften beruht nach dem Vorangegangenen in starken Einheitsbezügen, welche die Pflanzen unter sich und mit ihrer Umgebung verbinden. Diese Einheitlichkeit zeigt sich auch im Wechsel, indem die Pflanzenwelt auf jede Veränderung der Verhältnisse meist ganz überraschend schnell reagiert. Das erleben wir täglich. Dafür ein Beispiel: Nur tote Laubschichten bedecken den Boden des unberührten Buchenbestandes; aber mit dem ersten Vorbereitungsschlag zieht der Waldmeister ein, dessen unterirdische Schoße rasch würziges Laub und zierliche Blüten entwickeln. Gleichzeitig gelingt zarten Farrenkräutern die erste Ansiedlung. Alsdann kommen reicher organisierte Pflanzen und unter diesen vielleicht auch etliche, die wir nicht haben wollen, aber manchmal erscheinen die herrlichsten Überraschungen. So z. B. tauchte hier in Postel auf dem „Breiten Berg" nach erfolgter Lichtstellung des natürlichen, nahezu meterhohen Eichenaufschlages die herrlich tiefblaue Akelei massenhaft auf, die früher niemand hier gesehen hatte. Nach wiederhergestelltem Bestandesschluß ist sie wieder verschwunden; der starke Eindruck ihrer Farbenpracht lebt aber noch nach 25 Jahren in meiner Erinnerung.

Welcher ältere Forstmann hätte derartiges nicht erlebt? Sicherlich im Rückblicke auf ähnliche Erfahrungen hat schon Altmeister Burckhardt geschrieben (Aus dem Walde V. Seite 168): „Das Kommen und Gehen der Floren bleibt in seinen letzten Gründen zwar oft dunkel, dennoch waltet auch in dieser kleinen Welt der Waldkräuter die ewige Gesetzmäßigkeit, der alle Dinge untertan sind, im anorganischen wie im organischen Reiche."

Rufen wir solchen Wechsel durch unsere Maßnahmen hervor, dann betrachten wir ihn mit besonderer Freude. Wie groß ist die Befriedigung des Gelehrten, wenn ihm ein Experiment gelingt, und die Richtigkeit seiner Voraussetzungen bestätigt, wenn Reaktionen genau so eintraten, wie er sie vorausgesehen hat. Diese Befriedigung ist, abgesehen vielleicht von etwas Eitelkeit, eine ästhetische, denn die Idee des Forschers trat in die Erscheinung. Nicht minder groß ist die Befriedigung des Forstmannes beim Studium der Pflanzengemeinschaften, die allen seinen wirtschaftlichen Maßnahmen, den richtigen sowohl wie den falschen, entsprechend in Erscheinung treten, und auch diese Befriedigung ist eine ästhetische.

Elftes Kapitel.

Naturdenkmäler aus der deutschen Baumwelt.

Wir stehen im Zeitalter der forstbotanischen Merkbücher und meine Forstästhetik würde daher nicht „aktuell" sein, wenn ich es unterlassen wollte, auf alles das aufmerksam zu machen, was ein eifriger Jünger der jetzt modernen und in der Tat wohlberechtigten Bestrebungen dieses Zweiges des Heimatschutzes zu beachten hat. In erster Reihe sind die besonders starken und alten Bäume zu vermerken. Dem Vorkommen von solchen widme ich den ersten Abschnitt dieses Kapitels.

1. Starke einheimische Laubholzbäume.

Am meisten interessieren das große Publikum die „tausendjährigen Eichen". Wir besitzen einige, die wirklich dieses Alter erreicht haben. In der Regel wird das Alter der Eichen überschätzt, weil zu wenig bekannt ist, daß sie freistehend auf gutem Boden recht ansehnliche Jahresringe zu bilden vermögen; es ist aber jetzt der Nachweis geführt, daß die Eiche wirklich über 1000 Jahre alt wird. Der Güte des Forstmeisters Schmidt verdanke ich die Angabe, daß von den uralten Eichen der Königl. Oberförsterei Bischofswald, Bez. Magdeburg, vor einigen Jahren eine der stärksten gefällt werden mußte, deren Holz noch gesund genug war, um durch Zählen der Ringe das Alter der Eiche auf 1050 Jahre zu ermitteln, bei einem Durchmesser von 3 m. Die dortige, jetzt als Naturdenkmal gesicherte Eichengruppe umfaßt 29 Stieleichen und 8 Traubeneichen von 4—9 m Umfang. Sie stocken auf frischem, früher naß gewesenem diluvialem Lehmboden.

Die stärkste Eiche Deutschlands steht in Mecklenburg-Schwerin im Gräflich Plessenschen Forstrevier Ivenack. Als die stärkste von 11 Rieseneichen ragt sie 40 m empor. Bei $1^1/_2$ m Höhe beträgt ihr Umfang 10,40 m. Der Großherzogliche Forstmeister von Arnswaldt, dem ich diese Mitteilungen verdanke, schätzt ihre Holzmasse auf mehr als 230 fm, weil die Krone des noch ganz gesunden Baumes eine entsprechende Menge Holz enthält. Obwohl die Nachbarbäume zum Teil schon Ruinen sind, so macht doch die Gruppe der dicht beieinander stehenden Riesenstämme einen überwältigenden Eindruck.

Nächst der Ivenacker Eiche, aber weit hinter dieser zurückbleibend, dürfte die „Kaisereiche“ in Schkeuditz (Rgb. Merseburg) den bedeutendsten Holzgehalt besitzen. Man schätzt sie auf 100 fm Derbholz. Sie hat in Brusthöhe 2,43 m Durchmesser und 7,80 m Umfang. Ihre Höhe beträgt 37,60 m. Diese Kaisereiche ist noch gesund, also wohl noch in kräftigem Wachstum begriffen. Des gleichen Vorzugs erfreut sich eine neuerdings von Dr. Schube entdeckte schlesische Eiche, die im Kreise Grünberg bei dem Lippvorwerk der Herrschaft Saabor steht. Ihr Umfang beträgt in Brusthöhe $10^1/_2$ m.

Die Baumriesen, die ich nachstehend noch aufführen will, zeigen zumeist nur noch Reste ihrer alten Herrlichkeit. Dies gilt unter anderem von der bekannten Rieseneiche in Nieder-Krayn (Kreis Liegnitz). Umfang 9,61 m.

In Westfalen, vor dem Pastorat der Gemeinde Erle, steht die sogenannte Ravenseiche, deren Umfang in 2 m Höhe 12 m beträgt. Gleichfalls in Westfalen steht im Kreise Warburg im Walde des Grafen Franz Stolberg die sogenannte „Rieseneiche“, eine Stieleiche, deren Umfang verschieden ($10^1/_2$ und 12 m) angegeben wird. Sie ist 22 m hoch. — Im Interessentenwalde der Stadt Gudensberg (Rgb. Kassel) hat eine 25 m hohe Eiche bei 1 m Höhe 11,35 m Umfang, in Brusthöhe aber nur 9,5 m. Der Baum fällt stark ab, weshalb man seine Holzmasse nur auf 25 fm schätzt.

Erheblich schwächer, aber viel schlanker gebaut, ist die gewaltige „Königseiche“ im Revier Burgaue der Stadt Leipzig. Ihr Umfang beträgt in Brusthöhe 8,30 m, ihr Derbholzgehalt aber nach sachverständiger Schätzung 88 fm. Sie kommt also der „Kaisereiche“ in bezug auf Holzgehalt nahe. Innerhalb der noch lebensfähigen Krone trägt die Königseiche viele morsche Äste. Um Unglücksfälle zu verhindern, hält eine Umwehrung das Publikum von der gefährlichen Nähe der anbrüchigen Äste fern.

In Schleswig-Holstein wurden zwei sehr starke Eichen vermerkt. Als die bedeutendste gilt die sogenannte Schmitzesche im Kreise Plön mit 8,90 m Umfang. Besitzer einer besonders starken Eiche in Westpreußen ist S. Maj. der Kaiser; denn in Cadinen steht ein Stamm von 8,75 m Umfang.

Die Reichslande mögen wohl in den Kriegsstürmen, die sie heimsuchten, ihre altehrwürdigen Bäume eingebüßt haben. Nur die „Arbogast-Eiche“ aus der Oberförsterei Hagenau-West kann ich aus jenen gesegneten Gebieten anführen. Ihr vielfach verstümmelter Stamm hat 2,70 m Brusthöhendurchmesser und nicht mehr ganz 50 fm Inhalt. Man schätzt sein Alter auf 1000 Jahre.

Weniger um ihrer Größe, als um der Hochwertigkeit ihres Holzes willen sind die Spessart-Eichen berühmt geworden; aber ihr innerer Wert tritt schon in ihrer äußeren Erscheinung zutage. Schnurgerade erheben sich die bis 40 m hohen Bestände, auf 20 m astrein. 4—500 Jahre sind sie alt. Besonders massenreiche Eichen sucht man dort vergebens. Die sogenannte „1000jährige Eiche" bei Forsthaus Rohrbrunn hat in Brusthöhe nur 1,70 m Durchmesser. Ihre Holzmasse wird auf 27 fm geschätzt.

Noch mächtiger, oder, richtiger gesagt, noch stärker als die Eichen werden die Linden; sie werden auch älter, denn ihre Lebenskraft ist zäher. Die stärkste deutsche Linde, eine sogenannte Sommerlinde (Tilia platyphyllos), ist ein alter Burgbaum auf dem Gute Scharpenberg. Als Wahrzeichen des Elmslandes ist dieser Riese anscheinend gesund, obwohl er in alter Zeit bei etwa 4 m Höhe abgesägt worden ist. Am Rande der alten Wundfläche erheben sich 15 starke Äste. Der Stamm hat bei 1 m Höhe 13,4 m Umfang, etwas weiter oben aber 18,60 m Umfang! — Es kommt nicht ganz selten vor, daß Stämme da, wo die Äste entspringen, stärker sind als weiter unten. — Als nur wenig lebensfähiger Stumpf ragt in Oberfranken zu Staffelstein eine alte Linde von 15 m Stammumfang in Manneshöhe. Längst ist ihr Inneres ausgemorscht. Der französische Marschall Berthier ist seinerzeit in die Höhlung hineingeritten und hat darin sein Pferd gewendet!

Die stärksten Rotbuchen finden sich im deutschen Osten. Das Rittergut Reichardtswalde, Kreis Mohrungen, kann sich rühmen, eine Buche von 9 m Umfang zu besitzen. 8 m Umfang hat in Höhe von $2^1/_2$ m, wo der Astansatz sich geltend macht, eine Buche zu Mönchmotschelnitz, Kreis Wohlau, in Schlesien. In Brusthöhe hat sie nur 5,72 m Umfang. Interessant ist die Angabe aus Wildenberg in Oberfranken, daß eine dortige, sehr starke Buche in guten Jahren 25—30 Zentner Bucheckern zu bringen pflegt. Der Baum steht ganz frei. — Schneller als andere Holzarten gehen Buchen zugrunde, wenn sie erst einmal angefangen haben, altersschwach zu werden. Sie vermorschen reißend schnell und brechen zusammen. Deshalb erreicht die Buche kein hohes Alter, obwohl sie vom Blitzschlag erfahrungsmäßig nur sehr selten heimgesucht wird. Der Blitz ist der schlimmste Feind der alten Bäume.

Die Herthabuche auf Rügen gehört nicht zu den besonders starken Bäumen; es wird ihrer aber an anderer Stelle gedacht werden.

Zu sehr bedeutendem Umfang wachsen auch die Rüstern heran, wenn nicht alle 3 Arten, so jedenfalls die Feldrüstern. Im Großherzogtum Hessen schmeichelt man sich, an der „Schimsheimer Effe“ den stärksten Baum Deutschlands zu besitzen. Diese Annahme trifft zu, wenn man die oben erwähnten beiden stärksten Linden nicht mitzählt, weil die eine fast abgestorben, die andere eigentlich nur ein wieder ausgeschlagener Stumpf ist. Besagte „Effe“ (eine Ulmus campestris) hat 1 m über dem Boden 13,2 m Umfang. Sie ist hohl und durch im Innern des Stammes angelegtes Feuer, sowie durch zündenden Blitzstrahl schon zweimal schwer verletzt. Die kommunalen Körperschaften haben den noch 15 m hohen Stamm mit 400 Mark Kosten ausmauern lassen.

Daß Esche und Ahorn in ähnlich starken Exemplaren nicht aufgefunden worden sind, liegt wohl nur daran, daß beide Holzarten überhaupt seltener vorkommen. Die stärkste Esche verzeichnet Dr. Jentzsch aus der Königl. Oberförsterei Darslup, Bez. Danzig, mit 7 m Umfang und 23 m Höhe. — Der stärkste Ahorn wird mit 6,20 m Umfang aus Rohrbach in Baden gemeldet.

Zu überraschender Größe erwachsen auch Pappeln und Weiden. Eine Schwarzpappel im Botanischen Garten zu Breslau hat 8 m Umfang. Sie ist mit großen Kosten ausgemauert und verklammert worden.

Nicht weit hinter der Pappel bleibt die Weide zurück. Aus dem Kreise Rastenburg in Ostpreußen meldet Dr. Jentzsch eine Weißweide (Salix alba) von 7 m Umfang. Wer die Weide nur als verstümmelten Straßenbaum kennt, wird sich von solchem Riesenstamm nur schwer einen rechten Begriff machen.

Sorbusarten entwickeln sich nur selten zu ansehnlicher Stärke. Ich nenne die Elsbeere aus Krummendorf, Kreis Strehlen, Bez. Breslau, von 2,03 m Umfang und gegen 20 m Höhe. 28 m Höhe hat eine etwas schwächere Elsbeere in Gr. Stein, Kreis Gr. Strehlitz, Rgb. Oppeln, erreicht. — Ein riesengroßer Speierling steht in Mittelfranken bei Birnsberg. Der Umfang dieses mehr breit als hoch entwickelten Baumes beträgt 4 m. Ein Speierling von 16 m Höhe und 50 cm Durchmesser steht im Gemeindewald Thairnbach in Baden als Oberholz im Mittelwald.

Zu welch riesiger Größe Wildobst heranwachsen kann, das beweist ein wilder Birnbaum in Reinersdorf, Kreis Kreuzburg, der bei 12 m Höhe 4,20 m Umfang hat. — Ungewöhnlich große Kirschbäume finden sich in der Provinz Pommern, der bedeutendste steht in der Königl. Oberförsterei Abtshagen. Seine Maße sind 20 m Höhe und 54 cm Durchmesser in Brusthöhe.

2. Starke Nadelholzbäume.

Die Nadelhölzer zeichnen sich mehr durch Höhenentwickelung als durch Stärke aus. Die Höhe von 40 m, welche bei Laubhölzern seltener vorkommt, wird von gutwüchsigen Fichten und Tannen oft, von Kiefern manchmal überschritten, dies gilt besonders in Ostpreußen, wo die Kiefern — als Pin de Tabre weltberühmt! — bis in sehr hohes Alter den Höhenwuchs fortsetzen. Schirmförmig abgerundete Kiefernwipfel habe ich dort kaum zu sehen bekommen. In der Oberförsterei Kurwien kommen 41 m lange Kiefern nicht selten vor. Das Jahrbuch der deutschen dendrologischen Gesellschaft vom Jahr 1909 enthält auf Seite 314 den Bericht über die Fällung einer 45 m hohen Kiefer. Nach privater Mitteilung des Forstmeisters von Bertrab ist jene bei Anwesenheit des märkischen Forstvereins gefällte Kiefer 44 m lang gewesen, ein Maß, welches wohl von einer zweiten Kiefer weder dort noch anderweitig erreicht wird, wogegen 38 m Länge öfters zu beobachten ist. Die stärkste Kiefer der Rheinprovinz, vielleicht ganz Deutschlands, steht bei Honneroth im Kreise Altenkirchen. Sie hat 5 m Umfang und 20 m Höhe.

Die höchste Tanne Deutschlands zu besitzen darf sich das Fürstentum Schwarzburg-Rudolstadt rühmen, wo auf dem Wurzelberg die „Königstanne" steht. Ihre Maße sind 44,3 m Höhe, 6,60 m Umfang in Brusthöhe, ihre Holzmasse wird auf 66 fm geschätzt. Nach der mir vorliegenden Abbildung ist der Wipfel dieses gewaltigen Baumes schon recht durchsichtig. Es fehlt ihm die sonst für Tannen charakteristische starke Entwickelung der obersten Äste.

Über den Entwickelungsgang hervorragend starker Tannen verdanke ich dem Königl. Sächsischen Oberförster Augst interessante Mitteilungen: Von den hochragenden Olbernhauer Tannen im sächsischen Erzgebirge haben einige als abständig geschlagen werden müssen. Die berühmteste war die sogenannte „Königstanne", die, im Jahre 1890 vom Blitz getroffen, abstarb und vier Jahre später vom Sturm gebrochen wurde. Sie hatte in Brusthöhe 2,7 m Durchmesser, also $6^1/_2$ m Umfang. Ihr Alter konnte zwar nicht genau ermittelt werden, weil der Kern faul war; durch den Vergleich mit den Jahresringen anderer in der Nachbarschaft gefällter Tannen konnte Augst aber mit einiger Sicherheit annehmen, daß sie 500 Jahre alt geworden ist. Jetzt sind kaum noch 20 Riesentannen in Olbernhau vorhanden. Blitzschlag und Dürre räumen unter ihnen rasch auf. Anderweitig gehören Tannen von $4^1/_2$ m Umfang schon zu großen Merkwürdigkeiten.

Schriftlicher Mitteilung des Dr. Klein in Karlsruhe in Baden verdanke ich die Angabe, daß die stärkste Weidfeldtanne Badens (wohl auch Deutschlands) 6,70 m Umfang besitzt. Sie steht auf dem Weidfeld von Oberrottsbach in 1100 m Höhe, 3 km östlich der Belchenspitze.

Fichten von ansehnlicher Höhe sind nicht gerade selten. Vielleicht die höchste steht in Lampersdorf, Kreis Frankenstein in Schlesien. Sie soll 42 m hoch sein bei 4,52 m Brusthöhenumfang. Sehr reich an bemerkenswerten Fichten scheint besonders der deutsche Südwesten zu sein. Dr. Klein berichtet unter anderem von einer Fichte, deren Brusthöhenumfang 5,75 m beträgt. Sie steht in Waldau im Großherzogtum Baden.

Das Alter frei erwachsener Fichten wird leicht überschätzt. Für die rasche Entwickelung von solchen lieferte die sogenannte „Holzmutter" in Oberbayern den Beweis, als sie vor einigen Jahren gefällt werden mußte. Nur 250 Jahre alt ergab sie 36 cbm Derbholz.

Je höher im Gebirge die Nadelhölzer wachsen, desto feiner, aber auch desto gleichmäßiger sind ihre Ringe. — An den Stubben der Lärchenbäume bei Pontresina zählte ich in der Regel 400 Jahresringe, manchmal einige mehr, manchmal einige weniger. Anderweit zählte Dr. Klein 600—700 Jahresringe an Alpenlärchen. Daß in Deutschland besonders starke Lärchenbäume vorkommen, habe ich nicht feststellen können. Fern von ihrer ursprünglichen Heimat erreichte in Pommern eine Lärche 3,8 m Umfang und 26 m Höhe. Übertroffen wird sie von einer anderen, die im Kreise Wetzlar im Garbenheimer Gemeindewalde 3,23 m Umfang bei 32 m Höhe erreichte. In Schlesien zeichnen sich die Lärchenbäume durch Höhenwuchs aus. 40 m hohe Lärchen kommen u. a. in der Königl. Oberförsterei Proskau zahlreich vor, aber diese werden weit übertroffen von den jetzt etwa 140 Jahre alten Lärchenbäumen des Forstamtes Pforzheim im Großherzogtum Baden, welche in der „Plantage" und im Lärchengarten bis zu 44 und 45 m Höhe aufragen. Gleichhohe Weymuthskiefern sind ihnen beigemischt. Der Stammumfang dieser Baumriesen entspricht allerdings ihrer Höhe nicht (2,15 m).

Die einst weit verbreitet gewesenen „Eibenbäume" sind in Deutschland selten geworden, aber es finden sich noch einige uralte Zeugen der einstigen Herrlichkeit vor. Der weitaus stärkste Eibenbaum steht in Schlesien in Kath. Hennersdorf, Kreis Lauban. Da er 5,10 m Umfang hat und auch sonst stattlich entwickelt ist, schätzt Schube das Alter dieses Baumes auf 1400 Jahre. Dem Umfang von 5,10 m entspricht ein Durchmesser von etwa 1,64 m, also ein Halbmesser von 82 cm.

Nimmt man die Ringbreite zu durchschnittlich 1 mm an, dann würde besagter Eibenbaum erst 820 Jahre alt sein. Die Wahrheit dürfte in der Mitte liegen (Abb. 23).

Eine Eibe von 4 m Umfang steht am Niederrhein in den Parkanlagen des Gutes Haus Rath zu Uerdingen, eine andere von 3,60 m Umfang in Meterhöhe steht im Berggündle-Tal in Bayern, 1520 m

Abb. 23. Stärkste Eibe Deutschlands, in Kathol. Hennersdorf, Kreis Lauban.

über dem Meer. Stützer schätzt ihr Alter auf mehr als 2000 Jahre. Das kann richtig sein, denn der Baum ist in dieser hohen Lage wahrscheinlich nur unter dem Schutze anderer Holzarten emporgewachsen und stark beschattete Eiben wachsen ungemein langsam. Sie ist sicher der älteste deutsche Baum (Abb. 18). — Einen sehr ansehnlichen Eibenbaum besitzt das Königreich Sachsen. Er steht am Lederberg bei Niederschlottwitz (im Müglitztal). Verhältnismäßig erhebliche Schafthöhe 4,55 m zeichnet den nahezu 14 m hohen Baum aus, dessen Stammumfang in Brusthöhe 3,03 m beträgt.

3. Zu Bäumen herangewachsene Strauchholzarten.

Einige Holzarten, die wir als Sträucher zu sehen gewohnt sind, nehmen unter günstigen Umständen baumartige Wuchsformen an. Dies gilt z. B. von der Stechpalme, der Hasel, dem Kreuzdorn, am häufigsten vom Wacholder. Nur 3 Beispiele will ich anführen: In Tannenlohe bei Martinlamitz (Oberfranken) steht ein Haselnußbaum von 8,50 m

Abb. 24. Kreuzdorn aus der Oderniederung.

Höhe und 1 m Stammumfang in Brusthöhe. Ein prachtvoller Kreuzdornbaum steht im Odertale unweit Maltsch (Abb. 24).

An stattlichen Wacholderbäumen sind die niedersächsischen Heidegebiete nicht arm (Abb. 25), will man aber bewundernd sehen, was diese bescheidene Holzart leisten kann, dann muß man sich in die Schweiz begeben. Als auch dort hervorragende Seltenheit steht im Bezirk La Chaux de Fonds unterhalb des Weilers des Plaines bei Planchettes ein 9 m hoher Wacholderbaum, dessen Durchmesser in Brusthöhe 38—43 cm betragen. Im Walde erwachsen ist der Baum seit längeren Jahren frei gestellt. Noch steht er in voller Kraft.

Abb. 25. Wacholderbäume aus der Lüneburger Heide.

4. Ausländische Holzarten.

Unsere Parkanlagen sind reich an Riesenbäumen von überseeischer Herkunft, aber in den Waldungen sucht man uralte Vertreter fremdländischer Holzarten noch vergeblich. Als vollkommen in unseren Forsten eingebürgert darf man im deutschen Südwesten die Edelkastanie, in der Mark Brandenburg die Akazie ansehen. Ich darf daher die ältesten Vertreter dieser schönen Holzarten hier nicht unerwähnt lassen. — Als gewaltiger Stamm von 9 m Umfang grünt, blüht und fruchtet der älteste Edelkastanienbaum Deutschlands im Hardtgebirge am Nordabhang des Donnersberges innerhalb des zu Bayern gehörigen Dorfes Dannenfels. — Auch das Großherzogtum Baden kann sich des Besitzes einer gewaltigen Edelkastanie rühmen, die 21 m hoch eine schöne Krone wölbt. Der Umfang beträgt 7,25 m.

Die älteste Akazie in Deutschland hat — wenn eine mir vorliegende Zeitungsnotiz zutrifft — der Berliner Vorort Britz aufzuweisen. Sie ist ein knorriger, 4 m im Umfang starker Baum, der alljährlich noch grünt und blüht. König Friedrich I. bezog sie als Topfpflanze aus Nordamerika und schenkte sie seinem Minister Ilgen, dem damaligen Besitzer des Britzer Rittergutes. Dieser pflanzte sie 1710 in seinem Parke unweit des Schlosses ins Freie, wo sie noch heute steht. Eine Porzellantafel vor dem Baume gibt hierüber Aufschluß. Von dieser Akazie stammen alle Bäume dieser Gattung sowohl in Deutschland wie auch in Österreich ab, denn erst um 1730 kam die erste Akazie von hier nach Schloß Schönbrunn.

5. Abarten und Spielarten des Wuchses.

Während die Verschiedenheiten des Standorts und der sonstigen Wuchsverhältnisse Abarten hervorbringen, die durch mehrere erhebliche Merkmale zusammengehörig in größerer Zahl und Verbreitung erscheinen, kommen bei allen Arten und Abarten Spielarten vor, die sich gleichfalls durch erhebliche Merkmale auszeichnen, aber meist nur vereinzelt auftreten und gewöhnlich nicht durch Übergänge mit den örtlich benachbarten Pflanzen derselben Art verbunden sind. Sind die unterscheidenden Merkmale nicht erheblich, dann spricht man von Formen. — Ich schließe mich mit dieser Begriffsbestimmung Dr. C. Schröter an.

Der Zusammenhang der Abarten mit den Standortsverhältnissen kommt ganz besonders deutlich bei den Spitzformen zur Geltung, die in schneereichen Lagen auftreten. — Während das Knieholz in seinen verschiedenen Arten und Abarten sich den Schneeverhältnissen dadurch anpaßt, daß es den Kampf aufgebend sich dem Gelände anschmiegt, entlasten die Spitzformen ihre gefährdeten Wipfel dadurch, daß sie die oberen Stammteile nur mit ganz kurzen Zweigen bekleiden, an denen nur wenig Schnee haften kann. Sehr charakteristisch ist in dieser Hinsicht die sibirische Tanne gebildet und auch die Nordmannstanne scheint bei vorschreitendem Alter sich der Spitzform zu nähern. In den mitteleuropäischen Hochgebirgen finden wir die gleiche Anpassung bei Lärchen und besonders deutlich bei Fichten.

Spitzfichten bildet Dr. Schröter aus Graubünden ab. Im Riesengebirge, oberhalb Krummhübel auf dem Wege zur Koppe durchschreitet man ganz ebenso gestaltete Bestände.

Abarten haben um so höheren ästhetischen Wert, je deutlicher sie den Standortsverhältnissen angepaßt sind, denn sie sind dann, daß ich so sage, ein redender Schmuck.

Oft bin ich gefragt worden: „Wo kommen die vielen Spielarten her, welche die Handelsgärtner vermehren, wie züchtet man sie?

Abb. 26. Die „Schöne Eiche".

— Sie sind nicht gezüchtet, sie sind gefunden, und wo es viele Bäume gibt, da kann ein aufmerksames Auge sicherlich auch interessante Spielarten entdecken.

Die Betrachtung der Spielarten beginne ich mit denjenigen, die sich durch absonderlichen Wuchs auszeichnen.

Die sogenannten Pyramidenbäume erhalten ihre Gestalt dadurch, daß die Äste dicht am Stamm anliegend aufwärts streben. Am bekanntesten sind die Pyramiden-Pappeln, die jetzt unerklärlicherweise fast alle kranken. Sogenannte Pyramidenform findet man oft bei Weißbuche und Wacholder.

Zum Glück hat die Pyramidenpappel dadurch einen wertvollen Ersatz gefunden, daß man einen schon längere Zeit bekannten deutschen Baum, die Pyramideneiche, jetzt reichlicher vermehrt. Schon zu Zeiten des siebenjährigen Krieges war deren Stammutter bekannt, und unter dem Namen die „Schöne Eiche" geschätzt. Wie einst Cyrus unter die Platane einen „Unsterblichen" als Wächter stellte, so haben damals französische Generale durch einen Wachtposten die schöne Eiche schützen lassen. Sie steht unweit von Babenhausen, zwischen Diebau und Aschaffenburg im Großherzogtum Hessen. Besitzerin ist die Gemeinde Harreshausen. Veredelungen gelangten nach Wilhelmshöhe bei Kassel und von da überall hin. Die gegenwärtigen Maße sind: Durchmesser in Brusthöhe 1 m, Höhe 26 m. Bei $7^1/_2$ m beginnen die Äste. Der Baum wurde im Jahre 1871 vom Blitz getroffen. Seitdem ist sein Wipfel dürr, im übrigen steht er noch in Kraft (Abb. 26).

Den Pyramidenbäumen ähnlich in der Erscheinung, aber ganz anders gebaut sind die Säulenbäume, welche sich dadurch auszeichnen, daß ihre meist wagerecht stehenden oder auch etwas herabhängenden Äste nur eine mäßige und alle einerlei Länge erreichen. Sehr schöne Säulenfichten hat Conwentz in Westpreußen aufgefunden, auch sah ich einen schönen derartigen Baum im Moritzburger Wildpark. Wohl die großartigste Säulenfichte, einen 40 m hohen Stamm, hat Dr. Klein aus dem Stadtpark Villingen (in Württemberg) abgebildet (Abb. 27).

Die große Anzahl der sogenannten Trauerbäume kann man in drei Klassen teilen. Am absonderlichsten sehen diejenigen aus, deren Hauptäste dicht am Stamm herunterhängen. Dies kommt bei einigen Trauerfichten und Trauerbuchen vor. Nur im Anschluß an Architektur zur Ausfüllung von Winkeln können solche Gestalten nützliche Verwendung finden, anderweit erscheinen sie unschön.

Bei der Traueresche, auch bei manchen Trauereichen und Trauerbuchen (ein stattliches Exemplar der letzteren Art steht auf dem alten Kirchhof in Eisenach) heben sich die Äste zunächst unter normalem Winkel vom Stamm ab, um erst weiterhin sich zu Boden zu senken. Diese Form findet man in den Waldungen mehr oder weniger deutlich ausgeprägt gar nicht selten. Die Süntelbuche, deren Abbildung (Nr. 28) ich hier einschalte, ist ein sehr charakteristischer Vertreter dieser Klasse. Bei der dritten Klasse haben die Hauptäste normalen Wuchs, während die an den Ästen sitzenden Seitenzweige, wenn ich diesen Ausdruck gebrauchen darf, die Zweige dritter Ordnung, als dünne Ruten herab-

Abb. 27. Säulenfichten.

hängen. Das kommt selten bei der Eiche, häufig bei der Fichte, besonders oft bei Birke und Goldweide vor.

Dr. Wurm, der feine Naturbeobachter, hat Fichten dieser Art Haselfichten genannt. Er hielt ihr Holz für besonders wertvoll und war der Ansicht, daß es sich besonders gut zu Resonanzböden eigne. Dies will ich dahingestellt sein lassen, aber ganz entschieden bin ich der Ansicht, daß die Haselfichte alle anderen weitaus an Schönheit übertrifft. Es nimmt mich wunder, daß sie in den Preisverzeichnissen der Handelsgärtner fehlt, und man sollte ihre Zapfen mit Sorgfalt sammeln, um die wertvolle Spielart zu vermehren. Unvergleichlich schön ist der Gegensatz zwischen dem architektonisch regelmäßigem Astbau und den im Winde spielenden Gehängen der Haselfichte, welche der Bestrahlung durch die Morgen- und Abendsonne schöne breite Flächen darbieten. Der Ein-

Abb. 28. Süntelbuche. (Zu Seite 148.)

druck wird gesteigert, wenn zwischen dem Maigrün der herabhängenden Benadlung die erdbeerfarbenen Blütenkätzchen, die himbeerfarbenen weiblichen Blüten massenhaft aufleuchten. Die Gehänge erreichen hier in Postel reichlich 3 m Länge. Anderweitig sollen bis 6 m beobachtet worden sein.

Trauerbirken mit lang herabwallenden Zweigen finden sich besonders häufig unter den Betula verrucosa. Bei Windstille, wenn ihre in regelmäßigen Abständen verteilten Blätter im Sonnenschein glitzern, erinnern sie an den Tropfenfall eines Springbrunnens, noch mehr beschäftigen sie das Auge und die Phantasie, wenn der Wind, oder gar der Sturmwind, die schwanken Ruten durcheinander wirbelt. Dann bildet das bewegliche Gezweig einen Richtungsschmuck, der die Richtung und Stärke der Luftbewegung anzeigt.

Die Haselfichten und die sonstigen Trauerbäume pflegen sehr zahl-

Abb. 29. Kugelbuche.

reiche Zweige zu haben, die sich vielleicht gerade darum nicht zu steifer Widerstandsfähigkeit entwickeln können, weil ihrer so viele sind. Die gegenteilige Bildung zeigen die Schlangenfichten (lusus virgata). Deren Zweigen fehlt es an Seitentrieben, und sie sehen daher auffällig kahl und wenig schön aus. Die gleiche Bildung kommt auch bei Tannen vor.

Übermäßig zahlreiche Knospenentwickelung, die nicht auf der Natur der Pflanze selbst beruht, sondern durch Pilzwucherung verursacht ist, erzeugt die sogenannten Hexenbesen. Sie sind gewiß nicht gerade schön, aber die Absonderlichkeit ihrer Erscheinung kann doch für einige Zeit den Blick fesseln, wenn gerade nichts Schöneres zu sehen ist.

Die vielfach beobachteten Zwergformen der Fichten und der Kiefern möchte ich — der dichten Verzweigung wegen, die allen gemeinsam ist — auch nur für Hexenbesen halten. Eine Zwergfichte, die ich vor etwa 30 Jahren auf einer hiesigen Kulturfläche aufgefunden und auf günstigen Standort versetzt habe, bildet jetzt einen $1^1/_2$ m hohen, dicht verzweigten Busch, eine vorzügliche Nistgelegenheit für Singvögel.

Als besondere Wuchsformen sind auch die Kugelbäume aufzuführen. Jedermann kennt die Kugelakazie; aber nur wenige haben beobachtet, daß auch bei vielen einheimischen Holzarten Stämme vorkommen, deren Kronen regelmäßig abgerundete Kugeln darstellen. Unsere Handelsgärtner haben Spitzahorn und Ulmen vermehrt, welche diese eigenartige Wuchsform aufweisen. In den Merkbüchern fand ich Rotbuchen abgebildet, deren kugelrunde oder doch wenigstens halbkugelförmige Krone eine interessante Silhouette bildet (Abb. 29).

Auch schirmförmig entwickelte Kronen kommen vor, am schönsten sind sie bei freistehenden Kiefern. Ein wahrhaft herrliches Exemplar dieser Art steht in Mittelfranken bei Kriegenbrunn. Es hat den Namen „Wallensteinföhre“.

Eichen entwickeln schirmförmige Kronen dann mit Vorliebe, wenn eine Veränderung ihrer Wachstumsbedingungen ihren weiteren Höhenwuchs hemmt, also z. B. wenn der Grundwasserspiegel sich senkt oder wenn voraneilende Nachbarstämme ihren Lichtgenuß einschränken.

6. Wuchsformen, die besonderen Umständen ihre Entstehung verdanken.

Wenn man eigenartig entwickelte Bäume vor sich hat, ist es nicht immer leicht, zu entscheiden, ob deren Gestaltung auf besondere Veranlagung oder auf äußere Umstände zurückzuführen ist. Meist wird beides zusammen gewirkt haben. Dies gilt wohl sicherlich von den Kandelaberbäumen, die zu den malerischsten Erscheinungen in der Baumwelt gehören. Manchmal gehen solche aus Bäumen mit anfänglich schirmförmigen Kronen hervor, wenn solche den früher stockenden Höhenwuchs wieder aufnehmen.

Das geschieht dann nicht immer, oder nicht ausschließlich in der Verlängerung des Hauptstammes, sondern oft auch in der Weise, daß mitten auf Seitenästen üppige Triebe emporschießen. Eine derartig entstandene „Armleuchtereiche" besitze ich in Postel, eine schöne Armleuchterbirke aus der Gegend von Dyherrnfurth kann ich hier im Bilde vorführen.

Abb. 30. Armleuchterbirke.

Letztere verdankt ihre Entstehung wohl der gewaltsamen Entfernung des ursprünglichen Wipfels (Abb. 30).

Einen Kandelaberbaum habe ich schon oben als besonders starken Baum erwähnt: Die schönste Kandelaberfichte Badens entdeckte Dr. Klein auf dem Weidfelde des Brandenbergs, etwa 5 km nördlich von der Belchenspitze. Sie besitzt 20 starke Kandeläberäste und aushaltenden Hauptstamm. (Schriftliche Mitteilung von Dr. Klein.)

Wiederholter Schneebruch, Blitzschlag, Bergrutschungen, Weidegang, Wildverbiß lassen oft wunderbare und höchst malerische Gestalten entstehen. Im Gebirge nennt man sie Wetterbäume (Tannen, Fichten, Lärchen und Arven). In meinem eignen Walde haben zwei merkwürdige „Senker-Fichten" meinen Blick oft auf sich gezogen. Als die Fichten in Postel noch selten waren, pflegten die Hirsche an deren Stämmchen mit besonderer Vorliebe zu schlagen. Dadurch im Höhenwuchs beeinträchtigt entwickelten einige Fichten ihre unteren Äste so üppig, daß sie

Abb. 31. Harfenfichte.

schwer am Boden lagen, Senker bildeten und ihre Spitzen zu neuen Wipfeln aufrichteten, welche dann von dem gleichen Schicksal wie der Hauptstamm betroffen wurden. Eine derartig um ihr Dasein kämpfende Fichtenfamilie kann sich weit ausbreiten, und nur der aufmerksame Naturfreund erkennt, daß es ein einziger Baum ist, der zu einer ganzen Gruppe sich erweitert hat.

Den Kandelaberbäumen sind die Harfenbäume zur Seite zu stellen. Was unter diesen malerischen Bildungen zu verstehen ist, erläutere ich, besser als durch Worte, durch Einschaltung einer Abbildung (31) einer Harfenfichte.

Sehr niedliche Harfenbildungen findet man bei wilden Rosen, Berberitzen und anderen Strauchholzarten ziemlich häufig. — Wo man Spa-

Abb. 32. Scheppe-Allee bei Darmstadt. (Zu Seite 156.)

zierstöcke erzieht, werden sie durch Herabbiegen der Ruten künstlich hervorgerufen.

Entspringen ein und derselben Wurzel dicht nebeneinander zahlreiche aufstrebende Schosse, so werden diese, wenn sie zu einiger Größe gelangen, in den Merkbüchern als Garbenbäume bezeichnet. Solche entstehen häufig aus sogenannten Weidbuchen und Weidfichten, wenn selbige vom Zahn des Viehs schließlich einmal verschont werden. Sie entstehen auch aus Stockausschlägen. Diesen Ursprung kann ich von der Postler „Geschwistereiche“ nachweisen, deren jetzt noch vorhandene fünf Stämme den Rand eines nun ausfaulenden Eichenstockes umschließen. Die vor 30 Jahren noch kenntlich gewesenen Jahrringe ermöglichten mir einst die Feststellung, daß der üppige Stockausschlag dem Wurzelwerk einer ca. 170 Jahre alten Eiche sein Gedeihen verdankt.

Sonstige Wuchsstörungen verschiedener Art — vom Nagen der winzigen Triebwicklerraupe bis zur Heckenschere des Menschen — geben Anlaß zu den verschiedenartigsten Verkrüppelungen. Hierfür ist wohl die „Scheppe-Allee“ bei Darmstadt das berühmteste Beispiel, denn die dortigen phantastisch gekrümmten Kiefern haben sich aus den Resten einer ehemalig unter Schnitt gehaltenen Kiefernhecke entwickelt (Abb. 32).

Verwachsungen der verschiedensten Art, z. B. zweibeinige Eichen und Kiefern, henkelartig in den Stamm zurückwachsende Buchenäste, sind in den Merkbüchern in großer Anzahl verzeichnet. Ihr Vorkommen in den Beständen ist vom Gesichtspunkt der Forstbenutzung aus unerwünscht, kann aber den Vorübergehenden für kurze Zeit Anregung und Unterhaltung gewähren.

Auf die forstlich besonders unerwünschten Eigenarten des Wuchses (Drehwüchsigkeit und Neigung zur Zwieselbildung), haben die Herren Verfasser der Merkbücher bisher wenig geachtet, und ebensowenig auf besondere Vorzüge (Gradschäftigkeit, günstige Aststellung usw.). Diesem fühlbaren Mangel sollte bei Herausgabe neuer Auflagen abgeholfen werden.

Die Bewurzelung entzieht sich meist der ästhetischen Betrachtung, aber nach Standort, Abart und Spielart der einzelnen Holzarten treten die Hauptwurzeln doch mehr oder weniger deutlich zutage. Ein starker Wurzelanlauf mit von diesem ausgehenden, kraftvollen, weitausstreichenden Wurzeln bereichert die Idee des Baumes in ihrer Erscheinung und macht einen vorteilhaften Eindruck, indem die starke Verankerung uns für das Feststehen des Baumes eine Gewähr bietet. — Die Maler stellen solche Bildungen mit Vorliebe dar, besonders dann, wenn das Wurzelwerk moosige Steine umklammert. Stets interessant und manchmal schön sieht es aus, wenn das obere Wurzelwerk ganz frei liegt; die sogenannten Stelzenbäume (Abb. 33) schätzen wir aber als Zeugen für die Vorgeschichte des Bestandes. Stehen ihrer mehrere in einer

Zeile gereiht, dann verkünden sie von früheren urwaldartigen Zuständen. Einst haben sie sich auf morschen Lagerbäumen angesiedelt, und ihr Wurzelwerk ist frei geworden, als der Lagerbaum der Vermoderung

Abb. 33. Stelzenkiefern.

anheim fiel. Andere Stelzenbäume sind auf morschen Baumstöcken erwachsen, bei anderen hat Erdbewegung die Freilegung der oberen Wurzeln verursacht. Das sieht man oft bei Kiefern an sandigen Böschungen (Abb. 33).

Der eigenartigste Stelzenbaum ist die sogenannte Wunderbirke in Klein-Komerowe, Kreis Trebnitz in Schlesien. Diese Birke ist auf einer alten Kopfweide angeflogen und in deren Moder hat sie mächtige Wurzeln weit hinab in den gewachsenen Boden gesenkt, ein sichtbarer Beweis, daß die Birke unter Umständen eine tiefgehende Pfahlwurzel zu bilden vermag. Die Reste der immer noch lebenden Kopfweide würden längst nicht mehr imstande sein, den mächtig erstarkten Birkenstamm zu tragen. Ursprünglich ist jene Birke ein Überbaum gewesen.

Als Überbäume werden in den Merkbüchern solche bezeichnet, die im Moder noch lebender hohler Stämme wurzeln. Birken, Ebereschen und Fichten kommen am häufigsten auf solch luftigem Standort vor.

Daß die Baumkrone im Moder ihres eigenen Stammes Wurzeln herabsenkt, die später, zu Luftwurzeln erstarkt, die Ernährung der Baumkrone wesentlich übernehmen, ist oft bei Linden beobachtet worden.

7. Rindenspielarten.

Das Rindenkleid ist ästhetisch von allergrößter Wichtigkeit und ein aufmerksames Auge kann sehr viele Verschiedenheiten bewundern, wobei aber der Standort oder das Klima reichlich so sehr wie die Veranlagung der Bäume eine Rolle spielen. Bekanntlich zeigt der obere Baumteil der Kiefern prächtig rotbraune, in dünnen Schichten abblätternde Borkeschuppen. Besonders schön sind diejenigen Stämme, bei welchen diese Erscheinung schon weit unten beginnt. — Es würde zu weit führen, wollte ich alle Vorkommnisse dieser Art hier aufzählen, denn es kommen bei jeder Holzart interessante und schöne Abweichungen des Rindenkleides vor. Erwähnt seien nur die fast silbrig weiß gekleideten Stämme der Buchen an der schleswig-holsteinischen Ostküste und die Vielgestaltigkeit der Birkenrinde, bei welcher von schwarz bis zu weiß, von grobrissiger Borke bis zu zarten, seidenglänzenden Fasern alle Übergänge vorkommen. — Ästhetisch besonders wichtig ist die Rindenfarbe des jungen Gezweigs. Es gibt Birken, bei denen selbst das Zweigwerk weiß leuchtet! Den größten Reichtum an farbigen Schattierungen finden wir unter den zahlreichen Arten und Spielarten der Weiden.

8. Maserbildungen.

Einen malerischen Reiz verdankt mancher Baumstamm den Maserbildungen, welche die regelmäßige Rundung der Säule nicht selten bis zur Unkenntlichkeit umgestalten. Die knolligen Bildungen an Schwarzpappeln und am Ahorn sind wohl schon am frühesten beachtet worden, weil die Kunsttischlerei das an den betreffenden Stammteilen vorhandene

Abb. 34. Zitzenfichte. (Zu Seite 160.)

Maserholz hoch schätzte. Neuerdings haben die Verfasser der Merkbücher unseren Blick für diese Erscheinungen geschärft, so z. B. werden die Knollenkiefern jetzt beachtet, nachdem Conwentz begonnen hat, ihr Vorkommen aufzuzeichnen.

Den Maserbildungen verwandt sind die Verdickungsringe, durch welche manche Bäume, am öftesten die Buchen und die Fichten, die Astwurzel verstärken. Eine charakteristisch in dieser Weise ausgebildete „Zitzenfichte“ zeigt Abb. 34.

9. Spielarten mit abweichend gefärbtem oder absonderlich gestaltetem Laub.

Von ästhetisch größter Bedeutung sind die Farben und die Gestalt der Belaubung. Der durch seine Laubfarbe merkwürdigste Baum der gesamten gemäßigten Zone ist unzweifelhaft die Blutbuche. Hinsichtlich deren muß ich meine bisherigen Angaben dahin berichtigen, daß die älteste bekannte Blutbuche nicht in Deutschland, sondern in der Schweiz steht. Ich entnehme dem Sitzungsberichte der Niederrheinischen Gesellschaft für Natur und Heilkunde zu Bonn, 1905, nachstehende interessante Angaben:

„Die in unseren Gärten und Parkanlagen als sehr beliebte Zierbäume verwendeten Blutbuchen (Fagus silratica L. forma purpurea Ait) stammen zum größten Teil von einem Exemplar ab, welches spontan im Walde entstanden ist und jetzt noch als ein ungefähr 200 Jahre alter Baum mit einem Umfang von 3 m und einer Höhe von 27 m im Hainleiter Forst bei Sondershausen steht. Diese Blutbuche, deren zum ersten Male im Jahre 1772 Erwähnung geschieht, galt lange Zeit als die Stammutter aller unserer Blutbuchen, aber 1894 wies Professor Jäggi in Zürich nach, daß schon fast 100 Jahre früher, nämlich 1680, drei beieinander stehende Blutbuchen auf dem Stammberg bei Buch am Irchel im Kanton Zürich beschrieben worden sind. Von diesen ist jetzt noch eine am Leben, die 2,91 m Umfang, aber nur $5^1/_2$ m Höhe hat. In der Schilderung vom Jahre 1680 wird ausdrücklich hervorgehoben, daß ähnliche Buchen mit rotem Laub bis dahin nirgends anderwärts gefunden worden seien. Daß die Blutbuche früher in der Tat eine ganz ungewohnte Erscheinung in unserer Pflanzenwelt war, geht aus der Beschreibung Scheuchzers in seiner Naturgeschichte des Schweizer Landes, Zürich 1706, hervor. Er berichtet darin, wie uns Jäggi mitteilt, von „drey Buchen, welche von der gemeinen, in ganz Europa bekannten Art, darinn abweichen, daß sie ihr buntes Kleid beyzeiten, zu Anfang des Sommers anlegen u. sonderlich um das H. Pfingst-Fäst eine wunderlich schöne Röthe dem Gesicht vorstellen, so daß die rund in die zwey Stund umher wohnende Bauern dannzumal häuffig sich herbey sammeln, um von diesen blutrothen Bäumen Blätter und Ästlein abzubrechen und auf den Hüten nacher Haus zu tragen.“

Da die drei erwähnten Blutbuchen nahe beieinander stehen, so vermutet Jäggi, daß sie aus dem Samen eines einzigen Baumes aufgegangen sind, der früher an derselben Stelle stand. Danach wäre also das vermutlich erste Auftreten der Blutbuche in der Schweiz noch geraume Zeit früher anzusetzen. Die erste Nachricht von kultivierten Blutbuchen in der Schweiz findet sich nach Jäggi bereits im

Jahre 1763. Es ist aber nach Lutze sehr unwahrscheinlich, daß die Blutbuche von Sondershausen von der zu Buch am Irchel stammt, „denn wenn man vor mehr als 200 Jahren zum erstenmal Blutbuchensamen von der Schweiz nach Thüringen gebracht hätte, würde man denselben sicherlich nicht an einem so abgelegenen Orte, in der Hainleite, sondern gewiß als Kuriosität, in der Nähe menschlicher Wohnungen, der besseren Beobachtung wegen, ausgesät haben." Es gilt daher ziemlich sicher ausgemacht, daß Blutbuchen an verschiedenen Orten und zu verschiedenen Zeiten von selbst entstanden sind, denn auch in Tirol kennt man eine Stelle in Roverodo, an der wahrscheinlich die Blutbuche spontan aufgetreten ist.

Über die Schwarzburg-Sondershausener Blutbuche füge ich nach schriftlicher Mitteilung des dortigen fürstlichen Oberförsters Spannaus noch folgende nähere Angaben hinzu: Der Stamm, dessen mittlerer Durchmesser in Brusthöhe 100 cm beträgt, ist 27 m hoch. Die Krone beschirmt eine Fläche von 380 qm. Ihre Mast liefert bei Aussaat 50—60 Prozent Blutbuchen, eine verhältnismäßig erstaunlich große Zahl, da Wechselbestäubung mit nahestehenden gewöhnlichen Rotbuchen sicher anzunehmen ist. Es sind nämlich bei Verjüngung des umgebenden Bestandes vorsorglicherweise die Nachbarstämme mit der Blutbuche zusammen übergehalten worden, um die Gefahren der Freistellung auszuschließen.

Daß die Blutbuchen hohen forstästhetischen Wert besitzen, davon konnte ich mich im Mai 1898 vergewissern, als Landforstmeister von Strauch mir die Blutbuchen im Ettersburger Revier bei Weimar zeigte. Inmitten des Maigrüns ihrer Umgebung bildeten jene Bäume eine herrliche Abwechselung.

Eine bemerkenswerte rotblättrige Spielart besitzen wir auch vom Spitzahorn. Vor etwa 65 oder 70 Jahren bemerkte Hofgärtner Schwedler in Slawentzitz in Oberschlesien auf einem Saatbeet zwischen gewöhnlichen Sämlingen zwei rotblättrige Pflänzchen vom Spitzahorn, das eine ging zugrunde, das andere, nachdem Entdecker benannt, wuchs zu einem stattlichen Stamme heran, dessen Umfang in Brusthöhe jetzt 165 cm beträgt. Der Blutbuche ist der „Schwedler-Ahorn" nur im Frühjahr gleichwertig; denn sein Laub wird schon im Juni wieder grün, um sich erst im Herbst durch schöne bunte Farben wieder auszuzeichnen. Letzterer Vorzug pflegt auch den meisten von ihm abstammenden Sämlingen eigen zu sein, während sich die rote Frühjahrsfarbe nur unvollkommen vererbt.

Der deutsche Wald hat auch eine „Bluteiche" (Qu. ped. fol. atropurpureis) hervorgebracht, welche Bechstein im Anfang des vorigen Jahrhunderts im Lauchaer Holz des Herzogtums Gotha auffand. Sie wächst sehr langsam und sie wird deshalb wenig vermehrt.

Unter den bunten Eichen ist wohl die Goldeiche in Koschnöwe, Kreis Trebnitz in Schlesien, die schätzenswerteste. Deren Alter mag 100 Jahre betragen. Völlig frei erwachsen bildete sie einen mächtigen Wipfel aus, dessen Belaubung im ersten Frühjahr prachtvoll goldig erscheint. Im Hochsommer sind nur noch die der Sonne zugewendeten Blätter gelb, die anderen nehmen hellgrüne Farbe an. — Wahrscheinlich stammen die jetzt in allen Baumschulen vermehrten Qu. ped. Concordia von jener alten Eiche ab; denn es ist mir bekannt, daß vor Jahrzehnten der Handelsgärtner Mohnhaupt in Breslau Sämlinge der Koschnöwer Goldeiche erhalten hat.

Es gibt wohl in jedem Wald Eichen, die im Frühjahr schön kupfrig austreiben, andere, die rote Johannistriebe entwickeln, auch solche, deren Herbstlaub besonders schöne Farbentöne annimmt, während die Belaubung von anderen saftig grün bleibt, bis die Herbstfröste der Herrlichkeit ein Ende machen.

Mußte ich mich für farbige Spielarten auf die Vorführung weniger Beispiele von nur drei Holzarten beschränken, so muß für die Blattformen der Betrachtung eine noch engere Grenze gezogen werden. Lediglich von dem vielgestaltigen Eichenlaube will ich reden.

Wer im Spätherbst in einem Eichenbestand den Blick zu Boden senkt und einigermaßen aufmerksam auf die Blattformen achtet, der wird über deren Vielgestaltigkeit staunen. Auf wenigen Spaziergängen sammelte ich lediglich von hier einheimischen Eichen die interessanten Blätter, deren Abbildungen ich hier einschalte.

Das vorangestellte Blatt einer Traubeneiche (a) ist merkwürdig, weil es durch spitz auslaufende Lappen einen Übergang zu amerikanischen Blattformen zeigt. Das nächste (b) ist zierlich doppelt gelappt. c zeigt eine gespaltene Mittelrippe. d und e ähneln im Umriß Erlen- und Weidenblättern. f stammt von einer Bastardform der Traubeneiche, welche durch den Blattstiel ebenso wie durch den Fruchtstand sich als Traubeneiche kennzeichnet, während das Blatt selbst ausgesprochenen Charakter des Stieleichenlaubes trägt. Die gewöhnlichste Form des Stieleichenlaubes zeigt g, etwas seltner ist h. Diese zierlich tiefgelappten Eichen glaubte G. L. Hartig als besondere Art (Raseneiche, Quercus altera tenerius dissecta) unterscheiden zu müssen. Ein merkwürdiges Naturspiel, das Blatt in Kreuzform (i), entnahm ich einem Johannitrieb. Das letzte Blatt, welches hier folgt, ist durch Ausfallen des obersten Lappens zufolge Wuchsstockung der Mittelrippe bemerkenswert, mehr aber durch seine Geschichte:

Es war im Herbst 1863, als Kaiser Wilhelm, damals noch König von Preußen, eine Hofjagd in der Letzlinger Heide abhielt. Kurz vor

a
Abb. 35.

b
Abb. 36.

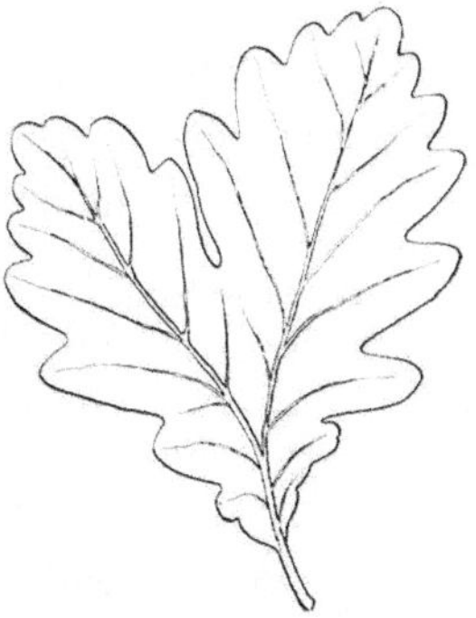

c
Abb. 37.

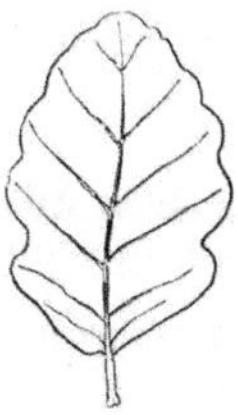

d
Abb. 38.

e
Abb. 39.

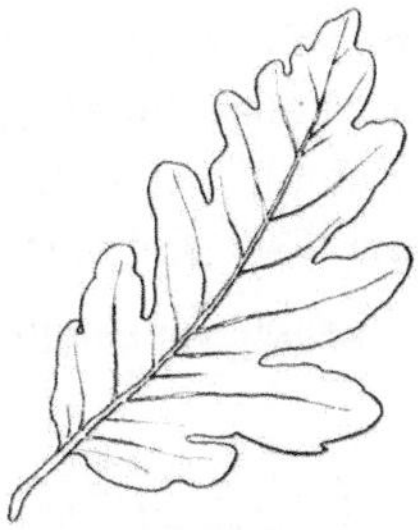

f
Abb. 40.

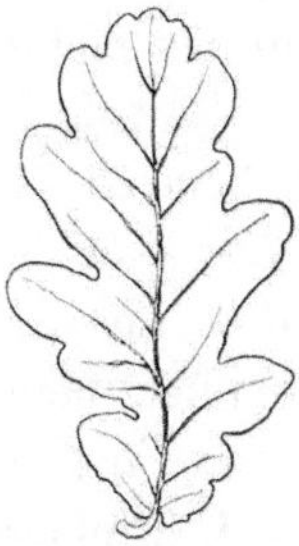

g
Abb. 41.

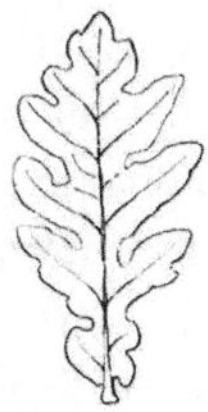

h
Abb. 42.

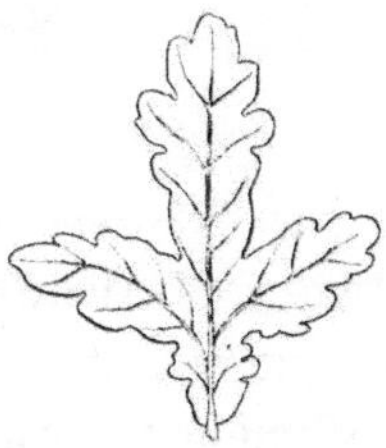

i
Abb. 43.

Beginn eines angesagten Treibens auf Wildsauen rief Se. Majestät den neben ihm seinen Jagdstand einnehmenden Herrn v. Meyerinck zu sich in seinen Wildschirm und richtete an ihn die Frage, ob er schon einmal ein Eichenblatt mit zwei abgerundeten Spitzen im Walde gefunden habe. Herr v. Meyerinck verneinte dies, indem er sagte, daß er darauf noch nicht geachtet habe. — „Denken Sie sich," erzählte alsdann König Wilhelm, „daß ich soeben in meinem Jagdschirm ein solches Eichenblatt gefunden habe, es ist das zweite in meinem Leben, welches ich sehe. Nun will ich Ihnen aber auch mitteilen, weshalb mich dies interessiert: Als ich eines Tages mit meinen Geschwistern bei meinem hochseligen Vater in Sanssouci war, sagte dieser zu uns Kindern: „Geht einmal in den Park und seht zu, ob ihr ein Eichenblatt findet, das oben mit zwei stumpfen Spitzen endigt. Es wäre interessant für mich, und wer mir ein solches Blatt bringt, erhält eine Belohnung." — Wir Geschwister eilten davon und suchten unter den Eichen sehr eifrig. Ich hatte das Glück, das erste Blatt mit zwei ovalen Spitzen zu entdecken und lief jubelnd zum Papa. Ich traf ihn auf der Terrasse und gab es ihm. Sehr gut, sagte der König, jetzt bin ich zufrieden; nun werde ich den Roten Adlerorden mit Eichenlaub stiften. Du, Wilhelm, wirst Deine Belohnung erhalten. — Diese Belohnung habe ich aber nie bekommen", sagte Se. Majestät und lachte.

Abb. 44.

Das Blatt „mit zwei stumpfen Spitzen" übergab der König Herrn v. M., ließ sich auch von ihm Papier und Bleistift geben und zeichnete ein normales und ein zweispitziges Blatt.

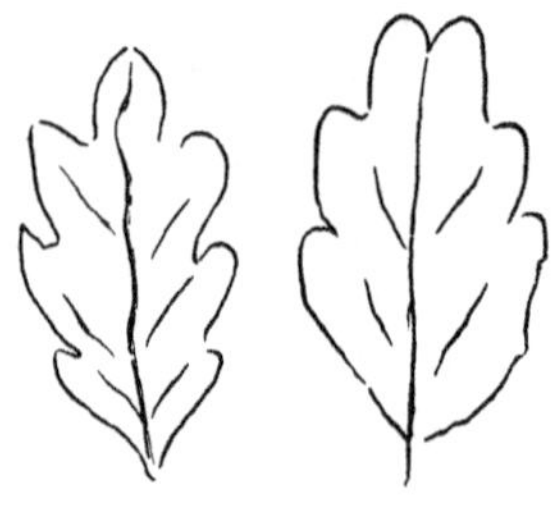

Abb. 45.

Daß ich auch diese Zeichnungen des Königs, ebenso wie das historische Blatt hier einschalten konnte, verdanke ich der Gefälligkeit des Majors von Meyerinck.

Der aufmerksame Leser wird bemerkt haben, daß es sich im Vorstehenden nur zum Teil um die Blätter ausgebildeter Spielarten, des öfteren aber um zufällige Bildungen handelte, aber gerade deren Vorkommen bietet viel Interessantes. Besonders Johannitriebe neigen dazu, ganz aus der gewöhnlichen Form fallende Gestalten anzunehmen, wie z. B. in obiger Figur das Blatt i. — Eine Ausnahme von der Regel bildet die von Dr. Borggreve um das Jahr 1875 im Kottenforst bei Bonn aufgefundene und später in den botanischen Garten zu Bonn verpflanzte Quercus sessiflora Smith forma mutabilis Hanst. Die ersten Triebe dieses jetzt etwa 10 m hohen Baumes entwickeln 20—30 cm lange, stark zerschlitzte, an Seetang erinnernde Blätter, die Johannitriebe aber entwickeln völlig normale Belaubung.

Der Zeitpunkt des Laubausbruches einzelner Spielarten wurde bisher nur von dem Gesichtspunkt aus betrachtet, daß spät ergrünende und dementsprechend auch später blühende Eichen, Buchen und Fichten der Gefahr der Spätfröste weniger ausgesetzt sind und man hat daher die Anpflanzung von solchen empfohlen. Ästhetisch wichtiger und von diesem Gesichtspunkt aus beachtenswert sind die früh ergrünenden und entsprechend zeitiger blühenden Spielarten. In der Nähe der Wohnung werden solche besonders willkommen sein, weil sie mit den ersten Lenzesstrahlen ihre Knospen schwellen. Hier in Postel entwickeln sich in manchen Jahren die zeitigsten Traubeneichen vier Wochen früher, als die spätesten Stieleichen. Diese Angabe widerspricht der hergebrachten Meinung von der Reihenfolge, in der die Eichen ergrünen; aber es ist doch ganz natürlich, daß die Traubeneiche, die bekanntlich darauf eingerichtet ist, in der Jugend eine verhältnismäßig starke Beschirmung zu ertragen, zeitig ihr Laub entfaltet, denn später ist ihr der Lichtgenuß durch den Oberstand geschmälert.

10. Spielarten mit abweichend gefärbten Blüten, Früchten und Zapfen.

Über die Farbenspielarten der Blüten, Zapfen und Früchte unserer Holzarten ist verhältnismäßig am wenigsten zu sagen. Hübsch und auffällig sind an Waldrändern zur Blütezeit die seltenen bunt blühenden Kiefern. Vor Jahren stellte ich einen Strauß aus Kiefernzweigen mit erdbeerfarbenen, schwefelgelben und orangeroten Blüten zusammen. Kein Ziergehölz aus dem Garten hätte schöneren Tafelschmuck liefern können!

Die schönste Samenspielart unserer Waldungen ist der rotflügelige Bergahorn, welcher unter dem Namen A. Ps. erythrocarpum in den Baumschulen vermehrt wird. Derartige Bäume prangen von Mitte Juni an im Schmuck herrlich rosenroter Samentrauben.

Die meiste Beachtung der forstlichen Praxis fanden bisher (von Dr. Kienitz und anderen sind sie studiert worden) die rot- und grünzapfigen Spielarten unserer Fichten. Welche von beiden schöner sei, das zu entscheiden, mag Geschmacksache sein, es kommt aber darauf an, daß jede Farbe recht klar auftrete. Unbestimmte Mischsorten sind minder hübsch.

Den Abschnitt über die Spielarten schließe ich mit der Bemerkung, daß selbstverständlich Bäume vorkommen, die in mehr als einer Hinsicht von der gewöhnlichen Erscheinung der Art abweichen. So hatte ich hier am Waldrand eine malerische Kiefer, die auffallend drehwüchsig emporwuchs und durch rote Blüten sich auszeichnete. Ein eifriger Forstgehilfe, der letzteren Vorzug nicht kannte, hat sie als verwerflichen „Protzen" weghacken lassen.

11. Historisch bemerkenswerte Bäume.

Manche Bäume sind nicht um ihrer selbst willen, sondern als Zeugen früherer Ereignisse schätzenswert. Am wichtigsten in dieser Hinsicht sind diejenigen, die an verlassene Wirtschaftsweisen erinnern. Jetzt vermerkt man sorgfältig alle noch vorhandenen „Bienenbeutekiefern" als Wahrzeichen für einst im Walde betriebene Zeidelwirtschaft. Wie lange wird es dauern, da werden unseren Nachkommen die alten Kopfholz- und Schneidelholzbäume als Wahrzeichen verlassener Wirtschaftsweisen ebenso selten zu Gesicht kommen, wie uns die Bienenbeutekiefern.

Kulturhistorisch ebenso wie forstbotanisch interessant ist das Vorkommen von verwilderten Speierlingen in der Königl. Oberförsterei Heteborn im Bez. Magdeburg. Vermutlich von den Mönchen zugleich mit dem Weinbau eingeführt sind sie in den Wald ausgewandert, wo sie sich jetzt sorgsamster Pflege erfreuen. Der stärkste von den fünf aufgefundenen Stämmen hat in Brusthöhe 32 cm Durchmesser.

Manche Bäume sind Zeugen uralten, aber noch immer nicht ganz überwundenen Aberglaubens. So z. B. fanden sich in Postel zwei Eichen, die im unteren Stammteil gespalten worden sind. Man hat den Spalt so weit auseinandergetrieben, daß ein Kind hindurchgeschoben werden konnte, und das geschah in der Absicht, ein Bruchleiden zur Heilung zu bringen. Wenn der Baum wieder zusammenwüchse, sollte auch der Bruch heilen. Der gleiche Aberglaube besteht auch in weit von hier entfernten deutschen Gebieten.

An historischen Bäumen ist der Nordwesten Deutschlands, wo die Gerichts- und Femlinden eine Rolle spielen, reicher als der Osten, aber auch bei uns führt mancher historische Baum als allein übrig gebliebener Zeuge längst vergangener Tage ein fast tragisches Dasein, z. B. ein Roßkastanienbaum bei Filehne. Von diesem erzählt ein schwungvolles Gedicht, daß der Baum von einer Kastanienallee allein übrig blieb, als der Zorn der Fürstin Sapieha die Vernichtung der Allee befahl, weil Friedrich der Große die schöne Anlage mit Befriedigung gesehen und sie gelobt hatte.

Wer den neueren Bestrebungen der Aufzeichnung von „Naturdenkmälern" seine Aufmerksamkeit bisher nicht geschenkt hat, der wird vielleicht das vorstehende Kapitel für zu lang halten; aber ich bitte mir zu glauben, daß es zehnmal so lang geworden sein würde, wenn ich der gewaltigen Fülle des schon jetzt gesammelten Stoffes und meinen eigenen Beobachtungen gegenüber nicht eine sehr strenge — fast möchte ich sagen, eine grausame — Selbstbeschränkung geübt hätte.

Zwölftes Kapitel.

Schönheit der Tiere des Waldes.

Wenn wir jetzt von der Betrachtung der Pflanzenwelt zur Würdigung der Tiere des Waldes übergehen, so wird nicht leicht jemand verkennen, daß wir von Niederem zu Höherem vorschreiten.

Weit mehr als die Pflanze stellt das Tier ein Wesen für sich dar. Die Tiere, abgesehen von den niedrigsten, sind im eigentlichen Sinne Individuen und für sich abgeschlossene Ganze; dies ist ihr besonderer Vorzug. Von der jungen Pappel können wir den Wipfel abhauen und neben dem Stumpf in die Erde stecken, Stamm und Wipfel werden weiter wachsen, die Verstümmelung des ersteren bemerkt nach zehn Jahren nur noch das Auge des Kenners. Anders im Tierreich! Rumpf und Glieder, das kunstvoll geordnete Innere und die Decke, alles ergänzt einander. Ein hohler Lindenbaum kann noch dreihundert Jahre weiter grünen, wenn aber das Kupfermantelgeschoß das Herz des Rehbocks verletzte, dann ist der ganze Bock dahin.

Schon an früherer Stelle lernten wir den Ausspruch Schillers kennen: „Der Grund der Schönheit ist überall Freiheit in der Erscheinung." Diesem Satze entspricht in höherem Sinne erst das Tier. Die Pflanze wird bewegt vom Wind, vom flutenden Wasser, vom vorüberstreichenden Tier oder vom Menschen. Zwar entfaltet sie selbständig ihr Laub, ihre Blütenknospen, zwar kehrt sie aus eigener Kraft in die alte Stellung zurück, wenn fremde Gewalt sie beugte; aber wie unbedeutend sind solche Lebensäußerungen im Vergleich zur Bewegungsfreiheit der höheren Tierwelt, welche der Schwerkraft kaum noch untertan zu sein scheint. Den Sieg über die Schwere bekundet deutlich das Tragen des Hauptes.

Die Schönheit des Rotwildes und der Rehe beruht zum guten Teil auf ihrer Haltung. Des Vogelfluges, der die Schwerkraft am vollkommensten überwindet, wird weiter unten noch gedacht werden.

In dem dem Wohlgefallen an der Geländebildung gewidmeten Kapitel dieses Buches habe ich darauf hingewiesen, daß mit den gesteigerten Ansprüchen des Kulturlebens unsere Sehnsucht nach Freiheit wächst. Es steigert sich bis zum Krankhaften unser Verlangen, von einengenden Schranken befreit zu werden. Diese Sehnsucht treibt uns ins Hochgebirge, auf die See, in die Wüste. Wir fühlen uns selbst mit frei, wo wir andere, wenn auch niedriger organisierte Wesen im Genuß der Freiheit sich tummeln sehen. Den gut gehaltenen Hirsch im zoologischen Garten zu betrachten, ist wahrlich bequem. Alle Lebensvorgänge vom Abwerfen der Stangen bis zum erneuten Aufbau des meist unverhältnismäßig stark entwickelten Geweihs können wir ganz nach Belieben aus nächster Nähe beobachten; aber wie wenig bedeutet die Summe aller dieser Wahrnehmungen gegen einen einzigen Blick auf den Beherrscher des Waldes, der in freier Wildbahn, vielleicht in 150 m Entfernung über das Gestell trollend, sich unserer Bewunderung für wenige Sekunden darbietet. — Als ich meinen unvergeßlichen Lehrer, den so heiter beanlagten Altum, das letztemal besuchte, da fand ich ihn trüb gestimmt. „Wozu soll ich noch leben?!" klagte er, „ich höre nicht mehr den Schrei des schwarzen Milans und des Schreiadlers, die aus den hiesigen Waldungen verdrängt sind!" — Je schwerer sie zu zähmen sind, je mehr sie sich vom Menschen fern halten, desto stärker wirken auf uns die Tiere des Waldes. Weil sie frei erscheinen, darum fühlen wir uns ihnen gegenüber auch frei. Ich kann solche Empfindung nicht schöner ausdrücken als mit den Worten Flörickes, der von der Jagd in der Wüste rühmt: „Dabei durchzieht ein Gefühl mit süßer Wollust die Brust, ein Gefühl, das wir überzivilisierten Europäer nur zu oft verlernt haben und das doch das höchste und heiligste ist, das Gefühl schrankenloser, unendlicher, echt männlicher Freiheit."

Von der Gebundenheit an die Scholle gelöst folgt das Tier seinen eigenen Gesetzen, nicht ohne Bewußtsein, aber doch schuldlos. Im Anschauen der frei lebenden Tiere haben wir die Empfindung, daß die Natur sich zu einer höheren Lebensstufe erhebt, „sie gibt sich", um einen Ausdruck Vischers zu gebrauchen, „ein Zentrum, worin sie sich selbst vernimmt".

Oft im Widerstreit der Pflichten schwankend, oft unterlassend, was wir tun sollten und manchmal tuend, was wir unterlassen sollten, blicken wir zu den freien Tieren des Waldes hin als zu schuldlosen Wesen. Das Haustier, welches mit seiner ganzen Persönlichkeit zu uns gehört, tut mit dem Menschen Gutes und Böses. Der Hund, der ein Totengräber wird, ist wirklich demoralisiert zu nennen, wie Vischer zutreffend ausführt, aber das freilebende Tier ist unschuldig, weil es nicht Gutes und Böses unterscheidet. Da gibt es keinen Anklang an Tugend und Schuld. Das schuldlose Tier erfüllt uns mit Wohlgefallen.

Leider trüben wir uns nur zu oft die Freude an der unschuldvollen Tierwelt, indem wir Schuld da zu erblicken glauben wo keine ist. Den Raubtieren und den forstschädlichen Insekten gegenüber ist unser Urteil nicht unbefangen und nur halb entschuldigend urteilt mancher über diese Unbequemen: „Sie sind eigentlich ganz hübsch."

Wenn das Tierleben des Waldes sich uns längere Zeit verbirgt, so erscheint der Wald tot; er beginnt uns zu langweilen. Solcher Abspannung gegenüber genügt dann schon eine geringfügige Äußerung des Tierlebens, um unsere Aufmerksamkeit wieder zu wecken, unser Gemüt nach der einen oder der anderen Richtung hin anzuregen. — Solche Eindrücke leben sehr zahlreich in meinem Gedächtnis. Nur von einem will ich hier berichten: Unter liebenswürdiger Führung bereiste ich vor drei Jahren Königliche Forstreviere der Johannisburger Heide. Zum Schönsten mit, was mir geboten wurde, gehörte eine Kahnfahrt auf dem spiegelklaren Cruttinnfluß. Lautlos glitt unser Boot in später Dämmerung auf dem rasch strömenden Gewässer dahin, dessen Wellen sich zwischen den Stöcken der alten Erlen und Weiden am Ufer kräuselten. Das Wasser schien zu leben, aber alles andere schwieg oder träumte. Da erhob im Gebüsch anfänglich leise, dann lauter ein Rotkehlchen seine melodische Stimme. Nur einmal sang es seine süße, fast melancholisch stimmende Strophe; aber das genügte doch, um den Eindruck der Waldszene zu bereichern. Der kleine Sänger meldete sich als Zeuge, daß das tierische Leben nicht erstorben sei.

Man darf sagen, daß die großartigen Eindrücke des Wechsels der Jahreszeiten vorzugsweise von den Lebensäußerungen der Tierwelt ausgehen. Der Reiz, welcher in diesem Wechsel liegt, entschädigt uns überreich für die Unbilden der Winterstürme, für die Gluten des Hochsommers, die wir ertragen müssen. Vielfache Gedankenverbindungen verstärken diesen Eindruck. Wenn im Spätherbst der Ruf des Brunfthirsches den Wald durchdröhnt, so sagt er uns noch mehr als das eine, daß die Nächte kühler geworden sind und daß sich die Herbstnebel als Vorboten des Winters einstellen. Wir hören es, daß der König der Wälder, alle Zagheit hintansetzend, auf den Plan getreten ist, in einer Schönheit, die das Auge des Künstlers ebensosehr erfreut, wie das Herz des Waidmanns. Wenn sich am Frühlingsabend der Brummkäfer laut schwirrend zu ungestümen Fluge erhebt, dann erblicken wir in ihm den Herold der Waldschnepfe, die wenige Minuten später zu ihrem Balzflug sich aufschwingt.

Auch die Tageszeiten erhalten durch die Lebensäußerung der Tierwelt ihre eigene Weihe. Der jubelnde Finkenschlag und die unheimliche Stimme des Waldkauzes bilden in dieser Hinsicht die bezeichnendsten Gegensätze.

Auf dem Genuß solcher Gegensätze beruht ein Hauptvorzug, den wir Landleute vor den Städtern voraus haben. Wer im Westen Berlins nahe am Tiergarten, oder wer dicht am Treptower Park wohnt, und manchmal etwas Zeit hat, der darf wohl stundenweise an den wechselnden Bildern halbwegs freier Natur sich erfreuen; aber im Innern der Weltstadt, was bietet sich da dem Vielbeschäftigten?! Der Winter bringt die Verkehrsstockung in den Betrieb der Straßenbahn, auf deren regelmäßigen Gang der Großstädter sich eingerichtet hat, der Frühling bringt maßlosen Schmutz, der Sommer bringt Gluten, die in jeden Raum eindringen und selbst bei Nacht der Kühlung nicht zu weichen pflegen, der Herbst bringt Staub, dann Regen und wiederum Schmutz. — So gestaltet sich der Wechsel der Jahreszeiten in minder bevorzugten Stadtteilen der modernen Großstädte! — Nur zum Bewohner des Hinterhauses (man pflegt es jetzt beschönend Gartenhaus zu nennen) kommt seit Jahrzehnten der einst so scheue Waldvogel, unser gelbgeschnäbeltes Schwarzdrosselmännchen, und meldet ihm mit süßem Flötenton schon im März, daß die Herrschaft des Winters zur Neige geht.

Die vorstehend kurz gekennzeichneten Dienste leistet uns die Tierwelt unabhängig von ihrer Schönheit. Wenn wir uns nun dem eigentlichen Thema dieses Aufsatzes bestimmter zuwenden, so werden wir gut tun, zwei allgemeine Fragen vorweg zur Erörterung zu ziehen, nämlich: Sind die Tiere alle schön, oder sind nur einige schön, und auf welchen Eigenschaften beruht die tierische Schönheit?

Die Frage, ob alle Tiere schön sind, kann sehr verschieden beantwortet werden. Möbius hat sie nachdrücklich verneint, und weil ihn diese Verneinung in Widerspruch mit einer anerkannten ästhetischen Regel brachte, so hat er diese Regel bekämpfen zu müssen geglaubt. Alle Tiere, so folgert er, sind für Erhaltung der Art zweckmäßig organisiert. Wenn nun alles Zweckmäßige schön wäre, dann müßten alle Tiere schön sein; viele Tiere sind aber häßlich, folglich kann das Wesen der Schönheit nicht auf Zweckmäßigkeit beruhen.

Hiergegen mache ich den Einwand, daß die Bildung eines Tieres immer nur für bestimmte Lebensverhältnisse zweckmäßig gestaltet ist. Nimmt man ein Tier aus den Lebensbedingungen heraus, für welche es gestaltet worden, dann ist es an dem neuen Ort in der Regel nicht zweckmäßig ausgerüstet, und dann erscheint es auch nicht mehr schön. Örsted, der verdienstvolle dänische Ästhetiker, hat diesen Fragen eine sehr eingehende Untersuchung gewidmet. Ich würde Unrecht tun, wenn ich es unterlassen wollte, hier als charakteristische Probe seiner Schreibweise eine Untersuchung einzuschalten, die er dem Schwan gewidmet hat. „Wir finden", so schreibt Örsted, „den Schwan hübsch. Schon sein reines Weiß, vereint mit dem Glanze der Federn, behagt dem Auge. Unsere Vorstellung pflegt ihn als auf dem Wasser schwimmend aufzufassen, wie es sein Leben mit sich bringt. Hierdurch geschieht es, daß der Gedanke der Reinheit sich unvermerkt mit dem Gedanken an den Schwan verknüpft. Während wir ihn auf dem Wasser schwimmen sehen, sehen wir, wenn es ruhig ist, sein Bild unter ihm, was dem Auge durch eine anziehende Symmetrie wohltut. Des Schwanes Hals, den wir unter anderen Umständen zu lang finden würden, befriedigt den Blick nicht bloß durch seine schöne Biegung, sondern auch durch die zur Stärke so passende Abnahme in der Dicke vom Rumpf zum Kopf empor. Unsere Einbildungskraft fügt der brüstenden Stellung des Halses noch den Gedanken an Stolz hinzu. Der rote Schnabel, der sich zu der übrigen Weiße so gut ausnimmt, erhöht die Schönheit. Das große Auge trägt gleichfalls das Seinige dazu bei. Füge noch zu allem diesem den Anblick, welchen man hat, wenn der Schwan seine Flügel erhebt und uns plötzlich an die Segel des Schiffes erinnert und an sein Vermögen, sich in die Luft zu erheben. Mag es immerhin sein, daß die Einbildungskraft zu viel darein legt; das Bild, daß sie sich von dem Schwan bildet, ist schön."

Es scheint, daß Örsted nur an zahme Schwäne gedacht hat, er würde sonst nach der positiven Seite hin noch manchen wertvollen Gedanken herangezogen haben, z. B. das großartige Flugvermögen, welches den gewaltigen Zugvogel bis auf die südliche Erdhälfte trägt. Über den Flug des Schwanes schreibt mir aus der in Ostpreußen gelegenen Kgl. Oberförsterei Nikolaiken Herr Oberförster Marmätzschke, daß zwar einzelne fliegende Schwäne auf ihn keinen schönen Eindruck machen, daß aber mehrere bei hellem Sonnenschein fliegende imponierend wirken, und daß das Geräusch beim Fliegen harmonisch wie Schellengeläute erklingt.

Dies gilt von dem dort allein vorkommenden Höckerschwan, welchem eine Singstimme versagt ist. In der Begattungszeit stößt er einen kurzen Ruf aus, auch Warnungs- und Locktöne läßt er hören, aber keinen Gesang. Hoffmann hat Schwäne beobachtet, wie sie zur Nachtzeit mit gleichmäßigem Takte rudernd, ihre Bahnen durch das silbern spiegelnde Wasser dahin zogen; süß erklangen dazu ihre lieblich ernsten Flötentöne, teils lang hingezogen, teils kürzer, dann wieder einzelne verlängert. — Das mögen Singschwäne gewesen sein.

Nachdem Örsted den Schwan gepriesen hat, wie er auf seinem Element, dem Wasser erscheint, fährt er fort: „denke dir, daß du ihn nie anders als in einem Hühnerhof wie ein Haustier hättest umhergehen sehen, du würdest ihn selten in seiner reinen Weiße zu sehen bekommen; du würdest nicht umhin gekonnt haben, auf seine kurzen Beine, breiten Füße und seinen wackelnden Gang zu merken. Auch der lange Hals würde dir minder gefallen, wenn du näher kämst, um ihn mit dem kurzen Rumpfe zu vergleichen. Hierauf gibt man nicht so acht, wenn der Schwan auf dem Wasser dahin fließt, wo der unterste Teil des Halses, welcher horizontal vorgestreckt ist, und als ein Teil des Rumpfes selbst erscheint, und, vom Wasser getragen, sowohl zum Gleichgewicht beiträgt, als auch verhindert, daß wir einen solchen Gedanken von unvollkommenem Gleichgewicht fassen, das wir ihm beilegen müssen, wenn wir ihn in seiner Stellung auf festem Grund und Boden genau betrachten. Kurz, das Schönheitsbild, daß du zufolge einer ganz anderen Erfahrung vom Schwane hast, würde in hohem Grade geschwächt worden sein, wenn du ihn nur außerhalb seiner rechten Naturstellung gekannt hättest.“

Man kann allenthalben ähnliche Beobachtungen auch an sonst verachteten Tieren machen. Die Maus z. B., häßlich, wenn sie verängstigt in der Falle umherspringt, ist zierlich, wenn sie im Freien sich unbeobachtet glaubt.

Die Tierwelt ist so artenreich, so mannigfaltig sind ihre Lebensäußerungen, daß niemand, auch der Gelehrteste nicht, ihr vollkommen gerecht werden kann. So begegnet es z. B. Möbius, daß er den Fuchs ganz falsch beurteilt. Im Vergleich zum Wolf und Schakal äußert Möbius über den Fuchs, er sei nicht so schön, er habe kürzere Beine und trage Hals und Kopf niedriger, dadurch erscheine sein Gang mühevoller, sein Blick schweife scheu und unsicher umher.

Wieviel treffender hat Vischer den roten Räuber charakterisiert: „Wie er dasteht, so vornehm-lässig, so voll Bewußtsein. Man sieht auf den ersten Blick: es rollt adliges Blut in seinen Adern; aber das schwerfällige Standesvorurteil ist längst überwunden, aller Zwang abgetan; es ist jenes savoir vivre in ihm, das ihm erlaubt, jeden Augenblick seine Würde wegzuwerfen, weil er sich getrauen darf, sie in jedem Augenblicke wieder zu ergreifen."

Jedweder Waidmann wird über das erste Urteil den Kopf schütteln, dem zweiten aber freudig beitreten.

Auch die Fledermäuse gehören zu den Tieren, die Möbius — wie übrigens leider die Mehrzahl unserer Zeitgenossen — nicht zu würdigen weiß. In seinen Augen „widersprechen die Eigenschaften der Fledermäuse der Gestalt wohlgegliederter Säugetiere so sehr, daß sie trotz ihrer Flugfertigkeit nicht gefallen und auch deshalb nicht, weil sie im Dunklen fliegen. Zu ihrem nächtlichen Fluge und zum Fangen nächtlicher Insekten stimmt ihre dunkle, nicht auffällige Farbe. Man wird unvermutet von ihnen überrascht zu einer Zeit, wo die schönen Flieger ruhen".

Als Schüler Altums kann ich hier dem gelehrten Zoologen nicht folgen. Für mich ist gerade die Fledermaus ein bewundernswertes Meisterstück der unerschöpflich neue Formen hervorbringenden Natur, und als Jäger werden wir vom Zickzackflug der Zwergfledermaus, vom malerischen Dahingaukeln der größeren Arten nicht unangenehm überrascht, wohl aber höchst angenehm unterhalten. Die Fledermäuse wären uns nichts, wenn sie bei Tage flögen, so aber kennzeichnet pipistrellus durch ihr Erscheinen scharf das Eintreten der Dämmerung und serotinus bekundet, wenn sie sich am Waldsaum sehen läßt, daß es Nacht wird. Wie oft, wenn ich am südlichen Saume des Katholischhammerschen Forstreviers vergeblich auf die Herbstschnepfe harrte, hat das Gaukelspiel der großen Fledermäuse mir Genuß bereitet.

Wenn es nun schon bedeutenden Vertretern der Wissenschaft begegnet, daß ihr Urteil aus mangelnder Vertrautheit mit dem Naturleben fehlgeht, wie viel leichter uns. So liegt es gewiß mehr an unserer mangelnden Erkenntnis, als am Gegenstande, wenn viele Tiere uns mißfallen. Auch Gedankenverbindungen tragen daran einige Schuld. Beim Anblick der Reptilien z. B. beeinflußt uns ungünstig der Gedanke daran, daß sie alle kalt sind, und daß viele giftig sind. Die Rolle, welche sie in Sage, Märchen und Dichtung und in der Kunst spielen, fällt auch mit ins Gewicht. Daß die Kunst den Engeln gern Vogelflügel, den bösen Geistern aber Fledermausflügel verleiht, entspricht einerseits dem Volksempfinden, wirkt aber auch umgekehrt auf unser Empfinden und auf unser Geschmacksurteil zurück.

Nun gibt es Tiere, die uns noch mehr mißfallen, als Örsteds Schwan im Hühnerhof. Um deren gleich recht verschiedenartige zu nennen, sei das Nilpferd, die Kröte, der Tausendfuß erwähnt. Aber auch diese pflegen wir nur außerhalb derjenigen Bedingungen zu sehen, für welche sie geschaffen sind. Ähnliches gilt von den Affen. Mit der Lösung dieser Fragen beschäftigt, griff ich zu Halliers „Ästhetik der Natur", weil sie den Nilpferden und den Affen längere Abschnitte widmet. Anfangs war ich enttäuscht. Ich hatte eine gründliche Untersuchung erwartet über die Frage, ob diese Tiere schön oder häßlich seien. Statt dessen traf ich lebhafte Schilderungen von Jagdabenteuern und Beschreibung der Lebensgewohnheiten von Nilpferden, Meerkatzen usw. Als ich aber zu Ende gelesen, da wußte ich Bescheid. Aus dem jammervollen Wasserbecken des zoologischen Gartens war das Nilpferd für mein geistiges Auge an die gewaltigen Stromufer tropischer Flußgebiete versetzt, und die Meerkatzen hüpften nicht mehr kümmerlich von einem dürren Ast auf den andern, sie lebten familienweise im Geäst einer Vegetation, die eben so fremd anmutet, wie die geselligen Klettertiere selbst, und alles gestaltete sich zu harmonisch befriedigenden Bildern.

Solche Erwägungen werden uns aber doch nicht darüber hinweghelfen, daß manche jungen Tiere wegen ihrer Unbeholfenheit oder wegen des Mißverhältnisses in ihren Körperformen mißfallen. Wer könnte einen dreitägigen Spatz schön finden, selbst wenn er ihn im Neste betrachtet, wo er hingehört? — Aber wer zwingt uns denn, das junge Tier als Einzelwesen aufzufassen? Erst mit seinen Geschwistern und mit dem Nest bildet es ein Ganzes, und auch die fürsorgenden Alten gehören dazu. Erst die aufeinander angewiesene Lebensgemeinschaft bietet Vollkommenes. Das Rehkitz gehört zur Ricke, der Star in den heiteren Schwarm seiner Artgenossen. Auch das an und für sich Schöne gewinnt durch Hinzutreten ergänzender Glieder einer Lebensgemeinschaft. Das Alttier, wenn es am Rande der Dickung sichert, gewinnt höheren ästhetischen Wert, sobald wir bemerken, daß Schmaltier und Kalb ihm folgen.

Als Glieder der Lebensgemeinschaft wohnt den jungen Tieren der Reiz inne, der allem Werdenden eigen ist.

In Einzelfällen beruht unser ungünstiges Urteil nur auf der Schwäche unseres Sehvermögens. Mit der Lupe, unter dem Mikroskop enthüllen sich Schönheiten, die dem unbewaffneten Auge verborgen bleiben. — Ratzeburg rühmt sich, zur „Zelebration" von Pfeil den „schönen" Bostrichus Pfeilii „kreiert" zu haben — das war jedenfalls eine Schönheit nur für die Lupe. — (Das „schöne" Tier heißt jetzt Hyleborus pfeilii Ratz.)

Wissenschaftliche Vertreter der Ästhetik des Naturschönen suchen sich über die Schwierigkeiten der vorstehenden Fragestellungen auch dadurch hinwegzuhelfen, daß sie auf die sogenannten Modifikationen des Schönen verweisen.

Das Ungeschlachte und das Furchtbare können am rechten Ort erhaben erscheinen und manches, was nicht geradezu schön ist, erscheint humorvoll oder komisch. Dichter und Künstler haben solcher Betrachtungsweise von jeher die Wege geebnet. Als hervorragendes Beispiel in ersterer Beziehung nenne ich die Verherrlichung des Krokodils im Buch Hiob, Kapitel 41:

„Auf seinem Nacken herbergt die Gewalt,
Und vor ihm her hüpft tanzend das Verzagen."

Das Komische im Tierleben hat wohl kein Maler besser erfaßt, als Kaulbach, als er die Tiergestalten für Goethes Reineke Fuchs vermenschlichte. Den Dichtern hat am meisten der arme Frosch herhalten müssen, wenn sie menschliche Schwächen geißeln wollten. Nun können wir den Frosch kaum sehen oder hören, ohne seine Gestalt oder Stimme zu vermenschlichen, und wenn wir das tun, so erscheint uns der Frosch komisch.

Die Form der Tiere ist wichtiger als ihre Farbe, weil ihr innerer Bau mit der Oberflächengestaltung im engsten Zusammenhang steht, und weil der Körperbau gestattet, Schlüsse auf die Lebensweise der Tiere zu ziehen. Möbius macht auf den tiefgreifenden Unterschied aufmerksam, welcher zwischen den tragenden Teilen besteht, je nachdem das Getragene Ortsveränderungen vornehmen soll, oder nicht. Säulen ruhen auf breitem Sockel, Bäume klammern sich mit weitausladendem Wurzelauslauf an den Boden; schlank aber sind die Läufe der flüchtigen Wiederkäuer, die Ständer der schreitenden und hüpfenden Vögel. Von fern her regieren gewaltige Muskeln den leichten Fuß mittels fester Sehnen; wie beim Hirsch, so bei der schnellfüßigen Waldschnepfe, oder dem eiligen Laufkäfer.

Reichgegliederte Tiere sind besonders schön, wir müssen aber die Gliederung übersehen können. Am Tausendfuß, an der Spinne, an der Blattwespenlarve verwirrt die Menge der Beine, und darum betrachten wir sie nicht mit ästhetischem Wohlgefallen. Es kann auch das Fehlen deutlicher Begrenzung der Körperabschnitte die Gliederung unserem Auge verbergen. Aus diesem Grunde gefallen manche Käferarten,

z. B. Buprestiden, weniger, selbst wenn sie sehr schöne Farben tragen. Es mißfallen uns aus diesem Grunde auch fette Tiere. Es ist ein Vorzug des Wildes vor den Haustieren, daß wir seine Körperformen meist angemessen, aber nicht übertrieben gerundet, sehen.

Die Schönheit der Tiere wächst mit der Deutlichkeit des Einheitsbezuges zwischen dem Ganzen und seinen Teilen. Besonders schön ausgedrückt finde ich das in Schillers Brief an Körner vom 23. Februar 1793, wo es heißt:

„Vollkommen ist ein Gegenstand, wenn alles mannigfaltige an ihm zur Einheit seines Begriffes übereinstimmt; schön ist er, wenn seine Vollkommenheit als Natur erscheint. Die Schönheit wächst, wenn die Vollkommenheit zusammengesetzter wird, und die Natur dabei nichts leidet; denn die Aufgabe der Freiheit wird mit der zunehmenden Menge des Verbundenen schwieriger und ihre glückliche Auflösung eben darum überraschender."

Besonders glückliche Auflösungen derartiger „Aufgaben der Freiheit" — ich gebrauche die vorstehenden Schillerschen Ausdrücke — finden wir bei denjenigen Bildungen am Tierkörper, die wir als Schmuck anzusehen gewöhnt sind, welche aber tatsächlich nicht unwichtige Aufgaben erfüllen. Dies gilt u. a. vom reichbehaarten Schwanz des Eichkätzchens, der als Balanzierstange und als Fallschirm nicht minder wichtig ist, wie er dem allzu kurzen Kletterer zum Schmuck gereicht. Dies gilt auch ganz vorzugsweise von den Geweihen und den Gehörnen unserer Hirscharten und der Rehe, die nicht minder als Waffe wie zum Schmuck dienen. — Solche Trophäen sammelnd, bemerkt der Jäger, daß keine der anderen gleich ist. Jede folgt denselben Bildungsgesetzen, aber mit Freiheit, und sie „befriedigt hierdurch den allgemeinen menschlichen Trieb, bekannte Gesetze in immer neuer Form versinnlicht zu sehen" (Möbius).

Doch kehren wir zurück zu Schiller. Er verlangt Mannigfaltiges, welches zur Einheit übereinstimmt. Soweit es sich um die Formen handelt, ist Symmetrie eines der stärksten Bänder, geeignet, Mannigfaltiges zur Einheit zu verbinden. Zerstörte Symmetrie empfinden wir als Dissonanz, wenn es sich um Wesentliches handelt, anderenfalls kann ängstlich behauptete Symmetrie pedantisch erscheinen. Dementsprechend haben wir an geringfügigen Verschiedenheiten der rechten und der linken Geweihstange nichts auszusetzen, sie können uns sogar interessant erscheinen, unschön aber ist eine wesentliche Verschiedenheit beider Stangen.

Die Symmetrie spielt am Tierkörper eine große Rolle. Ein Birkhahn, dem man die Hälfte seines Spieles weggeschossen hätte, würde häßlich, zum mindesten komisch aussehen, denn das Spiel ist für ihn etwas Wesentliches; der Weidman aber steckt gern ein halbes Spiel auf seinen Hut. Das entstellt ihn nicht, denn es bildet eine unwesentliche Zutat.

Die Lehre vom goldenen Schnitt führt uns auf andere Einheitsbezüge. Am Rothirsch, an der Singdrossel, am Vogelei wird man der Teilung durch den goldenen Schnitt (zu vergleichen Seite 27 dieses Buches) nahekommende Verhältnisziffern nachweisen können. Möbius, obgleich er dem goldenen Schnitt mindere Bedeutung beilegt, als sonst zu geschehen pflegt, läßt doch das Verhältnis von 3 : 5 für die Abmessungen der Vogeleier gelten. Zunächst preist er die ästhetischen Vorzüge der Kugelform: „Kugelförmige Eier von Schildkröten, Fröschen, Fischen, Insekten, Spinnen und anderen Tieren machen den Eindruck einer festgeschlossenen einförmigen Einheit. Alle Punkte der Oberfläche liegen dem Mittelpunkte gleich nahe. Kein Punkt wirkt stärker, als alle anderen zum räumlichen Zusammenschlusse des Ganzen mit, keiner zieht die Aufmerksamkeit stärker an, als die übrigen Punkte."

Daran knüpft Möbius aber die zutreffende Bemerkung, daß man „Verschiedenes innerhalb einer abgeschlossenen Einheit mit mehr Befriedigung erblickt, als eine in sich unterschiedlose Einheit, denn man erhält mehr Vorstellungsinhalt ohne mehr Wahrnehmungsarbeit." Als die schönsten Eiformen erscheinen ihm diejenigen, bei welchem der kleinere Durchmesser zum größeren sich wie 3 : 5 verhält. Das ist das Verhältnis des goldnen Schnittes.

Meinerseits füge ich hinzu, daß die größte Breite des Eies nicht in der Mitte liegen soll, sondern so, daß die Höhe des unteren breiteren Teils sich zu derjenigen des oberen schmäleren Teils auch etwa wie 2 : 3 oder wie 3 : 5 verhält, wie das beim Hühnerei der Fall zu sein pflegt.

Diese Formverhältnisse treten beim Ei und am Auge am deutlichsten zutage, man wird sie aber auch anderweit auffinden und daran seine Freude haben können.

Das Verständnis der Körperformen wird durch die Farben der Tiere erleichtert. Die Formen sind die Träger der Farben, und letztere bieten bisweilen Ersatz, wo es den Formen an Schönheit gebricht. Dies gilt besonders von den Reptilien.

Keineswegs sind immer die buntesten Tiere die schönsten, denn zu große Buntheit lenkt die Aufmerksamkeit von der Hauptsache, der Formenschönheit, ab. Für den kleinen, dabei aber großgeschnäbelten Eisvogel ist sein grünblau glänzendes Kleid sein ein und alles, aber wem würde wohl ein grünblauer Hirsch erträglich erscheinen? Die Farbenschönheit unseres Haarwildes beruht auf den feinen Übergängen und auf dem sammetigen Charakter der Decke. Jedes einzelne Haar sättigt sich mit Licht und läßt aus seinem Inneren gefärbte Strahlen zu unserer Netzhaut zurückgelangen, wo sie einheitlich verschmelzen. Die Farbe unseres Wildes, besonders der Rehe, paßt sich zudem den Jahreszeiten an. Zu den stumpfen Farben der Winterlandschaft paßt trefflich das gelbliche Grau der Decke; für die warme Sommerzeit wird ein heiteres Rotbraun oder Rot gewählt.

Wieviel ist doch auf den Elch gescholten worden! Geradezu häßlich soll er sein, dieser reckenhafte Zeuge einer weit zurückliegenden Vergangenheit! Noch habe ich keinen lebenden zu Gesicht bekommen, seit ich aber 1909 auf der großen Berliner Kunstausstellung den von Friese gemalten Elch gesehen habe, da erkannte ich, und Kenner haben es mir bezeugt, daß die Schönheit dieser unserer gewaltigsten Wildart zum guten Teil auf der Farbe beruht. Auf hellen Läufen hebt sich der starke Körper dunkel ab. Der Eindruck der mächtigen Form wird durch die Farbe gehoben (Abb. 46).

Wohlgefällig sind uns allmählich ineinander übergehende, verschiedene Farben, weil sie zugleich als Verschiedenes und doch als Einheiten erfaßt werden. Ein gutes Beispiel hierfür bietet der schillernde Hals der Waldtauben und zahlreicher Hühnerarten, ganz besonders aber der Balg des Hasen.

Unschöne Farbenzusammenstellungen kommen in der Natur nicht vor, und es ist höchst interessant, darauf zu achten, durch welche Mittel farbige Dissonanzen vermieden werden. In bezug auf die Pflanzenwelt habe ich das auf Seite 51 dieses Buches ausgeführt. Darauf mich berufend, weil das dort angeführte zum Teil auch für die Tierwelt gilt, füge ich hinzu, daß an sich unverträgliche Farben zusammengestellt werden dürfen, wenn sie ganz verschiedenen Charakter haben. An den Vogelfedern bewundern wir bald Seidenglanz, bald sammetige Farbentiefe, dann wieder glanzlose Flächen. Der Schmetterlingsflügel ist ein Wunderwerk der Mosaikkunst. Je nach der Richtung der Schüppchen verhält sich der Farbenschmelz des Flügels und des Körpers ganz verschieden. An den Flügeldecken der Käfer kann das scharfe Auge beim nahen Betrachten nicht selten prächtige Oberflächenformen studieren: glatte oder geriefte Säume, Rinnen, die bald lang, bald quer verlaufen, dazwischen

Reihen von Punkten und Strichen. Unerschöpflich ist die Mannigfaltigkeit. Auch Schuppenkleider kommen vor. Diesen Reichtum pflegt zwar nur der Sammler und der Kenner zu beachten; aber von der Oberflächengestaltung wird auch das farbige Licht beeinflußt. Der Rosenkäfer, welcher blank poliert sich auf der Holunderblüte sonnt, erscheint ganz anders, als ein zartbeschuppter Polydrosus auf dem jungen Erlenblatt, und jeder Wechsel der Stellung gegen das Licht ändert den farbigen Glanz. Der Schillerfalter hat davon seinen Namen.

Abb. 46. Elch. Nach einem Gemälde von Friese.

Am anziehendsten waren mir stets deutlich ausgesprochene Schutzfarben. Es ähnelt das Kleid der Waldschnepfe dem gefallenen Buchenlaub, der Kiefernspinner ist auf der Borke alter Kiefern schwer zu sehen, die breiten Flügel des Frostspanners übersieht man leicht auf der grauen, mit feinen Flechten bewachsenen Obstbaumrinde! — Und doch, welche Verschiedenheit! Idealisiert, fast möchte ich sagen verklärt, wiederholen sich im Tierreich die pflanzlichen Farben in größerer Reinheit und in streng gesetzmäßiger Anordnung.

Warum die Farbe so manchen Tieres so ganz und gar nicht dem Schutzbedürfnis entspricht — ich erinnere an das Kleid des Birkhahns im Vergleich zur Birkhenne — darüber läßt sich philosophieren! Meinerseits erblicke ich in solchen Erscheinungen den Beweis, daß es der Kampf ums Dasein und die natürliche Auslese nicht allein sind, welchen wir die Schönheit der Natur verdanken. Am Schlusse dieses Kapitels werde ich auf die interessante Frage zurückkommen.

Formen und Farben zeigen sich auch an den ausgestopften Tieren im Glaskasten, aber wie wenig bieten uns diese im Vergleich zu den lebendigen. Bewegung ist das Hauptkennzeichen des Lebens, erst in der Bewegung zeigen sich die Gestalten in voller Schönheit. Das kunstvoll nachgeahmte Glasauge, wie wenig kommt es dem bewegten Auge des lebendigen Tieres nahe! Vorzugsweise vom Auge schließen wir bei Tieren auf deren Empfindungen, auf deren Willen. Wir schreiben den höheren Tieren seelisches Leben zu, unserem eigenen ähnlich. Freude, Angst und Schreck, jugendliches Kraftgefühl und Übermut, Vorsicht und Ermüdung, alles dieses kennzeichnet sich an den Bewegungen der Tiere. Je leichter sie erfolgen, desto besser gefallen sie uns. Der Fisch im Wasser, die Libelle über dem Wasser, der Raubvogel hoch in der Luft erscheinen uns als Sieger über die Schwerkraft. Gewandte Kletterer und Springer, wie das Eichkätzchen, gefallen uns als geschickt und als mutig. In der deutschen Sprache hat das alte Wort „schnell" seinen Sinn verändert, früher bedeutete es soviel wie stark. Schnelligkeit und Stärke hängen eng zusammen. So z. B. erkennen wir die Kraft des Schwarzwildes an seiner Schnelligkeit. Wie schnell das Schwarzwild ist, das wird dem Anfänger nicht eher bewußt, als bis er zum erstenmal auf den flüchtigen Überläufer eine Kugel hat anbringen wollen und hinten weg gekommen ist. Dem borstigen Gesellen sieht man es sonst nicht an, welche Kraft ihm innewohnt, erst die Schnelligkeit offenbart es. Ebenso gibt sich die gewaltige Kraft des Elches in der Schnelligkeit seines Trollens kund.

Noch anziehender ist Bewegung, die scheinbar ohne Kraftentfaltung geschieht, am meisten aber bewundern wir den Flug der großen Raubvögel, wenn sie tatsächlich zeitweise ohne Kraftentfaltung sich im Luftmeer bewegen. Ich habe lange an diese Möglichkeit nicht glauben wollen, selbst die zuverlässigen Beobachtungen eines Gätke konnten meine Zweifel nicht beseitigen. Erst aus Parsevals „Mechanik des Vogelflugs" habe ich die Einsicht geschöpft, daß unsere großen Raubvögel tatsächlich in der Luft sich schwebend erhalten, ohne durch Flügelschlag dem Niederzug der Schwere entgegen zu arbeiten. Leider bin ich nicht Mathematiker genug, um alle Einzelheiten zu verstehen, und die Wiedergabe von Parsevals geistreichen Untersuchungen würde hier zu weit führen, darum genüge die Bemerkung, daß der schwebende Vogel die Unterschiede in der Geschwindigkeit des Luftzuges der oberen und unteren Luftschichten benutzt, denen entsprechend er seine Körperhaltung einrichtet. Die Sache scheint viel Ähnlichkeit mit dem Kreuzen eines Schiffes gegen den Wind zu haben.

Mit besonderer Meisterschaft hat Schiller in seinem „Eleusischen Fest“ einen eigenartigen Kunstgriff angewendet, um das durch keinen Flügelschlag unterbrochene Kreisen der großen Raubvögel zu charakterisieren. Während sonst in dem langen Gedicht, wie es überhaupt die Regel ist, der Reim jedesmal mit einem Einschnitt des Satzbaues zusammentrifft, hat der Dichter an einer Stelle eine Ausnahme beliebt. Wir lesen im 13. Vers:

Prasselnd fängt es an zu lohen,
Hebt sich wirbelnd vom Altar,
Und darüber schwebt in hohen
Kreisen sein geschwinder Aar.

Wie der Raubvogel ohne Unterbrechung durch Flügelschlag im Äther seine Kreise beschreibt, so hat hier der Dichter, was an jeder anderen Stelle ein Fehler sein würde, uns gezwungen, die letzte Zeile mit der vorletzten zu einem Ganzen zu verbinden.

Es sei mir gestattet, auch eine Prosastelle von Schiller anzuführen. Sooft ich den Schwarzkrähen zusehe, wenn sie in der Luft nicht ohne viel Geschrei wundervolle Spiralen ziehen, sooft ich auf dem Waldweg im Sonnenstrahle die Mücken tanzen sehe, muß ich dieser Stelle gedenken; denn es offenbart sich bei jenen Bewegungen innerhalb ganz bestimmter Regeln eine Fülle von Freiheit, und viel Einheitlichkeit im Mannigfaltigen! — Die Stelle, welche ich anführen will, lautet in Schillers am 23. Februar 1793 an Körner geschriebenem Briefe also: „Ich weiß für das Ideal des schönen Umgangs kein passenderes Bild, als einen gut getanzten und aus vielen verwickelten Touren komponierten englischen Tanz. Ein Zuschauer aus der Galerie sieht unzählige Bewegungen, die sich aufs Bunteste durchkreuzen und ihre Richtung lebhaft und mutwillig verändern und doch niemals zusammenstoßen. Alles ist so geordnet, daß der eine schon Platz gemacht hat, wenn der andere kommt; alles fügt sich so geschickt und doch wieder so kunstvoll ineinander, daß jeder nur seinem eigenen Kopf zu folgen scheint, und doch nie dem andern in den Weg tritt. Es ist das treffende Sinnbild der behaupteten eigenen Freiheit und der geschonten Freiheit des andern!“

Der unendlichen Mannigfaltigkeit, der hohen Schönheit der Bewegungen unserer Waldbewohner beschreibend gerecht zu werden, wer vermöchte das! Der geneigte Leser wolle mit den vorstehenden kurzen Andeutungen vorlieb nehmen.

Über die Stimmen der Tierwelt ist schon einiges vorweg genommen. Wie das Tierleben im ganzen, so tragen insbesondere die tierischen Laute sehr viel bei zur Charakterisierung von Jahreszeit und Tageszeit, vom Klima ganzer Landschaften, von einzelnen Örtlichkeiten usw.

Nicht wenige wissenschaftliche und populäre Schriftsteller, unter den neueren Flöricke, haben sich an diesem Problem versucht, die einen mit mehr, die anderen mit weniger Glück; aber keiner reicht in dieser Beziehung an Altum heran, dessen „Der Vogel und sein Leben" unübertreffliche Stimmungsbilder einschließt. Es sei mir gestattet, deren eines hier wörtlich wiederzugeben:

„Wer vor Jahren am öden, sandigen Strande der Insel Norderney einherwandelte und die vom Dorfe her zu ihm herübergetragene Musik eines vollen Orchesters hörte, wird wissen, unter welchen Bedingungen eine auch noch so herrliche Musik unpassend, geradezu unangenehm sein kann. Im dekorierten Salon, im schönen Park und bunten Garten ist sie ganz und gar an ihrer Stelle; auf öden Sandflächen, im Angesichte des gewaltigen, rauschenden Meeres erscheint sie widersinnig, die ruhige Würde, den gewaltigen Eindruck, den die Umgebung auf uns macht, störend. Ich bin ein großer Freund von Musik, aber dort danke ich schönstens für alle Geigen, Klarinetten und Trompeten; dort finde ich die laut melancholischen Töne der Strand-, Wasser- und Uferläufer, der Charadrinen und Möven und Seeschwalben, dort das Brausen der schäumenden Wogen am Platz. So paßt ein liebliches Vogelkonzert nur zum Frühlinge und Sommer, nicht aber zum Winter. Doch sowie einzelne immergrüne Pflanzen, die trübfarbigen Nadelhölzer und der ernste Efeu, uns auch zu dieser Jahreszeit als einzelne Repräsentanten des Sommerlebens erscheinen, ohne, wie wir früher bereits erwähnten, die Natur zu verschönern und bunt zu beleben, ohne als störende Disharmonie zu wirken, so ist auch im Winter der einzelne mißtönende Ruf einer Krähe für das Ohr ein solcher Repräsentant; ja, sowie einzelne Blümchen, etwa die bescheidene, liebliche, schneefarbige Bellis, überwintern, ohne den Eindruck des Ganzen zu verwischen, so lauschen wir an heiteren, schönen Wintertagen noch gern der lieblichen Stimme des lebensfrischen Zaunkönigs. Sie steht als vereinzelte Strophe, wie ein einzelnes Blümchen da, ohne daß auch sie es vermöchte, mit dem Gesamtbilde in Disharmonie zu treten."

Widerspruchslos sind derartige Bewertungen des Vogelgesanges aufgenommen worden, und auch andere Naturstimmen werden in gleichem Sinne gewürdigt, so z. B. das Zirpen der Grillen im Hochsommer. Wie aber die ältere Schule der Ästhetiker überhaupt wenig geneigt war, Darbietungen der Natur als schön anzuerkennen, so haben sie den Vogelgesang zwar als wohlklingend, aber nicht als Quelle eines musikalischen Genusses anerkennen wollen, weil er nicht aus Tönen bestimmter Höhenstufen bestehe, wie die Tonfolgen des menschlichen Gesanges und künstlicher Toninstrumente. In diesem Sinne hat sich neuerdings auch Möbius ausgesprochen. Dies absprechende Urteil galt sogar den „wohltönenden" Vogelstimmen, wieviel mehr den angeblich abstoßenden, den „krächzenden", welche unserem Ohr „durch unangenehme Reizung mißfallen".

Nun gilt von den Klängen wohl ähnliches, wie von den Formen: sie mißfallen unter Umständen, wenn man sie nicht am rechten Ort und zur rechten Zeit wahrnimmt. Als naheliegendes Beispiel bietet sich uns der Schrei der Krähe dar. Ich war anfänglich erstaunt, als ich einen geradezu begeisterten Lobredner des Krähengeschreis auffand, nämlich keinen Geringeren, als den feinfühligen Gilpin, und hinterher habe ich mir gestehen müssen, daß ich die Krähen immer gern habe schreien hören, wenn sie mir nicht zu nahe waren.

Das Gilpinsche Urteil lautet wie folgt:

„Unter allen Stimmen der Tierschöpfung klingen wenige angenehmer als das Krächzen der Krähen. Zwar hat dieser Vogel nur zwei oder drei Töne, und wenn er ein Solo anstimmt, klingts eben nicht lieblich; läßt er sich aber im Konzert hören, welches ihn am meisten ergötzt, dann verlieren jene zwei bis drei Töne, die für sich allein so rauh klingen, ganz das Schneidende durch die Vermischung mit den Stimmen der Menge, und werden sehr harmonisch; besonders wenn sie in der Luft verhallen, wo diese Vögel sich meistens hören lassen. In ganzer Vollkommenheit hat man diese Musik, wenn ein ganzer Schwarm durch den Knall einer Flinte aufgescheucht wird. — Indes ist das Krächzen der Krähen dem Walde doch nicht so angemessen, als dem Haine."

Im Anschluß an diese Stelle haben wir eine der schwierigsten Fragen zu erörtern: Wie kommt es, daß ein Vogelkonzert uns auch dann angenehm berührt, wenn verschiedene Arten gleichzeitig jede ihre andere Weise spielen. Es wäre doch vollkommen unerträglich, wenn Violinspieler, Flötenbläser, Hornbläser usw. sich im selben Saale alle gleichzeitig hören lassen wollten, jeder aber ein anderes Stück spielte. — Unfähig, meinerseits eine Lösung zu finden, fragte ich zahlreiche Musikverständige, konnte aber eine befriedigende Antwort nicht erhalten. Erst mein verehrter einstiger Lehrer, Professor D. Kleinert, dem ich für meine Forstästhetik schon viel verdanke, gab mir eine solche, die ich wörtlich einschalte:

„Die Erscheinung, daß das gleichzeitige Erklingen einer Menge verschiedenartigster Vogelstimmen im Freien keinen Mißklang gibt, sondern das Ohr angenehm berührt, wird man denen beizugesellen haben, die die musikalische Theorie unter dem Namen der Klangverschmelzung zusammenfaßt. Wie die hohen unter den sogenannten Obertönen, obgleich sie unter sich dissonieren, mit harmonischer Wirkung in den Grundton hineinschmelzen, mit dem sie als Teiltöne zusammen erklingen, und das „Mixtur"-Register größerer Orgeln, obwohl es mit dem Anschlag jeder Taste eine Reihe hoher Töne erklingen läßt, deren Zusammenklang an sich nicht wohltönend sein würde, doch den vollen Orgelklang nicht entstellt, sondern bereichert, so erzeugen, für sich gestellt, die höheren Töne je nach ihrer Verwandtschaft Untertöne und umgeben so die Mannigfaltigkeit der Stimmen mit einem „Timbre", in den hineingebettet sie zum Wohlklang verschmelzen. Eine ähnliche Erscheinung bietet das Zusammenklingen der Glocken bei ruhigem Läuten durch die Fülle der Beitöne, die mit jedem Glockenton hervorgerufen werden."

„Im geschlossenen Raum, wie bei den Volièren mancher Museen und Schausammlungen wird die Erscheinung meist durch die vordringliche und unschöne Stärke exotischer Vogelstimmen aufgehoben."

Doch zurück zu der Frage: Sind die Vögel Kunstsänger? U. a. hat auch Vischer diese Frage verneint, indem er schrieb:

„Der Vogelgesang ist nur wie eine Stimme der allgemeinen Natur, worin sich diese im Gefühl ihrer Fülle zuzujubilieren scheint; so wird im Grunde auch er nur zu einem begleitenden, in der landschaftlichen Schönheit mitwirkenden Momente."

Es ist das Verdienst von Hoffmann, daß er für höhere Wertung der Vogelstimmen die Bahn gebrochen hat. Schon oft habe ich mich verwundert, daß musikalisch hochbegabte Leute für Vogelstimmen taub zu sein scheinen. Wenn nicht gerade die erste Lerche ihr Frühlingslied trillert, oder die Nachtigall ihre schmelzenden Weisen flötet, dann hören sie überhaupt nicht hin, und wenn sie hinhören, so unterscheiden sie nicht, und wenn sie unterschieden haben, so vergessen sie doch alsbald das zarte Lied des kleinen Sängers. — Wie viel Genuß geht den Unachtsamen verloren! Wer wenigstens einige Vorkenntnisse besitzt oder einen kundigen Berater findet, der wird aus dem „Exkursionsbuch zum Studium der Vogelstimmen" von Dr. A. Voigt sich weiterbilden können.

Übergehen wir „die Instrumentalisten“, deren künstliche Schallerzeugung derjenigen der Menschen häufig ähnlich ist (trommelnde Spechte); so geben uns „die Vokalisten“ immer noch genug Stoff zur Bewunderung. Alle menschlichen Laute kommen beim singenden Vogel vor, vom A der im Aufsteigen quakenden Ente bis zum U der girrenden Holztaube, vom B im diëb diëb des Bergpipers bis zum Z im zizizirrizi des kleinen Baumläufers. Aus der Tiefe bis weit hoch hinauf gehen die Register der Vogelkehle; Rhythmik, Melodik, wechselndes Tempo, alle diese Elemente menschlichen Kunstgesanges bemerken wir auch bei Vögeln, natürlich nicht bei allen, wohl aber bei vielen, und gerade unser deutscher Wald ist reich an Kunstsängern, die sich mit wechselnder Tonstärke und sinngemäßer Auffassung durch gute Vortragsweise auch als Meister der Dynamik und der Frasierung hervortun.

Zugestehend, daß viele Vögel in der Intervallbildung sich einige Unsicherheit und Regellosigkeit zu Schulden kommen lassen, betont Hoffmann (ich zitiere wörtlich), daß „es doch viele Arten bzw. Individuen gibt, deren Tonintervalle denjenigen unseres Tonsystems so außerordentlich nahe kommen, daß wir ohne sehr scharfe Untersuchung — die übrigens sehr schwierig sein dürfte — kaum einen geringen Unterschied herauszufinden vermögen. Ergibt sich ein solcher, so ist er nicht größer als der Fehler, den wir Menschen — selbst nach einer gewissen Zeit der Übung — machen, wenn wir die betreffenden Intervalle singend oder pfeifend vortragen sollen. Ja, wir sind sogar der festen Überzeugung, daß die weitaus größte Zahl der zu dem Versuch herangezogenen Menschen hinter der Treffsicherheit mancher der in Rede stehenden Vögel zurückbleiben würde.“

Die am Gesange unserer Vögel leicht wahrnehmbare Herausbildung von Motiven ist besonders interessant. Feststehende Motive pflegen den Kern des Gesanges eines Vogels zu bilden, aber die Vögel studieren auch, sie verbessern nicht selten ihre anfänglichen Motive. So erzählt Hoffmann von einer Amsel, deren Motiv nach einiger Zeit des Probierens — Probieren geht eben über Studieren — die folgende „entzückende“ Form annahm:

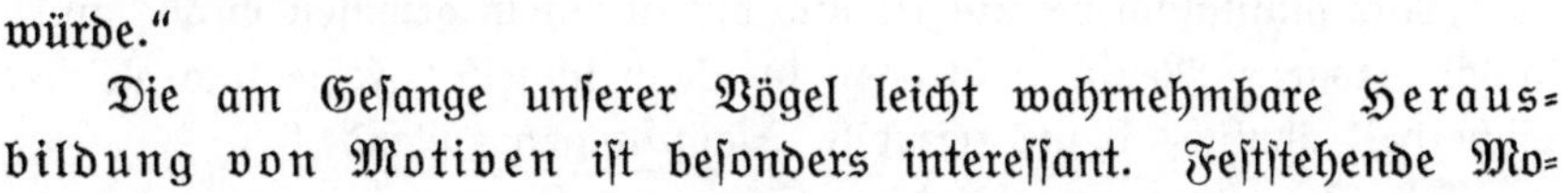

Einige begabte Sänger, besonders die Feldlerchen, bauen nach Hoffmann oft lang ausgesponnene Sätze aus, indem sie zu Themen geordnete Tongruppen mit mehrfachen, in gewissen Grenzen sich abspielenden Umgestaltungen verbinden.

Wiederholt kommt Hoffmann auf die Entstehungsgeschichte des obigen hübschen Amselmotivs zu sprechen, indem er berichtet:

„Einen höchst eigenartigen Nebenumstand dürfen wir hierbei nicht unerwähnt lassen. Anfangs hielt nämlich die Amsel vor den falschen Tönen etwas an, als scheue sie sich selbst, falsch zu singen; ja, sie begann dann oft sogar von vorn. So erhielt man schließlich den Eindruck, als habe sich die Amsel kraft eines gewissen in ihr schlummernden Gefühls für das, was musikalisch richtig und schön ist, selbst durchgerungen! — Und wie schön ist nun das Motiv; wie herrlich fällt es in die Ohren und wie vermag es uns zu fesseln; welch freudigen Widerhall weckt es in uns! Und dabei nichts Unnatürliches, nichts Außergewöhnliches in den Intervallen und Harmonien. Haben wir es hier doch in erster Linie mit harmonischen bzw. konsonanten Tonfortschritten zu tun, die eine Terz, Unterterz und Unterquarte der Tonika (B-dur) und eine Quinte des Dominantdreiklangs umfassen, in den der anfängliche Tonikadreiklang übergeht. Wie prächtig wirkt allein das wohl als Wechselnote aufzufassende g!"

Den Gesang der Lerche, Nachtigall und besonders der Zippdrossel eingehend studierend und viele andere Waldvögel nach Gebühr würdigend kommt Hoffmann zu einem Ergebnis, welches der Anschauung der bisher maßgeblich gewesenen Ästhetiker widerspricht, daß nämlich in vielen und gerade in den wichtigsten Fällen mit überraschender Genauigkeit, fast möchte man sagen, mit Gewissenhaftigkeit gewisse Regeln eingehalten werden, so daß wir wohl behaupten dürfen:

„Nur musikalisch veranlagte und bis zu einem gewissen Grade musikalisch erzogene Menschen bringen in gleich schneller Folge und gleicher Sicherheit ähnliche kleine reizvolle Schöpfungen zustande."

Die Verantwortung für diese Sätze und für einige andere, auf den Ausführungen meiner Quelle fußende Urteile vermag ich allerdings nicht voll zu übernehmen. Es wird, trotz vielem Übereinstimmenden, doch immer eine Grenzlinie zwischen den Stimmen der Natur und menschlicher Kunstleistung bestehen bleiben, wie das ja auch auf dem Gebiete der Baukunst zu beobachten ist, wo der Baumeister pflanzliche schöne Gebilde nicht ohne weiteres weder konstruktiv noch als Ornament übernimmt. Er stilisiert sie, denn Kunst ist bewußtes Gestalten nach erkannter Idee. — Die Gebiete des Kunstschönen und des Naturschönen sind gleichwertig. Oft fliehen wir von der Kunst zur Natur, um dann doch wieder nach Kunst zu verlangen.

Die Neigung Hoffmanns, Vogelstimmen nach Gesetzen zu beurteilen, die für menschliche musikalische Leistungen gelten, hat ihn verhindert, der Nachtigall in vollem Umfange gerecht zu werden; aber das mag der Vogel selbst mit ihm ausmachen, dessen Gesang, wie Heinrich Seidel schreibt, etwas Sieghaftes hat. „Neben glockenreinen und machtvollen Lauten, neben dem jauchzenden Schmettern und klagenden Geflöte stehen ihm Töne von zartestem Schmelz und feinster Zierlichkeit zu Gebote, er beherrscht eben alles, die klarsten und reinsten Triller neben den gewaltigen, langausgehaltenen Brusttönen. Dem Gesange der Nachtigall ist etwas Sieghaftes eigen, und wo ihre Stimme erschallt, achtet man kaum noch auf das andere Gezwitscher. Stundenlang kann man dieser unermüdlichen Sängerin lauschen, und immer muß man aufs neue die wunderbare Kunst und die reiche Abwechselung der durch kleine Pausen geschiedenen Abteilungen bewundern."

Ich für meine Person möchte gewiß die Nachtigall nicht missen, aber die von hoher Warte frohlockende Singdrossel steht mir doch, auch in übertragenem Sinne des Wortes, am höchsten.

Manche Vogelstimmen können wir besser im Gedächtnis festhalten, nachdem sie unserem Verständnis durch Lautzeichen näher gebracht worden sind, als wenn wir eine Wiedergabe durch Noten vor uns haben.

Unsere Volksdichtung hat es sich angelegen sein lassen, die Sangesweisen vieler Vögel durch untergelegte Sprüchlein zu deuten. Namhafte Sprachforscher, wie Simrock und die Gebrüder Grimm, haben es nicht verschmäht, solche Sprüche zu sammeln, die oft für den Charakter oder die Lebensweise des betreffenden Vogels sehr bezeichnend sind. Besonders wohlgefällig sind die mundartlichen, wie z. B. die elsässische Deutung des Schwalbengesanges:

„Die rätsche und dätsche, un wenn si heimkummen isch niene ke Fünkele Füür" (Masius).

Ich schließe mit einer Wiedergabe des Drosselgesangs, die ich wiederum Hoffmann entnehme:

Nun drängt sich ganz von selbst die Frage auf: Wie erklärt sich das Bemühen des Vogels, schön zu singen? Wollte man im Anschluß an Darwin mit modernen Naturforschern antworten: die Männchen bemühen sich, schön zu singen, um den Weibchen zu gefallen, so würde dadurch die Fragestellung nur verschoben sein; denn wir würden vor der zweiten Frage stehen: Wie kommt es, daß die Vogelweibchen schön finden, was auch uns wohlgefällt? ganz abgesehen davon, daß der Erklärungsversuch überhaupt auf sehr schwachen Füßen steht. Darwin erkennt das mit den Worten an: „Die Sinne des Menschen und der niedrigen Tiere scheinen so beschaffen, daß glänzende Farben, gewisse Formen, wie auch harmonische und rhythmische Töne ihnen ein Vergnügen machen und schön genannt werden, warum es aber so ist, wissen wir nicht."

Wallace in seiner Kritik des Darwinismus erklärt sich sogar geneigt, das Ausbleiben gewisser Schönheiten aus dem Kampf ums Dasein zu erklären.

„Der Regel nach besteht zwischen den beiden Geschlechtern Farbengleichheit; nur bei den höheren Tieren zeigt sich eine Neigung zu einer lebhafteren Färbung des männlichen Geschlechts, vielleicht infolge von dessen größerer Kraft und Erregbarkeit. Bei manchen Tierabteilungen, wo eine solche überschüssige Lebenskraft einen Höhepunkt erreicht, ist die Entwickelung von Hautanhängen und herrlichen Farben immer weiter gediehen, bis sie zuweilen eine sehr große Verschiedenheit der beiden Geschlechter zur Folge gehabt hat, und in den meisten solchen Fällen liegen Gründe vor, anzunehmen, daß die Zuchtwahl der Natur das weibliche Geschlecht veranlaßt hat, die bescheidenere ursprüngliche Färbung der Tiergruppe als Schutzfarbe beizubehalten."

Diesem Autor gegenüber stehen wir vor der Fragestellung: Wie kommt es, daß überschüssige Lebenskraft „herrliche Farben" und sonstige Zier hervorruft? — Auch auf diese Frage muß die Wissenschaft die Antwort schuldig bleiben.

Wir stehen also vor einem Rätsel. Für mich ist diejenige Lösung am meisten befriedigend, welche in bezug auf die ganze Schönheit des Waldes ein begnadeter Sänger der Waldes- und Weidmannslust in bewundernswerter Kürze und Klarheit gibt:

„Ihn schuf sich Gott zu eigner Augenweide,
Wie wär er sonst so schön?
Wie wär er sonst im grünen Feierkleide,
So herrlich anzusehen?"

v. Wildungen, Lob des Waldes, Vers 3.

Wenn Gilpin mit Recht rühmt, daß es die große Wirkung des Waldes ist, die Einbildungskraft zu wecken, so ist diese Wirkung vorzugsweise auf solche Wahrnehmungen zurückzuführen, die unsere Sinne nicht mit klar abgegrenzter Deutlichkeit übermitteln. Dies gilt von den Zeiten der Dämmerung und des Mondscheins, und es gilt von den verschwimmenden Klängen und Düften, durch welche der Wald unser Gemütsleben berührt.

Dreizehntes Kapitel.

Duft und Stimme des Waldes.

Eindrücken, welche das Auge vermittelt, sind mehrere Kapitel vorzugsweise gewidmet gewesen. Im folgenden Abschnitt will ich versuchen, mit einigen kurzen Andeutungen wenigstens einigermaßen dem gerecht zu werden, was der Wald dem Geruchsinn, was er dem Ohre bietet.

Wohl weiß ich, daß sich Ästhetiker veranlaßt gesehen haben, die durch den Geruchsinn vermittelten Genüsse sehr niedrig einzuschätzen. Ihre Schlußfolgerung ist ungefähr diese: Gerüche lassen sich mit Worten nicht definieren, daher kann man auch keine Bücher über sie schreiben, folglich sind sie nichts wert. Anderes Urteil bekundet dagegen der herrschende Geschmack der Gebildeten und Ungebildeten. Ich habe schon ganz ruhige Leute in sittliche Entrüstung geraten sehen, wenn sie an einer Rose (der stolzen Victor Verdier, die sich mit ihrer großen hellen Blüte vor Nadelholz so gut ausnimmt) den Mangel des Wohlgeruchs bemerkten. Das erschien ihnen geradezu wie ein Verrat, wie ein Zeichen, daß die Zeiten schlechter werden.

Solcher Auffassung wird der Ästhetiker Bratranek in ausgiebigem Maße gerecht, denn in dem mehrfach angeführten Werke widmet er den Pflanzendüften ein eigenes Kapitel. Darin führt er aus, es gäbe „der Geruch, gleichsam aus dem innersten Herzen der Pflanze heraus, von ihrer Art eine einfachere, schnellere, schärfere Erkenntnis als ihre Gestalten und alle Versuche einer künstlichen Beschreibung“. Dies scheint mir nun ziemlich überschwenglich gesagt, aber ein guter Teil Wahrheit liegt dem Ausspruche doch zugrunde.

In bezug auf den Waldgeruch trifft er insofern zu, als dieser nach Ort und Zeit verschieden und meistens charakteristisch ist; denn Holzart, Standort, Temperatur, Sonnenwirkung und Jahreszeit beeinflussen den Duft des Waldes in bemerkbarer Weise. Der Winter läßt uns auch in dieser Hinsicht darben. Nur wo es Fichten gibt, erquickt uns bisweilen kräftiger

Harzgeruch, der uns den Schlag schon von fern her anzeigt. Freudig begrüßen wir den Hauch des Frühlings, welchen nach den ersten warmen Winden jede vom Kulturspaten bloßgelegte Erdscholle, jedes von unserem Fuß betretene Moospolster ausströmt. Immer reicher wird dann mit der Jahreszeit der Wohlgeruch. Es spendet zuerst die frühe Saalweide, dann die kleine blütenreiche Ohrweide ihr Bestes, Ruchbirke und Kienporst sind es im Juni, Linden bis Ende Juli, Immortellen im Hochsommer, welche dem Geruch, fast möchte ich sagen, seine Farbe geben. Allemal ist die Quelle des Wohlgeruches eine unscheinbare, eine versteckte; verschiedenartige Düfte fließen ineinander, darum schreiben wir sie nicht den einzelnen Blüten, Blättern oder Harztropfen zu, es ist der Wald selbst, der als unteilbar Ganzes uns die Lebensluft zu würzen scheint.

Ganz ähnlich verhält es sich mit der Stimme des Waldes. Von den ersten warmen Strahlen der Frühjahrssonne an, welche den Fink zu seinem Freudenruf begeistern:

„Zerspring du steinernes Herz,
'S wird ja Frühjahr",

bis zur Zeit, wo des Brunfthirsches gewaltiger Baß erschallt, gibt es fast täglich Neues zu hören, und selbst die stille Winterszeit belebt der fleißige Specht.

Doch die Tierstimmen sind — wenigstens bei Tage — mehr Stimmen im Walde; der Wald selbst aber macht sich zum Stimmorgan des Windes, der Luft, wie er auch für das Auge durch Heben und Senken seiner Kronen die Wellen des Luftmeeres sichtbar macht.

Das Brausen des Windes in den Kronen der Bäume hat von jeher als Gleichnis für den Geist gedient, so schon 1. Kön. 19, 12 (Elias) und Joh. 3, 8. Aus der Ode des frommen Dichters des Messias, aus Klopstocks Frühlingsfeier, mögen einige Strophen hier Platz finden.

13. Lüfte, die um mich wehn und sanfte Kühlung
Auf mein glühendes Angesicht hauchen,
Euch, wunderbare Lüfte,
Sandte der Herr, der Unendliche!

14. Aber jetzt werden sie still, kaum atmen sie,
Die Morgensonne wird schwül,
Wolken strömen herauf,
Sichtbar ist, der kommt, der Ewige!

15. Nun schweben sie, rauschen sie, wirbeln die Winde,
Wie beugt sich der Wald, wie hebt sich der Strom!
Sichtbar, wie du es Sterblichen sein kannst,
Ja das bist du, sichtbar, Unendlicher!

27. Siehe nun kommt Jehova nicht mehr im Wetter,
In stillem, sanftem Säuseln
Kommt Jehova.
Und unter ihm neigt sich der Bogen des Friedens!

Nun wollte ich aber, statt meiner schilderte ein tonverständiger Fachgenosse die Stimmen des Waldes, und ich möchte glauben, daß eine solche Schilderung nicht ganz unfruchtbar sein könnte. Wie manche spaltenlange Besprechung alltäglicher Musikaufführungen bringen nicht die öffentlichen Blätter, sicherlich mit dem Erfolg, das lesende und dann hörende Publikum zu besserem Verständnis, zu erhöhtem Genuß zu schulen. Sollte nun gleiches Bestreben gegenüber den Konzerten der Natur vergeblich bleiben? Hat doch die bloße Übung, ganz ohne Belehrung von außen her, schon genügt, einen so unmusikalischen Menschen, wie ich es bin, dahin zu bringen, daß ich mit Freude den Stimmen des Waldes lausche. Zwar bin ich nicht ganz ohne Schulung dahin gelangt, doch kam mir diese nicht von Büchern oder Lehrern, sondern durch den Besitz einer Äolsharfe, wie sie einst in Potsdam als saitenreiche Instrumente von zauberhaftem Wohlklang gefertigt wurden. Seit ich mich an dieser geübt habe, dem sanften Anschwellen und wieder Ersterben eines Tones, dem Kommen und Gehen der verschiedenartigsten Klänge zu lauschen, wird mir auch im Walde mancher Genuß, der mir sonst verloren ging, zu teil. Ich bleibe jetzt nicht mehr wie sonst gleichgültig, wenn meine Aspen, einzeln eingesprengt im jungen Buchenstangenort, schon von fern her ihre Stimme erheben beim Nahen des ersten Windstoßes, wenn sie ihn begleiten und dann verstummen, sobald er vorüberzog, wenn sie dann im gleichmäßigen Wehen des Windes aus dem ganzen Bestande allerorten ihr Flüstern vernehmen lassen, bis sie übertönt werden vom Rauschen und Brausen der jungen Buchen, die sich stärkeren Luftwellen beugen.

Auf Grund solcher Beobachtungen möchte ich dem Winde in den Baumkronen drei Stimmen nicht nur verschiedener Stärke, sondern wesentlich verschiedener Art zusprechen:

Im sanften Wehen des Windes schlagen die Blätter langgestielter Holzarten aneinander (das Flüstern), dann lassen sich die Reibungen zarter Zweige hören (das Rauschen), stärkerer Luftstrom aber versetzt jedes Blatt und jeden Zweig direkt in tönende Schwingungen (das Brausen). Mit dieser Einteilung glaube ich auf rechtem Wege zu sein, denn nachträglich fand ich, daß Schleiden ganz ähnlich einteilt, nur stellt er vor das „seltsame Flüstern, dem man unwillkürlich Worte unterzulegen versucht“, noch das „leise, undeutbare Säuseln“. Ich glaube aber, daß man das „Säuseln“ nicht bei geringerem Luftzuge hört, als das „Flüstern“, vielmehr verlangt es schon etwas Wind. Man vernimmt es nur im Nadelholze.

In Moltkes Briefen habe ich gelesen, daß es in Rußland Musikkapellen gibt, in denen jeder Virtuos nur einen Ton zu blasen versteht, diesen aber ganz meisterhaft. Ähnlich hat die Natur ihr Orchester geschult. Die feinste Stimme unter allen ward der Weimutskiefer anvertraut, das eigentliche Brausen hören wir am großartigsten im Kiefernwald, der Flüsterton ist besonders den Pappelarten eigen.

Ein Vorzug gemischter Bestände ist es, daß man in solchen alle drei Stimmen gleichzeitig ertönen oder in raschem Wechsel einander folgen hört.

II. Angewendete Forstästhetik.

A. Forsteinrichtung und Forstwirtschaft, Weidwerk, forstliche Bauten und Gärten.

Vierzehntes Kapitel.

Die Bestimmung der zweckmäßigsten Art der Bodenbenutzung.

Die wichtigste Frage, welche die Forsteinrichtungsbehörden, und ebenso die mit den Arbeiten innerhalb der Reviere betrauten Beamten sich zu beantworten haben, ist die Frage nach der angemessensten Form der Bodenbenutzung; ob nämlich die vorhandene Forstfläche in unverändertem Bestand verbleiben, ob sie erweitert, eingeschränkt oder anders verteilt werden soll. Neue Ansiedler im Urwald erblicken im Walde ihren Feind, sie bekämpfen ihn rücksichtslos und gedankenlos. Der überfeinerte Kulturmensch empfindet dann wieder hochgradige Sehnsucht nach Wald, und die Frage der Waldverteilung ist schließlich ebensosehr von sozialpolitischer wie von wirtschaftlicher Bedeutung. Man höre, mit welcher Lebhaftigkeit seinerzeit E. M. Arndt in der Sache Partei ergriffen hat. Er schreibt:

„Für die Tiere des Waldes und für das Vieh der Ställe, für Hirsche, Rehe und Säue und für Pferde und Esel und Ochsen haben Forstmänner und andere wackere Leute geschrieben, und auch wohl über Wälder, Koppeln und Gehäge geschrieben, wie diese anzulegen und zu verwalten seien, damit es den Tieren und dem Vieh darinnen wohl und gedeihlich sei, und damit ihr edles Blut und ihre gute Art nicht verschlechtert werde. Ich habe mir einmal den einzigen Verlassenen gedacht, den armen Menschen, wie für ihn die Erde eingehägt und beforstet und bewaldet werden müßte. Und ich habe es nicht gedacht, sondern gefühlt, und, wohin ich nur getreten bin, ist es mir — daß ich einen gemeinen Ausdruck gebrauche — auf die Nase gefallen und in die Augen gesprungen . . .

. . . .

darum müssen sie bleiben und darum müssen sie wieder geschaffen werden, die alten germanischen Haine, dem deutschen Menschen müssen nirgends Bäume fehlen, mit deren Zweigen er wie mit ebenso vielen Armen seine Arme verflechten und mit welchen er sich also lustig zu seinen Sternen hinauf nach oben schwingen kann."

Es geht darauf sein Vorschlag dahin, alle Berge zu bewalden, „gleichsam geheiligt wie die alten Götterhaine", die Täler mögen dem Acker- und Wiesenbau eingeräumt bleiben, das deutsche Flachland aber mit Waldstreifen zu durchziehen, welche bei mindestens 1500 Fuß Breite höchstens $1^1/_2$ Meilen voneinander entfernt sein und niemals kahl abgetrieben werden sollen. Arndt will auf diesem Wege nicht nur eine Besserung des Klimas erzielen, sondern auch idealeren Gewinn; denn Landstriche, „die des stolzen Grüns und Schmuckes der Bäume mangeln", scheinen ihm bloß gemacht zu sein, „damit der arme Urenkel Adams recht unter Disteln und Dornen einherkriechend im Schweiße seines Angesichts sein Brot esse, mit seinem Stier den Blick nur auf die Furchen gerichtet und durch keinen fröhlicheren und freieren Reiz der Natur mit den Augen und dem Herzen nach oben gezogen".

In wahrhaft mustergültiger Weise hat später Riehl die gleiche Frage erörtert. „Auch wenn wir keines Holzes mehr bedürften", schreibt er, „würden wir doch noch den Wald brauchen. Das deutsche Volk bedarf des Waldes, wie der Mensch des Weines bedarf, obgleich es zur Notdurft vollkommen genügen mag, wenn sich lediglich der Apotheker eine Viertelohm in den Keller legte. Brauchen wir das dürre Holz nicht mehr, um unsern äußern Menschen zu erwärmen, dann wird dem Geschlecht das grüne, in Saft und Trieb stehende, zur Erwärmung seines inwendigen Menschen um so nötiger sein."

Um dem zu genügen, was Riehl vom Walde fordert, muß sich der Forst auf großer zusammenhängender Fläche ausdehnen, er muß im großen Stile bewirtschaftet werden, denn solcher Wald allein läßt (ich zitiere wieder Riehls eigene Worte) „uns Kulturmenschen noch den Traum einer von Polizeiaufsicht unberührten persönlichen Freiheit genießen. Man kann da doch wenigstens noch in die Kreuz und Quere gehen nach eigenem Gelüsten, ohne an die patentierte, allgemeine Heerstraße gebunden zu sein. Ein gesetzter Mann kann da noch laufen, springen, klettern nach Herzenslust, ohne daß ihn die altkluge Tante Dezenz für einen Narren hält. Diese Trümmer germanischer Waldfreiheit sind in Deutschland fast überall glücklich gerettet worden. Politisch freiere Nachbarländer, wo die fatalen Abzäunungen der fessellosen Wanderlust gar bald ein Ende machen, kennen sie nicht mehr.

. . . .

Was helfen den Engländern ihre liberalen Gesetze, da sie nur eingehegte Parke, da sie kaum noch einen freien Wald haben? Der Zwang der Sitte ist in England und Nordamerika einem deutschen Manne unerträglich . . . .

. . . Den freien Wald und das freie Meer hat die Poesie mit tiefsinnigem Wort auch den heiligen Wald und das heilige Meer genannt, und nirgends wirkt darum diese Heiligkeit der unberührten Natur ergreifender, als wo der Wald unmittelbar dem Meer entsteigt. Wo der Wogenschlag des brandenden Meeres mit den rauschenden Wipfeln der Bäume zu einem Hymnus zusammenbraust, aber auch in dem lautlosen mittägigen Schweigen des deutschen Gebirgswaldes, wo der Wanderer, meilenweit von jeder menschlichen Niederlassung entfernt, nur den Schlag des eigenen Herzens in der Kirchenstille der Wildnis hört, da ist der rechte heilige Wald."

Auch Schleiden hat die Forderung, daß große zusammenhängende Waldungen vorhanden sein müssen, begründet. „Es gibt zwei Naturformen, welche, wenn auch scheinbar so verschieden, doch innerlich verwandte Stimmungen im Menschen hervorrufen, das sind hohe Berge und ausgedehnte jungfräuliche Wälder. Wie auch dort der Blick in endlose Weite dringt, hier auf das Nächste beschränkt wird, ohne gleichwohl durch einen bestimmten Abschluß, wie ihn etwa eine Felswand darbietet, gehemmt zu sein; so ist doch das Verhältnis, welches in beiden die Grundstimmung bedingt, die Isoliertheit des Menschen, das Gefühl, daß er allein der ganzen Natur mit ihren ewigen Kräften, ihrem ewigen stillen Wirken gegenübertritt, daß er sich als klein und unabhängig vom Großen und doch wieder groß als lebendiger Teil des Ganzen empfindet, daß er dem erhabenen, jeder Störung und Wirrnis unzugänglichen, stetig und unveränderlich in gleicher Weise tätigen Naturgesetz sich mit einer erhebenden Vertrauenssicherheit hingeben kann, wo die Klugheit, die er im Verkehr mit den Menschen aufbieten mußte, um seine Existenz zu behaupten, ebenso unnötig als machtlos ist. . . . Der Wald hört auf, wo das eigentliche gesellige Menschenleben anfängt."

Wie groß muß nun die zusammenhängende Fläche sein, daß sie diese Dienste leisten könne? Ich möchte antworten: wenn sie groß genug ist für das Rotwild, dann ist sie auch groß genug für den Menschen, der im Walde Einsamkeit sucht.

Je mehr der Menschen beieinander sind, mit desto weniger Bäumen können sie auskommen, doch möchte Riehl jedem Dorfe seinen Wald gönnen. Ihm ist „ein Dorf ohne Wald wie eine Stadt ohne historische Architekturen, ohne Denkmäler, ohne Kunstsammlungen, ohne Theater und Konzerte, kurz ohne gemütliche und ästhetische Anregung. Der Wald ist der Turnplatz der Jugend, oft auch die Festhalle der Alten. Wiegt das nicht mindestens ebenso schwer als die ökonomische Holzfrage?"

Es sind zurzeit nicht nur die Stimmen einzelner besonders regsamer Geister, welche die Schaffung neuer ausgedehnter Wälder fordern, wie vor Jahren Arndt und Riehl es getan haben, heute wurzelt das Verlangen nach umfangreichen Aufforstungen tief im Bewußtsein des Volkes. Zahlreiche Kundgebungen in der Presse und in den Parlamenten beweisen es, auch die Behörden verschließen sich dieser Aufgabe nicht. Das Verlangen nach Aufforstung wurzelt auch bei Forstleuten nicht etwa ausschließlich in dem Wunsche, mehr Holz zu erziehen oder die Wasserverhältnisse zu verbessern. Es liegen ihnen daneben auch idealere Auffassungen zugrunde. „Die Aufforstung von Ödländereien" (ich zitiere Keßler), „ist nationalpsychologisch betrachtet gewissermaßen die Sühne begangener Fehltritte und das lebhafte Verlangen nach dieser Maßregel ist, wenn auch unbewußt, nicht ohne eine gewisse Reue über rücksichtsloses Eingreifen in von der Natur geschaffene Zustände, nicht ohne eine gewisse Besorgnis vor den üblen Folgen dieser Störungen. Es soll wieder gut gemacht werden, was die kurzsichtige Wirtschaft, namentlich einseitiger Egoismus verschuldet hat . . . . . .

. . . .

. . . Den größten, allerdings mehr psychologischen Einfluß auf das Streben und Treiben nach Aufforstung der Ödländereien übt u. a. auch ein gewisser, mehr ästhetischer als wirtschaftlicher Ordnungssinn, welcher namentlich dem an regelmäßige und geordnete Verhältnisse gewöhnten Deutschen eigentümlich ist. Es ist von diesem Standpunkte so erklärlich, wenn sich dem ordnungsliebenden Auge weite unbebaute oder nur mit Kusseln und Wacholderbüschen bestandene Flächen zeigen, den Wunsch zu empfinden und auszusprechen, statt dieses Bildes der öden Heide regelmäßige Kulturen und Waldbestände zu erblicken, welche, abgesehen von allem anderen doch zeigen, daß hier die ordnende Hand des Menschen eingegriffen und gewirkt hat."

Die vorstehenden Zitate ergeben als unzweifelhaft, daß die Frage der Aufforstungen ganz vorzugsweise nach ästhetischen Gesichtspunkten entschieden werden muß und auch in der Tat nach diesen entschieden wird, wie letzteres die so recht aus der Aufforstungstätigkeit (im Regierungsbezirk Danzig) heraus geschriebenen Sätze Keßlers bekunden. Ebenso berichtet Sprengel aus dem in Holland gelegenen Revier Rosenthal, daß dort mit Eifer an der „Aufforstung namentlich von Heideflächen gearbeitet wird, weniger wohl um hohe Renten zu erzielen, als um das traurige Bild des Landes zu beseitigen".

Ich habe andere statt meiner reden lassen, weil man vielleicht die Stimme des Forstästhetikers von Profession als eine nicht genügend unbefangene zurückzuweisen geneigt sein möchte, obwohl ich mich in meinen Ansprüchen überraschend bescheiden zeigen werde. Der Prozentsatz der Forstfläche, welchen ich als unbedingt erforderliches Mindestmaß betrachte, ist nämlich ein recht niedriger, weil es mir mehr auf die passende Verteilung, als auf die Menge ankommt. Ich wünschte die Wälder so verteilt, daß man von jedem Orte aus deren wenigstens einen, und wäre es auch nur am Horizont, erblicken könne, und daß es auch dem Fußwanderer möglich sei, an einem Tage hin- und zurückgehend, von jedem Orte aus einen Waldausflug zu unternehmen. Dazu bedarf es inmitten von etwa je fünf Quadratmeilen je eines Forstes, und geben wir diesem die Größe von einviertel Quadratmeile, so würde das nur etwa fünf Prozent Bewaldung ausmachen. Außerdem muß Deutschland noch seine Waldgebiete behalten. Es sollten darum die zurzeit bestehenden großen Forstkomplexe, namentlich die historischen alten Bannwälder, der Hauptsache nach bestehen bleiben, gewissermaßen (um Riehls Ausdruck zu gebrauchen) als heiliger Wald; — denn dazu, daß der Mensch sich im Walde mit der Natur und mit Gott allein fühlen könne, sind die von mir oben erforderten 1500 ha im Zusammenhang doch viel zu wenig. Diese mäßige Forderung gilt auch nur für die Ebene.

Hinsichtlich der Gebirgslagen lasse ich es ganz außer Betracht, inwieweit alle Bergwälder als Schutzwälder tatsächlich sehr wichtige Dienste leisten oder nicht. Wenn ich auch meinerseits ersterer Ansicht huldige, will ich mich doch nur auf den rein ästhetischen Standpunkt stellen. Von diesem aus werde ich gewiß nicht dazu raten, jede frische blumige Alm und jegliche sonnige Halde unter einer Fichtendickung zu vergraben, aber so viel Baumwuchs glaube ich für jeden Berg fordern zu müssen, daß er aus der Ferne gesehen einen waldigen Eindruck mache. Für den unbefangenen Sinn erscheinen die Hügel und Berge als die natürlichen Beschirmer ihrer Gegend. Diesen

Reiz verlieren sie, wenn sie selbst unbeschirmt aller Unbill des Klimas wehrlos offen liegen. Ein Gegenstand anziehenden Interesses, ein Ziel der Sehnsucht sind uns die Berge. Auch diesen Reiz büßen sie ein, wenn sie, statt nur hin und wieder eine Matte, eine Klippe hervorschimmern zu lassen, schon von fern her dem Blick alles offenbaren, was an ihnen zu sehen ist. Die Forderungen der Farbenlehre kommen noch hinzu. Durch die Luftperspektive abgetönt, verschmelzen waldige Berge

Abb. 47. Im Fichtenwald ausgesparte Hutungsfläche.

mit dem Himmelsgewölbe, und andererseits erschaut der Blick vom Berg talabwärts nur dann, daß ich so sage, ein Bild, wenn im Vordergrunde umrahmende Baumkronen nicht fehlen.

Immerhin werden einige Almen auf der Höhe nicht schaden (Abb. 47).

In 25 Jahren, welche seit dem Erscheinen der ersten Auflage dieses Buches verflossen sind, hat die Aufforstung namentlich in den Heidegebieten sehr große Fortschritte gemacht, und man kann, weitere 50 Jahre vorausdenkend, für das Fortbestehen von charakteristischen großen Heideflächen besorgt sein. Örtlichkeiten, auf denen besonders interessante Pflanzen, z. B. die Zwergbirke, vorkommen, sind ja bereits durch Eingreifen des Staates oder von Vereinen mehrfach sichergestellt worden;

Abb. 48. Wacholderlandschaft aus der Lüneburger Heide. (Zu Seite 200.)

aber weit wichtiger als solche kleine Probeflächen erscheint das Fortbestehen einiger größerer, besonders charakteristischer Heidegebiete in ihrer großartigen, düster melancholischen Erhabenheit, einer Schönheitsform, die vorübergehend — zur Blütezeit der Heide — herzerfreuender Lieblichkeit Platz macht. Es fließt da alles so wunderbar zu den schönsten Stimmungsbildern zusammen: In der ernstfeierlichen Form der Grabzypressen überschneiden altehrwürdige Wacholderbäume, die Machandelbäume des Märchens, die sanften, weithin sich erstreckenden Wellen des Geländes. Gewaltig aufgetürmte Steinbauten, die Hünengräber, sind dazwischen gelagert. Sie passen zum Wacholder wie altklassische Säulentrümmer zur Pinie. — Und was nun jetzt auf der Heide sein Wesen treibt, wetterfeste Menschen, bescheidenes, charakteristisch entwickeltes Vieh, alles verschmilzt zu einem einheitlichen Ganzen, dessen sich Maler und Dichter oft bemächtigt haben. Auf diesem Hintergrunde haben sie unsterbliche Meisterwerke aufgeführt. Sollte es nicht unsere Pflicht sein, kommenden Geschlechtern wenigstens Proben dieser wunderbaren Welt aufzubewahren, und zwar große Proben, denn erst bei großartiger Entfaltung entwickelt die Heide voll ihre Reize. — Zur Erhabenheit gehört immer eine gewisse Größe! — Die bisher gesicherten kleinen „Reservationen" genügen nicht. — Einen kleinen Begriff von der alten Heidepoesie zu geben, ist die eingeschaltete Abbildung 48 wohl geeignet.

Neben den größeren und mittleren Waldflächen und als Verbindungsglieder, damit (wie E. M. Arndt verlangt) „dem teutschen Menschen nirgends Bäume fehlen", brauchen wir allenthalben verteilte kleinere Holzungen.

Merkwürdigerweise sehen unsere Zeitgenossen (dieselben, welche für die große und schwierige Aufgabe, waldarme Gegenden durch Gründung großer zusammenhängender Forsten zu beglücken, ein so tatkräftiges Interesse bekunden) den Schatz kleiner Gehölze und Büsche gleichmütig, als müßte es so sein, ohne auch nur den Versuch eines Widerspruches, von Tag zu Tage mehr dahinschwinden. Diese Gleichgültigkeit ist um so mehr befremdlich, als neben den genannten Sozialpolitikern schon Dichter (Goethe), Ärzte (Dr. Zwierlein), Forstleute (von der Borch), Gartenbesitzer (Fürst Pückler), jeder in seiner Weise darauf hingewiesen haben, wie kleine Feldbüsche, angemessen verteilt und passend verbunden, der Umgebung eines jeden Wohnsitzes neben wertvollem Schutz auch ästhetischen Gewinn bringen.

Seinerzeit hatte es schon Cotta seiner Baumfeldwirtschaft als einen besonderen Vorzug angerechnet, daß sie die Baumzucht in bisher baumlose Gegenden ausbreiten und diese aufschmücken werde. Er trägt nicht Bedenken, eine „schätzbare Abhandlung“ aus den „Ökonomischen Neuigkeiten“ vom Jahre 1811 sich zu eigen zu machen, welche mit den Worten schließt: „Welch eine Idee, welch ein Anblick, wenn so in wenigen Jahren die ganze Monarchie in ein irdisches Paradies umgeschaffen wäre! Überall Genuß und Nutzen! Überall Schatten, Obdach und Ernte! Holz gegen Frost, Obst zur Sättigung und Erquickung, Zucker für den Gaumen (Ahornzucker ist gemeint! d. V.), Weingeist zur Stärkung — alle Reisen in den milderen Jahreszeiten nur Lustwandlungen durch einen unermeßlichen Garten!“

Ein schönes Phantasiebild in der Tat! Cotta hat sich mit der Hoffnung geschmeichelt, es werde durch seine Baumfelder dies „Bild zur Wirklichkeit werden“, und es gibt auch tatsächlich Gegenden, wo man es annähernd verwirklicht sieht. Wer in der Schweiz reist, und nicht bloß Bergkraxler ist, wird in deren Obstgegenden den Eindruck von einer „Lustwandlung in einem unermeßlichen Garten“ des öfteren empfinden. Ich halte es nicht für ausgeschlossen, daß dereinst auch andere als nur Obstbäume in Annäherung an Cottas Vorschläge waldfeldbaumäßig zur Anpflanzung gelangen werden, z. B. um ihres Holzes willen auf gutem Boden die schwarze amerikanische Walnuß und um ihres Samens willen — ich bitte nicht zu glauben, daß ich einen Scherz mache — auf ärmsten Böden die Kiefer. Im Teile II B dieses Buches werde ich im Kapitel von den freien Anlagen näher angeben, wie feldmäßig Baumpflanzungen so geordnet werden können, daß sie der Schönheit der Landschaft dienen.

Was an den Vorschlägen von E. M. Arndt Gutes war, ist inzwischen vielfach erreicht worden, z. B. durch die Knicks, die in Schleswig-Holstein und sonstigen Küstenstrichen die Macht der Stürme brechen, anderweitig durch „Schutzgehege“. Letztere sind besonders auf dem hohen Westerwald in erheblicher Ausdehnung angelegt worden. Auch diese verfolgen den Zweck des Windschutzes für Mensch, Vieh und Acker. Gelegentlich der ersten Hauptversammlung des deutschen Forstvereins wurde darüber folgendes mitgeteilt: „Die Schutzgehege sind um das Jahr 1840 durch den verdienstvollen Förderer der Westerwaldkultur, Geh. Reg.-Rat Albrecht (s. Zt. in Emmerichenhain), auf allen nicht bereits bewaldeten Bergrücken und -Sätteln sowie an Landstraßen und an den Grenzen der einzelnen Gemeindeweiden zur Unterbrechung der Luftströmung als schmale, 10—20 m breite Waldstreifen von Fichte, Erle, Esche oder Buche in umfassender Weise geplant und trotz großem Widerstande der Bevölkerung auch tatsächlich in erheblichem Umfang damals zur Ausführung gelangt. Im Jahre 1869 wurde auf Staatskosten ein „Generalkulturplan" für 64 Gemarkungen des Westerwaldes ausgearbeitet, durch den für jede Gemarkung die richtigste Lage der Kulturarten (in der Regel die Wiesen in den Mulden, Acker und Weide an den Hängen, Wald auf den Höhenrücken), der Schutzgehege, sowie des Entwässerungs- und Hauptwegenetzes nach einheitlichen Gesichtspunkten als Grundlage für die Konsolidation (Zusammenlegung) in Vorschlag gebracht wurde. In dem 1872 zu dem fertigen Kulturplan erstatteten forstlichen Gutachten wird ausgeführt, daß für die Aufforstungen nach den seitherigen Erfahrungen ausschließlich die Fichte (Rottanne) in Betracht kommen könne. . . . .

Zu dem Vorteil, den die Schutzgehege, mindestens auf gewisse Entfernungen durch willkommenen Schutz vor dem Winde in jenen rauhen Höhenlagen gewähren, gesellt sich zu ihrer weiteren Empfehlung der Wert ihrer direkten Walderträge. Letztere reichen freilich schon wegen mangelnder Astreinheit der vielen Randfichten nicht an die besonders hohen Erträge der geschlossenen Fichtenbestände des Westerwaldes heran, zwingen dem geringeren Boden aber doch eine Rente ab, wie er sie bei keiner anderen Benutzungsart gewährt. Der Umtrieb dieser Schutzgehege ist ihrem Hauptzweck entsprechend auf 60 Jahre festgesetzt, da die schmalen Holzstreifen mit zunehmendem Alter dem Winde immer stärkeren Durchzug gestatten, der Abtrieb soll aber, wenn sie eine Breite von mehr als 10 m umfassen, immer nur in halber Breite, bei einer Breite von mehr als 30 m nur in $^1/_3$ Breite und stets unter Schonung der festgewurzelten und tief beasteten Randbäume erfolgen. Gleichalterige über 10 m breite Schutzgehege werden schon vor Erlangung des Umtriebsaltes angehauen, zwecks allmählicher Anbahnung der normalen Aneinanderreihung der Altersklassen in mindestens (6—) 10 m Breite und mit höchstens 30jährigem Altersabstand.

Nach den darüber geführten besonderen Nachweisungen umfassen die Schutzgehege (d. h. die nur als Windschutz angelegten schmalen Waldstreifen des hohen Westerwaldes, welche meist als lange Bänder von einem Waldort zum anderen laufen) zurzeit

11	ha in einer Breite	unter 10 m
81	„ „ „ „	von 10—30 m
360	„ „ „ „	über 30 m,

im Ganzen 452 ha."

Selbst Schutzgehege zu sehen hatte ich noch keine Gelegenheit. An Berghängen werden sie jedenfalls einen sehr guten Eindruck machen, wenn sie in der Höhenkurve verlaufen, andernfalls aber würden sie den Berghängen eine ganz unnatürliche, den Charakter der Landschaft unruhig gestaltende Streifung verleihen.

Die Knicks, die man zumeist unweit der Küsten in sanft hügeligen oder ebenen Gegenden antrifft, haben den ästhetischen Fehler, daß sie die Landschaft unübersichtlich machen und nur selten einen Ausblick gestatten. Ihrerseits bieten sie, aus der Ferne gesehen, auch keinen sonderlich hübschen Anblick dar, weil sie mit gleicher Höhenlinie verlaufend zu wenig Abwechselung gewähren. Um so reizvoller sind sie bei Betrachtung in der Nähe, denn sie bieten den Strauchholzarten, die aus unsern Normalwäldern zum Teil ganz verdrängt worden sind, höchst geeignete Standorte und Gelegenheit zu üppiger Entwickelung. Ein warmer Freund unserer heimischen Natur, Lichtwark, schreibt in dieser Hinsicht: „Wer das Geißblatt nur aus unseren Gärten kennt, wo es ziemlich selten und nur dürftig aufzutreten pflegt, hat keine Ahnung von seinem schmückenden Wert. Ich habe in unserer Gegend kaum etwas Großartigeres gesehen als ein üppig entwickeltes Geißblattgeranke im hohen Gesträuch alter Knicks. Da klettert es bis in die höchsten Wipfel und fällt dann wie ein grüner dicker Teppich herab, der mit den honiggelben Blüten dicht bestickt ist. Wer hat das in unseren Gärten ausgenutzt gesehen? — Ich werde dir einmal eine solche Pflanze zeigen, die ich jedes Jahr in der Blütezeit besuche. Du wirst staunen und aus dieser Erfahrung lernen, auf die dekorativen Wirkungen unserer heimischen Flora achten, um für deinen Garten Anregung zu finden. Auch die wilde Clematis stellt an den Boden keine großen Ansprüche und tut Wunder an üppiger Entfaltung." Ich würde den Eindruck dieser Schilderung nur abschwächen, wenn ich versuchen wollte, in langer Reihe aufzuzählen, was sonst noch alles Schönes im Knick zu finden ist, von der Blüte des Haselstrauchs bis zum Zaunkönig.

Vom ästhetischen Standpunkt ideal sind die Pücklerhecken. Fürst Pückler hat seinerzeit die von ihm in England beobachtete Bepflanzung der Wegeränder mit unregelmäßigen Baum- und Strauchanlagen zur Nachahmung empfohlen, und diesem Winke ist vielfach gefolgt worden. Solche Hecken bilden einen wesentlichen Bestandteil freier Anlagen, über welche unten Näheres mitgeteilt werden wird.

Vorhandenes zu erhalten ist stets leichter, als Fehlendes zu beschaffen. Bei der Umwandlung von Forst in Acker oder Wiese sollte man darum gleich von vornherein darauf Bedacht nehmen, geeignete Stellen (es wird deren immer einige geben, welche nur durch besonders kostspielige Verbesserungen anderer Nutzungsart dienstbar zu machen sind) der Holzzucht zu erhalten.

Zum warnenden Beispiel, wie man es nicht machen soll, erinnere ich an so manche Landabfindung zum Zweck der Servitutablösung, wo die Forstverwaltung sogar vergaß, sich einen Schattenweg (bäuerliche Kopfweiden spenden gar wenig Schatten) zum Walde hin zu sichern.

Während das Hineintreten des Forstes in die Landschaft dieser fast immer zum Vorteil gereicht, ist das Gegenteil meist vom Übel. Ackerenklaven im Forst nehmen sich stets fremdartig aus! Man müßte gerade, von mehrtägiger Wanderung durch Forstflächen ermüdet, ein dringendes Bedürfnis nach Abwechselung empfinden, um auch nur ein größeres Försterdienstland freudig zu begrüßen, geschweige denn eine Kolonie. Wenn angängich, suche man dergleichen aufzuforsten.

Etwas anderes ist es mit den Wiesen. Die Grasfläche, alljährlich ohne unser Zutun frisch ergrünend, nicht durchfurcht vom Pflug, nur während der Ernte für kurze Zeit Tummelplatz eifrigen Treibens, paßt gut zum Charakter des Forstes, bei welchem doch auch Mutter Natur das Beste tut, und andererseits bietet sie durch ihre Fülle von Licht im Vergleich zum schattigen Waldinnern, auch durch ihre Übersichtlichkeit, ihre Wegsamkeit einen wohltuend empfundenen Gegensatz, welcher um so auffälliger, um so willkommener ist, je größer, je geschlossener und unübersichtlicher der Wald sich ausbreitet. Kleine Waldungen, namentlich solche, deren sogenannte Kulturflächen als langjährige weite Blößen mehr Gras hervorzubringen pflegen, als uns oft lieb ist, können der Wiesen eher entbehren. In Kiefernrevieren z. B., wenn sie zwischen Sanddünen gelagerte Erlenbrüche enthalten, wolle man ja nicht zu voreilig sich verleiten lassen, gleich einen jeden vielleicht nicht ganz frohwüchsigen Erlenbestand zu roden.

Von Wasserflächen gilt Ähnliches wie von Wiesen. Der Kontrast, in welchem sie zum Forste stehen, ist gleichfalls ein harmonischer. Bei starken Gegensätzen ein starker Einheitsbezug, solches Verhältnis lernten wir ja kennen als Quelle reicherer Schönheit. Die Helligkeit, die Übersichtlichkeit ist ihnen noch mehr als den Wiesen eigen, der Gegensatz zwischen den Linien des Wasserspiegels und den aufstrebenden der Vegetation kommt als ein weiterer Vorzug hinzu, aber auch die Einheitsmomente sind verstärkt. Mit dem Wald zugleich ruht die Wasserfläche bei stiller Zeit, mit ihm zusammen regt sie sich im Wind, im Sturm, gleich ihm birgt sie ein reiches Tierleben, gleich dem Dickicht wahrt sie

Abb. 49. Insel im Nesigoder Tiergarten. (Zu Seite 206.)

in ihren Tiefen den Zauber des Geheimnisses. Es sind darum Wasserspiegel im Revier — (kleine und große) — auch im ästhetischen Sinne ein wahrer Schatz, auf dessen Erhaltung und Mehrung Bedacht zu nehmen ist.

Inmitten des großartigen Teichsystems des Militsch-Trachenberger Kreises wohnend vermag ich fast alltäglich zu beobachten, wie sehr künstliche Teichanlagen die Gegend verschönen. Bald sehe ich die Teiche das Sonnenlicht glänzend widerstrahlen, bald bewundere ich die herrlichen Tinten, wenn die Abendsonne über den Teichen untergehend die feuchte Luft durchleuchtet. Auch eine große Bereicherung des Tierlebens verdankt Postel den benachbarten Fischteichen. Bald kommen die Möven einzeln oder in Schwärmen von den Teichen zu den Äckern, ja sogar auf die Kulturflächen herübergeflogen. Im Frühjahr und Herbst ziehen die Wasservögel über meinen Wald nach ihren Brutstätten und wieder zurück. Besonders auffällig, von fern her sich anmeldend, ziehen die wilden Gänse in keilförmiger Anordnung hin zu den alten Brutstätten, welche sie in der künstlich angestauten „Luge" des Nesigoder Tiergartens bewohnen. — Die Abb. 49 zeigt eine jener Inseln, welche dort von den Gänsen zum Brutgeschäft bevorzugt werden. — Dies alles bieten mir die Teiche, obwohl ich 10 und 25 Kilometer von ihnen entfernt auf der Höhe wohne. — Wer selbst die Teiche besitzt, genießt das alles noch besser, und dazu Fischzug, Wasserjagd, Rehpirsche am Ufer, Fahrten auf den mit Eichen besetzten Dämmen und noch viel andere Freuden neben erheblichen wirtschaftlichen Vorteilen.

Solche Eindrücke lassen mich wünschen, daß überall, wo sich Gelegenheit dazu bietet, ernstlich erwogen werde, ob nicht die Anlage von Teichen der Entwässerung nasser Lagen vorzuziehen sei.

Seeflächen, weil sie meist tiefer sind und daher, nicht mit Schilf bewachsen, das ganze Jahr über klaren Wasserspiegel zu bieten pflegen, sind noch schöner als Teiche. Seen trocken zu legen oder ihren Spiegel zu senken, wird daher in ästhetischer Hinsicht immer ein Fehler sein.

Fünfzehntes Kapitel.

Der Entwurf des Wegenetzes, Bildung und Bezeichnung der Wirtschaftsfiguren.

Der Entwurf des Wegenetzes und die Bildung der Wirtschaftsfiguren sind Arbeiten, welche mit den bisher besprochenen Entschließungen bereits Hand in Hand gehen müssen, wie sie für die Zuweisung der vorhandenen oder zu gründenden Holzbestände an die angemessenen Betriebsklassen den Rahmen bilden.

Niemals wird ein Kunstgebiet lediglich nach seinen eigenen Gesetzen beurteilt und gepflegt werden. Der Geschmack und die Bedürfnisse des

Zeitalters beeinflussen das gesamte menschliche Tun, auch die künstlerische Betätigung. Gegenwärtig findet ein hartes Ringen statt zwischen Architekten und Landschaftsgärtnern. Dabei ist das Merkwürdige: Für den Städtebau betreiben die Architekten das Verlassen der langweiligen Gradlinigkeit und Rechtwinklichkeit, den Gartenkünstlern aber wollen sie die mühsam eroberte, allerdings nicht immer mit Geschick benützte Freiheit rauben. Sie wollen den Garten und den Park in Formen zwängen, welche architektonischen Schöpfungen angemessen sind. Diese Richtung hat leider in neuester Zeit viele Triumphe gefeiert, z. B. in Hamburg, wo man die Anlage des großartigen neuen Stadtparks nach den Entwürfen eines Oberingenieurs und eines Baudirektors zur Ausführung bringen will.

Es kann nicht fehlen, daß diese Richtung versuchen wird, auch die Wegeführung in den Forsten zu beeinflussen. Deshalb erscheint es geboten, über den Wert der geraden und der geschwungenen Wege hier eine allgemeine Betrachtung vorauszuschicken. Zunächst lasse ich Gilpin zu Worte kommen:

„Der Wegmeister wählte den graden Weg; und zufällig war hier dieser die Linie der Schönheit, bei anderen Gelegenheiten, wo er nach gleichem Grundsatze verfuhr, verfehlte er sie. Aber hier ist sie dem Großen der Szene angemessen, und zeigt desto vorteilhafter die Tiefe und Unermeßlichkeit des Waldes. Regelmäßige Formen sind gewiß unmalerisch, aber ihrer Einfachheit wegen oft mit Größe verbunden. So wesentlich wird Einfachheit zur Größe erfordert, daß wir häufig Fälle sehen, wo das Einerlei der Symmetrie das Große vermehrte oder wohl gar erzeugte; dagegen wir auf der andern Seite ebensooft eine erhabene Wirkung durch die buhlerischen Reize malerischer Formen und Anordordnungen geschwächt sehen.“ (Gilpin II S. 54.)

Man kann wohl mehr aber nicht besseres zugunsten gerader Straßen sagen! —

Die modernen Vorkämpfer der geraden Linie berufen sich auf deren Zweckmäßigkeit. Sie sagen: Die gerade Linie ist die kürzeste Verbindung zwischen zwei Punkten, und wenn der Mensch von einem Punkt zum anderen gelangen will, so geht er, wenn es möglich ist, geradeaus zu seinem Ziel. Außerdem rühmen sie die Übersichtlichkeit geradliniger Einteilungen, bei welchen das „Raumempfinden“ des Künstlers sich am vollkommensten betätigen könne. — Es liegt in diesem Gedanken etwas Wahres, aber daneben viel Übertreibung. — Sich selbst überlassen schreitet kein Mensch auf freier Fläche geradeaus zum Ziel. Das muß den Rekruten erst mit vieler Mühe eingedrillt werden. Selbst die Vögel im Luftmeer, selbst die Hasen auf dem Schneefeld, wo doch keinerlei Hindernis sie abhält, geradlinig ihr Ziel zu erreichen, pflegen in oft sehr schönen Kurven sich fortzubewegen. — Was nun die Übersichtlichkeit und das Raumempfinden betrifft, so hat es der ausführende Künstler ja unzweifelhaft leichter, wenn er geradlinige Anordnung bevorzugt; aber viel mehr Freiheit — und Freiheit ist ein Quell von Schönheit — gestattet die geschwungene Linie. Alle geraden Linien sind einander gleich; aber die Zahl der möglichen geschwungenen Linien ist unendlich. Die gerade Linie bietet keine Überraschungen, welche doch oft so reizvoll wirken, die geschwungene Linie dagegen bietet dem Wandernden stets wechselnde Ausblicke. Dafür ein Beispiel: Der Weg von Postel nach Militsch macht an der Kleinbahn zur Umgehung einer feuchten Niederung eine scharfe Biegung. Dort habe ich jedesmal meine Freude, wenn ich für einige Augenblicke, bei Tage ein anderes Stück Horizont, bei Nacht ein anderes Sternbild vor mir sehe, als sonst auf dem Wege. Der Landschaftsgärtner kennt eigentlich nur gerade Linien und solche, die sich mit dem Kurvenlineal auftragen lassen. Die eben gemachte Bemerkung über schroffen Richtungswechsel beweist, daß wir in der nutzbaren Landschaft mit Vorteil von den schematisch ausgebildeten Liniensystemen abweichen dürfen. Dabei besteht noch ein großer Unterschied zwischen Wegen, die man neu anlegt und solchen, die man vorfindet. Letztere um der Regelmäßigkeit der Kurve willen zu verlegen, wird selten wohlgetan sein. Man beurteilt sie minder streng, sie sind einmal da und deshalb daseinsberechtigt. „Il n'y a rien de plus brutal, qu'un fait."

Übrigens: auch der Landschaftsgärtner gestattet sich bisweilen schroffen Richtungswechsel, dann aber verfehlt er nicht, Einrichtungen zu treffen, die ihn als wohlbegründet erscheinen lassen. So zeigte mir Petzold eine Stelle, wo er eine Terrainmulde ausschachten lassen wollte, um nachträglich für eine bestehende Wegekrümmung eine Rechtfertigung zu schaffen.

In Forstrevieren der Ebene hat geradlinige Einteilung große Vorzüge. Die auf lange Strecken geradeaus durchgeführten Gestelle sind das Schönste, weil sie das Natürlichste sind, auch wäre es kleinlich, wollte man, um ganz unbedeutenden Schwierigkeiten zu entgehen, um vielleicht einem kleinen Hügel auszuweichen oder eine Brücke zu sparen, ein meilenlanges Gestell brechen, und Eines will ich den geraden Gestellen noch ganz besonders nachrühmen: Wenn sie sanfte Terrainwellen rechtwinklig durchschneiden, so gewähren sie einen Gewinn, der sich mit gekrümmten Wegen nicht erzielen läßt. Durch die Leichtigkeit nämlich, mit welcher das Auge das scheinbare Konvergieren der parallelen Ränder

Abb. 50. Danckelmann-Linie in Postel. (Zu Seite 210.)

des Weges wahrnimmt, werden wir zu einer optischen Täuschung verleitet. Ähnlich wie im Nebel ferne Gegenstände größer erscheinen, halten wir von der Höhe aus das nächste Tal, die übrigen Erhebungen, die wir übersehen, für weiter und daher auch für tiefer, beziehentlich höher, als sie wirklich sind, und das Gelände gewinnt dadurch für uns mehr „Bewegung" (dies ist der technische Ausdruck der Gartenkunst), als ihm in der Tat innewohnt. Steht man dagegen im Tal, so gewährt das Stückchen Himmel, welches vor uns über dem nächsten Hügel unter den Baumästen hervorleuchtet, einen immer anziehenden Abschluß des Gesichtsfeldes, wie ihn der Landschaftsgärtner am Ende einer geradlinigen Allee durch einen Obelisken oder anderen teuren Luxus oft vergeblich anstrebt. Ein solches Auslaufen der Forstgestelle mit durchleuchtendem Himmel zeigt Abb. 50.

Wer dieses Bild genau betrachtet, wird wahrnehmen, daß die Danckelmannlinie vorn breiter ist als am Ende. Die Photographie läßt das erkennen, in der Wirklichkeit aber wird selbst das schärfste Auge getäuscht. Man wird zu der Annahme verführt, daß der Wald noch unendlich weit sich fortsetze, während das auf dem Bilde sichtbare Stück der Linie nur 280 m lang ist. Das Gestell ist nämlich vorn 3,60 m, im Hintergrund nur 3 m breit aufgehauen. Der beabsichtigten Täuschung kommt der Umstand zu Hilfe, daß die Stämme im Hintergrund bei zunehmender Erhebung des Terrains kleiner und dünner geblieben sind.

Bin ich demnach keineswegs ein Gegner der geraden Linie, so glaube ich doch, daß man selbst in der Ebene in ihrer Bevorzugung zu weit gegangen ist. So mancher alte Weg, obwohl sein mäßig gekrümmter Verlauf eine angenehme Abwechselung ohne merklichen Umweg hätte gewähren können, ist mit verhältnismäßig großen Opfern gerade gelegt worden. Diese Mißgriffe gehören zu jenen unzeitigen Ausbrüchen des Verschönerungsbedürfnisses, denen gerade die äußerster Prosa der Anschauungen verfallenen Naturen nicht entgehen; denn selten nur wird der Wunsch, die Wegestrecke zu verkürzen und die Vermessung zu erleichtern, für solche Versehen der wirkliche Anlaß gewesen sein, vielmehr erkannte der nüchterne Praktiker die gerade Linie als im allgemeinen zweckmäßig und fand sie infolgedessen schön, und ebenso hielt er jeden krummen Weg für allenthalben häßlich und legte ihn aus diesem Grunde gerade, wenn auch im besonderen Falle unverhältnismäßige Opfer daraus erwuchsen.

Inwieweit geringe Terrainschwierigkeiten, die man bei der Distriktseinteilung meist mit gekrümmten Wegen zu umgehen strebt, auch bei der regelmäßigen Einteilung Veranlassung geben dürfen, die gerade Linie zu verlassen, wird immer nur nach Lage des einzelnen Falles zu entscheiden sein. Einige Anhaltspunkte will ich zu geben versuchen, um so mehr, als ich mir die bezüglichen Grundsätze aus Mühlhausens „Wegenetz des Forstreviers Gahrenberg" nicht ganz zu eigen machen kann. Dort nämlich wird vorgeschrieben, daß da, wo Teilungslinien zu stark geneigt ausfielen, man sie durch krumme mit 6% ansteigende Linien ersetzen könne, „welche selbstverständlich eine solche Lage erhalten müssen, daß die Krümmung möglichst gering ist und die gerade Richtung möglichst bald wieder erreicht wird". Diesen Grundsatz kann ich nur unter dem Vorbehalte als richtig anerkennen, daß die Abweichungen von der geraden Linie niemals so unerheblich sein dürfen, daß man glauben könne, es sei die Abweichung von der sonst allein herrschenden Richtung nur aus Unachtsamkeit erfolgt. Man suche sich lieber zu helfen, indem man entweder die schlimme Stelle durch Auf- und Abtragen beseitigt, oder dadurch, daß man, soweit erforderlich, ein Stück Weg um das Hindernis herumführt, während das Gestell selbst als Grenze der Wirtschaftsfigur unbeirrt der geraden Linie folgt. Wo der erste Ausweg zu viele Unkosten, der zweite zu viele Flächenopfer verlangen würde, da wähle man lieber gleich eine erhebliche Abweichung von der geraden Richtung. Mehrmals habe ich mir auch durch einen kleinen Kunstgriff aus der Verlegenheit geholfen: durch das Brechen einer Linie auf dem höchsten Punkte. Die Figur soll das verdeutlichen (Abb. 51):

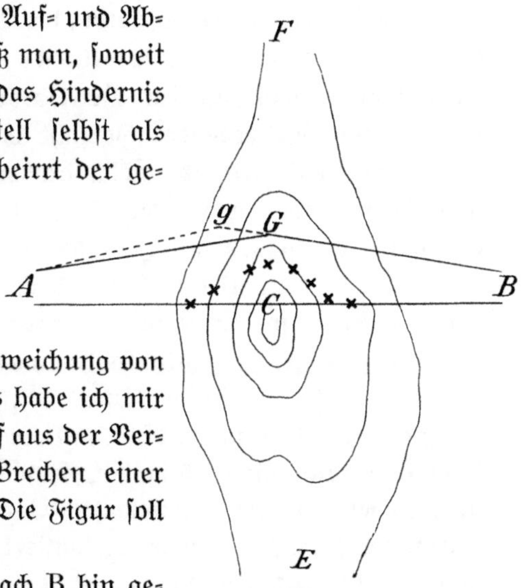

Abb. 51.

Gesetzt, man wolle von A nach B hin geradlinige Einteilung durchführen, und der Hügel C, die höchste Anschwellung eines Dünenzuges EF, böte zu unbequeme Steigungen, so könnte man in der durch Kreuze angedeuteten Richtung einen Hilfsweg anlegen; kleinlich aber und unschön wäre es, den Verlauf des Gestelles selbst, wenn es lang ist, um eines so kleinen Hindernisses willen, zu unterbrechen. Die Richtung AG—GB zu wählen, hätte schon weniger Bedenken, da man weder von A noch von B aus die Richtung über G hinweg übersehen kann und der Fehler daher unbemerkt bleibt, was bei der Richtung über g nicht zu hoffen wäre. Letztere ist daher unzulässig.

Ganz anders verhält es sich mit der Richtung EF. Diese, welche beständig angesichts der Terrainunebenheit verläuft, würde zur Entwickelung schöner gestreckter Kurven passenden Anlaß bieten, und es wäre für diese die gerade Linie ganz auszuschließen.

In älteren Lehrbüchern wird zwischen regelmäßiger und natürlicher Einrichtung unterschieden. Obwohl ich geradlinige Einteilung für die Forsten der Ebene befürworte, kann ich mich doch nicht für regelmäßige Einteilung aussprechen. Deren Verfechter stellen als die Idealform der Wirtschaftsfiguren das Rechteck hin, bei welchem die Länge etwa doppelt so groß ist als die Breite. Neumeister empfiehlt 600 m Länge und 300 m Breite. Zwar erkenne ich an, daß für den Landmesser die rechteckige Einteilung eines Reviers bei ebener Lage Vorteile bietet, die Nachteile aber halte ich für überwiegend, und zwar nicht nur in ästhetischer Hinsicht. Zur Erleichterung der Wirtschaft bietet die gleiche Gestalt der Jagen niemals einen praktischen Nutzen und die gleiche Größe einen solchen doch nur für Betriebsarten, bei welchen man, wie bisweilen beim Niederwalde, Gewicht darauf legt, daß jede Wirtschaftsfigur eine gleiche Anzahl gleich großer Jahresschläge umfasse, dagegen ist nicht abzusehen, wozu die gleiche Größe im Hochwalde helfen sollte. Enthielten die Jagen nur Holzbodenfläche, und ließe sich erwarten, daß sie jemals nur einerlei Holzart gleichen Alters und gleicher Güte enthalten würden, so könnte man ja darauf rechnen, daß es dem Zukunftsoberförster in jenem Zukunftsidealwalde eine kleine Erleichterung sein werde, daß er die Größe seiner Wirtschaftsfiguren, und damit gleichzeitig die der Abteilungen usw., mit einer einzigen Zahl auswendig lernen kann und dann nicht nötig hat, jemals wieder im Vermessungsregister nachzusehen. Dieser zweifelhafte Vorteil aber, aus ferner ungewisser Zukunft auf die Gegenwart diskontiert, dürfte doch nur einen unendlich kleinen Jetztwert darstellen, und dem verschwindend kleinen Gewinn steht ein größerer Nachteil gegenüber. Das Bestreben, möglichst viele ganz gleichmäßige Jagen aus dem Körper des Reviers herauszuschneiden, führt nämlich (auf zahlreichen Forstkarten kann man sich davon überzeugen) sehr oft dahin, daß die unvermeidlichen Randjagen unzweckmäßige Form- und Größenverhältnisse erhalten.

Nicht besser steht es um die Bevorzugung rechtwinkliger Kreuzungen. Diese erleichtern zwar die Schlagabmessung, das ist doch aber nur etwas sehr Nebensächliches, denn nur sehr wenige Minuten mehr wird man brauchen, um andere Formen, wenn sie nur geradlinig begrenzt sind, auszumessen. Wenn man ferner zugunsten der Rechtecke behauptet, daß sie den Wald mit dem geringsten Opfer an Waldfläche aufschließen, so scheint mir dies mehr unrichtig als richtig zu sein, richtig nur insofern, als man ausschließlich an das Rücken der Hölzer an die Gestelle heran denkt; umgekehrt aber steht es um den weiteren Transport der Forsterzeugnisse aus dem Walde heraus und um die Wege des Verwaltungs- und Schutzpersonals. Da wird man durch Quadrate und ebenso durch Parallelogramme recht oft zu unbequemen Umwegen gezwungen, wenn nicht Diagonalwege eine Abkürzung gestatten. Diese werden nicht selten in zweierlei Richtungen erforderlich sein, und sie verschwenden dann weit mehr Fläche, als durch die rechten Winkel eingespart wurde.

Die gleiche Größe und die Rechtwinkeligkeit der Jagen bieten also beachtenswerte Vorteile nicht, und es bleibt daher auch kein Grund mehr übrig, die Gestelle einander parallel verlaufen zu lassen, vielmehr wird man sie fächer- oder sternförmig legen dürfen, wenn damit irgendwelchen Zwecken gedient wird.

Die letzten sieben Worte wenden sich gegen das alte französische Carrefour-System. Dieses geht nach entgegengesetzter Richtung zu weit, indem es die sternförmigen Zusammenführungen vieler Wege in einen Punkt geflissentlich bevorzugt und grundsätzlich parallele Linien auch dann, wenn keinerlei praktisches Interesse den Anlaß für die Abweichung gibt, vermeidet, wogegen ich nur dafür eintrete, daß man stern- und fächerförmige Anordnungen, wo sie sich im besonderen Falle aus irgendwelchem Grunde als empfehlenswert darbieten, nicht aus Vorliebe für das ewige Einerlei der gleichartigen rechten Winkel verschmähen wolle. Bei vorsichtiger Beachtung solcher Grundsätze wird sich die nötige Abwechselung in den Kreuzungen der Gestelle ohne Opfer ganz von selbst ergeben.

Die Übersichtlichkeit des Reviers braucht dabei nicht geschmälert zu werden, denn während auf der Karte die Einteilung um so übersichtlicher ist, je regelmäßiger sie durchgeführt wurde, so hat im Walde das ewige Einerlei gleichartiger Kreuzungen doch auch in dieser Hinsicht seine Schattenseiten. Zwar gibt es nichts Bequemeres, als an den Jagenstein heranzutreten, der dem Blick des Kundigen alsbald verrät, wo er sich eben befindet, wo der Nachbarstein zu suchen ist und wer weiß was alles sonst noch!

Wie aber dann, wenn

„die schönen Zahlen leider sind
hinweggewischt vom Regenwind";

oder bei Nacht, da kann es doch recht fatal werden, wenn ein Wegekreuz immer ganz genau so aussieht wie das andere, und das Gedächtnis keinerlei Anhaltepunkte findet, die Karte keinerlei Vergleichsmomente hergibt.

„Ja, aber der Wind“, höre ich mir zurufen, und es ist klar, daß, wenn die Gestelle nicht parallel verlaufen, nur ein Teil derselben die Lage zur Windrichtung haben kann, welche wir bisher als die beste ansahen. Hierauf erwidere ich: daß die Richtung der Hauptgestelle parallel mit der Windrichtung sehr gut ist, hat die Erfahrung eines Jahrhunderts bewiesen, daß sie schräg gegen den Wind noch besser ist, beweist Denzin auf das Unwiderleglichste. Welche Richtung man auch den Gestellen gebe, man wird entweder eine sehr gute oder eine noch bessere haben.

Aus den letzten Absätzen ist bereits ersichtlich, daß ich nur die Regelmäßigkeit der Einteilung bekämpfe, daß ich aber geradlinig durchgeführte

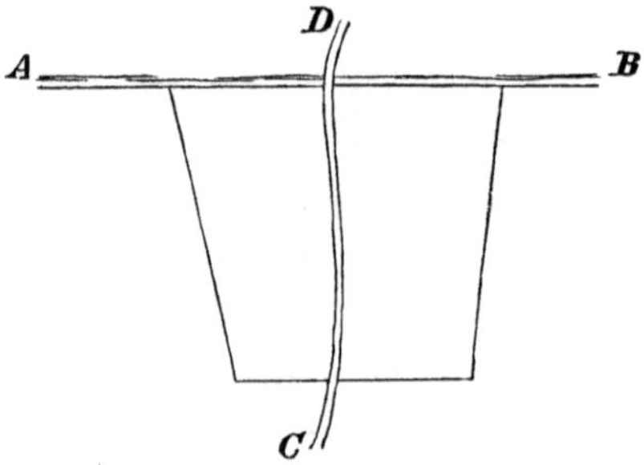

Abb. 52.

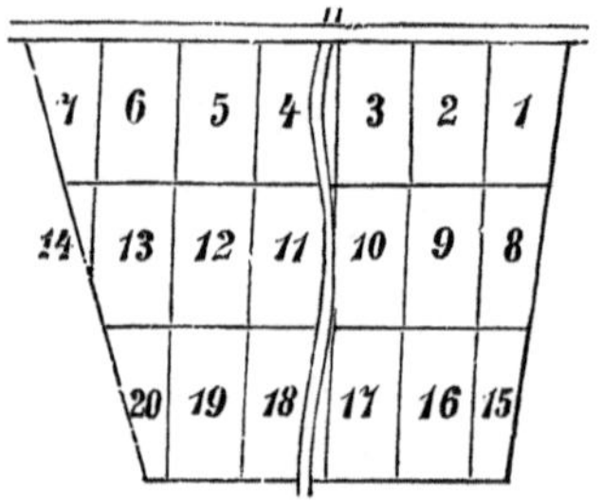

Abb. 53.

Forstgestelle unter Umständen gelten lasse. Es ist nämlich nicht zweifelhaft, daß für die Ebene auf lange Strecken geradeaus durchgeführte Gestelle das Schönste, weil das Natürlichste sind.

Das bisher Gesagte würde ich gern an Beispielen aus der Wirklichkeit erläutern, indessen exempla (nämlich solche, wie man es nicht machen soll, und dies sind die lehrreichsten) sunt odiosa, darum konstruiere ich mir lieber ein Idealbeispiel, und zwar, damit ich nicht der Parteilichkeit geziehen werden könne, sollen die Verhältnisse für die sogenannte künstliche Einteilung sehr günstig liegen. An der Chaussee von A nach B befinde sich eine 200 ha große Ackerfläche zu beiden Seiten des Weges von C nach D. Die Fläche soll mit Kiefern aufgeforstet und dereinst in 70—80jährigem Umtrieb bewirtschaftet werden, weshalb es angemessen erscheint, 18—20 Jagen herzustellen. Das Terrain sei durchaus eben, andere Abfuhrrichtungen als nach A, B, C, D seien nicht in Betracht zu ziehen. Abb. 52 stellt diese Verhältnisse dar.

Nach der hergebrachten Art und Weise könnte nun die Netzlegung so erfolgen, wie Abb. 53 zeigt. Man würde es zuerst sich angelegen sein lassen, einiges Geld für die Geradelegung des hübsch geschwungenen Weges CD auszuwerfen, worauf dann das Publikum auf dem dort neu gebauten Gestell fahrend einige Jahre (bis der Boden sich gesetzt hat) seine liebe Not aussteht, und der Förster auch verzweifeln möchte, weil auf der bisherigen Wegefläche durchaus nichts wachsen will; aber es ist doch ein wunderschöner Anhalt für eine Netzlegung gewonnen, und wir bekommen in der Tat — welch ein Gewinn! — unter 20 Nummern 13 von ganz gleicher Größe, schade nur, daß die Nummern 13 und 15 hinter der erwünschten Größe so stark zurückbleiben. Auf der Karte ist nun leicht mit dem Winkel zu operieren, was schadet es da, daß die Holzfuhren auf den Katheten statt in nächster Richtung auf der Hypotenuse fahren, und ordentlich und übersichtlich ist alles, was tut es da, daß es entsprechend langweilig wird.

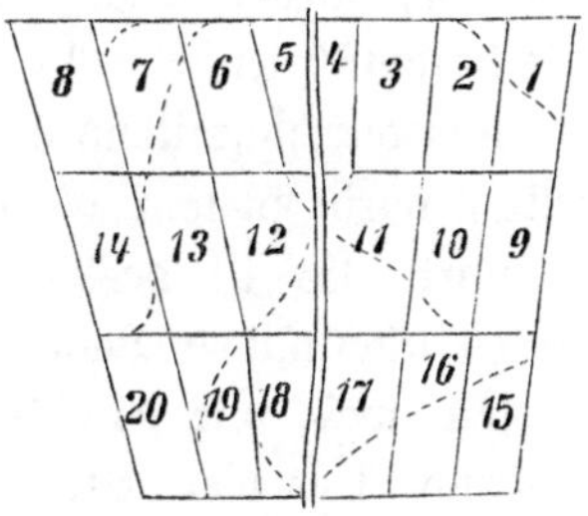

Abb. 54.

Nach dieser etwas absprechenden Kritik des seither üblichen Verfahrens mit einem eigenen Entwurf mich hervorzuwagen, sollte ich eigentlich Bedenken tragen, gleichwohl versuche ich, mit Abb. 54 zu zeigen, wie ich es etwa machen würde.

Auf diese Art sind allerdings einige Meter Gestell mehr noch erforderlich, als bei Figur 53, und außerdem die Diagonalwege, dafür ist aber auch der Forst ganz erheblich besser erschlossen, als das rechtwinklige Netz es vermöchte.

Daß unter Verhältnissen, welche nicht so einfach liegen, wie die hier angenommenen, ein starr rechtwinkeliges Netz, weil es sich den Verschiedenartigkeiten des Standortes und der Holzbestände gar nicht anpassen kann, oft schwere wirtschaftliche Opfer verursacht, bleibt in manchen Revieren noch ein halbes Jahrhundert nach der Netzlegung ersichtlich. Bei meiner beweglicheren Art der geradlinigen Einteilung können diese Opfer sehr herabgemindert werden.

Die breiten Wirtschaftsstreifen des sächsischen Einrichtungsverfahrens sind bisweilen weithin sichtbar, und das ist besonders im Hügellande unschön. Zutreffend bemerkt schon Gilpin: „Alle Abteilungen beleidigen das malerische Auge sehr; dieses mag gern frei herumschweifen. Auch erhöhet es die einem Walde eigne Schönheit sehr, wenn überhaupt die großen Linien der Natur und die mannigfachen Anschwellungen des Erdbodens von solchen sich eindrängenden Abteilungen undurchschnitten bleiben und ihr volles Wellenspiel haben.“ Um der gleichen

Rücksicht willen wird man auch Loshiebe nur im dringenden Notfall anwenden dürfen.

Hinsichtlich der natürlichen Einteilung (ich gebrauche jetzt das Wort in dem nun einmal eingebürgerten engeren Sinne) habe ich nur zu betonen, daß sie auch wirklich natürlich sein muß, dann wird sie ganz gewiß schön sein. Man hüte sich nur vor Schematismus, falle nicht in das Extrem, die gerade Linie auch da zu verwerfen, wo keinerlei Umstand zu einer Krümmung auffordert, und man befreie sich von dem Vorurteil, daß jeder bedeutendere Weg die Grenze einer Wirtschaftsfigur bilden müsse. Niemals entschließe man sich ohne triftigen Grund, bereits vorhandene Wege, welche durch eine Wirtschaftsfigur hindurchführen, einziehen zu wollen, denn gerade solche leisten ästhetisch die wichtigsten Dienste. Auf ihnen einen zu beiden Seiten gleichartigen Bestand durchschreitend haben wir weit mehr die Empfindung, im Walde mitten darin zu sein, als wenn der Weg nur am Saume des Bestandes hinführt. Es ist deshalb immer verfehlt, eine alte Jageneinteilung wegen ungünstiger Lage und schlechter Fahrbarkeit der Gestelle zu verwerfen, was, wie jede Umwandlung, Opfer verursacht. Ästhetisch wie praktisch ist es viel besser, die Jagen beizubehalten, sie aber durch in das Innere geführte Wege zweckmäßig zugänglich zu machen. Nebenbei gesagt: Der Einwand, der gegen solche Wege geltend gemacht wurde, daß sie nur einmal den Schlag erschließen, während die Wege am Saum erst dem Schlage rechts, dann demjenigen links dienen, ist nicht stichhaltig, denn erstere werden ja von beiden Seiten zugleich ausgenützt und 2×1 ist doch $= 1 \times 2$. Gleichwohl werden solche „Schriemwege" (wie wir Schlesier sagen) an vielen Orten eifrig eingezogen. Ich erinnere mich zahlreicher Fälle aus Königlichen und Privatrevieren, wo ein unglücklicher Weg, welcher durch ein Jagen hindurch der Grenze zueilte, unbarmherzig um das Jagen herum gedehnt wurde. Teuere Ballenpflanzen, Dornen aller Art, Verwünschungen in Menge vergeudete das Forstpersonal, um schließlich von allen Mühen nichts zu ernten, als einige Durchforstungsstangen, denn im ersten Umtriebe wächst selten etwas auf dem verangerten Boden; dazu aber Schwierigkeiten der Abfuhr und offenbare Feindseligkeiten von seiten des geschädigten Publikums.

Einen großen Dienst leistet dagegen die Forsteinrichtung den Beamten und dem Publikum, wenn sie die Anlage besonderer abkürzender Steige für Fußgänger (Begangssteige, Pirschwege oder wie man sie sonst nennen will, sie mögen auch, wo es unschwer einzurichten, als Wege 4. Ordnung für einen Wagen fahrbar gemacht werden) vorschreibt oder (noch besser) dem Ermessen des Oberförsters anheimstellt, weil diese Stege und Wege sich genau den nach Ort und Zeit wechselnden Bedürfnissen anschmiegen können und sollen. (Abb. 55.)

Die gerade Linie verlassend darf man doch nicht in den entgegengesetzten Fehler verfallen, daß man Linien für um so schöner hält, je mehr Krümmungen sie aufweisen. Als der englische Gartenstil aufkam, hielt man — den Anregungen Hogarths folgend — so ziemlich jede Wellenlinie für schön, und man gab daher den Gartenwegen sehr viele Krüm-

Abb. 55. Fußweg im Buchen-Mittelwald.

mungen. Fürst Pückler bekämpfte diese „Korkzieherlinien" erfolgreich. In einem stilvollen Landschaftsgarten kommen sie nicht mehr vor; am allerwenigsten gehören sie in den Wald.

Man hüte sich auch vor dem Fehler, Wegekrümmungen danach beurteilen zu wollen, wie sie sich auf der Karte ausnehmen. Das Kartenbild gibt niemals die volle Wirklichkeit wieder, darum erscheint auf der Karte manches unrichtig, was in der Wirklichkeit als wohlbegründet gefällt. Dies gilt besonders von kleinen Nebenwegen und Begangssteigen, die hier einem Stein, dort einem Baum, dort einer Sumpfstelle ausweichend ganz ungezwungen im Gelände sich durchwinden dürfen. Sie machen dann den allernatürlichsten Eindruck. Man hat die

Empfindung, daß man sich selbst, wie alle, die früher da wandelten, den Weg bahne, und man genießt so eine scheinbare Freiheit, ein Gefühl, wie es den Wandelnden auf den regelmäßigen Kurven eines Parkweges nicht begleitet.

Eine für bergige Gegenden beachtenswerte Regel verdanke ich von Guttenberg. „Wo wir bei Gebirgsstraßen die Wahl haben, einen erstrebten Höhenpunkt entweder mittelst Serpentinen oder durch eine weitere Entwickelung der Wegetrace über einzelne Talbuchten, Bergriegel u. dgl. zu erreichen, da sollte auch vom ästhetischen Standpunkte stets der letzteren Lösung der Vorzug gegeben werden, während die Serpentinen nur einen Bestand durchschneiden und dabei stets für die Erhaltung einer vollen Waldbestockung in den oft schmalen Zwischenstreifen bedenklich sind."

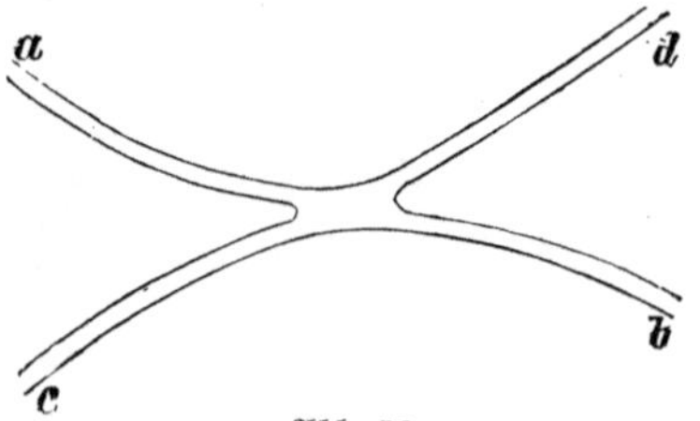

Abb. 56.

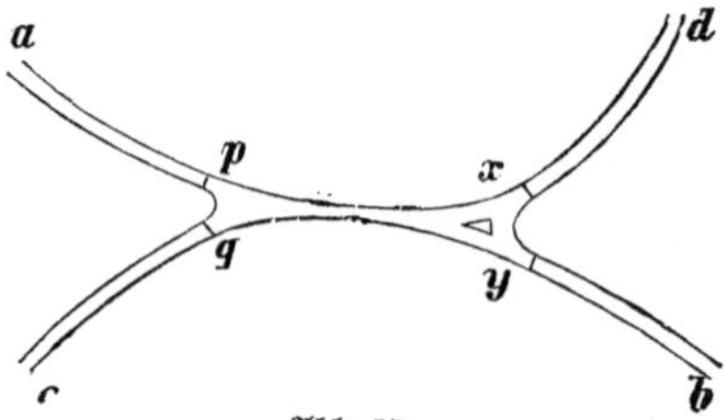

Abb. 57.

Viel ist darüber gestritten worden, ob längere Wegezüge mit durchweg gleichmäßigem Gefälle anzulegen seien, oder nicht. Nach dem Motto: variatio delectat würde ich das Gefäll lieber nicht durchweg gleichmäßig verteilen. Auf diese Art erlangen wir auch mehr Freiheit, den Weg an Sehenswürdigkeiten (Felsen, schöne Bäume und dergleichen) dicht heranzuführen.

Formeln sollen, so lehren Lehrbücher, den Winkel finden helfen, mit welchem an Bergabhängen die Seitenwege in die Hauptwege einzumünden haben. Dazu hätte ich nur zu bemerken, daß gar zu spitze Winkel nicht schön sind. Besonders bei Wegekreuzungen muß man sie zu vermeiden suchen. Wie das sich einrichten läßt, zeigt die eingeschaltete Abb. 57 im Gegensatz zu der minder ratsamen Abb. 56.

Teilt sich ein Weg in zwei Arme, von denen der eine steigt, der andere fällt, so empfiehlt es sich, das Verbindungsglied (pg und xy der Abb. 57) eben zu legen, dann aber alsbald um des stärkeren Kontrastes willen die Wege zunächst etwas mehr ansteigen oder fallen zu lassen, als das Gefällprozent des Wegezuges im ganzen vorschreibt. Im nahezu flachen Terrain, wo die Wege wenig Gefälle haben, kann dieser kleine

Kunstgriff am unbedenklichsten und mit besonders günstiger Wirkung zur Anwendung kommen.

Die Frage, ob man Wege sichtbar machen oder verbergen soll, kann je nach Umständen verschieden beantwortet werden. Ein Anhänger des natürlichen Gartenstils wird sich mit Vorliebe für das Verbergen entscheiden. In Landschaftsgärten und im Park führt man die Wege gern so, daß die Ruhe der Rasenbahnen von ihnen nicht gestört wird; in der regelmäßigen Anlage aber geschieht die Gliederung des Ganzen häufig durch die sichtbar verlaufenden Wege. In großartiger oder doch wenigstens ausgedehnter Landschaft entstehen auf diese Weise die schönsten Wirkungen.

Hat man sich für Serpentinen entschieden, dann ist die Wahl der Brechpunkte von großer Wichtigkeit. An diesen Stellen, wo man die Richtung ändert und auf der nötigen, nahezu eben angelegten Kurve gern etwas verweilt, wird die Aufmerksamkeit besonders rege. Darum gehören diese Brechpunkte an Stellen, wo etwas zu sehen ist, wie z. B. ein hoher Baum, oder ein Felsen, oder wo sich eine Fernsicht öffnet. Die Serpentine selbst hat den Nachteil, daß sie den Berghang unschön zerreißt, ein Übelstand, den man beim Ausbau und später bei der Führung der Axt einigermaßen vermindern kann, indem man ihren Verlauf möglichst verbirgt. Ganz und gar zu verstecken braucht man sie nicht, insbesondere die Wendepunkte dürfen in angemessener Weise sichtbar gemacht werden, etwa durch eine vortretende Trockenmauer, welche die Böschung ersetzt, oder durch ein Geländer, dessen Ausführung je nach der Bedeutung des betreffenden Weges von der Fichtenstange bis zur monumentalen Steinmauer sehr verschieden gestellt werden kann. In unwirtlichem Hochgebirge kann der antike „horror silvarum" wirksam bekämpft werden, wenn man hier und da das Vorhandensein einer Wegeanlage schon von fernher andeutet. Es wird dann selbst die schrofffste Felsenwand, scheinbar gastlich unseres Besuches harrend, viel von ihren Schrecken verlieren. C. F. Meyer hat diesem Gedanken den nachstehenden poetischen Ausdruck verliehen:

Die Felswand.

„Feindselig, wildzerrissen steigt die Felswand.
Das Auge schrickt zurück. Dann irrt es unstät
Daran herum. Bang sucht es, wo es hafte.
Dort! über einem Abgrund schwebt ein Brücklein
Wie Spinnweb. Höher um die scharfe Kante
Sind Stapfen eingehaun, ein Wegesbruchstück!

Fast oben ragt ein Tor mit blauer Füllung:
Dort klimmt ein Wanderer zu Licht und Höhe!
Das Aug' verbindet Stiege, Stapfen, Stufen.
Es sucht. Es hat den ganzen Pfad gefunden,
Und gastlich, siehe, wird die steile Felswand."

Es bleibt nun noch zu erörtern, welche Größe der Wirtschaftsfiguren vom ästhetischen Standpunkte aus wünschenswert sei, und ich glaube, daß auch in dieser Hinsicht das im gewöhnlichen Sinn Zweck-

Abb. 58. Durchblicke im Kiefernwalde.

mäßige gleichzeitig das Hübscheste sein wird. Betriebsarten, welche die Flächen wesentlich für Bestände von einerlei Art und Alter verwenden, werden kleine Jagen brauchen, und es wird sich dann eine im ästhetischen Sinne erwünschte Mannigfaltigkeit dadurch ergeben, daß der Hieb in den verschiedenen Hiebszügen ungleich vorrückend (in den nördlichen etwas voraneilend) die Jagen alten und jungen Holzes hier so, dort anders nebeneinander lagert. Gerade bei kleinen Jagen begegnet das Auge (von Nordosten aus nach Südwesten blickend) hübschen staffelförmigen Anordnungen des Altholzes.

Einen solchen Durchblick gibt Abb. 58 wieder.

Abb. 59 zeigt schematisch, wie bei geregelter Hiebfolge solche Ausblicke entstehen. Jagen 89 ist hundertjähriges Holz, bereits von Osten her angehauen. Jagen 116 ist mit älterem Stangenholz bestanden. Die Jagen 88 und 117 sind, teils als Blößen, noch übersichtlich. Die Pfeilrichtungen deuten an, daß vom Wege aus die Durchblicke ganz verschiedenartigen Hintergrund antreffen und in schneller Folge wechselnde Bilder eröffnen.

Je größer die Jagen sind, desto weniger Bilder wird man antreffen. Dafür aber bieten große Jagen den ästhetischen Gewinn, daß man für solche außer den die Begrenzung bildenden Gestellen noch zahlreiche andere Wege braucht, welche ihr Inneres aufschließen. Vieler Vorzüge dieser Wege ward bereits gedacht. Ich füge hier noch als weiteren Vorteil hinzu, daß in das Innere der Bestände führende Nebenwege, weil ganz unabhängig von Windrichtung und den Bedürfnissen der Hiebsführung, sich dem Geschmack, ja der Laune des Waldbesitzers einigermaßen anbequemen dürfen. Will doch Mühlhausen die Wege 4. Ordnung unter gewissen Verhältnissen sogar geflissentlich in unbequemer Richtung angelegt wissen, damit der Holzfuhrmann gezwungen sei, diese, welche nicht für starken Verkehr entsprechend befestigt werden, möglichst rasch zu verlassen.

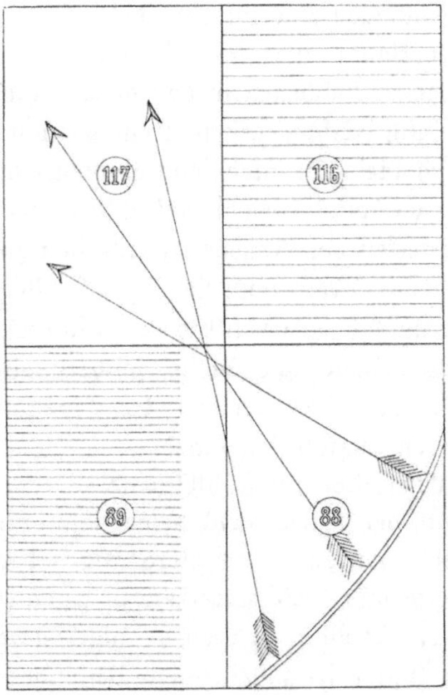

Abb. 59. Schematische Darstellung von Abb. 58.

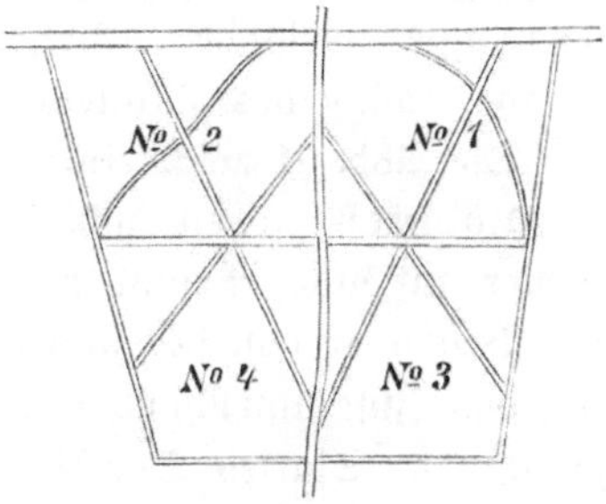

Abb. 60.

Sollte ich das Revier des Beispiels der Seite 214 in nur vier Jagen teilen, so würde ich nach meinem Geschmack (oder Laune, wie man es nun nennen möge) etwa nach Muster der vorstehenden Figur die Aufgabe zu lösen trachten (Abb. 60).

Für große Jagen spricht ferner, daß ein ausgedehnter, zusammenhängender Altholzbestand jedenfalls einen weit stärkeren Eindruck macht, als dieselbe Menge des Altholzes, an vielen Orten verzettelt. Wo daher die Bestände in sich Abwechselung gewähren und namentlich die Öde weiter Kahlhiebsflächen durch die Betriebsart ausgeschlossen ist, da mögen die Jagen groß sein. Sie dürfen das auch insofern, als zu hoffen steht, daß die Kalamitäten, welchen man durch Teilung der Jagen zu begegnen suchte, um so mehr schwinden werden, je allgemeiner wir dazu übergehen, auf einer und derselben Fläche nicht nur verschiedene Holzarten, sondern auch verschiedene Altersklassen sowohl neben- als übereinander zu vereinigen. Der Wirtschaftsbeamte aber sollte sich freuen, wenn er zwar recht oft einen Weg, aber nur selten die Grenze einer anderen Wirtschaftsfigur erreicht; denn dadurch wird die Buchung ebenso wie der Betrieb erleichtert.

Die Begrenzung der Wirtschaftsfiguren ist oft durch das Gelände gegeben. Zur Sicherung gegen Sturmschaden und Feuer werden mancherlei verschiedene Maßnahmen vorgeschlagen und angewendet.

Breite Wirtschaftsstreifen verlangt die Forsteinrichtung in großen Fichtenrevieren zum Schutz gegen Windbruch, in den ausgedehnten Waldrevieren der Kieferheiden zum Schutz gegen Feuersgefahr. In der Johannisburger Heide fand ich diese Streifen sehr blumenreich und insofern konnten sie gefallen; aber es überwiegen doch die ästhetischen Nachteile. Man bedauert, so breite Streifen der Nutzbarkeit entzogen zu sehen, und man fühlt sich auf ihnen beengt. Man kann sie nicht als Weg auffassen, dafür sind sie zu breit; nicht als Wiese, dazu sind sie zu schmal. Die Schutzstreifen sollten sich nicht als bedauerliche Blöße, sondern als bevorzugtes Gelände darstellen! — Wie man das erreichen kann, werde ich am Schluß des Kapitels über Alleen ausführlich angeben.

Die Abb. 61 zeigt einen Wirtschaftsstreifen im Fichtenwald.

Loshiebe sehen nicht einmal auf der Karte, geschweige denn im Revier gut aus. Besonders unerfreulich wirken sie an Berghängen für den Beschauer von der anderen Talseite aus. Sie zerreißen zu gewaltsam den Zusammenhang der Bestände, als Linie zu breit — als Fläche zu schmal. Starkes Durchforsten des später freizustellenden Bestandesrandes wird ohne ästhetische und ohne finanzielle Opfer dieselben Dienste leisten, welche man von Loshieben erwartet.

Hinsichtlich der Bezeichnung der entstandenen Figuren verdient es von unserem Standpunkte aus den Vorzug, Forstorte als Ganze zusammenzufassen und innerhalb derselben fortlaufend die Wirtschaftsfiguren zu numerieren, weil auf diese Weise eine organische Gliederung erreicht wird, deren das Revier entbehren müßte, wenn das Ganze unmittelbar in die kleinen, unter sich gleichwertigen Teile zerfiele.

Neben den unumgänglich notwendigen Nummern noch Namen einzuführen, hat mancherlei praktische Vorteile für sich, noch mehr ästhetische. Dies zu begründen, muß ich eine Betrachtung allgemeiner Art einschalten:

Vereinigen sich verschiedene nicht gerade bedeutende, aber doch immerhin Wohlgefallen erweckende Eindrücke zu einem Gesamteindruck, so pflegen dieselben eine weit größere Wirkung auszuüben, als sie es

Abb. 61. Im Fichtenwald aufgehauener Wirtschaftsstreifen.

einzeln nacheinander imstande gewesen wären; in manchen Fällen wird man behaupten dürfen, daß sie ihren Wert im Verhältnis einer geometrischen Progression steigern. Denken wir z. B. an das Lied: „Heil dem Manne, der den grünen Hain". Der Gedanke, welchen es ausspricht, berührt uns ja sympathisch, aber wir würden uns nicht ohne Protest gefallen lassen, daß uns jemand den Inhalt der fünf Verse in Prosa an mehreren Abenden nacheinander wiederholte; die Form des Gedichtes ist auch nur mäßig, der gute Eindruck, welchen die ersten vier Zeilen nach Inhalt und Form gemacht haben, muß über die Schwächen des Überrestes hinwegsehen helfen, und dennoch ist das Ganze geeignet, dem Gesange als höchst wirksame Unterlage zu dienen; denn daß dies wirklich der Fall ist, und daß die Melodie ihrerseits von dem Text unterstützt wird, kann man nicht verkennen. Mit einem italienischen Text, und wenn er auch noch so wohllautende Silben hätte, würde sie sich schwerlich auf unseren Hochschulen eingebürgert haben. Auf derartige Beobachtungen gründet Fechner in seiner „Vorschule der Ästhetik" ein „Prinzip der ästhetischen Hilfe oder Steigerung", und aus diesem heraus wird begreiflich, daß es auf gute Namen im Walde bisweilen so sehr ankommt. Gute Namen sind nur solche, die den Eindruck, welchen die Örtlichkeit auf uns ausübt, ganz wesentlich beeinflussen, indem sie nicht nur gut passen, sondern auch noch anderweitige Ideen anregen. Diese müssen denen, zu welchen der betreffende Ort uns stimmt, verwandt sein. So würden die heiligen Hallen bei Tharand vielleicht weniger berühmt geworden sein, wenn der Bestand etwa Buchental hieße, ganz ungeeigneter Bezeichnungen, wie man so oft sie findet, nicht zu gedenken. Im Revier Nesselgrund heißt ein für Gebirgsverhältnisse ungewöhnlich langes Gestell Ewigkeit. Das klingt weit besser, als wenn es lange Linie hieße. Ebenso verhält es sich mit den Namen Paradies und Gottesstiege aus den Oberförstereien Katholisch-Hammer und Altenplathow.

Leider sind die Waldbilder nicht mehr häufig zu finden, welche Namen so wohltuender Art verdienen, das Prinzip wird sich aber auch bei gegenteiligen Verhältnissen festhalten lassen. Man wird die schlechteste Fläche mit Kieferboden V. Klasse besser Kummerberg nennen, als dürrer Berg.

Oft findet sich auch wohl Anlaß, von der Vorgeschichte eines Bestandes, von jagdlich oder sonst merkwürdigen Ereignissen Vorteil zu ziehen, und nicht selten werden Dedikationsnamen Anwendung finden können. Auch in diesen Fällen gilt als Regel, daß Namen um so besser sind, je reichere Ideen sie bei uns erwecken und lebendig erhalten. Wer also z. B. in einem Reviere, das einst unter Burckhardts Direktion gestanden, dem Andenken des Verfassers von „Säen und Pflanzen" einen Forstort widmen will, der wird diesen besser „Burckhardts Lust" als „Burckhards Berg" nennen, denn bei ersterer Bezeichnung ersieht man gleich: der Mann ist hier gewesen, hier hat er geschaltet und gewaltet und seine Freude am Schaffen gehabt.

Ein schönes Beispiel solcher Namengebung gab Oberlandforstmeister von Reuß, als er eine musterhaft kultivierte Brandfläche in der Tucheler Heide zur Auszeichnung für den dort tätigen Förster „Schulzes Fleiß“ benannte.

In der mir benachbarten Oberförsterei Katholisch-Hammer heißt ein Stangenort „Pickels Warmbier“. Wer sieht da nicht den ehrenwerten Förster Pickel bei abscheulichem Aprilwetter unermüdlich bei der Kultur aushalten, während die Frau Försterin sorglich mit warmem Getränk für seine Gesundheit bedacht ist. Hätte man den Ort „Pickels Saat“ genannt, so wäre der Name und damit der Förster Pickel vermutlich längst in Vergessenheit geraten.

Da, wo es an passenden Namen noch gänzlich fehlt, plötzlich deren hundert oder mehr aus dem Ärmel zu schütteln, ist nicht leicht; man wird die Schwierigkeit aber geringer finden, wenn man sich die Fülle von möglichen Anknüpfungspunkten vergegenwärtigt, wie ich sie hier nochmals zusammenstelle. Man kann anknüpfen

1. an die Gestalt des Geländes und der Grenzen,
2. an die Beschaffenheit des Bodens und der Flora,
3. an den Bestand und seine Geschichte,
4. an namhafte Gegenstände in der nächsten Umgebung (Felsen, Bäume, Dörfer, Burgen usw.),
5. an jagdliche und sonst bemerkenswerte Vorkommnisse und Tatsachen, auch alte Sagen.

Endlich helfen aus der Not:

6. Dedikationsnamen. Diese aber, wenn sie rein willkürlich beigelegt werden, haben nur dann Aussicht, sich einzubürgern, wenn sie oft genannt werden, sie eignen sich daher besser für Forstorte oder für längere Wege und Gestelle, als für die Wirtschaftsfiguren.

Von der äußerlichen Kennzeichnung der Forstorte, Jagen, Wege usw. durch Ziffern, Inschriften, Wegweiser, Wegebepflanzung u. dgl. wird in einem späteren Abschnitt die Rede sein, weil sich dabei viel Gelegenheit bietet, nach Willkür und Vermögen des Besitzers den Wald auszuputzen.

Sechzehntes Kapitel.

Die Betriebsarten.

Wie die Bildung der Wirtschaftsfiguren mit dem Entwurf des Wegenetzes Hand in Hand zu gehen hatte, so stehen auch die Wahl der Betriebsart, der Holzart und des Umtriebes miteinander in enger

Beziehung, doch wird es immerhin möglich sein, für die theoretische Erörterung jede dieser Entscheidungen für sich in einem besonderen Kapitel abzuhandeln.

Urwald im eigentlichen Sinne des Wortes kann nicht Gegenstand eines forstlichen Betriebes sein; denn wo die Wirtschaft anfängt, hört der Urwald auf. Gleichwohl muß dem Urwald eine kurze Betrachtung gewidmet werden, weil mehrfach aus Schönheitsrücksichten Reste von Urwäldern erhalten werden und auch schon vorgeschlagen worden ist, Urwald neu entstehen zu lassen, wobei man es als selbstverständlich ansieht, daß der Forstmann dessen Hüter sein solle. Darüber läßt sich allerdings streiten. Der Landschaftsgärtner oder der „holzgerechte Jäger" dürfte sich für solche Wirksamkeit mehr eignen. Uns steckt das Wirtschaften zu sehr im Blute!

Den holzgerechten Jäger aber wird man am ersten unter den Forstleuten entdecken können, in umgekehrter Entwickelung, wie man einst die Forstleute aus den Holzgerechten hervorgehen sah.

Aus ästhetischen Rücksichten Urwälder zu erhalten, ist in Amerika rechtzeitig beschlossen worden. Der als Urwald erhaltene sogenannte Park von Yellowstone umfaßt eine größere Fläche, als das Großherzogtum Baden. In Deutschland würde es langer Zeiträume bedürfen, ehe sich ein Kulturwald wieder zum Urwald auswachsen könnte. Der vom Grafen v. Tschirschky-Renard im Herrenhause 1897 eingebrachte Antrag wollte den Grunewald zum Urwald bestimmen. Die Durchfühung seiner Ideen wäre jedenfalls höchst interessant gewesen; dennoch halte ich es für richtig, daß das Herrenhaus und die Königl. Staatsregierung diesen Weg nicht haben mitgehen wollen.

Schon die Gefährlichkeit (stürzende Stämme, herabbrechende Äste!) macht einen Urwald ungeeignet, großen Volksmengen als Erholungsstätte zu dienen. Das ist aber nicht das einzige Bedenken.

Ein Urwald, welcher nur in bezug auf die sich selbst überlassene Pflanzenwelt als solcher erschiene, würde etwas durchaus Unvollkommenes bleiben. — Die Tierwelt müßte gleicher Freiheit sich erfreuen dürfen, wie der Baumwuchs. Dazu wäre aber die zehnfach vergrößerte Fläche des Grunewaldes viel zu klein gewesen. Wir Deutschen sind nicht reich genug, um uns den interessanten Luxus größerer Urwälder zu gönnen, es ist mir auch nicht bekannt, daß irgendwo in Deutschland noch Urwälder gehegt würden, wenn man nicht einige Schutzwälder im Hochgebirge als solche ansprechen will. Daß im Königreich Böhmen noch eine 200 Joch große Fläche, der „Luckenurwald", als wirklicher Urwald gehegt werde, erfuhr ich aus der Tagespresse. Ein in der „Gartenlaube“ erschienenes Bild belebt diesen Wald durch Touristen, welche auf den morschen Lagerbäumen umherklettern. Der Beschauer wird sich dem Eindruck nicht verschließen können, daß Urwald und Publikum nicht zusammenpassen.

Der sogenannte Neuenburger Urwald im Großherzogtum Oldenburg, unweit der Eisenbahn Oldenburg-Wilhelmshaven belegen, ist kein Urwald im wahren Sinne des Wortes gewesen, sondern ein Hudewald. Jetzt nimmt er urwaldartigen Charakter an, weil darin kein Holz mehr geschlagen werden darf.

Unsere Vorfahren haben in der Vorzeit ganz allgemein, in abgelegenen Gegenden noch bis Ende des vorigen Jahrhunderts, den Wald fast ausschließlich als Weideland für ihr Vieh und zur Befriedigung lokalen Brennholzbedarfes benutzt. An schwer zu fällende und noch schwieriger zu verarbeitende Waldriesen hat sich die Axt nicht herangewagt. Man hat die breitkronigen alten Bäume, soweit es sich um Eichen und Buchen handelte, auch der Mast wegen verschont. So entstanden jene Waldbilder, von denen Plinius eine so anschauliche Schilderung hinterlassen hat. Einen kleinen Abglanz solcher Herrlichkeit habe ich nicht weit von Postel bewundern können, so lange noch Graf August von Maltzan im Walkawer Forst ein Stück Hudewald „als Majoratsluxus“, wie er scherzend sagte, bestehen ließ.

Der oben erwähnte „Neuenburger Urwald“, gegen 50 ha groß, ist ein Teil des Reviers Neuenburgerholz. Von den umliegenden Ortschaften aus wird darin Weideberechtigung ausgeübt. Der Bestand wird von breitkronigen Eichen und einigen schönen Rotbuchen gebildet. Als Unterholz sind Hainbuchen, Weichhölzer, Dornen und Hülsen (Ilex) vorhanden. Die sehr schönen Hülsen waren von den Weißbuchen unterdrückt worden, weshalb letztere z. T. gefällt werden mußten. Alte Bäume werden nicht geschlagen, die stürzenden Stämme bleiben liegen, wenn sie nicht die Wege versperren.

Die Schönheit des Hudewaldes beruht auf seinem Reichtum an breitkronigen, fruchttragenden Bäumen — an deren Stelle im Hochgebirge die wundervollen Wettertannen treten — auf der schönen Bodendecke und der reichen Entfaltung interessanter Strauchformen. Wir finden vorzugsweise Holzarten, die sich durch Stacheln verteidigen, z. B. die wilden Rosen, die artenreichen Brombeeren, die zierlich gebauten Berberitzensträucher, auch den wehrhaften Wacholder. Wo Vieh weidet, wirken auch die Eigenarten des Standortes in der schönsten Weise auf die

Pflanzenverteilung hin. Die meisten Sträucher finden wir da, wo das Vieh nicht gut hinkommen kann, also etwa an einer Sumpfstelle, oder an einem Felsblock oder an steilen Hängen. Im Schutz der wehrhaften Sträucher entwächst dann wieder manche Baumholzart dem Zahn des Weideviehs. So zeigt sich die Natur frei und doch gesetzlich in schöner Eigenart entwickelt. Unter günstigen Umständen können schon wenige Kühe, welche der Förster in bestimmten Forstorten regelmäßig weiden lassen darf, viel Schönheit hervorrufen; ein übermäßiger Weidebetrieb veranlaßt aber durch Vernichtung der Narbe und Ausrottung jeglichen Strauchwerks bedauerliche und häßliche Bodenverödung.

Der Hudewald bietet gewissermaßen das Vorbild für die moderne Landschaftsgärtnerei; denn was ist der englische Park anderes, als eine idealisierte Rinderweide!

Durch Gegenüberstellung von Beispiel und Gegenbeispiel hat der geniale Repton einmal gezeigt, wie leicht eine Hutungsfläche mit Bäumen in eine freie Anlage umgewandelt werden kann. Das Landschaftsbild, wie er es vorfand, litt unter dem Übelstande, daß die Beastung aller Bäume in der gleichen, vom Zahn des Weideviehs bestimmten Höhe ansetzte und daß unten alles kahl war. — Unterpflanzung und Umzäunung der wichtigsten Gruppen genügte zur Herstellung eines in verschiedene Partien gegliederten Mittelgrundes vor dem dahinter lagernden Waldsaum. (Abb. 62.)

Manchen Vorzug hat der Hutungsrasen vor den Grasflächen voraus, die wir mit der Sense oder gar mit der Rasenmähmaschine bearbeiten. Eine ganze Anzahl der schönsten Pflanzen, wie z. B. bei uns das rosige Tausendguldenkraut und die zarten Dolden der wilden Möhre, werden vom Weidevieh nicht angerührt, beleben daher die Rasenfläche blumig. Auf den Almen sind es namentlich die großen Enzianarten, die wir bewundern.

Eine ganz eigenartige Form des Hudewaldes war im deutschen Nordwesten vielfach vertreten, wo außer den Hutungsflächen Kopfholzwirtschaft getrieben wurde. Höchst malerische, aus alten Weißbuchen zusammengesetzte Haine entstanden bei jener Betriebsart. (Zu vergleichen Abb. 63.)

Selbstverständlich wird ein Forst dadurch, daß man nur gelegentlich Vieh hineintreibt, noch nicht zum Hudewald. Dazu gehört Anpassung des Wirtschaftsbetriebes an die besonderen Bedingungen dieser Betriebsart. Im Kapitel über die Nebennutzung werde ich auf den Weidebetrieb noch näher eingehen.

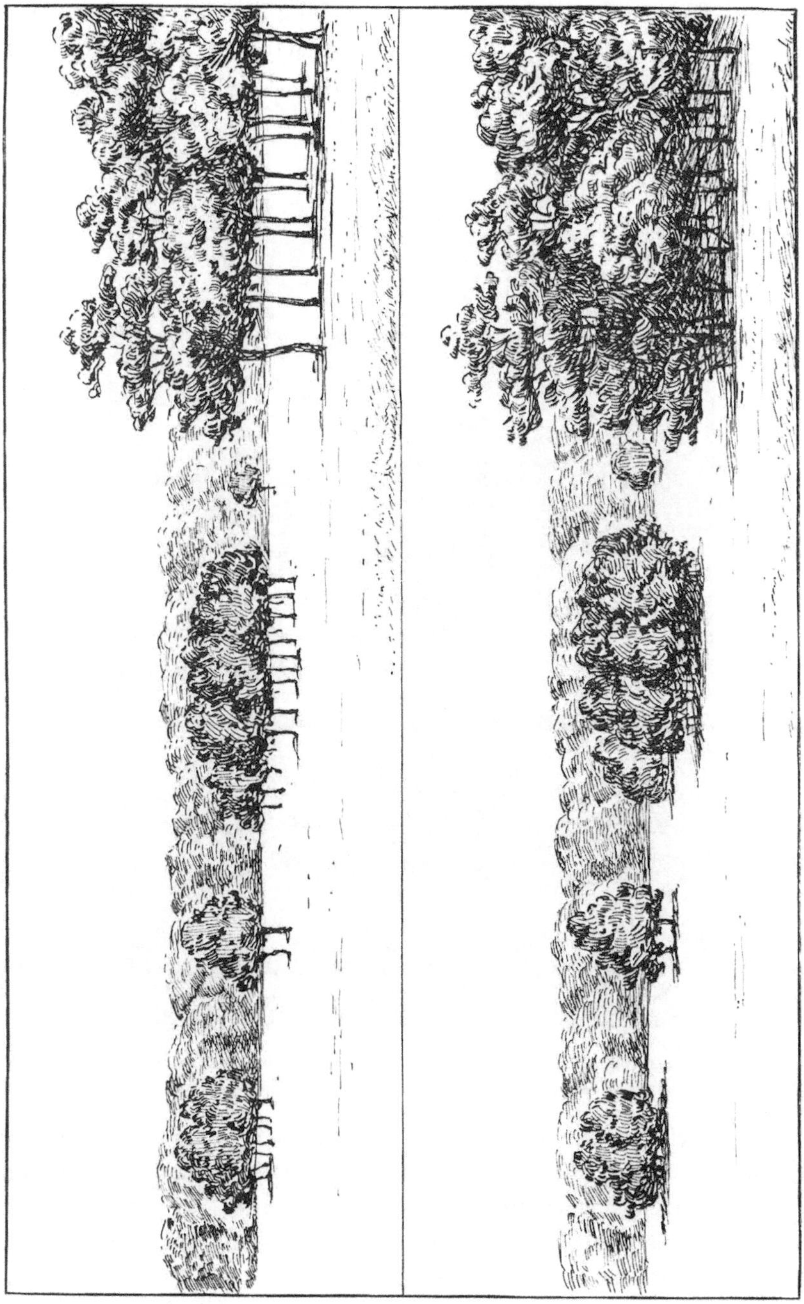

Abb. 62. Durch Weidevieh aufgeästete und dann von Repton unterbaute Bäume.

Den **Plenterwald** hat man in der Literatur bis in die neueste Zeit als die schönste Form des forstlichen Betriebes verherrlicht. So z. B. Quaet-Faslem, als er im nordwestdeutschen Forstverein aussprach: „Die schlagweise oder horstweise Plenterung, welche sowohl Gruppen-,

Abb. 63. Kopfholzhainbuche im Hudewald. (Zu Seite 228.)

als stammweise Nutzungen gestattet, geringwüchsige Bestandespartien entfernt und unter Rücksichtnahme auf das Schattenerträgnis der einzelnen Holzarten wieder verjüngt, sei es natürlich oder künstlich, gestattet am meisten die Rücksichtnahme auf alle Forderungen landschaftlicher Schönheit, Abwechselung von Laub- und Nadelholz, Schattierung, Einfügung von fremden Holzarten, Bevorzugung und Pflege einzelner schöner Bäume, und ermöglicht, daß die betreffende Bestandespartie stets bewaldet erhalten bleibt, jüngere Bestandesbilder mit älteren auf kleiner Fläche anmutig wechseln."

„Sie ist beweglich in bezug auf die Öffnung resp. Erhaltung von Fernsichten, ungezwungene Einrahmung landschaftlicher Bilder und gewährt am meisten die Möglichkeit, Natur und Kunst unmerklich zu verschmelzen."

Quaet-Faslem hatte damals Verhältnisse im Sinne, wie sie auf dem Klütberg bei Hameln oder in der Eilenriede bei Hannover sich vorfinden. Dort ist der Plenterbetrieb ganz am Platze. Für große Verhältnisse paßt er ästhetisch ebensowenig wie wirtschaftlich. Er paßt auch, wo auf das Erholungsbedürfnis des Publikums Rücksicht genommen werden soll, nicht für feuchte Lagen; denn wir haben in Deutschland doch eigentlich nur 8 Sommerwochen, während deren uns Sonnenschein lästig werden kann, in 46 Wochen verlangen wir nach Sonne. Besonders für Genesende ist das Sonnenlicht höchst wichtig. Im Plenterwald gelangen aber nur recht wenige Sonnenstrahlen zu Boden. — Im Frühjahr und im Herbst, auch an warmen Wintertagen ist die Luft in geschonten Plenterbeständen nicht immer erfrischend. Empfindliche Personen finden sie modrig und ungesund. Ich erinnere in dieser Beziehung an die Klagen, die vielfach über den Berliner Tiergarten vor dessen Umwandlung laut zu werden pflegten. Durch angemessene Hiebführung hätte man diese Beschwerden vermeiden können, und die Umgestaltung des eigenartigen Waldes in einen Park, der doch eigentlich noch keiner ist, hätte sich erübrigt.

Wenn im zweiten Absatz dieser Ausführungen die Beweglichkeit des Plenterwaldes als dessen besonderer Vorzug gerühmt wird, so kann ich dem nur beistimmen. Die Aushiebe und dementsprechend die Verjüngungshorste werden niemals einer dem anderen gleichen dürfen. Kreisrunde Begrenzung wird als unfrei ebenso zu vermeiden sein wie gradlinige. Es ist hier nicht meine Aufgabe, die waldbauliche und finanzielle Möglichkeit von Duesbergs geregeltem Plenterwald zu erörtern, ästhetisch kann ich ihn wegen des strengen Schemas, nach dem gewirtschaftet werden soll, wegen der zu geringen Größe der Gruppen und wegen der vielen kleinen Gatter nicht als einwandsfrei rühmen. Die geplante Erhöhung des Umtriebes lasse ich natürlich von meinem Standpunkte aus gern gelten.

Der Laie denkt sich unter Plenterwald in der Regel einen „Naturwald", dem keine oder doch keine sorgfältige Pflege zu teil geworden ist. Da gibt es breitkronige malerische Stämme, die aber wenig nutzbar sind.

Ein derartiges Waldbild ist hier (Abb. 64) eingeschaltet. Solche ungünstige Stammentwickelung gehört aber nicht zum Wesen des Plenterbetriebes, der, richtig gehandhabt, geradezu elegante astreine Schäfte hervorbringen kann. Dies wird immer geschehen, wenn man es so einrichtet, daß der Nachwuchs auf kleinen Lücken dem Lichte zustrebt und erst dann freigestellt wird, wenn die Astentwickelung ausgeschlossen ist. Die von Duesberg empfohlene Bewirtschaftung würde, wenn der entsprechend hohe

Abb. 64. Buchenplenterwald.

Umtrieb innegehalten wird, Bilder darbieten, die solchem Ideal entsprechen. — Unter den leider nur noch sehr geringen Resten des alten Plenterwaldes, die mir in der Königl. Oberförsterei Katholisch-Hammer und anderweit vor Augen kamen, bemerkte ich auch in der Tat noch einige ganz tadellos astrein entwickelte Einzelstämme und Horste von 40—80 Jahre alten Kiefern zwischen 150—200jährigen Altholzstämmen.

Ganz von selbst entstehen Plenterwälder durch das Absterben von Kiefern auf ehemaligem Ackerland und die dem Absterben folgende Neukultur. Sehr hübsche Waldbilder kommen auf diese Art zustande, weil die nur anfangs runden Sterblingshorste sehr bald die verschiedenartigsten Gestalten annehmen. Dem tragischen Eindruck des massenhaften

Absterbens wird vorgebeugt, wenn die Sorgfalt des erfahrenen Wirtschafters vorgreifend die Verjüngung einleitet und jeden Stamm, der sichtlich krank ist, sofort beseitigt.

Ich vermute, diejenigen Lobredner des Plenterwaldes, welche ganz uneingeschränkt dieser Betriebsart den Vorzug vor allen andern geben, würden zu einer minder günstigen Auffassung gelangt sein, wenn sie allemal einen ganz gerechten Standpunkt eingenommen hätten. Ich habe nämlich den Eindruck gewonnen, als hätten die Verteidiger des Plenterbetriebes vor dem geistigen Auge diese Wirtschaftsform als eine höchst umsichtig nach allen Regeln der Wissenschaft und Praxis geleitete als Phantasiebild auftauchen lassen, um ihr alsdann eine schematische, rücksichts- und gedankenlose Kahlschlagwirtschaft gegenüber zu stellen, eine Wirtschaft, welche zutreffend Rasiersystem oder Vernichtungsmethode genannt worden ist.

Mit demselben Rechte könnte man gegenüberstellen auf der einen Seite den Hochwaldbetrieb in allen den verschiedenen reichen Ausgestaltungen, welche er der liebenden Sorge aufmerksamer Pfleger verdankt, also mit Überhalt und Unterbau, mit freundlicher Mischung der Holzarten, mit der angenehmen Abwechselung, wie sie die verschiedenen Arten der Verjüngung gewähren, die bald auf größerer, bald auf kleinerer Fläche, oft als Vorverjüngung auf kleinstem Raum, hier in Freilage, dort unter Schirmstand vor sich geht, begleitet jedesmal von einem charakteristischen Flor anmutiger Gräser und Krautgewächse, zur Morgen- und Abendzeit belebt von dem zierlichen Reh, dem vorsichtigen Rotwild — dies das eine Bild — und auf der anderen Seite einen Wald mit kurzem, ästigem, geringwertigem Altholze, mit verkrüppelten Jungwüchsen und verangerten Blößen, allenthalben die Spuren tragend von unvorsichtiger Fällung, sorgloser Abfuhr, und das alles ein ewiges Einerlei, welches nirgends dem Auge gestattet, in die Ferne zu schweifen.

Zum Glück bedarf es der Hochwald seinerseits nicht, daß seine Verteidiger mit so ungleichen Waffen für ihn eintreten, besonders wenn sein Umtrieb nicht gar zu knapp bemessen worden ist, und auch in diesem Falle läßt sich mittels horstweisen und selbst mittels einzelnen Überhaltes noch viel leisten. (Abb. 65.)

Als ich die erste Auflage dieses Buches bearbeitete, bin ich oft zu den beiden Beständen hingeritten, welche in der Umgebung meines Wohnortes aus der Zeit des ungeregelten Plenterbetriebes damals noch erhalten geblieben waren, nämlich in das „Paradies“ in der Königl. Oberförsterei Katholisch-Hammer und in eine Parzelle des zur Standesherrschaft

Militsch gehörigen Gontkowitzer Waldes. Das Paradies bestand vorwiegend aus Buchen mit reichlich beigemengter Eiche und Kiefer, der Gontkowitzer Wald aus Kiefer mit Fichte, beide Orte waren von unvergleichlicher Schönheit, und ich glaubte schon zurücknehmen zu müssen, was ich eben zugunsten des Hochwaldes geschrieben hatte; bei nachträglicher Erwägung jedoch mußte ich mir sagen: Jene Bestände enthalten einen Schatz uralten Holzes und diesem Vorzug verdanken sie die Macht der Eindrücke, welche sie auf uns ausüben, und vielleicht nicht weniger dem Umstande, daß sie auf Quadratmeilen die einzigen ihrer Art sind. Kämen wir in die Lage, in ausgedehnten jüngeren Plenterbeständen einen Hochwald anzutreffen, dessen Durchschnittsalter das seiner Umgebung nahezu um ein Jahrhundert überragte, er würde uns dann gewiß noch mehr bestechen, als jetzt jene.

Abb. 65. 90jähriger Kiefernbestand in der Posteler Müllerhege.

Ich will übrigens keineswegs leugnen, daß der P l e n t e r w a l d und die ihm verwandten Betriebsformen sich durch die Fülle verschiedenartiger und rasch abwechselnder Einzelheiten auszeichnen, und daß sie somit für die imposante Entwickelung der großartigen Dome des Hochwaldes wohl einen Ersatz gewähren, an rechter Stelle sogar ihnen den Rang ablaufen können. Es wird das überall der Fall sein, wo die Verhältnisse zwingen, auf Massenwirkung zu verzichten, zunächst also auf einem Gelände, welches durch schroffe und rasch wechselnde Formen die Einheit der Bestände zerreißt und seinerseits unser Interesse so sehr in Anspruch nimmt, daß der Wald gewissermaßen nur als zierendes Beiwerk aufzufassen ist. Ferner wird man auf k l e i n e n Flächen sich veranlaßt sehen, von dem reicheren Wechsel im einzelnen und der geringeren Übersichtlichkeit des Plenterbetriebes Vorteil zu ziehen, und ebenso wird man unter Umständen sich entschließen, den Saum größerer Waldungen plenterartig zu behandeln, wenn er Städten oder Badeorten nahe liegt; denn deren Bewohner pflegen aus Mangel an Zeit und Rüstigkeit ihre Besuche auf die nächstliegenden Orte einschränken zu müssen, und es hilft ihnen wenig, was über diese hinaus noch vorhanden ist.

Im Hügellande dagegen steht noch ein besonderer Vorzug dem Hochwaldbetriebe empfehlend zur Seite, so daß man denselben sogar unter den Verhältnissen der eben erwähnten Art nur ausnahmsweise wird verlassen dürfen. Führt man nämlich hier mit einiger Rücksicht auf die Aussicht von den Hügeln Kahlschläge mit Überhalt, so wird man alljährlich die anmutigsten Blicke, die hübschesten Bilder gewinnen. Während die eine Fernsicht verwächst, beginnt man bereits die zweite zu eröffnen und beständig erfreut man sich immer neuer Gestaltungen. Es möge mir erlaubt sein, eine Stelle aus dem Pücklerschen Briefe hierher zu setzen, wie sie Petzold in seiner Farbenlehre überliefert: „Hinsichtlich der Farbenlehre habe ich diesen Winter auch eine Erfahrung gemacht. Sie werden sich erinnern, daß vor den Fenstern, wo ich wohne, der Horizont in ziemlicher Nähe durch einen Kiefernholzhochwald begrenzt war, ein kompleter Vorhang von einer Höhe und von einer Farbe. Diesem habe ich nun durch Aushauen von ca. 500 Klaftern nicht nur eine sehr malerisch gezackte Linie gegen den Himmel, sondern auch ganz verschiedene Farben gegeben, indem die vorderen Gruppen schwarzgrün hervortreten, die entfernteren lichtgrün erscheinen und die ganz weiten, die nun erst sichtbar geworden, in verschiedenen blauen Nüancen sich darstellen. Eine ganz kunstgerechte Nüancierung, und doch ist es nur ein und derselbe niedrige Kiefernwald, kein Baum darin über 40—50′ Länge höchstens, in der Nähe, und alle von gleicher Farbe."

Solchen Wechsel, solche Überraschungen gewähren Betriebsarten nicht, welche Jahrzehnt für Jahrzehnt die ganze Fläche mit mehr oder weniger altem Holze annähernd gleichmäßig bestockt erhalten. Im Gebirge ist das etwas anderes, dort wird man oft, um eine Fernsicht zu eröffnen, weiter nichts nötig haben, als daß man vom ersten Baum einen Ast abschneidet und den zweiten, tiefer stehenden Stamm umschlägt. Der dritte in der Reihe kann dann schon stehen bleiben, weil unser Auge ihn übersieht; er darf nicht nur, er muß sogar stehen bleiben, sonst würde dem Gemälde der Vordergrund fehlen. Zum Glück sind derartig steile Hänge auch aus anderen Gründen das natürliche Gebiet des Plenterwaldes.

Gewöhnlich tadelt man am Hochwald die größeren Kahlschlagflächen. Daß das Urteil nicht zuzutreffen braucht, zeigen die eingeschalteten Bilder besser als viele Worte. (Abb. 66 zeigt den Hochwald bei Naturverjüngung, Abb. 67 bei Kahlabtrieb).

Der Hauptvorzug des Hochwaldbetriebes besteht in der großartigen Entwickelung seiner geschlossenen Bestandesmassen. Darüber vermag ich nichts besseres zu schreiben, als was ich in „Schleiden" gelesen habe, dem ich nachstehende Sätze verdanke:

„Wandern wir durch den Harz von Wernigerode nach Ilfeld und biegen, ehe wir dieses erreichen, von der Straße ab zum Forsthaus des gräflich Wernigerodeschen Sophienhöfer Reviers, so führt uns da wohl der liebe Mensch und tüchtige Forstmann, der Oberförster Kallmeier (wenn er noch lebt, denn es ist lange her, seit wir dort waren) in seinen Lieblingsbestand, eine herrliche, weit ausgedehnte Strecke von Buchenhochwald. Fünfzig bis sechzig Fuß ragen die glatten, weißlich grauen, anderthalb bis zwei Fuß im Durchmesser dicken Säulen der hundertzwanzig- bis hundertfünfzigjährigen Stämme astfrei in die Höhe, oben eine dichte, dunkelgrüne Kuppel tragend, die keinem Sonnenstrahl Zugang gestattet; den Boden deckt ein dichter, ebener Teppich alter, brauner Blätter, von keinem Pflanzenwuchs durchbrochen. So steht dieser herrliche Dom in schweigender Majestät, und zwischen seinem Säulenwald verliert sich der kleine Mensch als unbedeutende Erscheinung. Oder gehen wir im Hannoverschen Solling von Fredelsloh durch die Grubenhagenschen Berge nach Reliehhausen, so kommen wir durch ein hügeliges Waldgebiet. Auf seinem kurzen Rasen, der mit freundlichen Blümchen sich schmückt, dahinschreitend, umgeben uns stundenlang prächtige, vielhundertjährige Steineichen, jeder Baum mit kräftigem Stamm und reicher Krone, von seinem Nachbar durch einen kleinen Zwischenraum getrennt, so daß das Ganze zwar einen Eindruck feierlicher Ruhe, aber auch sonniger Heiterkeit hervorruft. Oder ändern wir mit dem Ort auch die Zeit. An einem frischen Spätherbstmorgen durchstreifen wir einen schlagbaren Fichtenbestand des Thüringer Waldes. Das weiche, elastische Moos des Bodens läßt nur selten Raum für ein anderes Pflänzchen. Gleichlaufend steigen die schlanken Stämme bis 80 Fuß empor, und die festverflochtenen Wipfel bilden ein dichtes Dach, das seit einem halben Jahrhundert jedem Sonnenstrahl den Zugang zum Boden gewehrt hat."

Obwohl dem Plenterwald ein höherer Schönheitswert in der Regel nicht innewohnt, so sollte man doch vorhandene Reste alter Plenter-

Abb. 66. Buchenlichtschlag.

Abb. 67. „Ästhetischer Kahlschlag".

waldungen um des historischen Interesses willen nicht minder sorglich erhalten, wie die Stadtmauern und Zinnentürme alter Städte. Ein Forstrevier mit 150 Jagen Kieferwald sollte doch mindestens auf einem Jagen den Plenterbetrieb bestehen lassen!

Die Überführung von Plenterwald in Hochwald hat im vorigen Jahrhundert große Opfer gekostet, weil sie unvermittelt geschah. Wo man jetzt noch in die Lage kommt, alte Plenterbestände in Hochwald umzuwandeln, da werden sich fast immer Horste und Einzelstämme jüngeren Alters von so tadelloser Beschaffenheit finden, wie sie der Hochwaldbetrieb nur selten aufweist. Solche geben geradezu ideale Überhaltstämme, die — schon einigermaßen an Freistellung gewöhnt — weithin der Umgebung zur Zierde gereichen.

Eine ästhetisch besonders schätzbare Form des Hochwaldes ist der Überhaltbetrieb. Je niedriger der Umtrieb eines Reviers herabgesunken ist, desto wichtiger ist die Erhaltung zukunftreicher Stämme in den zweiten Umtrieb.

Die Heraufsetzung eines niedrigen Umtriebes um einige Jahre macht sich bei flächenweiser Einsparung anfänglich kaum bemerkbar, während Überhalt auch nur weniger Prozente des bisherigen Hiebssolls alsbald den ganzen Charakter des Reviers ändert. Diese Änderung gestaltet sich allerdings nur dann zur Verschönerung, wenn langjährige geschickte Vorbereitung die Maßregel eingeleitet hat. (Abb. 68.)

Wie der Überhalt nur gar zu oft wirtschaftlich als ein Mißgriff sich erweist, so verfehlt er bei unrichtigem Vorgehen auch ästhetisch seinen Zweck. Schiefgerückte Kiefern, vom Sonnenbrand betroffene Buchen, wipfeldürre Eichen sind zwar manchmal malerisch, können uns aber im geordneten Forstbetrieb nicht wohlgefallen. Sehr beizeiten, d. h. gelegentlich der letzten Durchforstungen, 15—20 Jahre vor dem Abtrieb des Bestandes, muß die Freistellung der Überhälter eingeleitet werden. Gleichzeitig ist ihr Fuß durch Unterbau zu decken.

Möchte man doch öfters den hohen ästhetischen Wert eines stattlichen Überhälters sich vergegenwärtigen, dann würde man die Aufmerksamkeit, welche zu dessen Auswahl und Vorbereitung für den Freistand nötig ist, für eine zu große Mühe nicht gehalten haben; und welche Fülle von Wirtschaftsvorteilen hätte man eingeerntet! Es sei mir hier ausnahmsweise gestattet, ins einzelne zu gehen und die wirtschaftlichen Vorteile des Überhaltbetriebes aufzuzählen:

1. Gute Überhaltstämme erzeugen die höchsten Werte mit verhältnismäßig geringem Kapital.

Abb. 68. Kiefern-Überhaltstämme.

2. Sie zeigen die Leistungsfähigkeit des Standortes.

3. Sie dienen durch weithin fortgeführten Samen der Ansiedelung von Mischhölzern auf den geeignetsten Bodenstellen.

In dieser Hinsicht schreibt Danckelmann: „Zum Teile wurden, wie schon erwähnt, bei der Verjüngung der aus Plenterwald heraufgewachsenen Kiefernmischbestände Buchen und Hainbuchenstangen und geringe Baumhölzer einzeln und in Gruppen übergehalten. Dieselben haben sich rings um sich, nachdem sie tragfähig geworden, weit über den Bereich ihrer Kronen hinaus durch wiederholten Samenabfall einen dichten, bodenschirmenden Unterstand unter den lichtkronigen Kiefern geschaffen. Die daraus entstandenen Bestandsbilder sind das Vorbild für den hier eingerichteten Kiefernunterbaubetrieb gewesen."

An den hier in Postel, besonders im Kummerberg zwischen siebzigjährigen Kiefern, vorhandenen alten Buchen, die sich überreich besamt haben, machte ich im letzten Winter die überraschende Bemerkung, daß seinerzeit ganz schwache Stangen — etwa 15 cm starke, jedenfalls reich beastet gewesene Stämmchen aus dem Unterholz — übergehalten worden sind. Nach der Freistellung sehr rasch sich entwickelnd, haben sie ästhetisch als Mischholz und gleichzeitig wirtschaftlich, indem sie sich besamten, unschätzbare Dienste geleistet. — Anfangs muß man durch Einstutzen der Zweigspitzen zu starker Astentwicklung der jungen Überhaltbuchen vorbeugen, sonst entstehen Park- aber nicht Forstbäume.

4. Bei Mast tragenden Holzarten sind die Überhälter oft die einzigen Stämme im Walde, welche dem Forstmann für seinen Saatkamp, dem Wilde zur Winteräsung, Eicheln und Bucheckern liefern.

5. Überhälter erleichtern das Sichzurechtfinden im Revier, was bei Beobachtung von einem höheren Punkte aus (Waldbrand, Vermessung) oft von ganz besonderem Nutzen ist.

6. Auch in anderer Art sind die Überhälter jagdlich von Nutzen, indem sie den Abschuß von Raubvögeln erleichtern, ferner als Balzbäume, als Deckung für angestellte Schützen.

Ganz allgemein wird anerkannt, daß es sträflich ist, alte Waldriesen zu fällen. Ganz ebenso wie deren Erhaltung sollte man ihren Ersatz sich angelegen sein lassen, und solcher kann nur durch Überhalt gewonnen werden. — Dabei denke man nicht nur an die „1000jährigen" Eichen. Auch bescheidenere Holzarten haben Anspruch auf gleiche Vorsorge. „War um haben Sie jene Kiefer dort stehen lassen?" fragte Dr. R. den Königl. Oberförster in X. „Weil sie 10 000 Mark wert ist", war die Antwort. „Wieso das?" „Ganz einfach. Ein Maler hat den Baum im vorigen Jahre gemalt und dann alsbald für das Bild 10 000 Mark erhalten."

Man wolle nicht einwenden, daß die schönsten Baumformen für Überhalt nur in von Jugend auf freiem Stande erzogen werden könnten. Diese weit verbreitete Ansicht ist unzutreffend. Der größte Sachverständige auf diesem Gebiete, Fürst Pückler, hat an mancher Stelle einen „Klump" gepflanzt, wo ein lichter Hain entstehen sollte, denn er war der Meinung, daß die vollkommensten Baumgestalten da erwachsen, wo der Jugendwuchs im Schlusse erfolgt. Die so oft wipfeldürren Eichenüberhälter des Hochwaldes, die vom Winde schiefgedrückten Kiefern, welche über manche Schlagfläche der Mark in einzelnen Individuen zerstreut ein tiefmelancholisches Dasein fristen, erscheinen freilich als ein Beweis vom Gegenteil; wie anders aber würden diese Bäume aussehen, wenn sie auch nur zwei Jahrzehnte vor ihrer Freistellung durch allmähliches Lichten und Unterbauen ihrer nächsten Umgebung in vorbereitende Behandlung genommen worden wären. Es brauchen dazu ja nur wenige Horste auf der Fläche der ersten Periode jene Pflege zu erhalten, wie sie die Verteidiger des Plenterbetriebes für den ganzen Wald als möglich voraussetzen müssen, im Falle sie nicht im Gegenteil zwar malerische, aber keine nutzbaren Stämme erziehen wollen.

Als einen erweiterten Überhaltbetrieb darf man die Ausscheidung der Reserven ansehen, welche unsere Altmeister mehrfach empfohlen haben, und die im französischen Forsteinrichtungswesen noch heutigen Tages eine Rolle zu spielen scheint.

Die unbeschreiblich schönen Buchenaltholzbestände der Königl. Sächsischen Oberförsterei Olbernhau liefern den Beweis, daß sich eine Wirtschaft mit Reservebeständen wenn nicht theoretisch, so doch tatsächlich sehr wohl selbst mit dem Betrieb nach Reinertragsgrundsätzen vereinbaren läßt. Rücksichten auf die Industrie im Erzgebirge haben bei der Aufsparung jener Buchenalthölzer wohl die erste Rolle gespielt, aber die nebenbei erzielte ästhetische Wirkung ist jedenfalls eine ganz gewaltige.

Wenden wir uns nun nochmals zu den Verhältnissen des Hügellandes zurück, so müssen wir auch des Mittelwaldbetriebes gedenken. Wer diesen in solchem Gelände öfter gesehen hat, wird sich erinnern, wie gern der Blick am Berghang zwischen den zwei Laubdächern abwärts schweifte unter den Kronen des Oberholzes über das frische Grün der jungen Stockausschläge hinweg. Dort hat man es auch in der Hand, stellenweise auf Oberholz zu verzichten und durch dies geringe Opfer wertvolle Fernsichten freizuhalten, ein Ziel, welches man nicht selten durch Entwipfeln von Bäumen in der denkbar unglücklichsten Weise angestrebt sieht.

Wenn Schrember, ein Lobredner des Mittelwaldes, diesem nachrühmt, daß er für „Kenner" die „ästhetisch schönste Waldform" sei, so hat er jedenfalls Vorgebirgslandschaften im Auge gehabt. Mit ihren gerundeten Wipfeln bilden die Horste und Einzelbäume holzreicher Mittelwälder das schönste Kleid der Hügellandschaft, auf welchem Form und Farbe, Licht und Schatten herrlich wechselvoll zur Geltung kommen. — Zu vergleichen die eingeschaltete Abb. 69 des Burgberges bei Lehnhaus am Bober, dessen Hänge im Mittelwaldbetrieb bewirtschaftet werden.

Auch in der Ebene hat der Mittelwaldbetrieb seine Vorzüge, besonders in Niederungen, wo die Wege erhöht liegen, so z. B. in unseren

Abb. 69. Burgberg bei Lehnhaus.

Teichgegenden. Auf den Teichdämmen der hiesigen fischreichen Gegend fahrend kann man ebenso wie vom Berge aus über die Ausschläge und unter dem Kronendach den Blick schweifen lassen.

Dabei erfreut man sich der großen Mannigfaltigkeit der Holzarten. Die sonst oft lästigen Weichhölzer sind hier als Oberholz ganz am Platze und geben der Landschaft ein freundliches Ansehen. Dieselbe Empfindung drängte sich mir auf, als ich einst aus den ernsten Buchenwäldern der „Holsteinschen Schweiz" (Gegend bei Eutin) in den Schweidnitzer Kreis zu den Mittelwäldern des unteren Weistritztales zurückkehrte. Neben der Mannigfaltigkeit der Holzarten ist es auch die vielfache Durchbrechung des Kronendaches, welche im Vergleich zu den dicht geschlossenen Laubwänden der Buchenbestände den freundlicheren Eindruck hervorruft.

Die Mittelwaldwirtschaft erfreut sich nicht mehr derselben Wertschätzung, wie zur Zeit unserer Großväter; ich glaube aber, daß sie wieder an Bedeutung gewinnen kann, sobald man mit der Anzucht von Elitesamen ernst machen wird. Alsdann werden unsere Nachkommen Kiefern als kurzschäftige, breitkronige Oberholzbäume erziehen und die Zapfenernte verpachten, wie man jetzt Obstalleen verpachtet.

Durch Studium Burckhardts bin ich darauf aufmerksam gemacht worden, daß Mittelwälder besonders reichliche und verschiedenartige Bodenflora aufweisen. Im Auenmittelwald hatte ich diesen Vorzug (Schneeglöckchen, Himmelschlüssel usw.) selbst oft bewundert, die Ursache aber in der Güte des Bodens gesucht. Es lehrte mich jedoch später eingehende Beobachtung, daß gleich günstiger Boden im Hochwaldbetrieb auch nicht annähernd so blumenreich erscheint.

Wie der Plenterwald meist überschätzt wird, so wird der Niederwald im Gegenteil nicht genugsam gewürdigt. Die den Stockausschlägen innewohnende frische Triebkraft hat für den Beschauer stets viel Erfreuliches (die Üppigkeit eines Kastanienniederwaldes, obwohl ich ihn nur flüchtig durcheilte, hat mir seinerzeit großen Eindruck gemacht); sein Hauptreiz aber besteht in der Schönheit der Winterfarben. Durch die warmen Farbentöne der Rinde junger Triebe werden Stockausschläge so recht geeignet, in der kalten Winterlandschaft einen anziehenden Anblick zu gewähren, weit mehr, als die Nadelhölzer es vermögen; denn letztere, wenn sie nicht durch Schnee oder Eisanhang verziert sind, erscheinen im Winter, aus einiger Entfernung gesehen, leicht düster, geradezu melancholisch. Jugendliche Stockausschläge pflegen einiges gebräuntes Laub bis weit in den Winter hinein an den Zweigen festzuhalten. Dies ist namentlich ein Vorzug der Eichenstockausschläge, bei denen anhaftendes Laub für das kalte Graubraun der Rinde junger Stämme und Äste einen reichlichen Ersatz bietet. Neben solch winterlich belaubtem Loden ist das Nadelholz der Gefahr, düster zu erscheinen, nicht ausgesetzt, weil durch den Kontrast mit dem Braungelb des Laubes sein Grün eine angenehme Lebhaftigkeit gewinnt. Es treffen darum auch in diesem Punkte die Fingerzeige der Ästhetik mit den Bedürfnissen der Praxis gut zusammen, welche letztere im Niederwald auf flachgründigen Stellen gern einen Horst Fichten pflanzt. Insofern die flachgründigen Stellen meist die vorspringenden Köpfe und Rücken einnehmen, dient dies Verfahren vortrefflich dazu, die Gestalt des Geländes durch deutliche Hervorhebung seiner charakteristischen Punkte und Linien vorteilhaft zur Erscheinung zu bringen.

Die Öde der großen Niederwaldschlagflächen kann vorteilhaft durch Überhalt einiger Laßreitel unterbrochen werden. — Selbst geringe Stangen, wenn sie nur am richtigen Platze stehen, können große Wirkung tun. Der Niederwaldschlag, welchen Abb. 70 darstellt, hätte kein schönes Bild geliefert, wenn die Überhälter wo anders, als an der Luge ständen.

Freundlich wohl und auch immerhin als Schmuck einer Gegend mag der Niederwald erscheinen, aber einen großartigen Eindruck wird er niemals zu machen vermögen. Es ist darum zu beklagen, daß gerade an den Ufern unseres Rheinstromes der Eichenschälwald weithin als zum Ganzen nicht passende Waldform herrschend auftritt. Kaum verhält er sich günstiger, als die benachbarten Weinberge, welche auch nur gestützt durch Ideenverbindungen ästhetisch einigermaßen zu befriedigen vermögen, wenn sie nicht etwa durch Gartenhäuschen verziert sind, wie solche Schultze-Naumburg in seinem „Kulturarbeiten" abbildet.

Auch an den Schälwald knüpfen sich Ideenverbindungen, es sind diese aber unangenehmer Art, wenigstens dort, wo die Stangen stehend geschält zu werden pflegen. Ganz unwillkürlich nämlich und fast immer ganz unbewußt, aber darum nur um so nachdrücklicher, legen wir an den Baumwuchs den Maßstab menschlicher Lebensverhältnisse. So bedauern wir ohnehin schon die jungen, wuchsfreudigen Schosse der edlen Holzart, welche, kaum an der Schwelle vollkräftigen Zuwachses, der Axt anheimfallen, als wäre es für den Baum ein Unterschied, ob ihn sein Schicksal in der Jugend oder im Alter erreicht. Zwar darüber tröstet uns wohl das Bewußtsein, daß schon in diesem Alter, wenn nicht der Baum, so doch die Rinde reif ist; sehen wir aber die Jungeichen gar am stehenden Holze geschält wochenlang nackt stehen, so ruft uns dies Verfahren gewissermaßen das Gefühl des Lebendiggeschundenwerdens wach. Es ist mir mehrfach zu Ohren gekommen, daß solchen Anblickes ungewohnte Bewohner der östlichen Provinzen sich über eine stehend geschälte Lohhecke, die sie gesehen, noch nach Jahren nicht zu gute geben konnten. Nun läßt sich freilich nicht verlangen, daß man auf diese Methode durchaus verzichte; aber für die Nähe vielbesuchter Vergnügungsorte und neben Landstraßen könnte man billig daran denken, daß der aus der Enge der Gassen in das Freie flüchtende Stadtbewohner für dergleichen feine Nerven mitbringt, denen man einige Rücksicht wohl schenken mag.

Dasselbe gilt für den Schneidelholzbetrieb. Sehen wir einen narbenreichen Stamm aufs neue roh entästet mitten im Sommer kahl dastehen, so glauben wir ihn als einen schnöde mißhandelten beklagen zu

Abb. 70. Erlen-Niederwald mit Überhältern im Nesigoder Tiergarten.

sollen. An den Straßen möchte man darum die Schneidelholzwirtschaft nicht mehr finden; in kleinen Büschen aber als Oberholz sind vielfach die sogenannten Laubbäume ganz am Platze, sie können dort sogar recht stattlich aussehen, wie die Pyramidenpappeln, ja zum Teil (Linden) noch hübscher als diese, welches Lob sich natürlich nur auf die der Schneidelung vorangehenden Jahre bezieht. Man darf darum nicht alle auf einmal kahl machen, sondern alljährlich nur etwa den vierten Teil der Bäume. Bei solcher Einteilung verschwinden die frisch entästeten zwischen den anderen. Jedenfalls sind sie aus der Entfernung wenig bemerkbar, und sie vermögen daher die Landschaft nicht erheblich zu verunzieren. So gehandhabt paßt die Schneidelwirtschaft für kleine Güter recht gut, und man mag froh sein, wenn wenigstens diese Form der Holznutzung einer Gegend die letzten Trümmer ihres Waldes erhält, wie es in Schlesien vielfach der Fall ist.

Die hier eingeschaltete Abb. 71 zeigt eine solche Wirtschaft.

Der üble Eindruck der Schneidelwirtschaft kann auch dadurch gemildert werden, daß man die Ruten nicht hart am Stamm, sondern unter Belassung von 1—$1^1/_2$ m langen Aststummeln abtrennt. — Auf diese Art behandele ich hier in Postel einige Linden, welche Laub für die Wildfütterung zu liefern haben.

Erfahrungsmäßig wachsen Schneidelbäume, wenn man sie sich selbst überläßt, im Laufe der Zeit zu höchst malerischen Formen heran.

Malerisch werden im Alter auch Kopfholzbäume. Wieviel Poesie steckt in den alten Kopfweiden, deren zerklüftete, oft überwallte, immer wieder verletzte und stets wieder zu neuem Leben erwachte Stämme höchst wunderliche Formen annehmen und mit einer oft reichlichen Vegetation ihr altes Kleid verzieren, indem sie Birken, Ebereschen, Nachtschatten, Farnkräutern und vielen andern Pflanzen zur Wohnstätte dienen.

Wer noch Kopfweiden anpflanzen will, der möge bei Auswahl der Stecklinge auf schöne warme Farbe der winterlich kahlen Ruten achten.

Unter Umständen können drei schöne rotbraune Kopfweiden die Winterlandschaft mehr schmücken, als eine große Eichengruppe das zu tun vermöchte. In der Hopfengegend bei Neutomischel bilden zur Winterszeit und besonders in den ersten Frühlingswochen die Goldweiden-Kopfholzbäume vor den düstern Erlenbüschen der Landschaft einen um so willkommeneren Schmuck, als es an jedem andern Schmucke fehlt.

Ganz entsprechend der Lehre auf Seite 29 dieses Buches, daß der rechte Schmuck immer etwas zu zeigen bestimmt sein soll, empfiehlt Gilpin die Anpflanzung von Kopfweiden nur da, wo es gilt, „eine sumpfige Gegend oder im Mittelgrunde die sich hinwindenden Ufer eines in einem tiefen Bette träge hinschleichenden Flusses, die sich sonst auf keine Art bezeichnen lassen, anzudeuten". Das ist in der Tat eine im Lande der Fuchsjagden wichtige und allgemein verständliche Zeichensprache.

Ich müßte nicht einen Teil meiner Jugend an der Weistritz verlebt haben, wenn ich es unterlassen wollte, hier noch der „Zehndel" zu gedenken. Unter Zehndel versteht ein richtiger Schlesier — ich weiß nicht, ob heute noch, und weiß auch nicht, woher der Name sich ableitet — 50—80 cm hohe Kopfweiden, die zur Erziehung von Korbruten alljährlich geschnitten werden. Jetzt mögen sie wohl selten geworden sein, und es unterliegt gewiß keinem Zweifel, daß die modernen Weidenheger einträglicher sind, aber jene uralte Wirtschaftsform hatte doch auch einige Vorzüge und große Reize. Das Unkraut konnte den erhöht stehenden Ausschlägen nicht so verhängnisvoll werden, wiewohl die große weiße Zaunwinde (Convolvulus sepium) sich hier und da emporrankte. Jeder Kopf

Abb. 71. Schneidelholzbüsche in Zwornogoschütz.

nahm seine eigenartige Form an. Auf Sortenreinheit wurde damals noch nicht geachtet, darum kamen von Goldgelb und Silbergrau bis zu schwärzlichem Purpur die verschiedensten Farbentöne vor. Für allerhand Getier, von der Gartenschnecke und der Ringelnatter bis zum Fasan und zum Rehbock, waren die Zehndel ein idealer Aufenthalt. Was Wunder, wenn ich mit meinen Gespielen gar gern darin verweilt habe.

Ich sollte meinen, daß die „Zehndel" als „Vogelschutzgehölze" im Sinne des Freiherrn v. Berlepsch geradezu ideale Dienste leisten müßten.

Siebzehntes Kapitel.

Wahl der Holzart.

Ein freudig wachsender Bestand ist schöner als ein minder gut gedeihender. Daher wird der Ästhetiker ebenso wie der kühl abwägende Praktiker diejenigen Holzarten bevorzugen, welche auf dem betreffenden Standort am besten gedeihen. Der Forstästhetiker unterscheidet sich von dem waldschwärmenden Laien aber durch den vorausschauenden Blick. An reinen Birken auf Kiefernboden III. Klasse kann er sich nicht freuen, so gut sie auch anfänglich wachsen; denn er sieht kommen, daß sehr bald das Wachstum stocken und der Boden verangern wird. Ähnlich beurteilen wir Kiefern in Schneebruchlage oder auf bestem Eichenboden, wo sie nur leichtes, wertloses Holz erzeugen, ähnlich auch Fichten, wo sie nicht hingehören.

Wer aber die Forstwirtschaft als Kunst betreibt, wird zwar standortsgemäß wirtschaften, aber gerade in dieser Beschränkung sich als Meister zeigen, jede Einseitigkeit vermeidend.

Einst wurde der reine Buchenbestand als das ideale Ziel angestrebt und leider vielfach erreicht. Jetzt gibt es ebenso eifrige Nadelholzfanatiker. So kenne ich einen Waldbesitzer, welchem jeder in Fichten eingesprengte Bergahorn ein Greuel ist. Von solchen Persönlichkeiten darf ich freilich auf Beifall nicht rechnen, wenn ich behaupte, daß Laubholzbestände schöner sind als Nadelholz, gemischte schöner als reine. Dies soll aber natürlich nur im allgemeinen gelten, denn einen verheideten Birkenbusch werde auch ich nicht einem urwüchsigen Tannenbestande vorziehen. Für jeden besonderen Fall prüfend, welche Holzart zu wählen sei, wird man *im Zweifelsfalle der in der Gegend selteneren gern den Vorzug geben*. Besitzt man im ausgedehnten Kiefernwald einige Hektar besseren Bodens, der allenfalls Buchen trägt, so lasse man die Möglichkeit, dort einen Laubholzbestand zu gründen, ja nicht ungenutzt. Die Nachkommen werden zu froher Rast im Walde solchen Bestand dereinst gern aufsuchen; ebenso wie andererseits der in dunkel schattenden Buchen wirtschaftende Forstmann freier aufatmet, sooft er die lichten Kiefern durchschreitet, denen der Vorfahr einen Hügel leichteren Bodens weislich einräumte. Er wird die bescheidene Holzart von ihrem Standorte nicht verdrängen.

Die ästhetischen Eigenschaften der einzelnen Holzarten sind im achten Kapitel dieses Buches bereits eingehend besprochen worden.

Zu ganzen Beständen zusammentretend bilden die *Schattenholzarten* (Tanne, Fichte und Buche) einerseits, die *Lichtholzarten* (Kiefer, Lärche, Eiche, Weichhölzer) andererseits Gegensätze.

Die ersteren dulden kein Unterholz auf die Dauer, und das kann je nach Umständen ein Vorzug oder ein Fehler sein. Ein Vorzug da, wo das Gelände Schönheiten birgt, die nicht verdeckt werden sollen (Felsen, Schluchten, malerischer Wechsel von Hängen und Kuppen), ein Fehler, wo das Gelände reizlos ist.

Wer bei der Bestandesbegründung gewissenhaft jeder Standortsänderung die Holzart anpaßt, wird nicht leicht in den Fehler verfallen, zu ausgedehnte Flächen in langweiliger Gleichförmigkeit zu bestocken. Gegen solchen Mißgriff kämpft Wilbrand mit den Worten:

„Selbst an dem üblichen Femelschlagbetrieb der Buche, dem Ideal vieler Waldfreunde, hat der Ästhetiker Kritik zu üben. Diese wird dahin ausfallen, daß jeder Betrieb, bei dem sich wegen Ausnutzung der Vollmastjahre naturgemäß gleichaltrige Bestände auf größere Entfernungen hin aneinander reihen, nach der Schönheitsseite hin seine Schwächen hat. Unter geschlossenem Buchendache gedeiht kein anderes Holzgewächs, kaum irgendeine andere Pflanze. Darum ist der Boden daselbst ohne Vegetation. Derselbe ist bedeckt mit dem fahlen, vorjährigen Laube. So vorzüglich dieses nun in waldbaulicher Beziehung wirkt, und so sehr wir daraufhin wirtschaften müssen, unserem Waldboden eine recht dicke Decke von diesem kostbaren Stoffe zu verschaffen und zu erhalten, so ist doch die Decke sicherlich nicht gerade besonders schön. Das grüne Kronendach des älteren Buchenstangenholzes ist hoch oben in der Luft, unten auf dem Boden liegt nur fahles Laub, das Auge sieht zu wenig Grün; um solches zu schauen, muß man den Kopf hinten ins Genick werfen, und das ist nicht gerade angenehm, was jedem wohl bekannt ist, der Holz zur Fällung angewiesen hat."

Die Reinertragslehre nicht nur, sondern recht schwerwiegende Zahlen, wie sie die forstlichen Versuchsanstalten uns vorlegen, nicht minder die Ergebnisse der Holzversteigerungen, lassen den Buchenanbau in recht ungünstigem Lichte erscheinen. Selbst warme Freunde der Forstästhetik werfen bei dieser Frage die Büchse ins Korn. Sie glauben das Eintreten für die Erziehung neuer Buchenbestände nicht mehr wagen zu dürfen. Demgegenüber erinnere ich an Guses Ausführungen, die ich auf S. 7 d. B. wiedergegeben habe, auch verweise ich auf das nächste Kapitel, wo vom forstlichen Rechnen die Rede sein wird. Übrigens in der Praxis verständigt man sich manchmal recht gut mit den Jüngern der Reinertragsschule. Die uralten Buchen in Olbernhau beweisen, daß selbst die Jünger eines Preßler und Judeich vor der Pracht überkommener Naturschätze den Rechenstift gern beiseite legen.

Von oben oder von Ferne aus gesehen sind die Holzarten anders zusammenzufassen, nämlich in solche mit spitzen, und in solche mit kuppelförmigen Kronen. Fichten und Lärchenbäume gehören in erstere Abteilung, Buchen und Eichen in letztere. Tannen und Kiefern gehören in der Jugend zu ersteren, im Alter zu letzteren.

Die Landschaftsgärtner lehren übereinstimmend, daß spitzkronige Bäume vorzüglich in Landschaften und an Gebäude passen, welche in geraden, vorzugsweise wagerechten Linien ihre Umrisse entwickeln, wie die eingeschaltete Abbildung (Fichten vor einem Bergrücken) zeigt.

Die Zypresse ist so recht der Baum für die Nachbarschaft der griechischen Tempel, und bei uns unterbricht man gern durch eine Gruppe vorgepflanzter Pyramidenpappeln den Anblick der lang gestreckten Scheuerdächer. Umgekehrt verlangen spitzwinklige Bauten rundkronige Bäume, darum wählte ja schon die Dame des Ritter Toggen-

Abb. 72. Fichten im Mittelgrund vor langgestrecktem Bergrücken.

burg ein Kloster, welches „aus der Mitte dunkler Linden sah". Zu den spitzen Giebeln mittelalterlicher Bauten passen nämlich Nadelhölzer durchaus nicht, es seien denn recht alte Kiefernsonnenbrüter.

In unseren Waldungen geborgen sind zahlreiche Trümmer alter Herrlichkeit der liebevollen Sorgfalt des Forstmannes anvertraut. Deren eingedenk durfte ich diese der Gartenkunst entlehnten Bemerkungen nicht vorenthalten. In sehr glücklicher Weise sah ich das erwähnte Prinzip auf dem Gröditzberg verwirklicht. Während es dort in nächster Nähe der Hauptgebäude an Linden und Ahorn nicht fehlt, wurde die auf einer längeren Strecke horizontal verlaufende westliche Umfassungsmauer der Burg von den Wipfeln einiger alten Tannen überragt. Diese, im Niederwald fußend, unterbrechen von unten aus gesehen die eintönige Mauerlinie in ebenso vorteilhafter Weise, wie sie umgekehrt von der Burg aus vor dem nach jener Richtung ziemlich flach verlaufenden Horizont einen sehr geeigneten Vordergrund bilden.

Ob reine oder gemischte Bestände schöner seien, kann nicht ohne weiteres allgemein gültig entschieden werden.

Reine Bestände machen im Alter einen erhabenen Eindruck durch die großartige Entfaltung einheitlicher Gestalten; gemischte Bestände sind freundlicher und durch den Wechsel anregender. Aber beide Vorzüge lassen sich durch gut gewählte, sehr mäßige Einsprengung einer Mischholzart in reine Bestände vereinen. Man belebe deren Aussehen durch eine ganz mäßige Einsprengung anderer Holzarten, etwa bis zu fünf Prozent der Stammzahl. Dies wird als Putz immer gute Dienste tun, ohne die erwünschte großartige Massenwirkung zu beeinträchtigen. Die bestandbildende Holzart wird den Charakter der alleinherrschenden besonders dann bewahren, wenn die hinzutretenden fremden Arten nicht einerlei, sondern unter sich recht verschiedenen Charakter haben. Ein Kieferbestand z. B., wenn ihm 5% Buchen beigemischt sind, wird im Mai und im Herbst ästhetisch schon nicht mehr als reiner Bestand erscheinen, wohl aber, wenn Aspe, Birke und Eiche sich mit der Buche in die fünf Prozent teilen. Es beziehen sich diese Angaben übrigens nur auf ältere Bestände; Schonungen und Stangenorte müssen reichere Einsprengung aufweisen, wenn der gewünschte Erfolg für spätere Perioden gesichert sein soll.

Was nun die im hergebrachten Sinne gemischten Bestände betrifft, so ist es mit dem einfachen gleichmäßigen Durcheinandermengen verschiedener Holzarten noch nicht getan. Hundert Hektar, mit Fichte und Kiefer in ganz gleichmäßiger Verteilung bestockt, werden nichts voraus haben vor einer gleichen Fläche, die zur einen Hälfte mit reinen Fichten, zur anderen mit reinen Kiefern bestanden wäre; im Gegenteil ist sicherlich das letztere Verhältnis als das durch Kontrast anziehendere besser. Sind aber Kiefer und Fichte derartig miteinander vereint, daß bald die eine, bald die andere Holzart reichlicher auftritt, und eine jede stellenweise in größeren Horsten nahezu alleinherrschend den besonderen Charakter jeglichen Standorts zum sichtlichen Ausdruck bringt, läßt sich die Fichte herbei, hier und da unterständig den Fuß reiner Kiefernhorste zu decken, während nicht weit davon sturmfeste Kiefernwaldrechter vereinzelt geschlossene Fichtenstangenorte überragen: dann haben wir eine vernunftgemäße, eine an Abwechselung reiche, eine interessante und schöne Mischung. Diese kann dann durch Beigabe von etwa einhalb bis zwei Prozent Laubholz oder Lärchenbäume noch einen weiteren

Schmuck erhalten. Das Gesagte findet sinngemäße Anwendung auf die Mischung von Eiche und Buche, von Erle und Birke usw., auch von Kiefer und Traubeneiche. Von dieser letzteren Zusammenstellung abgesehen, bin ich aber für die Mischung von Laub- und Nadelholz nicht gerade sehr eingenommen; denn man verzichtet durch solche auf den durch stärkere Kontrastwirkungen erzielbaren Gewinn. Ich rate daher, lieber in sich gemischte Laubholzbestände mit gleichfalls in sich gemischten Nadelholzbeständen wechseln zu lassen, jeder Teil allerdings aufgeschmückt durch die oben empfohlene Einzeleinsprengung von Nadel- beziehentlich Laubholz bis zu fünf Prozent.

Die Einsprengung muß beiderseitig verstärkt werden, wo Bestände verschiedener Holzart aneinander stoßen. Dies gilt besonders an Berghängen, damit der Wald nicht aussehe „wie ein geflickter Rock". Ich entnehme diesen trefflichen Ausdruck einem Aufsatz des Forstmeisters Kautz, welcher über Mischung der Fichte mit der Buche schreibt:

„Was ist wirtschaftlich richtiger und für das Auge schöner: eine Bergwand, die, je nach dem Wechsel der Bodengüte, in Mulden und auf Rücken Buchen mit Fichten oder Fichten mit Buchen trägt, indem die Mischungsgrade unmerklich ineinander übergehen — oder eine Waldfläche, die die Holzartentrennung in oft harten Linien zeigt — an einen grob geflickten Rock erinnernd — ohne dabei mit Sicherheit die wirklichen Bonitätsgrenzen zu treffen, und ohne dabei die Behandlung der Wirtschaftsflächeneinheit zu erleichtern?" Abb. 73 zeigt Kahlschläge, die lebhaft an einen „geflickten Rock" erinnern.

Im Gebirge und in den Vorbergen sollte man die schmalen vorspringenden Berggrate und schmale Bergrücken, die man von der Seite sieht, stets mit dunkelem Holze besetzen, weil hierdurch der Grat von der nächsten Wand sich besser abhebt, aber doch nicht auf längere Erstreckung hin mit Fichten, weil deren spitze Wipfel gegen den Hintergrund einen unruhigen Eindruck machen. — Im Hochgebirge sah ich Zirbelkiefern in solcher Stellung einen vortrefflichen Eindruck machen, bei uns werden Laubhölzer und allenfalls Edeltannen am Platze sein. — Abb. 74 zeigt einen Berggrat, dessen Kamm schon etwas zu reichlich mit Fichten besetzt ist, im Übrigen aber einen guten Eindruck macht.

Es sei mir gestattet, hier eine waldbauliche Bemerkung zugunsten des Birkenwaldes einzuschalten: Der Anbau von Birken in reinen Beständen ist auf guten Böden keineswegs immer verwerflich, denn unter

Abb. 73. Unschöne Kahlschläge am Berghange.

Abb. 74. Berggrat mit Fichten.

dem lichten Schirm dieser raschwüchsigen Holzart sind Eiche, Esche und Rotbuche sehr bequem und sicher aufzubringen, und die Birken selbst bringen sehr bald ganz annehmbare Gelderträge, wenn man jede Stange nach Art der Borggreweschen Plenterdurchforstung zur Nutzung zieht, sobald sie stark genug geworden ist. — Besonders bei Ackeraufforstung ist das zu beachten, und auch überall da, wo Buchennaturverjüngung zunächst mißlungen ist, und selbstverständlich in Frostlagen. — Auch wo nach Feuer- oder Insektenschaden große Kahlflächen aufzuforsten sind, wird der Anbau eines Jagens mit Birken gerechtfertigt sein, um Holzarten- und demnächst Altersklassen-Unterschiede zu schaffen.

Horstweise Mischungen sind den streifenweisen in der Regel vorzuziehen, welch letztere sich weniger natürlich ausnehmen, doch haben auch diese ihren Reiz. Sind sie nämlich mit Akkuratesse angelegt, so erregen sie jenes Wohlgefallen, welches Ordnung, Symmetrie und Sauberkeit sich unter allen Umständen zu erwerben wissen. Dies Wohlgefallen wird allerdings in sein Gegenteil verkehrt, falls die Pflanzung nicht gedeiht, z. B. die Heisterreihen nicht wachsen wollen und der Boden unter ihnen verangert.

Es ist selbstverständlich, daß alle Lehren dieses Kapitels nach Ort und Umständen verschieden gehandhabt werden müssen. Es konnten hier nur die Richtlinien gegeben werden.

Achtzehntes Kapitel.

Die Bestimmung des Umtriebes.

Für ästhetische Betrachtungsweise ist es nicht schwer, eine untere und eine obere Grenze der Höhe des Umtriebes festzustellen. Die untere wird gefunden in den Worten des so oft und gern gesungenen Liedes: „Wer hat dich, du schöner Wald, aufgebaut" usw. Demnach sollten wir die Bäume im Hochwald doch mindestens so hoch werden lassen, daß man vom Wald als von einem „aufgebauten" mit einigem Recht reden könne, daß er seine Säulen berge, die vereint am Saume die Holzwand bilden, und das Kronendach tragen.

Die obere Grenze des Umtriebes ist dagegen da als bereits überschritten anzusehen, wo die offenbare Unwirtschaftlichkeit augenfällig wird. Rückgängige Bestände in späte Perioden zu versetzen, rechtfertigt sich darum im Forste nicht. Malerisch sind solche zwar immer, aber sie widerstreiten zu sehr unseren Begriffen von

Zweckmäßigkeit, als daß wir sie in der Wirklichkeit schön finden dürften. Wir weisen solche der ersten Periode zu und bemessen den Umtrieb so vorsichtig, daß ähnliche Bilder nicht wieder entstehen.

Das Thema ist von Wildungen sehr hübsch behandelt worden. (In „Weidmanns Feierabend“ 1815.): Zwei unbekannte Individuen hat der wackere Förster im Walde angetroffen und hat sie hart angelassen. Es entspinnt sich nun folgendes Zwiegespräch:

„Maler: O, lassen Sie sich doch besänftigen, lieber Waldgott! Bei den heiligen Schatten eines Rafael, Tizian und Michel Angelo schwöre ich, daß wir keine gefährlichen Landstreicher, sondern reisende Genies sind. Ermüdet rasteten wir hier und entzückt über die unbeschreibliche Schönheit dieses Waldes, das echt Pittoreske seiner Gruppierung, seine herrlichen Schlaglichter.

Förster: Wie, Herr, ist er denn noch toller, als sein Kumpan? Ich glaube gar, er will noch spotten! Soll dieser Schlag etwa noch lichter gestellt werden? Kann ich dafür, daß mein unverständiger Vorfahr alle seine Schläge zu licht hauen ließ, daß hier so schändlich gefrevelt und alles Laub immer weggescharrt worden ist? Da mußten ja wohl die wenigen alten Samenbäume vor der Zeit abständig werden! Nun ist freilich für dieses verwünschte Revier — leider! — keine Rettung mehr, als alles rein weg zu hauen und Kiefern dahin zu säen! Und diesen häßlichsten Schandfleck meines Forstes, wo schon seit zwanzig Jahren sich kein Hase mehr verbergen kann, erfrechen Sie sich mir zum Hohne zu loben? Marsch! nun mag ich nichts weiter hören! Wenn Sie nicht augenblicklich sich fortpacken, so pfeife ich meinen Forstläufern, die in der Nähe sind, und lasse Sie als Vagabunden arretieren!

Dichter (aufspringend zum Maler leise):

Komm, Herzbrüderchen, laß uns von hinnen wandern! Wen ein so prachtvoller Wald nicht bezaubert, wer so herrlichen Bäumen, wie diese, mit der mörderischen Axt drohen kann, hat — beim Apoll! — kein ästhetisches Gefühl, und was wäre von einem solchen Barbaren nicht zu befürchten?

Maler (seinen Knotenstock auch ergreifend und tief seufzend):

Traurig ist's doch, daß unsere höheren malerischen und poetischen Ansichten mit rohen Menschen immer in Kollision kommen! Wohl mir, daß der griesgrämige Waldteufel mir doch nicht wehren kann, diesen unvergeßlichen Wald so schön, als er uns dünkte, zu malen. Unsere Vertreibung aus diesem Paradiese soll ein paar herrliche Figuren dazu abgeben

Dichter: Auch besingen will ich ihn in einer so feurigen Ode, als gewiß seit Erschaffung der Wälder keine noch gedichtet worden ist. Mag er dem forstgerechten Krittler gefallen, oder nicht — uns gefiel er und wir waren froh darin. Glückliche Täuschung ist ja der Dichter und Maler Element und die goldne Lehre:

Ein Wahn, der uns beglückt,
Ist einer Wahrheit wert, die uns zu Boden drückt —

die höchste und echteste Philosophie."

Während das große Publikum geneigt sein mag, dem Dichter recht zu geben, empfinden wir Forstleute die Tatsache, daß ein erheblicher, in vielen Menschenaltern aufgespeicherter Schatz an Altholz und an Bodenkraft zugrunde geht, mit dem alten Förster als eine „Wahrheit, die uns zu Boden drückt". Wir können solche Bilder nicht unbefangen anschauen und daher beim besten Willen nicht schön finden. Die Forstkunst, als eine Kunst, die es mit der Wirklichkeit zu tun hat, darf ihre Schönheitsregeln nicht von jenen Künsten borgen, welche nur vom schönen Scheine leben. Mit ebensoviel Recht könnte sonst der Staatsmann die Verhältnisse des öffentlichen Lebens und der Familie auch so ordnen wollen, daß sie Stoffe für den Dichter geben; er würde aber schwerlich Beifall finden, wenn er etwa soziale und häusliche Verhältnisse zu verwirklichen trachtete, wie sie Schiller für seinen „Gang nach dem Eisenhammer" vorgeschwebt haben mögen.

In gleicher Lage wie wir befindet sich unsere Nachbarkunst, die Landschaftsgärtnerei; denn selbst diese muß eingedenk bleiben, daß „das Vergnügen der Augen weniger reizend als eine unangenehme Betrachtung nachteilig ist."

Diese Einschränkung müssen wir uns eben gefallen lassen, und müssen uns damit trösten, daß wir auf unserem Gebiet vor dem Reiche des Scheines so manchen Vorteil voraus haben, wie z. B. den, daß „zuweilen die Nutzbarkeit den Mangel an Schönheit in einem wirklichen Auftritte, niemals aber in einem Gemälde ersetzen kann".

Zwischen der leicht nachgewiesenen oberen und unteren Grenze bleibt ein weiter Spielraum, der bei Kiefern zwischen 80 und 200 Jahren, bei Eichen zwischen 80 und 300 Jahren in gut behandelten Forsten liegen dürfte. Wie nun die richtige Abmessung finden?

Es ist hier der Ort, uns mit der Reinertragslehre zu beschäftigen, die bekanntlich für alle forstlichen Fragen, z. B. Wahl der Holzart, Beachtung beansprucht, am meisten aber mit der Umtriebsbestimmung sich befaßt.

Übereifrige Jünger dieser Lehre wollen dem Ästhetiker verbieten, dabei mitzusprechen. Anders die Meister. Preßler, Judeich, Neumeister und viele andere bekunden, daß die Reinertragslehre durchaus nicht der Pflege des Schönen im Forste, auch bezüglich der Umtriebsfeststellung, widerstreite. Preßler selbst hat gemeint, daß sein Waldbau „auch ästhetisch möglichst verdienstvoll" sein werde. Judeich hat auf der ersten Seite seiner Forsteinrichtung darauf hingewiesen, daß sich „die Gewährung persönlichen Vergnügens" als Ertrag des Forstes in Rechnung stellen lasse, wenn man den Begriff Reinertrag sehr weit fasse. Während Judeich dieses eingeschränkte Zugeständnis bemerkenswerterweise nur in kleinerem Druck bringt (es liegt mir die II. Auflage vor), spricht sich Neumeister schon mehr entgegenkommend aus: „Selbst die peinlichste Finanzwirtschaft gestattet, daß der Einfluß des Waldes auf Land und Leute in Ansatz gebracht wird, und auch für die Finanzpolitik sind die Imponderabilien keine terra incognita." Neumeister aber ist doch weit hinter Wilbrand zurückgeblieben, welcher sich schon 1893 wie folgt geäußert hat:

„Besonders interessant sind die Beziehungen der Forstästhetik zur Waldwertrechnung und Statik. Das Gedeihen gar manchen Wohnplatzes hängt ganz wesentlich davon ab, ob der Wald in seiner Nachbarschaft landschaftlich schön erhalten wird. Bezüglich der Waldungen, die unmittelbar bei Orten liegen, die zur Sommerfrische von Erholungsbedürftigen besucht werden, bedarf jene Behauptung kaum einer weiteren Ausführung. Die Zahl solcher Orte ist groß und sie ist noch in ständiger rascher Zunahme begriffen. Es sei nur erinnert an die zahlreichen derartigen Plätze in den Vogesen, der Hardt, dem Schwarzwald, der Rauhen Alb, dem Taunus, dem Odenwald, dem Harz, dem Riesengebirge usw. Man stelle sich vor, ein schön gehaltener Privatwald in der Nähe eines vielbesuchten Luftkur- oder Badeortes solle veräußert werden. Schwerlich wird es der Besitzer des Badehotels geschehen lassen, daß jener Wald in den Besitz eines Holzhändlers übergeht, der ihn niederschlägt und eine Wüstung schafft. Denn der Abtrieb des Waldes wäre vielleicht gleichbedeutend mit der Entwertung des Hotels. Der Besitzer des letzteren wird entsprechend mehr bieten wie der Holzhändler oder wie ein Konkurrent des Wirts, in dessen Interesse es läge, wenn jenem Platze der Hauptreiz genommen würde. So kann der finanzielle Wert eines Waldes durch seine ästhetische Bedeutung nicht unwesentlich gesteigert werden."

„Aber nicht nur für das Gedeihen einzelner Hotels und kleinerer Ortschaften ist die Pflege benachbarter Waldungen von erheblicher Bedeutung, sondern ganz besonders auch für manche selbst größere Städte. Zahlreiche wohlhabende Familien verändern ihren Wohnort. Der Offizier, der viele Garnisonen des Reichs kennen gelernt hat, sucht, wenn er in den Ruhestand tritt, eine Stadt aus, die seine Ansprüche am besten zu befriedigen vermag, ebenso der Beamte und der zum Rentner avancierte Geschäftsmann, der seine Zinsen verzehren kann, wo er will. Zu den Magneten, die auf viele solcher willkommenen Ansiedler besonders kräftig wirken, gehören nahe gelegene, gut gepflegte Waldungen mit schönen Spaziergängen. In die Klasse derartiger Städte sind z. B. Frankfurt a. M., Darmstadt, Wiesbaden, Freiburg im Breisgau, Eisenach zu zählen. Jede wohlhabende Familie, die in einer solchen Stadt zuzieht, gibt Veranlassung, daß ein Stück Ackerland als Bauplatz hochpreisig verwertet wird, mit jedem weiter erforderlichen Hausbau wird ein größeres Kapital in der Stadt festgelegt, der Wert des Grundbesitzes im Innern der Stadt steigt, Geschäftsleute, Bäcker, Metzger, Händler aller Art finden ihren Verdienst, dem Staat, der Gemeinde fließt, in der Form von Steuern, eine Rente baren Geldes zu.“

Auf richtiger Würdigung dieser Verhältnisse beruht es, wenn Wilbrand ferner ausspricht: „Jeder einzelne Ansatz im Betriebsplan ist in seiner Wirkung auf die gegenwärtige und zukünftige Schönheit des Wirtschaftswaldes genau zu prüfen.“ Wenn nun die Reinertragslehre in der Theorie es für angängig hält, die ästhetischen Werte der Forsten mit den anderen Erträgen in Rechnung zu stellen, so vermißt man doch den wissenschaftlichen Ausbau der Lehre in dieser Richtung. Wilbrand gesteht ganz offen, es sei bedenklich, für Waldungen, welche einen hervorragenden Schönheitswert besitzen, wichtige Fragen der Statik durch Formeln lösen zu wollen. Ich will seinen Gedankengang wörtlich einschalten: „Freilich wird die Lösung statischer Aufgaben dadurch erheblich erschwert, weil es sehr schwierig, ja geradezu unmöglich ist, jene tatsächlich doch vorhandenen, oben angedeuteten Wirkungen ästhetischer Maßnahmen auf die Kasse des Waldbesitzers ziffernmäßig auszudrücken. Wir müssen uns damit trösten, daß es häufig gerade bei den größten Unternehmungen des Staates und der Gemeinden z. B. bei Bahnbauten, nicht gelingt, den Effekt ziffernmäßig vorauszubestimmen, und daß sehr häufig auf die indirekten Erfolge größeres Gewicht zu legen ist, wie auf die direkte Rente, welche von dem Unternehmen zu erwarten steht. Wir sehen, es muß bei der Waldwertrechnung und Statik in gar manchem Falle außer mit den forstlichen Werten, für die unsere Formeln die betreffenden Stellen zeigen, in die sie einzusetzen sind, noch mit indirekten Werten gerechnet werden, für deren Einstellung die Formeln keine Anleitung bieten und eine solche auch nicht wohl bieten können. Gleichwohl wird gerade der Anhänger der Reinertragslehre sich am wenigsten dagegen verschließen, daß diesen indirekten Werten gebührende Berücksichtigung zuteil wird. Es würde ja gerade dem Wesen jener zielbewußten Methode widersprechen, wenn er sich dagegen ablehnend verhalten wollte. Da es uns nun niemals gelingen wird, jene in finanzieller Hinsicht tatsächlich höchst wichtigen Faktoren ziffernmäßig richtig auszudrücken, so kommen wir zu dem Resultate, daß für Waldungen der in Rede stehenden Art es bedenklich ist, wichtige Fragen der Statik lediglich an Hand der bestehenden Formeln lösen zu wollen."

Meinerseits halte ich es nicht für wahrscheinlich, daß die zutreffend von Wilbrand geschilderten Schwierigkeiten es gewesen sind, welche einen Preßler, einen Judeich und andere abgehalten haben, die Schönheitsleistungen des Waldes in ihre Formeln, in ihre Rechnungsbeispiele aufzunehmen. Sie haben über noch größere Schwierigkeiten sich vielfach hinweggesetzt, indem sie künftige Holzpreise und andere ganz unsichere Größen in die Rechnung einführten.

Der wahre Grund liegt wohl tiefer, und die Unterlassung ist aus den Eigenschaften der menschlichen Natur zu erklären: Es ist nämlich eine oft wiederholte Wahrnehmung, daß viele Menschen gerade darum in starrer Verfolgung eines Prinzipes rücksichtslos handeln, weil sie, eines warmen und weichen Herzens sich bewußt, die Befürchtung hegen, daß diese Eigenschaften ihres Wesens zu ihrem eigenen und zu anderer Leute Schaden einen allzu großen Einfluß auf ihr Tun und Lassen gewinnen möchten. So ergeht es, wie mir scheint, ganz besonders oft uns Forstleuten. Aus Liebe zum Wald haben wir unsere Laufbahn gewählt, und zwar zum Wald als einem Inbegriff idealer Güter, keineswegs aber darum, weil es uns besonders anziehend erschienen wäre, die Mit- und Nachwelt mit Holz zu versorgen. Tritt nun aber der erwählte Beruf wirklich an uns heran, so können wir nicht im Zweifel darüber bleiben, daß es in erster Reihe doch unsere Aufgabe ist, Holz zu erziehen, möglichst viel und möglichst gutes mit so wenig Kosten als möglich. Da geht dann (bei dem einen rascher, bei dem anderen langsamer) an dem jungen Waldschwärmer eine Wandlung vor. Er bricht völlig mit seinen ersten Idealen und verschanzt sein Gemüt künstlich gegen eine Wiederkehr derselben. Sehr zu Unrecht.

In diesem Sinne klagt Pfeil, sicherlich auf Grund persönlichster Erfahrung: „Das materielle Bedürfnis gestattet immer weniger, dem Sinne für das Schöne in der Waldwirtschaft Raum zu geben. Erst verschwinden die herrlichen alten, großen Bäume, dann die einzelnen malerischen Baumgruppen, zuletzt verdrängt die einförmige, graue, tote Kiefer das freundliche, lebendige Laubholz. Dieselbe Erscheinung, die bei dem Wechsel zwischen der Poesie des Jägerlebens und dem dumpfen Vegetieren in dem Fabrikgebäude stattfindet, wo der Mensch nur als ein Teil der Maschine betrachtet wird, kehrt überall wieder. Man kann das beklagen, aber nicht ändern!"

Eine solche Charakterentwickelung ist um so leichter möglich, je lieber und je schärfer man rechnet. Preßler hat sie an sich selbst erfahren. Es ist ihm, obwohl er sich einen „intensiven Naturfreund" nennt, begegnet, von der „leider nur ästhetisch edeln Buche" zu reden, als ob diese schöne Holzart nicht in hundert anderen Hinsichten noch das Beiwort edel wohl verdiente. Er sah nämlich „in jedem Baume und Bestande ein Holzkapital und zugleich eine kleinere oder größere Holzfabrik, eine Fabrik, deren Gesellen (Wurzel, Stamm und Blätter) durch ihre Jahresarbeit (Wertzuwachs) ihr Jahresfutter (Holz- plus Grundkapitals-Jahreszins) verdienen müssen und welche, wenn sie solches nicht mehr können, anderen, produktiveren Arbeitern weichen müssen."

Um die Fabriken ist es aber eine merkwürdige Sache. So schätzenswert oft ihre Erzeugnisse sind, sie selbst sind uns aus guten Gründen unsympathisch, und in der Regel werden sie von dem Besitzer nicht mit sonderlichem Zartgefühl behandelt. Das ewige Rechnen und Trachten nach barem Gewinn mag höhere Regungen wohl ersticken. Ist der Inhaber der Fabrik eine Natur, welche zu Freude am Schönen angelegt ist, so pflegt er gleichwohl darauf zu verzichten, im Zusammenhang mit seinem Gewerbe seinem besseren Selbst gerecht zu werden; er wird im günstigsten Falle bei den schönen Künsten einen Ersatz suchen, welcher meist nur wenigen ihm nahestehenden Personen die Mitfreude gestattet.

Will sich die Reinertragsschule von dem Verdacht, daß es ihr mit Bewertung der Waldesschönheit nicht Ernst sei, reinigen, so muß sie nicht nur gelegentlich (in kleinerem Druck!) zugestehen, daß man die „Gewährung persönlichen Vergnügens" als Ertrag in Rechnung stellen dürfe, sondern sie muß angeben, wie das zu geschehen hat, und — das ist die Hauptsache — sie muß dann auch wirklich danach rechnen. Hier paßt die volkstümliche Redensart: „da gilt kein Mundspitzen, es muß gepfiffen werden".

Man kann, ohne zu rechnen, allenfalls zu einem richtigen Entschlusse gelangen; wenn man aber rechnet und dabei eine wichtige Größe außer Ansatz läßt, dann muß unter allen Umständen das Rechnungsergebnis falsch werden.

Zum Glück gilt der Reinertragstheorie gegenüber das Goethesche: „Grau, teurer Freund, ist alle Theorie, nnd grün des Lebens goldner Baum". — Es wird nirgends so heiß gegessen, als es gekocht wird. — In Gießen Ausgebildete knausern nicht mit Kulturgeldern bei der Eichennachzucht und Jünger eines Judeich setzen ihren Stolz darein, mit dem Hieb hinter dem rationell berechneten Abnützungssatz alljährlich zurückzubleiben.

Am meisten im Sinne Neumeisters wäre wohl der Ratschlag, das Umtriebsalter nach gutachtlichem Ermessen um einige Jahre hinaufzurücken. Der verehrte Verfasser der „Forsteinrichtung der Zukunft" erhöht nämlich „zur Sicherheit" die herausgerechnete vorteilhafteste Umtriebszeit um den ganz willkürlich angenommenen Zeitraum von 5 Jahren. So könnte er auch zur Erhöhung des ästhetischen Genusses den Umtrieb je nach Umständen um weitere 5—50 Jahre hinaufsetzen. Ein anderer gangbarer Weg würde sein, den waldfreundlichen Zinsfuß herabzusetzen, indem man annähme, daß der Forst einen Teil seiner Rente durch Gewährung ästhetischen Genusses aufbringt. Bekanntlich bewirkt jede Herabsetzung des Zinsfußes ein Hinaufrücken des finanziellen Haubarkeitsalters.

So schreibt z. B. Pöpel: „Wir haben aber gar nicht die Absicht, die Reinertragswirtschaft überall so weit auszudehnen, daß ein Vergnügen oder ein Vorteil, wie derjenige der Jagd, nicht statthaft wäre; das Reinertragsprinzip braucht aber darunter nicht zu leiden. Ein Teil meines Zinsertrages oder Zinsfußes besteht eben in den Kosten jenes Vergnügens."

Eine derartige Herabsetzung des Zinsfußes würde aber auch Gefühlssache bleiben. Pöpel selbst macht nicht einmal den Versuch, ein bestimmtes Maß der ästhetischen Ermäßigung des Zinsfußes auch nur vorzuschlagen, geschweige denn zu rechtfertigen.

Jedenfalls würde es mehr im Sinne der streng mathematischen Reinertragslehre sein, die Gesetze des Schönheitszuwachses zu studieren. Man müßte sich angelegen sein lassen, neben der Lehre von dem innerforstlichen a und b und dem außerforstlichen c noch die Gesetze des halb inner-, halb außerforstlichen Schönheitszuwachses durchzuarbeiten. Dessen Verhältnisse sind allerdings verwickelt, weil er einerseits an den

Holzbeständen mit zunehmendem Alter erfolgt, während gleichzeitig mit der gesteigerten Kulturentwickelung die Schätze der unverfälschten Natur täglich für uns an Wert gewinnen. Diese Art der Rechnung scheint R. Hartig für besonders angemessen gehalten zu haben, indem er sich, wie folgt, aussprach: „Den Vertretern der Reinertragstheorie möchte ich aber anheimgeben, bei Feststellung des Zeitpunktes, wann ein schöner alter Bestand abgetrieben werden soll, den Prozentsatz, zu dem sich der Bestand verzinst, nicht zu berechnen aus der Summierung des Massenzuwachses, des Qualitäts- und Teuerungszuwachses, sondern noch einen Schönheitszuwachs in recht hohem Prozentsatze hinzuzuzählen, zumal an Orten, welche dem Publikum leicht zugänglich sind."

Es ließe sich bei der Bewertung des Genusses, den der Wald uns bietet, von bekannten Größen ausgehen, z. B. von den Eintrittsgeldern, die in Kunstausstellungen oder von Konzertgebern gefordert werden; schwierig bliebe nur, einzuschätzen, wo man den höheren Genuß findet. Festzustellen bliebe dann noch, ob dieser Genuß im geraden Verhältnisse mit der Höhe des Umtriebes wächst. Meinerseits möchte ich allerdings annehmen, daß unter sonst gleichen Verhältnissen ein Wald, im 120jährigen Umtrieb bewirtschaftet, dreifach so große Anziehungskraft besitzt wie ein anderer, welcher einem 60jährigen Umtriebe unterworfen ist. Die Anziehungskraft wächst nämlich durch die größere Schönheit, welche dem Altholz innewohnt, und sie steht im umgekehrten Verhältnis zur Größe der Schlagflächen.

In diesem Sinne hat sich neuerlich Hufnagel ausgesprochen: „Die Freude und Genugtuung beim Anblick alten hochschaftigen Holzes genügt, um den oder jenen Besitzer an hohen Umtrieben festhalten zu lassen."

Es würde sicherlich die Umtriebszeit des Bodenerwartungswertes von derjenigen der Waldreinertragsschule sich nicht unterscheiden, wenn mit Einsetzung von ästhetischen Werten in die Rechnung Ernst gemacht würde. Ob man nun ein Anhänger der Reinertragsschule ist oder nicht, in jedem Falle wolle der Forstmann seinen idealen Sinn festhalten!

Daß das selbst in verantwortlicher hoher Stellung möglich ist, bewies im Gegensatz zum Pessimismus eines Pfeil der unvergeßliche Oberlandforstmeister von Hagen, welchen ich in feierlicher Stunde aussprechen hörte:

„Wir sind Priester, Priester des Waldes, geweiht zum täglichen Gottesdienste in einem Tempel, der nicht von Menschenhänden erbaut ist, in einem Tempel, den Gott der Herr selbst errichtet hat, und daß wir dieses Dienstes als Priester des Waldes treu pflegen, das ist unsere Ehre und Freude."

Neunzehntes Kapitel.

Die Verjüngung.

Auf einem Münchener Bilderbogen (Nr. 398) ist zu sehen, wie der Barbier seinem gehörig eingeseiften und erheblich gekratzten Opfer zuletzt die Nasenspitze abgeschnitten hat. Er weiß sich aber zu helfen, wäscht alles hübsch sauber ab, klebt Pflaster auf, verbindet, und nun hält er ihm mit einem Gesicht voller Befriedigung und Stolz den Spiegel vor, als wollte er sagen: „Schau Bäuerlein, siehst du jetzt nicht schön aus!" Das Beispiel jenes selbstzufriedenen Barbiers zeigt uns, wie groß die Neigung des Menschen ist, eigne Leistungen vorzugsweise günstig zu beurteilen. Es ist dies die Quelle einer Befriedigung, welche zwar nicht geradezu eine ästhetische genannt werden darf, wohl aber zu der letzteren wesentlich fördernd hinzukommen kann. Aus diesem Born — aus der Freude am Selbstgemachten, an eigner Leistung — entspringt zum guten Teile unsere Vorliebe für den Kulturbetrieb. Wie wäre es sonst wohl anders zu erklären, daß wir gleichmütig den schönen Vorwuchshorst hinweghacken, um einige Heister an dieselbe Stelle zu pflanzen, obwohl sie mit ihren verstümmelten Wurzeln zunächst ganz gewiß nicht freudig wachsen werden. Wir wollen eben immer alles selber machen. Warum nehmen wir nicht lieber den eifrigen Häher, den stürmischen Westwind in unsere Dienste, die so gern und ganz unentgeltlich Eicheln und Eckern, Ahorn-, Eschen- und Nadelholzsamen ausbreiten, wenn wir nur für einige Samenbäume sorgen, sei es sie überhaltend, sei es sie anpflanzend. Jede Bestandeslücke, jede Kunststraße sollte darauf angesehen werden, ob sie Gelegenheit gibt, die Ansamung für das Revier wichtiger Holzarten durch Voranbau von Samenbäumen zu ermöglichen. Namentlich bodenschützendes Unterholz ist auf diese Art sehr gut und billig zu erziehen. Es gehört allerdings etwas Geduld dazu. — Ich habe auf dies hier in Postel sehr bewährte Verfahren schon oben (S. 239) bei dem Überhaltbetrieb hingewiesen. Je zahlreichere Holzarten zur Anbahnung einer Naturverjüngung vorgefunden werden, desto leichter gestaltet sich die Aufgabe des Wirtschafters, desto naturgemäßer und darum desto schöner verteilen und entwickeln sich die Holzarten unter dem Schirm des nach und nach angemessen gelichteten Vorbestandes. Die fortschreitende Lichtung, die von Jahr zu Jahr erfreulich sich entwickelnden Verjüngungshorste, deren keiner nach Zusammensetzung und Gestalt dem andern gleicht, und die doch trefflich zueinander passen und immer besser verschmelzen, sie bieten zu jeder Tageszeit wechselnde Bilder und besonders bei den springenden Lichtern der Morgen- und Abendsonne herzerfreuenden Anblick.

Gar nicht selten kommen Bestände vor, deren Kahlabtrieb aus ästhetischen Gründen unzulässig ist, ohne daß doch die Bewirtschaftung in Plenterbetrieb angezeigt wäre. Da kann natürlich nur Naturverjüngung oder Verjüngung unter Schirm in Frage kommen.

Verjüngungen unter Schirmbestand bieten nebenbei Gelegenheit, gute Überhaltstämme auszubilden und vorsichtig an die Freistellung zu gewöhnen, so daß sie alsbald, mit normaler Krone ausgestattet und frei von Wasserreisern dastehend, dem Schlag zur Zierde gereichen. Mißlingt die Naturbesamung, dann darf mit künstlicher Nachhilfe nicht gezögert werden, damit nicht Zustände entstehen, wie sie Wildungens alten Förster mit Recht zur Verzweiflung gebracht haben.

Aller dieser Vorzüge wegen verdient die natürliche Verjüngung vom ästhetischen Standpunkte aus überall da den Vorzug, wo die Verhältnisse ihr Gelingen sicher erhoffen lassen, anderenfalls ist eine wohlgepflegte Saat oder Pflanzung besser am Platze. Von dieser ist dann aber zu verlangen, daß sie von Anfang an ohne Lücken, ohne Kränkeln flott anwachse und gedeihe. Vereinigt sie den Eindruck jugendlicher Triebkraft mit dem der Sauberkeit und Übersichtlichkeit, so kann dann selbst eine Kiefernjährlingspflanzung — obwohl sie vielleicht mit zusammengequetschten Wurzeln schon den Keim vorzeitigen Absterbens in sich trägt) den dünnbenadelten, vielfach beschundenen, anscheinend lückigen Horsten einer Naturbesamung auf eine Zeit lang den Rang ablaufen.

Höchst modern war bis vor kurzem — und ganz verlassen hat man diese Methode noch nicht überall — eine eigenartige Mittelform zwischen Kahlschlag- und Schirmschlag-Verjüngung, ich meine die Verjüngung auf Gassenhieben und auf freigehauenen Löchern, welch letzteres Verfahren in den sogenannten Mortzfeldtschen Löchern zum höchsten Grad der Feinheit ausgebildet worden ist. Schöne Bilder habe ich in den so behandelten Altholzbeständen nirgends angetroffen. Der Gegensatz zwischen dem noch ungelichteten Bestandesrest und den kahl gehauenen Streifen oder Lücken war zu unvermittelt. Fürchtete ich nicht, mich eines Oxymorons schuldig zu machen, so würde ich schreiben: Die Lücken lagerten als Fremdkörper in den Beständen — ein Eindruck, der durch die Zäune noch verstärkt wurde.

Hier und da habe ich Kulturflächen angetroffen, die nach Räumung des Altholzbestandes durch übergehaltene Mortzfeldtsche Horste anmutig

Abb. 75. Eichen-Vorverjüngung in der Posteler Müllerhege. (Zu Seite 266.)

geziert waren. Besonders auf hügeligem Gelände war der Eindruck nicht ungünstig, aber ich glaube doch: Wenn man über die ganze Fläche unter dem Schirm des gleichmäßig gelichteten Altholzbestandes Voreinbau betrieben, Naturbesamung benutzt, und dann nach rechtzeitiger Räumung etwaige Fehlstellen kultiviert hätte, so würden — von allen wirtschaftlichen Vorteilen abgesehen —, noch wechselreichere, noch schönere, von pedantischem Schematismus ganz freie Bilder entstanden sein.

Ich schreibe dies im Hinblick auf hiesige Verjüngungen, die zum guten Teil aus Naturbesamung hervorgegangen sind. Einen wohlgelungenen Horst dieser Art zeigt Abb. 75. Die Eichen verdanken dem Häher ihren Ursprung, die Fichten habe ich dazwischen pflanzen lassen. Allmählich freigestellt, entwickelt sich der Horst vortrefflich. Dem umgebenden achtzigjährigen Kiefernbestande fügt er sich sehr gut ein, weil auch in diesem reichlicher Eichenaufschlag vorkommt. — (Für ängstliche Gemüter schalte ich die Bemerkung ein: In meinem Heimatkreise gedeihen die Eichen trefflich in der Mischung mit Fichten, die ihren Fuß decken.)

Der Waldfeldbau zeigt vor anderen Kulturarten die stärkste jugendliche Triebkraft. In dieser Hinsicht verdient er die Wertschätzung auch des Ästhetikers; aber dem Vorzuge stehen größere Nachteile gegenüber, nämlich gänzliche Ausrottung der wilden Flora von Strauch- und Staudengewächsen und die Durchsichtigkeit der in Richtung der Pflugfurchen angebauten Bestände.

Man kann diese Mängel dadurch herabmindern, daß Schatten ertragende Mischhölzer (Hainbuche, Hasel usw.) von vornherein den Hauptholzarten in mäßiger Zahl beigegeben werden.

Ob Vollsaat oder Streifensaat, reihenweise Pflanzung oder solche in regelmäßigem Verbande zu wählen sei, hängt von vielerlei Umständen ab. Ein passender Wechsel wird meistenorts das willkommenste sein. Es wäre jedenfalls unrichtig, wollte man in einem Reviere alle Bestände im Dreiecksverbande begründen und dadurch bewirken, daß jeder Ort schon nach der ersten Durchforstung bis in das innerste Herz von jeder Seite aus durchsichtig erschiene. Es würde dadurch der Wald für uns von seinem Zauber viel verlieren und dem Wild wäre er erst recht unbehaglich. Hin und wieder aber mag man ein übriges tun, so z. B. möge an der Grenze mit schlecht wirtschaftenden Nachbarn eine recht sauber in Verband gesetzte Ballenpflanzung von der diesseits beliebten guten Ordnung eine musterhafte Probe geben. Neben dem Vorzug der Sauberkeit ist den regelmäßigen Pflanzungen, namentlich den weitständigen, auch noch nachzurühmen, daß sie ihrer Übersichtlichkeit wegen frühzeitig einen imposanten Eindruck machen. Diesem Umstand verdanken wir die Kunde (die einzige, welche mir bekannt geworden ist, daß auch in Georg Ludwig Hartig eine forstästhetische Ader schlug. Über einen 70jährigen Fichtenbestand, „welcher in fast rutenweiten, sehr genau passenden Reihen ganz nach der Symmetrie“ gepflanzt und erwachsen war, schreibt er nämlich:

„Außer dem großen Vorteil, den diese Pflanzung dem Eigentümer gewährt, macht sie auch auf jeden Naturfreund den angenehmsten Eindruck. — Ich muß gestehen, daß mich der äußerst regelmäßige Stand so dicker und hoher Bäume, die schnurgerade gewachsen sind, und auf 70—80 Fuß Länge keinen Ast haben, dabei sich aber oben vollkommen schließen und prächtige Berceaux bilden, unbeschreiblich angenehm überraschte.“

Wenn man nun auch, wie oben gesagt, in der Regel es wird halten dürfen, wie man will, so muß ich doch hervorheben: Kleine unregelmäßig begrenzte Figuren innerhalb unregelmäßig bestandener Forstorte dürfen durchaus nicht in regelmäßigem Verbande bepflanzt werden. Dies gilt also z. B. von Windbruchlöchern, von horstweiser Vorverjüngung und horstweisem Unterbau. Es sollen doch die jungen Pflanzen mit den umgebenden Beständen möglichst bald zu einem harmonischen Ganzen zusammenwachsen. Dies am schnellsten und sichersten zu erreichen, nehme man sich einen Anflugshorst zum Vorbilde, und stelle in die Mitte etwas höhere Stämmchen einer Lichtholzart, an die Ränder niedrigere Pflanzen einer Schattenholzart, und letztere mögen vereinzelt bis in den Nachbarstand hinein sich verlaufen.

Wer die Gradlinigkeit durchaus auch unter solchen Verhältnissen nicht aufgeben will, ziehe seine Pflanzleine parallel mit den Wegen, damit man nicht im Vorübergehen in die Pflanzreihen hineinsehen könne. Am durchsichtigsten sind gradlinige Heisterpflanzungen. Für solche gilt ganz besonders nachstehende Regel des Fürsten Pückler: „Was die Dornensträucher betrifft, so habe ich immer die Vorschrift des Herrn Repton, dieses ausgezeichneten Gartenkünstlers, vor Augen, selten einen Baum zu pflanzen, ohne ihm einen Dorn zum beschützenden Gefährten zu geben. Ist dies auch nicht buchstäblich zu nehmen, so kann doch als Schutz wie als Zierde der Pflanzungen in der Tat nichts zweckmäßiger sein.“

Daß regelmäßige Pflanzungen hier am Platze und dort fehlerhaft sein können, hat Hampel unlängst hervorgehoben, indem er schrieb: „Das Volk braucht ja doch den Wald zu seinem Wohlbefinden. Für derlei Anlagen oder solche, welche gerade im Aussichtsfelde von Gutshäusern, Schlössern usw. liegen, bediene man sich nicht regelmäßiger Pflanzungen, sondern unregelmäßiger; denn erstere wirken einförmig und fordern zum fortwährenden Reihenzählen auf, sie machen den Geist unruhig, statt einen Ruhepunkt für das Auge und einen geistigen Genuß zu gewähren. Im großen Betriebe wirkt die Regelmäßigkeit ganz anders, sie zeigt eine schöne Ordnung und verletzt nie, sonst müßten die Felder mit ihren Reihen ebenfalls unschön sein; doch dort, wo Ausblicke vorhanden sind oder eröffnet werden können, trachte man, besonders denselben näher gelegene oder gegenüberliegende Talseiten unregelmäßig in Bestand zu bringen."

Wo nicht die Rücksicht auf landwirtschaftlichen Zwischenbau zu durchgehenden geraden Pflanzlinien zwingt, mag man durch verschie-

Abb. 76 bis 78. Richtung der Saatstreifen.

dene Richtung der Pflanzreihen übermäßige Durchsichtigkeit vermeiden, etwa nach Muster der hier eingeschalteten Figuren 76—78.

Ganz gefährlich würden 10—15 m voneinander entfernt gepflanzte Lärchenreihen sein, welche Boden empfiehlt, und noch schlimmer die von demselben gebilligte Einsprengung von Lärchen in 8—10 m Quadratverband, wodurch nach allen Seiten Reihen aus vorwüchsigen Lärchen entstehen und auf Kilometerentfernung sichtbar die Hänge schachbrettförmig durchschneiden würden.

In ästhetischer Hinsicht verdient allemal Hügelpflanzung vor Löcherpflanzung den Vorzug. Die erstere befriedigt schon insofern, als die Kultur gleich beim Entstehen ansehnlicher erscheint. Handelt es sich um große Hügel, dann ergibt sich in der Folge ein dauernder Gewinn, weil die Schönheit älterer Bäume sehr von der Sichtbarkeit der starken Wurzeln abhängt. Je höher man pflanzt und je mehr man dann von den starken Wurzeln zu sehen bekommt, desto fester scheint der Baum in der Erde begründet zu sein „Ein alter Baum, der aus einer geebneten Oberfläche kahl emporsteigt, verliert die Hälfte seiner Wirkung.“ Das erkannte schon Gilpin, welcher wenig damit einverstanden gewesen sein würde, daß im Berliner Tiergarten in der Gegend um das Löwendenkmal alljährlich durch Kompostdüngung das Erdreich zwischen den Baumstämmen erhöht wurde.

Für den Pflanzbetrieb und auch sonst wohl der etwaigen Nachbesserungen wegen sind Saatkämpe und Pflanzgärten zu unterhalten; es fragt sich aber, ob ständige Kämpe oder Wanderkämpe vorzuziehen seien. Letztere wird man sicherlich gern sehen, wenn sie in das Einerlei großer, entlegener Kulturflächen die einzige kleine Abwechselung hineinbringen, nur verlege man sie womöglich etwas seitab von viel benutzten Wegen, damit später nicht bei jedem Ausgang der schlechtere Baumwuchs auf der ausgesogenen Kampfläche unliebsam in das Gesicht falle. Den ungünstigen Anblick ausgesogener Kampflächen kann man ganz vermeiden, wenn man die Kämpe höchstens zweimal benützt, und wenn man gleich im ersten Jahre einige Laubholzheister unregelmäßig auf der Fläche verteilt. Diese pflegen auf dem rigolten Boden sich sehr üppig zu entwickeln.

Ständige Kämpe können an rechter Stelle jedem Revier zum Schmuck gereichen. Hübsch mit Hecke oder Zaun umwehrt, von Rabatten durchzogen, auf denen seltenere Holzarten, selbst Blumen (Schneeglöckchen, Leberblume, Himmelschlüssel, Ackelei, und was sonst ohne viel Pflege eine hübsche Einfassung gibt) eine Stelle finden, können solche Kämpe zu kleinen Forstgärten und damit zur Hauptzierde des Reviers werden.

Damit später die künstliche Entstehung unkenntlich sei, vermeide die Bestandesbegründung tunlichst alle dauernd kenntlichen Umgestaltungen der Bodenoberfläche. Der Waldfeldbau sollte nicht Beete aufackern, tiefe Waldpflugfurchen sind möglichst zu vermeiden. Nicht unschön, weil nicht sichtbar, aber gerade deswegen bedenklich sind die kleineren und größeren Gruben, welche man leider nur zu oft zwischen Hügelpflanzungen findet. In Ermangelung vorbereiteter Kulturerde entnehmen die Waldarbeiter den Boden für die Hügel auf der Kulturfläche, unterlassen es aber, die so entstandenen Löcher durch Abflachen der Ränder unschädlich zu machen. Für Mensch und Tier sind diese Fallgruben gefährlich. Junges Waldgeflügel kommt darin ebenso um, wie die nützlichen Laufkäfer; das Rotwild meidet so trügerische Flächen, und dem Jäger selbst wird ein Bestand verleidet, auf dem man bei jedem Schritte Gefahr läuft, sich den Fuß zu vertreten.

Andererseits geht aber der Eifer, alles hübsch glatt zu machen, zu weit, wenn man aus Schönheitsrücksichten starke Stöcke ausroden läßt. Ich hörte es einst mit an, wie der Oberförster dem Förster zurief: „Aber warum haben Sie hier nicht gerodet?" Der Förster erwiderte: „Herr Oberförster hatten doch befohlen zu fällen, damit wir rascher fertig werden und damit nicht etwa ein Stamm in die Aufschlaghorste hineinschlägt." Darauf der Oberförster: „Ganz recht, das habe ich befohlen, aber Sie hätten sich doch sagen müssen, daß hier unmittelbar an der Chaussee eine

Abb. 79. Eichenstubben am Spitzberg in Katholisch-Hammer.

Ausnahme zu machen ist. Das sieht jetzt doch gar zu wüst und unordentlich aus".

Meines Erachtens ist der Förster im Recht gewesen. Alte Stöcke verunzieren den Forst nicht, sie sind im Gegenteil in ihren rauhen Formen recht malerisch; bekleidet mit saftig grünen Moosen, mit buntfarbigen Pilzen sind sie ein Schmuck des Vordergrundes, den die Maler zu schätzen wissen. Besonders dicke Stöcke sind noch in anderer Hinsicht wertvoll. Sie zeigen, was der Standort zu leisten vermag, und erhöhen die Freude am Jungholz durch die erweckte wohlbegründete Hoffnung, daß die noch schwachen Pflänzchen dereinst auch zu Waldriesen heranwachsen werden.

Man lasse daher nicht alle, das wäre Verschwendung, aber doch einige Stöcke in den Verjüngungsschlägen stehen.

Das Schlußbild dieses Kapitels möge ein Denkmal sein für die einst herrlichen Eichen des Katholisch-Hammerschen Spitzberges, deren letzte Reste es darstellt.

Zwanzigstes Kapitel.

Die Bestandspflege.

Schatten und Dunkelheit steigern den erhabenen Eindruck des Waldes. Es sollte daher an tiefschattenden Beständen in keinem Forste fehlen; aber das Licht, dieser Lebenspender, darf doch auch nicht ausgeschlossen werden. Der erfahrene Wirtschafter wird beiden Forderungen in sachgemäßer Weise gerecht werden.

Läuterung, Durchforstung, Ästung müssen das Gedeihen des glücklich begründeten Holzbestandes sicherstellen. Diese Maßnahmen hinterlassen aber leider zunächst nach der Ausführung kein hübsches Bild, es sei denn für das geschulte Auge des Forstmannes, welcher die Dinge nicht so ansieht, wie sie im Augenblicke gerade sind, sondern so, wie sie infolge der zunächst schmerzhaften Operation demnächst sich gestalten sollen. Gewöhnlichen Sterblichen dagegen fällt es gerade erst dann unvorteilhaft auf, daß eine Kiefer von einer fegenden Birke gelitten hat, wenn die einseitig Kahlgepeitschte eben von ihrer Peinigerin befreit wurde, und auch die frisch geästete Eiche mit den glänzend schwarz angeteerten Astnarben ist nicht nach jedermanns Geschmack. Frisch durchforstete Bestände sehen bis zur Entfaltung des Maitriebes meist recht kahl aus. Weil man nun diese und ähnliche Operationen nicht vermeiden darf, so konzentriere man sie tunlichst an einen Ort, damit der Rest der Fläche Ruhe genieße.

Daß dies durchführbar ist, habe ich seit 30 Jahren und in verschiedenen Revieren erprobt. Meinen eigenen, 665 ha großen Wald teilte ich in vier Forstorte, und alljährlich wird in deren einem gewirtschaftet, d. h. Holzschläge, Durchforstungen, Ästungen, Wegebauten usw. finden in jedem Jahre tunlichst nur in ein und demselben Forstort statt, während drei Teile des Reviers sich vollkommenster Ruhe erfreuen. Besondere Umstände rechtfertigen bisweilen Abweichungen von der im ganzen bewährten Einrichtung.

So viel im allgemeinen. Was die drei in diesem Kapitel zusammengestellten Wirtschaftsoperationen einzeln betrifft, so wolle man hinsichtlich der Läuterungen keine zu große Strenge fordern, im Gegenteil mache man dem Wirtschafter zur Pflicht, daß er die harmlosen

Strauchholzarten — Weiden, Holunder, Rosen u. dgl. — nur so weit einschränke, als das Gedeihen der Kultur wirklich gebietet. Kommt dann die Durchforstung rechtzeitig zu Hilfe, so bleibt mancher Strauch als nützliche und zierende Bodendeckung am Leben. Die gleiche Rücksicht wolle man auf jene Holzarten nehmen, welche bis zur zweiten oder dritten Durchforstung im Bestandesschluß mit heraufzuwachsen vermögen. Eberesche und Saalweide genießen bei mir Vorrechte um ihrer schönen Blüte und ihrer Früchte willen. Auch die Aspen schone ich nach Möglichkeit bis zu nutzbarer Stärke und für strenge Winter, um sie als naturgemäße Wildfütterung fällen zu können. Bei einiger Aufmerksamkeit lohnen diese immer seltener werdenden Holzarten die ihnen bewiesene Rücksicht reichlich, ohne unbequem zu werden. Ähnliches, wenn nicht dasselbe, wird an vielen Orte zulässig sein, allenthalben aber wolle man das oben über gemischte und durch Einzeleinsprengung aufgeschmückte Bestände Gesagte für die Maßregeln der Bestandspflege ebenso zur Richtschnur nehmen, wie für die Bestandsbegründung.

Der Durchforstungsbetrieb nach alter Regel („das Unterdrückte muß heraus, das Zurückbleibende darf heraus") hatte den Fehler, die Bestände alsbald durchsichtig zu machen, was ebenso unschön wie jagdlich unerwünscht war, auch manche forstliche Nachteile im Gefolge hatte.

Durch Anwendung des Posteler Durchforstungsverfahrens läßt sich dieser Übelstand (daß die Bestände unten kahl werden) in Buchen und Fichten auf lange Zeit, in Kiefern und Eichen wenigstens für einige Jahre hinausschieben.

Meine Methode ist kurz folgende: Ich beginne mit der ersten Durchforstung möglichst früh, beschränke mich aber darauf, den Kronen der herrschenden Stämmchen (I. Klasse) durch Aushieb der zurückbleibenden (II. Klasse) Luft zu schaffen; die unterdrückten (III. Klasse) bleiben stehen.

Es versteht sich, daß unter Umständen nicht alle Stämmchen der Klasse II in einem Jahre geschlagen werden, sondern mit angemessener — etwa drei- bis fünfjähriger — Wiederkehr der Axt.

Alsbald bildet sich zwischen I. und III. Klasse ein sehr erheblicher Unterschied heraus. Letztere, fast ohne merklichen Zuwachs ein bescheidenes Dasein fristend, bleibt für die Folge unbehelligt, erstere wird in vierjähriger Wiederkehr anfangs mäßig, später stark durchforstet.

Die Abb. 80 zeigt einen in dieser Weise vor 25 Jahren und seitdem sechsmal durchforsteten Buchenbestand.

Abb. 80. Posteler Durchforstung in Buchen.

Die Theorie ist bei mir ein Kind des Bedürfnisses. In einer Buchendickung unweit der vielbesuchten Johannashöhe befinden sich Tische und Bänke, auf denen zur warmen Sommerzeit der Städter gern, je nachdem, seinen Kaffee oder sein Glas Bier sich schmecken läßt. Die Buchen würden, falls nicht eingeschritten wurde, bald durchsichtig geworden sein und es wäre dann der Sitzplatz weder so hübsch, noch so geschützt geblieben, und zwar auf mindestens zwei Menschenalter, bis man nach Seebach hätte Abhilfe versuchen können Dort habe ich die erste Probe gemacht, und zwar mit so günstigem Erfolge, daß noch jetzt nach 36 Jahren, die seit dem ersten Eingriff verflossen sind, ein Teil der unterdrückten Stämmchen als erwünschtes Unterholz am Leben geblieben ist.

Gelegentlich der Versammlung des deutschen Forstvereins zu Wiesbaden tat Ney den Ausspruch:

„Jetzt sind unsere Leute darauf eingeübt, zuerst nachzusehen, ob die Zukunftsstämme Hilfe nötig haben, und es ist ihnen bei Todesstrafe verboten, unten etwas wegzunehmen, solange oben noch etwas wegzunehmen ist."

Nach so maßgebender Befürwortung darf ich an dieser Stelle davon absehen, meinerseits die Erhaltung der unterdrückten Stammklasse noch ausführlicher zu verteidigen, auch hat sich das Verfahren seither schon fast allgemein Bahn gebrochen.

Die Borggrevesche Plenterdurchforstung bietet in den ersten Jahren nach dem Hiebe keine erfreulichen Waldbilder. Der Eingriff, welcher, alle 10 Jahre wiederkehrend, 10—20 Prozent der Holzmasse, vorwiegend die stärkeren Stämme treffend, entnimmt, läßt den Bestand dünn und viel jünger erscheinen, als vor dem Hiebe, während andere Verfahren, welche zurückbleibende Stämme entnehmen, das Durchschnittsalter der Bestände scheinbar, und bisweilen sogar tatsächlich, hinaufrücken. Einige Jahre nach dem Hiebe, wenn die Kronen sich wieder annähernd geschlossen haben, nimmt sich hingegen ein plenterdurchforsteter Bestand oft sehr gut aus. Er gewinnt, weil vorwiegend die geradesten und astreinsten Stämme belassen werden, ein elegantes Aussehen.

Vom forstästhetischen Standpunkte muß ich wünschen, daß die Eingriffe in den Bestandesschluß minder merklich vollzogen werden, indem man nicht alle 10 Jahre 10—20 Prozent, sondern alle 4 Jahre jedesmal 4—10 Prozent aushaut. Eine erhebliche Erhöhung des Umtriebes muß, wie Borggreve das auch nachdrücklich einschärft, mit der Einführung der Plenterdurchforstung Hand in Hand gehen, sonst richtet sie schweren Nachteil auch in ästhetischer Hinsicht an, während sie bei Erfüllung der obigen Voraussetzungen, wie hiesige Erfahrung lehrt, sehr schöne Waldbilder zeitigt. Allerdings lasse ich mir angelegen sein, durch früh beginnende und oft wiederholte Posteler Durchforstungen die Bestände für die Plenterdurchforstung so vorzubereiten, daß auch die zurückbleibenden Stämme teils gute, teils ziemlich gut ausgebildete Kronen haben, die nach erfolgter Freistellung sich allemal rasch zu guten Formen ausbilden. — Abb. 75 zeigt im Hintergrund einen wiederholt plenterdurchforsteten Kiefernbestand, damals 84 Jahre alt.

Das Auszeichnen der Durchforstungen ist eine anstrengende Tätigkeit, wenn größere Flächen rasch bewältigt werden sollen. Das Genick schmerzt, die Augen ermüden, der ganze Körper wird mürbe. Aber nach getaner Arbeit scheidet der Forstmann ncht leicht von dem Bestand, ohne einen befriedigten Blick auf das Geleistete zurückzuwerfen. — Fernhin sichtbar, alle in annähernd gleicher Stammhöhe und auf derselben Seite angebracht, leuchten ihm die frischen Schalme entgegen. Der Eindruck von Übersichtlichkeit und Ordnung erfüllt ihn mit ästhetischer Befriedigung, welche durch Gedankenverbindungen noch gesteigert wird. Das geschulte Auge erblickt vorausschauend den Bestand in jenem verbesserten Zustande, wie er nach drei Jahren aussehen wird, wenn die befreiten Kronen sich gebreitet haben werden. Wir hoffen auch, noch öfters zu durchforsten und etwas ganz Vollkommenes zustande zu bringen. Es fehlt nicht viel, so sprechen wir mit Faust:

„Im Vorgefühl von solchem hohen Glück
Genieß' ich schon den höchsten Augenblick."

Solches Leben in ferner Zukunft ist ein Lohn unserer Mühe; aber wir dürfen uns nicht einbilden, daß der Laie unsere Freude nachempfinden könne — der denkt nicht an Borggrevesche Protzen, nicht an Kraftsche Stammklassen, ihn schmerzt es, daß geschlagen werden soll, in seinen Augen bedroht jeder Schalm eine Dryade mit Verderben.

Auf diese Empfindungen müssen wir Rücksicht nehmen; daher ist an öffentlichen Wegen und sonst überall, wo Publikum verkehrt, das Durchforstungsbeil mit Vorsicht so zu führen, daß dem Laien die Hiebsvorbereitung verborgen bleibt, wenn er vorübergeht. — Von Schlagauszeichnungen gilt das Gesagte natürlich in erhöhtem Maße; denn je stärker der Baum, desto größer das Mitleid, welches ihm geschenkt wird. Man schalme in solchen Fällen die Stämme nur auf der vom Wege aus nicht sichtbaren Seite, oder nur in die Rinde, wenn man nicht das Auszeichnen bis unmittelbar vor dem Hieb vertagen will.

Kommt der Fremde in einen Horst, wo nirgends ein Baum mit dem andern zu einer Mißgestalt zusammenwächst, wo kein vorwitziger Ast die Borke des Nachbarstammes bis aufs Fleisch abreibt, wo drehwüchsige Stämme, Zwiesel und dergleichen gar nicht oder nur selten zu finden sind, so fällt ihm alsbald auf, daß hier besonders pflegliche Hand waltet. Solche Wahrnehmung berührt angenehm, und zwar Forstleute nicht nur, sondern Laien fast noch mehr, indem diese weniger auf die

Einzelheiten kritisch achtend sich dem Gesamteindruck unbefangen hingeben.

Am wirksamsten in dieser Richtung sind Ästungen, wenn sie vorsichtig gehandhabt werden. Fichten und Kiefern, im lockeren Schluß erzogen und sauber geästet, sehen nach dem Vernarben der Wunden sehr gut, geradezu elegant aus (die wahre Eleganz — ich habe es in einer Modenzeitung gelesen — erfordert nämlich tadellose Ausführung in bestem Material unter Vermeidung alles Überflüssigen). Noch größer ist der Reiz mit der Säge astrein im Freistand oder bei nur geringem Seitendruck erzogener Eichen und Buchen. Es haben diese vor gleich astreinen Stämmen im engen Kronenschlusse den Anschein voraus, als hätten sie freiwillig, nicht durch Kampf um das Dasein gezwungen, die elegante Form erwählt.

Ungeschickte Ästung ruft natürlich gerade den entgegengesetzten Eindruck hervor und, auch tadellose Ausführung vorausgesetzt, hat die Bestandespflege eine Grenze, welche sie nicht überschreiten darf, ohne die Schönheit des Reviers zu beeinträchtigen. An Orten nämlich, wo die Natur sich besonders großartig entfaltet, will man deren Kräfte gern möglichst ungestört walten sehen. In romantischen Gebirgslagen sei man darum selbst mit der durchforstenden Axt nicht gar zu eilig, geschweige denn mit der Baumsäge. Dort schadet es gar nicht, wenn hin und wieder sogar ein geworfener Stamm liegen bleibt, für Moose und Farren eine willkommene Stätte und ein Wurzelplatz für den Anflug eines neuen Fichtengeschlechtes.

Gleichzeitig dem rein forstlichen Standpunkte (der erwünschten Eleganz) und dem Geschmack des naiven Naturfreundes wird sich hingegen in erfreulicher Weise da gerecht werden lassen, wo eine besonders reiche lebendige Bodendecke vorhanden ist; denn diese wird sich um so wechselvoller, um so freier und lieblicher gestalten, je nachdrücklicher in den Beständen mittels Axt und Säge der Schluß gelockert wird. Scheinbar dem willkürlichen Spiele des Zufalls ihr Dasein verdankend, bietet sie sich als die Quelle eines Genusses, welche der allzu zivilisierte Forst der Ebene und des Hügellandes sonst leicht vermissen läßt.

Bisher habe ich es sorgsam vermieden, auf technische Einzelheiten einzugehen. Forstlich gebildete Leser voraussetzend, habe ich die handwerksmäßigen Regeln als bekannt vorausgesetzt. Hier beim Ästen mache ich eine Ausnahme, denn der Ästungsbetrieb liegt bei uns noch gar sehr im argen, und unzweckmäßig ausgeführte Ästungen verunstalten die Bäume in ästhetischer Hinsicht schwer.

Allgemein bekannt sind einige Grundregeln: Man soll nur zur Zeit der Saftruhe ästen, Stummel darf man nicht stehen lassen, sondern man muß ganz dicht am Stamm den glatten Schnitt so führen, daß der Stamm nicht einreißt. Die Wunde ist mit Steinkohlenteer zu überstreichen. Äste von mehr als 7 cm Stärke soll man überhaupt nicht fortschneiden. — Das klingt alles sehr schön, aber in der Praxis kommt man nur zu oft in die Lage, stärkere Äste wegschneiden zu müssen, und das ist dann bedenklich.

Deshalb gilt es vor allen Dingen, die Entstehung stärkerer Äste zu verhüten. Wie der Franzose sagt: gouverner c'est prévoir, so besteht auch die Hauptkunst beim Ästen in der richtigen Voraussicht, das heißt in der zutreffenden Beurteilung der Entwickelung, welche die Baumkrone nehmen wird.

Bevor der Baumsteiger die Arbeit beginnt, soll er die Baumkrone genau betrachten und sich darüber schlüssig machen, welcher Trieb besonders geeignet sei, als Fortsetzung des Stammes zu dienen. Dann sehe er zu, ob irgendwelche anderen Triebe schon jetzt vor jenem einen Vorsprung gewinnen, oder doch zu übermäßig starker Entwickelung neigen. Das sind zumeist die steil gestellten Äste, die sogenannten Zwiesel, und andere Äste, welche etwas steiler angesetzt sind, als die übrigen. Diese muß man zunächst bekämpfen, damit sie nicht noch stärker werden, so daß ihre spätere Entfernung übergroße Wunden verursacht. Es ist also ganz falsch, immer die untersten Äste zuerst wegzuschneiden. Sind starke Äste im oberen Teil der Krone vorhanden, dann bewirkt die Beseitigung der unter ihnen stehenden schwächeren Äste ein stärkeres Zuströmen des Saftes nach oben, und der Baum wird geradezu gezwungen, die ohnehin schon übermäßig entwickelten Äste noch besser zu ernähren, und oft wird sogar die Bildung gefährlicher Nebenwipfel durch derartige falsche Maßnahmen hervorgerufen oder doch begünstigt. Sind der gefährlichen Äste zu viele, als daß man ihre gleichzeitige Beseitigung wagen dürfte, oder sind sie annähernd so stark, wie der zu begünstigende Leittrieb, dann hemme man zunächst das Wachstum von allen durch Einstutzen etwa auf die halbe Länge. Man ist auf rechtem Wege, wenn man Stämme erzieht, welche mit sehr vielen, aber nur schwachen Ästen besetzt sind.

Diese Regeln gelten für alle Holzarten.

Abb. 81 zeigt eine in dieser Weise erfolgreich gepflegte Eiche.

Auf Kunststraßen, welche den Wald durchschneiden, aber der Forstverwaltung nicht unterstellt sind, erblickt man leider noch hier und da

Abb. 81. Eichen am Militscher Weg in Postel.

Straßenbäume, die nach der von Parisius verfaßten, für Obstbäume bestimmten Anleitung mißhandelt sind, indem der Mitteltrieb geflissentlich fortgeschnitten und dessen Ergänzung verhindert wurde. Der Forstmann sollte solchem Baumfrevel gegenüber nicht die Augen zudrücken, sondern durch Belehrung und Vorbild eine Besserung herbeiführen. Mir selbst ist es in zwei schlesischen und einem märkischen Kreise sehr leicht geworden, darin Wandel zu schaffen, indem ich den Landräten zeigte, wie es besser zu machen sei. Mehrfach gelang die Ergänzung der fehlenden Gipfel sehr rasch, nachdem ich angeraten hatte, von den Zwieselästen je zwei durch schräg geführten Schnitt zu beseitigen. Es brachen dann am geteerten Wundrande kräftige Wasserreiser hervor, deren eines zur Bildung eines neuen Wipfels benutzt werden konnte. An jungen Eichen, Ulmen, Ahornen und Apfelbäumen habe ich dies Verfahren praktisch durchgeführt. Verstümmelte ältere Bäume sollten je eher, desto besser abgehackt und durch Neupflanzung ersetzt werden, wenn sie nicht, was oft der Fall ist, Höhlenbrütern zur Wohnstätte dienen.

Die den Ästungen gewidmete Betrachtung schließe ich mit dem Bemerken, daß man die Bestände so erziehen soll, daß möglichst wenig zu ästen sei. Man halte sie in der Jugend gut geschlossen, bis sie sich von Natur gereinigt haben. Stämmchen, die unregelmäßig wachsen, verwerfe man schon in der Pflanzschule, und im Bestande hacke man sie fort, wenn der Aushieb nicht bedenkliche Lücken verursacht, an denen sich neue Protzen entwickeln können. Anderenfalls beschränke man sich darauf, die weitere Vorwüchsigkeit der Protzen durch Einstutzen ihrer Kronenäste zu hemmen.

Einundzwanzigstes Kapitel.

Die Nebennutzungen.

Unter den Nebennutzungen stelle ich die viel umstrittene Waldstreunutzung voran. Einst tobte der Kampf um das Streurechen nur zwischen den berufsmäßigen Forstwirten und der bäuerlichen Bevölkerung, bis Ramann kam und lehrte, daß die Streuentnahme unter gewissen Umständen unschädlich, ja sogar nützlich sein kann. Anfangs mit großer Heftigkeit geführt, ist der von ihm angefachte Streit wieder stiller geworden. Man kann jetzt nicht mehr bestreiten, daß die Ansammlung von großen Mengen Nadeln oder Laub hier und da zu schädlichen Rohhumusmassen führt.

Der Forstästhetiker wird sich der neuen Einsicht auch nicht verschließen können; und zwar um so weniger, als größere Rohhumuslager eine besondere Schönheit nicht bergen, er wird aber dem Waldboden in anderer Form geben, was als Waldstreu ihm genommen wird.

Hier in Postel wird so viel Geld, als die Streu einbrachte, dem Wald in Gestalt von käuflichen Düngemitteln wieder zugeführt, und zwar, soweit wenig befahrene Waldwege, Waldwiesen und sonstige graswüchsige Böden in Frage kommen, als Karnallit und Thomasschlacke. Das Wild sorgt dann dafür, daß die von den Düngemitteln hervorgerufenen Pflanzen auf dem Umweg durch den Tierkörper als Losung auch dem ärmeren Boden teilweise zugute kommen. Der arme Boden erhält Kalk, an dem er ganz besonderen Mangel leidet, nachdem zuvor eine etwaige zu starke Moosschicht als Streu beseitigt worden ist. Jeder Bestand kommt etwa in 80 Jahren wieder an die Reihe der Streunutzung. Selbstverständlich wird nicht immer derjenige Bestand gedüngt, der die Streu abgab, sondern der am meisten dieser Wohltat bedürftige. In der Regel findet der Verkauf so rechtzeitig statt, daß die Abfuhr des alten Laubes oder der Nadeln geschehen kann, ehe die neuen Blätter oder Nadeln fallen. Dies wird den Käufern zur Pflicht gemacht und man vermeidet auf diese Art den Anblick kahl daliegenden Bodens.

Den hiesigen Ackerpächtern geschieht durch die Streuabgabe ein großer Gefallen und dem Walde kein Schaden, zumal Unterbau die Streuproduktion erheblich verstärkt und auch das rücksichtslose Ausharken erschwert hat.

Ich betrachte es als einen Widerspruch, wenn der Waldbesitzer einerseits sein Ohr gegen die in Notjahren berechtigten Ansprüche der kleinen angrenzenden Landwirte verschließt, andererseits unter dem Schirm lückiger Kiefern den Boden verangern läßt, wenn er das — von der III. Bodenklasse aufwärts — ändern kann, indem er Buchen beimischt oder unterbaut.

Um den Streuteppich schön zu gestalten, sollte hier und da ein Bergahorn eingesprengt werden, dessen große goldige Blätter weithin von Wirkung sind. Selbst ein kleines überwachsenes Bäumchen leistet diesen Dienst.

Das Zusammenwehen der Waldstreu von Rändern und Kuppen wird sich eine Zeitlang durch „Posteler Durchforstung" verhindern lassen, und auch dadurch, daß alles geringe Reisholz bei den Durchforstungen liegen bleibt.

Bisweilen rechtfertigt die Rücksicht auf Naturverjüngung das Streurechen. Es gibt zu denken, daß zur Zeit der Streu- und Weidegerechtigkeiten, als der Boden entblößt und vom Tritt des Viehs verwundet wurde, allenthalben Kiefernanflug sich einfand, wo ein einsichtiger

Forstmann den Betrieb regelte, während jetzt die Naturverjüngung der Kiefer meist mißlingt.

Auf Waldwegen ist es an einem sonnigen trockenen Spätherbsttage ein Genuß, wenn der Fuß des Wandelnden im dichten Laube raschelt, aber kein Genuß für den Pirschjäger und bald, wenn das Laub naß und unansehnlich geworden ist, sieht die Sache ganz anders aus. — Darum, und hier und da um der Feuersgefahr willen, soll man von Wegen die Streu entfernen.

Nun will ich aber keineswegs einer Waldstreunutzung über die vorstehend gezogenen Grenzen hinaus das Wort reden. Ich bitte dessen eingedenk zu sein, was ich auf Seite 129 dieses Buches zugunsten einer unberührten Bodendecke geschrieben habe. Es ist mir wohl bewußt, daß die Niederschläge von dem von Streu entblößten Boden rasch entfliehen, und daß namentlich der Höhenwuchs der Bestände darunter leidet, auch ist mir wohlbekannt, daß die Mineralstoffe aus bloßliegendem Boden ausgewaschen werden.

Gräserei, Sammeln der Beeren und Pilze, Raff- und Leseholz-Nutzung haben alle unter sich das Gemeinsame, daß ihre Ausübung den Forst beunruhigt.

Es tut dem Begriff der Waldeinsamkeit Abbruch, wenn man hinter jedem Strauch ein Wesen vermuten kann, dessen Erscheinung den antiken Vorstellungen von Nymphen und Dryaden wenig entspricht. Hinsichtlich der Gräserei und des Raff- und Leseholzes gilt außerdem mehr oder minder dasselbe, was für die Schonung der Waldstreu in Betracht kam. Andererseits läßt sich nicht verkennen, daß es vom moralischen Standpunkte aus unverantwortlich wäre, wollte man die meist arme Bevölkerung der Waldgegenden einer altgewohnten, oft unersetzlichen Erwerbsquelle berauben, wie es uns auch widerstrebt, schätzbare Naturprodukte, die Walderdbeeren z. B., ungenutzt zugrunde gehen zu sehen.

Der rechte Ausweg scheint mir da gefunden, wo der Forstbesitzer die gedachten Nutzungen Leuten zuwendet, welche dem Walde berufsmäßig zugehören, und außerdem solchen Personen, denen ein anderer angemessener Erwerb zurzeit nicht offen steht. Gute Aufsicht muß Sorge tragen, daß nicht an jedem Tage und nicht an jedem Ort Unruhe herrsche.

Widerwärtig ist es besonders, wenn alte Weiber stundenlang in den Beständen herumknacken, um dann, ein Bild des Jammers, unter hohen Lasten halbverfaulten Reisigs heimzukeuchen, als böses Omen für den zu Holze ziehenden Weidmann. Den wirklich Bedürftigen mögen etliche Raummeter Knüppelholz vor die Türe gefahren werden, dann darf aber auch keine mehr knacken gehen.

Dies schreibe ich in holzreicher Gegend. Anderweitig hat Wilbrand recht mit der Bemerkung, daß man nichts darf umkommen lassen, daß es die ästhetische Befriedigung stört, wenn dürre Zweige verfaulen, welche dem Holzbedürfnis der Bevölkerung abhelfen könnten.

Dieser Anschauung sah ich in der böhmischen Herrschaft Czleb in vollkommenster Weise dadurch entsprochen, daß die holzbedürftige Bevölkerung bis zu erheblicher Höhe jedes dürre Fichtenästchen dicht am Stamme absägte. Wenn ich mich recht erinnere, lieferte die Forstverwaltung die erforderlichen Baumsägen, und die Leute waren froh, das Reisig für die Arbeit heimtragen zu dürfen. Der Wald sah freilich sehr sauber aus, fast zu sauber.

Vieh im Forste verträgt sich schlecht mit der intensiven Wirtschaft der Neuzeit. Ziegen, Pferde und Schafe werden dem forstlichen Auge an Orten, wo Bäume stehen oder stehen sollten, meistens, und Rinder oft ein Greuel sein. Nur in ganz großen Forsten werden Herden, nebst zugehörigem Glockengeläute und Hütejungen, als belebendes Element geradezu freudiger Begrüßung sicher sein. Es läßt sich da nicht generalisieren. Von der Größe des Revieres, der Art der Wirtschaft, dem Wildreichtum, der Bodenkraft, ja von dem ganzen Charakter der Gegend wird es abhängen, in welchen Grenzen die Weidenutzung etwa zu gestatten sei.

Einen warmen Lobredner, stehend auf dem „Gebiet der gemütswarmen, von Verstandesreflexionen unbeirrten Naturbetrachtung", hat die Waldweide an Teßmann gefunden. Über den Wald in Skandinavien berichtend, schreibt er bezüglich dortiger Verhältnisse, daß die domestizierte Tierwelt eine ebenso freundliche als notwendige Staffage in der durch ihre massenhafte Größe fast erdrückenden nordischen Gebirgsnatur ist. Da bringt die buntscheckige Ziegenherde Bewegung in die buschbedeckten Gehänge. Die Bastpfeife der Hirtenbuben, die hellen Glocken der Rinder begrüßen uns als ein heimisches, versöhnendes Signal nach stundenlanger Wanderung in den ungeheuren, todesstillen Revieren. Weiß doch jeder Reisende, was für ein schwermütig drückender Ton im Herbste über diesen Waldflächen und Felsenrevieren liegt, wenn Menschen und Herden sich ins Tal zurückzogen, wenn man an den verrammelten Sennhütten vorübersteigt und alles immer einsamer und einsamer wird. Kein befreundeter Atemzug weht uns an, kein heimischer

Ton berührt unser Ohr, nur das Krächzen des hungrigen Raubvogels mischt sich mit dem monotonen Rauschen des kalten Eiswassers! Gewiß, mit der Verbannung der Herden aus den düstern Waldrevieren des Nordens würde uns wieder ein gut Stück Gebirgspoesie verloren gehen".

Ähnliches wird für große, zusammenhängende Reviere unseres Vaterlandes auch gelten, in kleineren wird man eine oder zwei Kühe (des Försters oder des Wildwärters Kühe natürlich), am Strick die Gestelle beweidend, immer noch gern sehen. Selbst diese sind vom Übel, wo große Ordnung und Sauberkeit herrschen müssen, ebenso auch auf steilen Berghängen.

Im Berglande ist natürlich die Weidenutzung wie in wirtschaftlicher, so in ästhetischer Hinsicht ganz besonders wichtig, und zwar ebensowohl im guten, wie im schlimmen Sinne. Wo an steilen Hängen auf Bodenarten, die leicht in Bewegung kommen, das Weidevieh seinen Wechsel tief in das Erdreich einschneidet, da sieht das geübte Auge schon das kommende Unheil: den früher oder später sicher einmal hintreffenden Wolkenbruch und infolgedessen den Berghang von Bodenkrume entblößt, das Tal in Gesteinstrümmern begraben. Wer nicht das glückliche Naturell besitzt, wie einst Rückerts „Mann im Syrerland", der wird selbst die Herrlichkeit des Rigi nicht lange anschauen können, ohne durch Betrachtungen solcher Art seinen ästhetischen Genuß getrübt zu finden.

Ganz anders gestaltet sich die Sache näher der Talsohle und auf sanft geneigten Almen, deren saftige Grasnarbe vom Tritt der Rinder mehr gefestigt als gelockert wird.

Solche Almen, ganz abgesehen von der zugehörigen Sennhütte, und verschiedenen angenehmen Gedankenverknüpfungen, die ihr Anblick wachruft, gehören zum Schönsten, was der Wald birgt. Schon von fernher gesehen mildern sie durch ihr helles Grün den leicht allzu ernsten Eindruck der Bergnatur, nähertretend findet man die Reize des Parks und des Gartens auf ihnen vereinigt (Abb. 147, S. 198).

Zeidelweide, das heißt Bienenzucht im Walde, war früher Vorbehalt des Grundherren. Jetzt wird der Waldbesitzer diesen Erwerbszweig in der Regel seinen Angestellten überlassen. Von ästhetischer Bedeutung ist die Bienenhaltung besonders insofern, als sie zur Einsprengung der schönen, Honig spendenden Gehölze (von Hasel und Ahorn bis zu Akazie, Linde und Efeu) in die Bestände anregt.

Zweiundzwanzigstes Kapitel.

Wiesen, Gewässer und Äcker; Waldmäntel, Hecken und Zäune.

Umfaßt ein Forst Wiesen, Gewässer und Äcker, so haben sich diese dem größeren Ganzen möglichst anzupassen, damit ein harmonischer Eindruck zustande komme.

In vielen Fällen hat es der Forstmann in der Hand, den Umriß schön zu gestalten. Seine Sache ist es, zu beurteilen, ob er hier vom Erlenbruch einige Morgen zur Wiese mit hinzunehmen solle oder nicht, ob jene immer ausbrennende kleine Erdanschwellung verwendet werden soll, um benachbarte Vertiefungen damit auszufüllen, oder ob sie lieber dem Holzanbau zu übergeben, beziehentlich zu überlassen sei, und Ähnliches mehr. Kurzum, selten nur wird sich auf den Meter genau im Terrain vorgezeichnet finden: bis hierher ist vorteilhaft Wiese anzulegen, und weiter nicht.

Diese sozusagen neutrale Zone muß man benutzen, um möglichst schöne Umrißlinien zu gewinnen.

Die leitenden Gesichtspunkte dabei sind folgende:

1. Man darf die Enden der Fläche nicht zu Gesicht bekommen, denn so beschäftigt sie die Phantasie mehr und erscheint größer als sie ist.

2. Man muß Einbuchtungen des Saumes so herstellen, daß sowohl die Morgen- als die Abendsonne breite Lichter über die Grasfläche und womöglich auf hervorragend schöne Bäume ergießen könne, während der größere Teil im Schatten liegt. Die vor- und einspringenden Winkel müssen kräftig sein, wodurch sie auch an und für sich Wohlgefallen erregen werden. Was am meisten zu vermeiden ist, sind auf lange Strecken gleichartig geschlängelte Linien. (Korkzieher-Linien.)

3. Es ist darauf Bedacht zu nehmen, daß besonders schöne, reich beastete Bäume entweder selbst den Saum bilden, oder daß sie vor einem geschlossenen Saume vereinzelt vortreten und an ihm einen dichten Hintergrund gewinnen. Fehlt es an Standbäumen, die man einfach überhalten könne, muß man daher solche erst anpflanzen und erziehen, so wähle man als die meist hierfür am besten geeignete Stelle die Nachbarschaft eines Steinblockes, einer Quelle oder dergleichen. In das Pflanzloch werde alsbald irgendein Strauchwerk (Dornen, Ohlkirsche, Holunder usw.) mit hineingesetzt, wodurch die

Abb. 82. Fürstenwald bei Ohlau, die Weinert-Wiesen. (Zu Seite 286.)

Pflanzung von vornherein den Anschein natürlicher Entstehung gewinnt. Ich erinnere aber hier nochmals daran, daß die schönsten Einzelbäume nicht in von Jugend auf freiem Stande, sondern in geschlossenen Horsten erzogen werden, es seien denn Fichten oder Tannen.

4. Ganze Gruppen des Holzbestandes sind auf geeigneten Stellen inselartig zu erhalten, beziehungsweise anzulegen, wo der Boden dazu auffordert. Es werden solche Gruppen meist nicht in der Mitte der Wiese liegen dürfen, sondern sie müssen sich als Ausläufer einer größeren Holzpartie darstellen, ebenso wie die Meeresinseln sich als Zubehör festländischer Gebirgsstöcke auffassen lassen. Die Wiesen der schlesischen Oderwaldungen entsprechen ganz ohne Absicht der Revierverwaltungen fast durchweg diesen Forderungen. Die hier eingeschaltete Abbildung 82 gibt davon eine Probe. Insbesondere bitte ich zu beachten, wie hübsch es sich ausnimmt, daß die hintere Wiesenfläche unterhalb der trennenden Holzbestände durchschimmert.

Den natürlichen Eindruck der Anlage ja nicht durch unschön geführte Wege und Gräben zu beeinträchtigen, sei man sorgsam bedacht. Es lassen sich selbst Kunstwiesen oft ohne störend sichtbare Gräben unterhalten. In dieser Hinsicht ist das Ideal die „Gabelung der Wasserläufe", wie sie in der Forstinspektion Stettin-Torgelow im Großen durchgeführt ist. Es sind dort ehemalige Bruchflächen dadurch zur Berieselung eingerichtet worden, daß man sie mit einem Ringgraben umgeben hat, welcher sich der Höhenkurve anschmiegt. Der die Bruchflächen durchfließende Bach wird angestaut, wo er den Ringgraben durchschneidet, und die Bewässerung macht sich dann von selbst, von den Rändern aus nach dem alten natürlichen Grabenlaufe hin.

Ich darf übrigens nicht unterlassen, darauf hinzuweisen, daß für Kunstwiesen größeren Umfanges auch regelmäßige geradlinige Umfassung mittels hoch gelegter Abfuhrwege, an denen schlank erzogene Bäume eine passende Stelle finden, guten Eindruck macht. Es ist da alles so ordentlich und übersichtlich, die geraden Rieselflächen passen so gut in die geradlinige Begrenzung, die Vermessung der einzelnen Parzellen für die Grasverpachtung gestaltet sich so einfach, die schädliche Beschattung ist auf ein so geringes Maß herabgemindert, die künstliche Form paßt so gut zum Begriff der Kunstwiese, daß man derartiges nur mit Wohlgefallen sehen kann; wie denn in der Tat an mehreren solchen Schöpfungen in hiesiger Gegend ein jeder seine Freude hat.

Wenn die Richtung der Gräben nicht durch das Gelände vorgeschrieben ist, dann vermeide man es tunlichst, Hauptgräben so anzulegen, daß sie in der Längsrichtung gesehen werden. Sie erscheinen sonst zu auffällig und zerreißen den einheitlichen Eindruck der Wiese. Aus demselben Grunde müssen Grabenauswürfe möglichst bald vom Grabenrande entfernt werden.

Oberhalb der Rieselwiesen werden in der Regel Sammelteiche gute Dienste leisten. Hinsichtlich der besten Gestalt für diese gilt dasselbe, was für die Wiesen angeraten wurde, doch wird der Umriß der Wasserflächen meist durch das Gelände zu bestimmt vorgezeichnet sein, als daß sich viel daran ändern ließe. Man wird allerdings mehr geneigt sein, einen Staudamm zu errichten, wo eine schöne Uferlinie sich ergibt, als wenn es sich nur um den sackförmigen Zipfel eines abzudämmenden kleinen Tales handelt.

Wird der Teich ganz oder zum Teil durch Ausschachten hergestellt, dann muß man die Uferbildung nach guten Vorbildern herstellen. Zwei Arten von Uferlinien sind zu unterscheiden:

Frei dem Wind ausgesetzte Gewässer haben durch den Wellenschlag abgeflachte, in langgestreckten Linien verlaufende Ufer; kleinere und geschützt liegende Gewässer erhalten ihre viel unregelmäßigeren Formen durch angesiedelte Pflanzen und durch das Tierleben.

Während Erlen, Strauchwerk und sogar Grasfauden vorspringende Ecken verteidigen, wechselt das Wild dazwischen zum Wasser und flacht die Ränder der Buchten ab, diese vergrößernd. Wo Viehweide stattfindet, kann man diese Art der Uferbildung noch besser studieren.

Dem Damm selbst gebe man durch recht weit ausladende Böschungen und durch Vermeidung gerader Linien ein möglichst natürliches Aussehen (Abb. 88).

Breite, dem Zufluß des Wassers entgegen gewölbte Dämme bieten obenein den Vorzug größerer Haltbarkeit.

Das gestaute Wasser pflegt ganz allgemein durch einen sogenannten Mönch abgeleitet zu werden; der Mönchverschluß hat aber den Fehler, daß man den Absturz des Wassers nur hört, nicht sieht.

Für kleine Teiche läßt sich dieser Übelstand durch eine hier erprobte Form der Stauung vermeiden, welche nebenbei den Vorzug hat, billig zu sein, sehr dicht zu schließen, vor unberufenen Händen sehr gesichert zu liegen und keiner Ausbesserungen zu bedürfen. Die Anlage geschieht in der Art, daß man von der tiefsten Stelle des Teiches aus eine Tonrohrleitung zum Vorflutgraben legt. Das oberste Rohr erhält eine schräge Fläche, die einfach mit einem Brett abgedeckt wird. Dies Brett ist mit einem Haken versehen, so daß man es mit einem Krückstock abziehen kann. (Abb. 83 und 84.)

Sehr tiefe Teiche bedürfen eines Zwischenabflusses von gleicher Beschaffenheit in halber Höhe des Dammes, wie die Abbildung zeigt.

Das nach Anstauung des Teiches überfließende Wasser erhalte seinen Weg nicht über den Damm zugewiesen, um diesen nicht zu gefährden, sondern seitlich in gewachsenem Boden, an einer Stelle, wo der neue künstliche Wasserlauf hübsch sichtbar und unschädlich dahinfließen kann.

Ebenso wichtig wie der Grundriß ist der Aufbau des Wiesen, Äcker und Gewässer umschließenden Waldsaumes, aber über den Waldmantel herrscht große Meinungsverschiedenheit. Die einen verlangen tief herabwallendes Geäst, welches eine dichte Wand bildet, andere wollen schöne

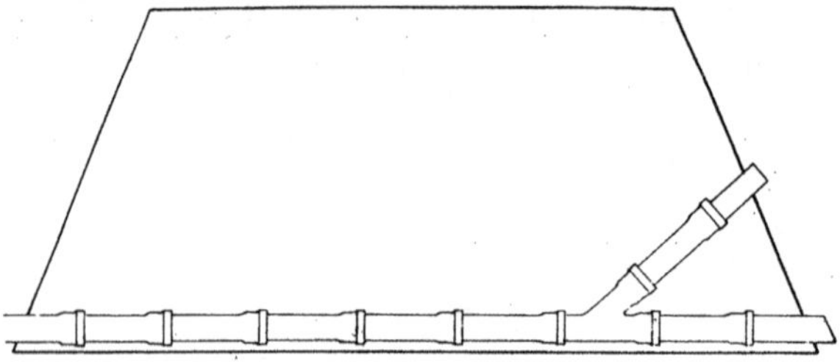

Abb. 83. Teichverschluß.

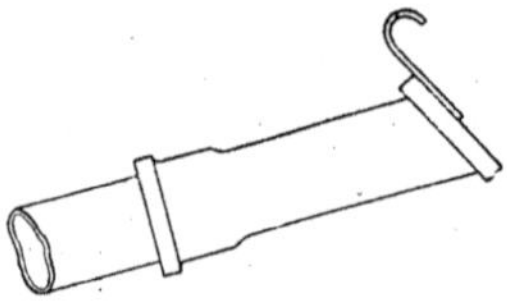

Abb. 84. Teichverschluß.

Stämme zeigen. Die einen wollen lange, mauerartige Waldränder einen großartigen Eindruck machen lassen, während Landschaftsgärtner vorschreiben, den Waldsaum durch Vorpflanzungen abwechselungsreich zu gestalten. Auf Ort und Umstände kommt es an, welchem von diesen Ratschlägen man folgen soll.

Vor mir liegen aus der Holsteinschen Schweiz Bilder des kleinen Ugleisees und des Stendorfer Sees, deren Ufer tief herabwallendes Buchengrün ziert, auch aus dortiger Gegend ein Bild des Schüttenteiches. Bei diesem haben sich vor den Buchen einzeln und in Gruppen Birken angesiedelt, wodurch das Bild freundlicher belebt wird. Einen der schönsten Waldsäume bewunderte ich in der Oberförsterei Donnerswalde: Plenterwaldartig ungleichalterige Fichten, überragt von gruppenweise verteilten hochkronigen Kiefern, welche ich im Abendsonnenschein herrlich leuchten sah.

Einen plenterartig behandelten Wiesensaum aus dem Forstrevier Katholisch-Hammer zeigt die eingeschaltete Abb. 85.

Große Bäume bilden einen Hauptschmuck des Waldrandes, indem sie, wie z. B. die Susanneneiche (Abb. 15), von außen gesehen mit ihren mächtigen Kronen kuppelartig den Wald überragen und seine Horizontallinien unterbrechen, von innen aber für den Ausblick einen wirksamen Vordergrund darstellen. Die beiden Buchen vom Westrand der hiesigen Müllerhege, welche die Figur auf nächster Seite darstellt, werden oft aufgesucht, um zwischen ihren knorrigen Stämmen den Sonnenuntergang vom Walde aus zu genießen (Abb. 86).

Daß es ein Vorzug des Mittelwaldes ist, abwechselungsreiche Waldsäume zu bilden, ward schon oben erwähnt. Die Mannigfaltigkeit ist also eine fast unendliche, und dem guten Geschmack muß im Einzelfalle das entscheidende Urteil überlassen werden.

Abb. 85. Waldsaum in Katholisch-Hammer.

Einer besonderen Feinheit muß ich hier noch Erwähnung tun, des „Pflanzens mit Vorspann". Wenn man nämlich licht bekronte Bäume so hintereinander aufstellt, daß die Kronen von mehreren zu einem Wipfel verschmelzen, so ergibt sich eine verstärkte Wirkung. Ich habe mich einmal über den Zeller See rudern lassen, um einen Baumwipfel zu studieren, und dann ergab er sich als der Wipfel zweier hintereinander stehender Fichten. (Der Pfeil weist auf die Fichten hin. Abb. 87.) Dasselbe sah ich in Allenstein an Weiden usw.

Das bisher Gesagte gilt ganz allgemein für Waldränder. Pflanzungen am Wasser will ich noch eine besondere kurze Betrachtung widmen. Über die Bekleidung der Ufer von Seen und Teichen, von Flüssen und Bächen ließe sich ein eigenes ästhetisches Prachtwerk schreiben und zeichnen, in den knappen Rahmen der Forstästhetik aber will ich nur wenige Bemerkungen über dies Thema einfügen.

Wer sich freundlich aus dem ersten Teile noch des über die Aspe

Abb. 86. Buchenbank-Buchen in Postel.

Gesagten erinnern sollte, wie ihr Flüstern im Winde unsere Freude ist, wie sie uns aber ganz besonders angenehm berührt, wenn sie ausnahmsweise einmal ruht, der wolle das dort Anerkannte in noch höherem Maße für das bewegliche Element des Wassers gelten lassen. Das Murmeln eines Baches, das Wellenspiel eines Sees, sie sind uns immer anziehend für Ohr und Auge, aber der im Waldesinnern eingeschlossene, feierlich ruhende Weiher hat nicht minder seine Reize. Dies hat man bei der Uferbepflanzung wohl zu bedenken. Es gibt keine Holzart, welche nicht am Wasser ganz besonders schön sich präsentierte, d. h. schöner als auf anderer Stelle; es hat aber jede Holzart vor anderen besondere Vorzüge voraus, die gerade am Wasser zur schönsten Geltung kommen; so wirkt die Erle durch Kontrast der Form und Farbe des aufstrebenden

↑ Abb. 87. Zell am See.

dunkeln Stammes, während die Glanzlichter des Laubes mit den glänzenden Wellen harmonisch zusammenpassen; ebenso kontrastiert Fichte und Tanne durch den aufstrebenden Wuchs des Stammes, während der etagenförmige Astbau zu den Horizontallinien des Wassers harmonisch zupaßt. Will man vorwiegend durch den Gegensatz wirken (er wird ohnehin gemildert durch das Spiegelbild im Wasser), so wähle man die Eiche, wünscht man recht „stimmungsvolle" Bilder, so bieten sich Birken, Pappeln, Weiden, durch Weichheit und Beweglichkeit ihrer Formen dem flüssigen Elemente verwandt (Abb. 3, S. 34). An Auswahl also fehlt es nicht, und die werde zu rechter Abwechselung ausgenutzt; nicht aber ist das so gemeint, daß alle 50 Schritte eine andere Holzart kommen solle, im Gegenteil. Man bedenke: zwei kleine Teiche, der eine vorwiegend mit Weichholz umsäumt, der andere von Fichte und Tanne umschlossen, sind ganz verschiedene Dinge, während sie einer wie der andere mit gleichartiger Mischung umsäumt einerlei Eindruck machen. Ähnliches gilt für Buchten größerer Wasserflächen und, nachträglich sei es bemerkt, auch für die Wiesenränder, selbst für Feldränder.

Abb. 88. Teichanlagen am Waldsaum.

Dabei wird es aber nur selten ganz der Willkür überlassen sein, ob man den einen Saum so, den anderen anders bepflanzt. Wer es unterließe, in windgeöffneter Lage Holzarten anzupflanzen, die im Spiel des Windes besonders schön erscheinen, würde einen Vorteil aus der Hand geben. Unvergeßlich sind mir die Silberpappeln auf den Donauufern oberhalb Wien, unvergessen Eschen und Silberweiden, deren bewegliche Belaubung ich unweit von Elbing vom Dampfer aus mit dem Winde spielen sah.

Am Wasser soll der Waldmantel stellenweise unterbrochen sein, damit Licht zum Wasserspiegel gelangen könne. Ein großer Fehler würde es sein, die kleinen Wiesentümpel, wie sie in dem norddeutschen Tiefland sich vielfach finden, durch Saumpflanzungen zu verstecken und zu verdüstern.

Das eingeschaltete Bild 88 zeigt, wie sich der Gartendirektor Trip (†) zu Hannover eine Teichanlage im Essener Stadtwald dachte. Der Teich lehnt sich nur an den Wald an, ist aber der Belichtung ganz ausgesetzt.

Die Teiche sind durch Fische zu beleben. Eine erhebliche Unbequemlichkeit für jeden Waldbesucher, ganz besonders aber für den auf Anstand sitzenden Jäger, verursachen Mücken und Bremsen. Angemessene Regulierung der Wasserverhältnisse vermag dies Übel erheblich zu vermindern. Wenn man Sumpflachen teils für Wiesenkultur trocken legt, teils für Fischzucht überstaut, werden die Brutstätten des lästigen Geschmeißes eingeengt, denn die Fische sind eifrige Vertilger der Mückenlarven. Besonders erfolgreich treiben Goldorfen diese Jagd, wobei sie sich viel dem Auge zeigen.

Es will mir scheinen, als ob in meinen durch Humussäuren dunkel erscheinenden Waldteichen das Goldgelb der Orfen besonders schön sich entwickelte.

Äcker im Forst wird man auch durch die beste Saumbepflanzung nicht leicht zur Quelle ästhetischer Befriedigung gestalten. Am anstößigsten erscheinen sie oft durch höchst dürftigen Fruchtstand, weil die Düngergrube ihnen selten nahe genug liegt. Wirtschaftsformen, welche den unzureichenden tierischen Dung durch Mineraldünger ergänzen, werden diesem Übelstande bisweilen abhelfen können. Meistens wird es das Beste sein, die anstößige Fläche durch recht sichtbare Umgrenzung deutlich als einen fremden, dem Reviere nicht zugehörigen Körper gewissermaßen aus dem Reviere auszuschließen. Durch Wildgatter, Hecken, Wall und Graben kann das je nach Umständen mit mehr oder weniger Eleganz geschehen. Namentlich für die Dienstländereien der Forstbeamten sind gut gehaltene Zäune und Hecken ein angemessener Luxus.

Den ästhetischen Wert der Zäune kennzeichnet Fürst Pückler sehr treffend, indem er anführt: „Ich habe oft gefunden, daß hie und da eine Befriedung, besonders wo sich der Charakter der Gegend ändert, sehr malerisch wirkte, ja ich möchte sagen, den Geist auf neue Eindrücke vorbereitete und einen beruhigenden Abschnitt gewährte".

Hinsichtlich der lebendigen Hecken hat die neuere Gartenkunst vielfach das Kind mit dem Bade ausgeschüttet. Während man einst die Hecken um ihrer selbst willen anlegte und in kunstvolle Gestalten brachte, sind sie jetzt zu nüchtern und geradlinig geworden. Eine Hecke, die um des Nutzens willen angepflanzt wird, soll gleichzeitig schön geformt werden. Dies z. B. durch Einfassen der Eingänge mit Pfeilern oder Lauben aus lebendem Gezweig geschehen. (Abb. 89.)

Weit schöner als eine geschnittene Hecke werden kann, ist die Einfassung des Försterdienstlandes in Klein-Ujeschütz (Oberförsterei Katholisch-Hammer). Dort stehen an der Trachenberger Linie mächtige zypressenförmige Wacholdersträucher; aber diese malerische Hecke nimmt viel Raum für sich in Anspruch.

Die standhafteste Umwehrung wird durch Mauern hergestellt, die bei bedeutender Länge und Höhe einen monumentalen Charakter annehmen können. In der freien Landschaft verdient Trockenmauerwerk den Vorzug vor mit Mörtel aufgeführten, abgeputzten

Abb. 89. Umhegung eines Pflanzgartens.

Mauern. Der Gedanke, daß jeder Stein weniger durch ein Bindemittel als durch sein eigenes Gewicht festliegt, berührt angenehm, und die Rauheit der Mauern gewährt einen malerischen Reiz, der durch reichlich in den Fugen sich ansiedelnde Pflanzen erhöht wird. (Zu vergleichen Abb. 97 S. 339).

Undurchsichtige hohe Mauern oder Plankenzäune machen einen mißgünstigen, engherzigen Eindruck. Schon Repton hat das gegeißelt, indem er zwei Bildchen gegenüberstellte, deren Wiedergabe ich (Abb. 90) hier einschalte. Man sieht, wie das Publikum sich quält, um den Einblick in die anmutige Landschaft zu gewinnen, welchen das Gegenbeispiel freigibt.

Im Gegenbeispiel fällt der Zaun unvorteilhaft auf, der die Gehölzgruppe im Mittelgrund vor dem Weidevieh sichert, ein Übelstand, der vermieden werden kann, wenn einige hochstämmige Bäume vorgepflanzt werden, die den Zaun beschatten und verbergen, wie das oben an Abb. 62 zu erkennen ist.

Abb. 90 a.

Abb. 90 b.

Abb. 90 a und b. Beispiel und Gegenbeispiel einer erst durch einen hohen Plankenzaun verschlossenen und dann freigegebenen Landschaft (nach Repton).

Dreiundzwanzigstes Kapitel.

Bodenpflege.

Die Standortsgüte hängt von der Feuchtigkeit und dem Mineralstoffgehalt des Bodens, ganz besonders aber vom Humusgehalt ab. Die letzten Jahrzehnte haben uns namentlich in letzterer Hinsicht besseres Verständnis eröffnet. Wir wissen jetzt, daß manche Humusformen auch schädlich sein können, daß viel auf die Krümelstruktur des Bodens ankommt, und was dergleichen mehr ist. — So wichtig die Bodenpflege auch ist, so braucht doch der Forstästhetiker bei ihr nicht lange zu verweilen, denn die Forstästhetik verlangt gar nichts anderes, als was die nüchterne Praxis auch fordert; andererseits aber dürfen wir sie nicht ganz übergehen, denn manche Maßnahme, die sonst unterbleiben würde, mag getroffen werden, wenn zweierlei Gründe — neben den wirtschaftlichen auch ästhetische! — dafür sprechen.

Die Haltung der Feuchtigkeit im Walde geschieht durch Anstauung von Weihern und durch Horizontalgräben. Führt man das mittels einer Teichanlage gestaute Wasser bei nur sehr geringem Gefälle am Berghang hin, dann kann es einem trockenen Hang Fruchtbarkeit verleihen, und schließlich, wo man ihm gestattet zu Tal zu streben, etwa von einer Felsklippe aus, als Wasserfall verstäuben. Selbst ganz geringfügige Einrichtungen, wie z. B. die Wasserabschläge an Wegen, können ästhetisch sehr bemerkbare Wirkungen ausüben, indem sich eigenartige Vegetation da ansiedelt, wo sich nach Regengüssen das Wasser zu ergießen pflegt. So z. B. hat ein Wasserabschlag, der das Posteler Dorfwasser ableitet, eine üppige Vegetation von Holunder, Himbeeren und zahlreichen Staudenpflanzen auf Kiefernboden III. Klasse entstehen lassen. — Innerhalb eines Buchenbestandes finden sich alljährlich wilde Balsaminen ein, wo das Wasser von einer Wegeprelle sich ergießt. Die Beispiele würden sich zahlreich vermehren lassen.

Den Mineralstoffgehalt des Bodens schützt der Forstmann, indem er die Entführung der an Nährsalzen reichen Pflanzenteile möglichst einschränkt. In dieser Hinsicht ist die „Posteler Durchforstung“ vorteilhaft, weil viele an Aschenbestandteilen reiche junge Bestandesglieder dem Walde erhalten bleiben. Es ist nicht nötig, daß ich über möglichste Einschränkung der Waldstreunutzung und der Nutzung von Raff- und Leseholz erst viel Worte verliere.

Zufuhr von Dungstoffen (Lupinenanbau, Ausfüllen der Pflanzlöcher mit Moorerde, Mineralstoffdüngung) wird da besonders gerechtfertigt sein, wo das rasche Gedeihen einer Kultur aus ästhetischen Rücksichten ganz besonders erwünscht erscheint.

Die wichtigste bodenpflegliche Maßnahme ist der Unterbau. — Es hat lange gedauert, bis die forstliche Praxis angefangen hat, den diesbezüglichen Mahnungen vorausschauender Warner Gewicht beizulegen; aber jetzt geschieht hier und da des Guten schon zu viel, indem man zu dichtes Unterholz erzieht, und daher der Rohhumusbildung Vorschub leistet. Ästhetisch wie wirtschaftlich ist eine zu dichte Unterholzbestockung, die jeglichen Einblick in die Bestände ausschließt, sicherlich vom Übel. Die Nachteile eines dichtgeschlossenen Fichtenunterwuchses sind längst erwiesen, wogegen von vornherein locker erzogener oder durch angemessene Durchforstung gelichteter Unterwuchs ebenso schön wie nützlich ist. — Am schönsten wird das Unterholz sich da gestalten, wo es nicht in schematischer Gleichartigkeit durch eine kostspielige Kulturmaßnahme entstanden, sondern durch Selbstbesamung geeigneter Holzarten allmählich erwachsen ist. Der vorausschauende Forstmann sollte daher gleich bei der Bestandesbegründung wenigstens vereinzelt — ganz besonders an den Wegen und auf höheren Kuppen, von denen aus der Same weit fliegt — Holzarten anbauen, welche die Entstehung von Unterholz erhoffen lassen. Nach hiesiger Erfahrung nenne ich in erster Linie die Rotbuche, die Traubeneiche und die Fichte; auch Eberesche, Hainbuche, Linde, Bergahorn und Esche kommen in Betracht, daneben zahlreiche Strauchholzarten: Hasel, Holunder usw. Anderweitig wird noch die Edeltanne bodenschützendes Unterholz bilden. Im Elsaß hat sich die Edelkastanie als Unterholz schon vielfach bewährt.

Vierundzwanzigstes Kapitel.

Gewerbliche Betriebe im Forst.

Es gibt wohl nur einen einzigen gewerblichen Betrieb, der in das Innere der Forsten hineinpaßt, die Köhlerei. Schon historisch ist er mit der Forstwirtschaft eng verbunden; denn für ausgedehnte Waldungen bot in alter Zeit der Köhlereibetrieb die einzige Möglichkeit zur Holzverwertung ohne Schädigung der forstwirtschaftlichen Interessen. Die Köhlerei war beweglich, sie konnte immer da betrieben werden, wo es schlagreifes Holz gab, wogegen andere industrielle Verwendungen, besonders der Glashüttenbetrieb, weil unbeweglich, zum gänzlichen Verbrauch des reifen wie des unreifen Holzes in seiner Umgebung geführt und sich daher als schädlich erwiesen haben. Noch heute passen die Köhler und der Forstmann wirtschaftlich gut zueinander.

Dem Düster des Waldes fügt sich die dunkle Erscheinung des Kohlenbrenners vortrefflich ein. Wenn der Ästhetiker Übereinstimmung des Scheins mit dem Wesen verlangt, so ist in dieser Hinsicht der Köhler ideal schön, denn seinen Beruf kann er äußerlich nicht verleugnen. Noch immer weht Märchenpoesie um den dampfenden Meiler, und Sagen und Erinnerungen werden in seiner Nähe wach. Vor unserem geistigen Auge ersteht jener handfeste Köhler, der mit seinen Gesellen einst die geraubten sächsischen Prinzen befreite. Weiter zurückblickend erschauen wir den Köhler Volrat aus der Zeit der Bauernkriege, dem Julius Wolf im „Wilden Jäger" die kraftvolle Gestalt und die rachdürstige Seele verliehen hat.

Die Kohlstätte ist umlagert von zartem Gewölk bläulichen Rauchdunstes, der als Zeichen glühenden Lebens dem sorgsam gehüteten Meiler entströmt und den geheimnisvollen Schleier des Waldes weben hilft, besonders schön, wenn Sonnenblicke ihn durchleuchten, oder wenn von dem nächtlich unterhaltenen Wachtfeuer flackernde Lichter ihn durchscheinen. Auch zum eigentümlichen Waldgeruch trägt die Kohlstätte erquicklich bei. Wenn Schiller des schwerbeladenen Erntewagens, der mit seiner Last schwankt, in seiner „Glocke" gedacht hat, sollten wir diesem nicht den schwerbeladenen Köhlerwagen an die Seite stellen dürfen, der mindestens ebenso poetisch uns berührt, wenn er von der uralten Meilerstätte aus ans Tageslicht schwankt, um den großstädtischen Betrieben das Material zuzuführen, dessen fleißige Hände bedürfen!

Auch aus der Ferne gesehen fesseln unsern Blick die Rauchwölkchen, die aus weiten Waldgebieten von den Kohlenmeilern aufsteigen. Sie bekunden, daß dort dem Walde zugehörige Menschen in weltfremdem Treiben ohne Hast, aber doch fleißig und genügsam leben und wirken, Freude und Leid empfinden. In welchem Gegensatz stehen diese friedlichen Wölkchen zu den schweren Ballen heißen, stickigen Kohlenrauchs, der aus den friedlosen Stätten des Fabrikbetriebes qualmig den Schloten entströmt!

Andere Holz verarbeitende Betriebe, Felgenhauerei, Schneidemühlen, fabrikmäßige Herstellung von Holzkohle und Teer — leider ist die primitive Gewinnung von Holzteer und Holzkohle in den malerischen Teeröfen fast allenthalben eingestellt worden —, Hammerwerke usw. gehören an den Saum des Waldes. Sie stellen dort einen eindrucksvollen Gegensatz dar, indem wir aus der Ruhe des Waldes hervortretend unmittelbar einem stark pulsierenden Leben begegnen. Die gegensätzlichen Teile finden ihre Verknüpfung in der beiderseitigen Abhängigkeit. Sehr lebhaft und sehr angenehm bin ich von dieser Abhängigkeit berührt worden, als ich vor etwa 45 Jahren in Reichenhall die Wechselbeziehungen zwischen der Forstwirtschaft und der Salzgewinnung bewundern konnte: die langen Rohrleitungen an den Straßen, die Talsperren zur Ansammlung des Schwemmwassers, die Einrichtungen in der Saalach zum Auffangen der geflößten Scheite, die hohen Gradierwände, die für geringes Reisholz eine gute Verwertung boten.

Jetzt bilden vielfach die größeren Stauanlagen in den Waldungen zahlreiche Bindeglieder zwischen der forstlichen und der industriellen Betätigung. Auf gleichmäßigen Zufluß des benötigten Wassers und auf billige Kraftquellen bedacht tritt die Industrie an den Forstmann heran mit dem Verlangen, Talsperren anlegen zu dürfen. Wo es nicht gerade verlangt wird, einzigartige Schönheiten, wie z. B. die Wände des Bodetales, unter Wasser zu setzen, wird der Forstmann gern dazu seine Hand bieten. Sind doch die neu geschaffenen Wasserspiegel und die Regulierung des Abflusses auch für ihn von wirtschaftlicher Bedeutung, und die angestauten Wasserflächen werden niemals unschön, oft sehr schön sein. Der Ästhetiker hat aber darüber zu wachen, daß die zur Stauschwelle zugehörigen Baulichkeiten in einem zum Charakter der Umgebung passenden Stile aufgeführt werden, damit das Neue als Zubehör des Forstes und nicht als Fremdkörper erscheine. Ich fordere damit nicht zu viel, denn eben erst hat Professor Franz von der Technischen Hochschule in Charlottenburg den Beweis erbracht, daß man selbst die elektrischen Anlagen den Forderungen heimischer Bauweise anpassen kann. (Heimatschutz 1910, Heft 1.)

Als Hüter der Mineralschätze des Bodens, von der Kiesgrube an bis zum Steinbruch und zu dem in die Tiefe vordringenden Bergwerk, wird sich der Forstmann bisweilen vor große Aufgaben gestellt sehen. Damit meine ich nicht, daß er in der Regel berufen sein sollte, etwa große Steinbruchunternehmungen oder bergmännische Betriebe selbst in die Hand zu nehmen, er wird aber doch ein gewichtiges Wort in mehrfacher Hinsicht mitreden müssen, und er wird das jetzt, wo das öffentliche Gewissen durch die Tätigkeit des Bundes Heimatschutz geweckt ist, mit mehr Erfolg tun können, als früheren Generationen vergönnt war. Seine Tätigkeit wird eine dreifache sein müssen: Zutage liegende Schönheiten und Merkwürdigkeiten hat er zu verteidigen, verborgene Schätze hat er aufzudecken, unschöne Abfälle hat er soweit als möglich in seinen Dienst zu nehmen. Er kann sie oft zu Wegebesserungen und ähnlichen Zwecken verwenden. Soweit das nicht angeht, muß er dafür Sorge tragen, daß sie angemessen geschichtet und möglichst bald wieder vom Pflanzenwuchs bedeckt werden.

Abfallender Schotter sollte nicht gedankenlos aufgeschüttet werden dürfen, wie es grade der Betriebsleitung paßt, es ist zu achten, daß die Halden in hübsche Formen gestaltet werden, und daß der von oben abgedeckte Mutterboden zum Decken der Halden verwendet werde, damit nicht für lange Zeiten vegetationslose Flächen entstehen.

Die Hauptsache bleibt immer die Form, welche der Halde gegeben wird. Je nach Umständen sollte man den Landschaftsgärtner oder den Baumeister zu Rate ziehen, um Schönes zuwege zu bringen. Beispiele, daß gewerbliche Abfälle in schönen Gestaltungen geschichtet wurden, sind mir nicht bekannt geworden, aber warum sollte man nicht den Schutthalden ebenso günstige Formen geben können, wie dem Boden, der aus anderen Gründen bewegt werden mußte. In dieser Hinsicht möge als treffliches Beispiel für landschaftliche Gestaltung die Bergkette dienen, welche der Herzog von Württemberg in Karlsruhe aus dem Boden herstellen ließ, den er beim Ausschachten von Wasserflächen gewann, als er in Notstandsjahren der Bevölkerung Arbeitsgelegenheit verschaffen wollte. Als Beispiel architektonischen Aufbaues erwähne ich die Pyramiden, die Fürst Pückler in Branitz zur Erinnerung an seine Orientreisen schichten ließ, als er im dortigen Park einen künstlichen Spreearm herstellte. Die größte von diesen Pyramiden dient seinem Leichnam als Ruhestätte.

Frühere Versäumnisse nachträglich wieder gut zu machen, ist schwer, aber nicht unmöglich. Fürst Pückler hat die Begrünung der von Alaunwerken herrührenden, teils uralten, teils neueren Halden bei Muskau erfolgreich in Angriff genommen, und ich sah vor einigen 30 Jahren die unter Petzolds Leitung vor sich gehende Vollendung des großartigen Unternehmens. Das geschah in der Weise, daß Boden Karre bei Karre auf die Hänge aufgeschüttet, aber nicht eingeebnet wurde. Birken, Aspen und Linden flogen reichlich darauf an, und die Begrünung ergab sich ganz von selbst.

Felswände mit Gletscherschrammen, Rundköpfe, Endmoränen, Basaltsäulen und ähnliche großartige Erscheinungen sind nicht die einzigen geologischen Merkwürdigkeiten, die wir zu verteidigen haben, das achtsame Auge findet selbst in der Kiesgrube, aus der wir unsere Wege bessern, oft interessante Verwerfungen und Lagerungen, vor welchen der Hacke und dem Spaten Halt zu gebieten ist. Hochragenden malerischen Felswänden sollte die Industrie selbst dann nicht zu Leibe gehen dürfen, wenn ihr glänzende Geschäfte winken. Man mag ihr gestatten, von der Rückseite den Steinbruch in den Berg zu treiben, eine Kulisse von angemessener Breite muß sie aber stehen lassen.

Daß unter Umständen die steilen Wandungen alter Steinbrüche einem Waldteil, ja einer ganzen Gegend zur Zierde gereichen können, dafür fehlt es nicht an Beispielen. Unlängst haftete bei Wiesbaden von

Abb. 91. Rundhöcker aus Granit in dem Spittelforst bei Kamenz in Sachsen.

dem Jagdschloß Platte aus mein Blick gern an einem Steinbruch, dessen Steilwand aus dem Landschaftsbild schön hervorleuchtete. In dem Kapitel „freie Anlagen" ist an der Abb. 100 S. 342 ersichtlich, daß durch sachgemäße Bepflanzung die Schönheit einer Bruchfläche gehoben werden muß. In dieser Beziehung möge noch die Bemerkung Platz finden, daß graue Felswände (mit der Zeit werden alte Bruchflächen mehr oder weniger grau) einen vorzüglichen Hintergrund für bunte Farben bilden. Eine herbstrote Brombeerranke von dem bescheidenen Rubus caesius, ein karminrot oder violett belaubter Zweig der Schlinge (Viburnum opulus) mit scharlachroten Beeren genügt in solcher Lage, um dem

Maler eine unübertreffliche Vordergrundstudie darzubieten. Selbst auf den unbedeutendsten Gesimsen können zarte Blütenpflanzen, wie Glockenblumen, Storchschnäbel, Habichtskräuter und Sternblumen ihre blauen, roten, gelben und weißen Blüten zwischen zartem Farnkraut entwickeln.

Im grauen Altertum, zur Zeit der Keilschrift, hat man die Felswände ausgedienter Steinbrüche gern für Inschriften und Denkmale

Abb. 92. Steinpfeiler, bei Petra aus dem lebendigen Fels ausgespart.

benutzt. Aus neuerer Zeit kenne ich nur ein einziges Beispiel dafür, daß ein bedeutendes Denkmal in den gewachsenen Fels hineingearbeitet ist: Thorwaldsens großartigen Löwen bei Luzern. Jetzt, wo Millionen aufgewendet werden, um Denkmale durch Übereinanderschichten von Blöcken himmelhoch aufzutürmen — das Völkerschlachtdenkmal bei Leipzig wird mehr als 5 Millionen Mark kosten — sollte man daran denken, daß durch Aussparen bei Steinbrucharbeiten im Laufe von Jahrhunderten fast kostenlos, lediglich durch Verzicht auf eine Nutzung, ganz Gewaltiges geschaffen werden kann. Man sollte beispielsweise den Streitberg bei Striegau nicht gänzlich dem Untergange weihen. Eine granitene Pyramide von nie dagewesener Großartigkeit könnte ausgespart werden als Denkmal für den Erwerber Schlesiens, Friedrich den Großen.

Eben lese ich (in Nr. 140 der Kreuzzeitung dieses Jahres), daß an der „österreichischen Riviera" auf der Insel Brione ein Denkmal für Robert Koch in den Fels gehauen worden ist, der das Eiland erst bewohnbar gemacht hat, indem er es von der bösen Malaria befreite. Sollte es sich nicht rechtfertigen, das Andenken an Forstleute, die etwa einen Bergstock durch Ausbau eines Wegenetzes für die Bewirtschaftung erschlossen haben, in ähnlicher Weise zu verewigen!

An den Elbufern der Sächsischen Schweiz hat sich bekanntlich die Steinbruchindustrie schwer versündigt. Auf forstfiskalischem Gebiet ist dem Fortschreiten des Übels Einhalt getan, aber anderweit frißt der Schaden weiter. Es wäre nicht zuviel verlangt, wenn man der Industrie die Pflicht auferlegte, ihr Verschulden durch Aussparen angemessener Denkmale einigermaßen wieder gut zu machen. Eine Gedenksäule für König Albert von Sachsen würde am Elbestrom am Platze sein. — Ein treffliches Vorbild für solches Tun ist kürzlich aus den Trümmerfeldern Edomitischer Altertümer bekannt geworden: Noch heute ragt bei Petra ein mächtiger Steinpfeiler empor, den vor Jahrtausenden ein längst untergegangener Volksstamm aus dem lebendigen Felsen ausgespart hat. (Abb. 92.)

Leider haben industrielle Betriebe nicht selten Rauchschäden im Gefolge. Wo diese noch nicht so schwer sind, daß aller Holzanbau unterbleiben muß, wird es forstästhetisch ebensosehr wie wirtschaftlich geboten sein, die jammervoll kränkelnden Nadelhölzer möglichst rasch durch widerstandsfähigeres Laubholz zu ersetzen. Selbstverständlich ist von der Industrie zu verlangen, daß sie alles wirtschaftlich Mögliche aufbietet, um die Rauchschäden einzuschränken.

Fünfundzwanzigstes Kapitel.

Schutz der ästhetischen Werte.

Soweit der Forstmann in seiner Eigenschaft als Jäger ästhetische Werte zu schützen hat, sollen im Kapitel „Weidwerk" seine diesbezüglichen Pflichten eingehend erörtert werden.

Der Schutz gegen Insektenschäden erscheint vom forstästhetischen Standpunkte fast noch wichtiger, als vom rein wirtschaftlichen aus. Der scharf rechnende Forstmann, wenn er kahl gefressene Grubenholzbestände verwerten muß, kann sich mit der Erwägung trösten, daß der flüssig gewordene Geldwert ihm nun 4% Zinsen bringen wird; der Forstästhetiker steht betrübten Blickes vor der öden Kahlfläche. Er fragt sich vergeblich, wie er für die nächsten Jahrzehnte auf der baumlosen Wüste besondere Reize schaffen soll. Schon während des Fraßes sind seine Gefühle verletzt worden, denn wenn er auch mit gereifter Naturanschauung die einzelne Raupe schön findet, so wird ihn doch deren massenhaftes Auftreten immer abschrecken, besonders dann abschrecken, wenn in das Raupenheer Krankheiten einbrechen, deren Folgen unschön sichtbar werden. Der Fraß des Wicklers und des Schwammspinners in Eichenbeständen mag den rechnenden Forstmann ziemlich kalt lassen, die Zuwachsminderung ist ja nicht erheblich, erst bei der Ernte des Bestandes wird sie fühlbar, und von da auf die Gegenwart vielleicht 120 Jahre zurückdiskontiert, erscheint die Einbuße gleich Null. Der Ästhetiker aber steht betrübt vor dem kahlen Baum, den Augenblick will er genießen, und es ist doch nichts da, was genußfreudig stimmen könnte; im Gegenteil, er sieht nur Bilder des Jammers. Nur mäßig tröstet den Kundigen einigermaßen die Erwartung, daß die Eiche nach wenigen Wochen neu begrünt, frühlingsmäßig zwischen der sonstigen, hochsommerlich ruhenden Baumwelt von eigenartiger Schönheit sein werde.

Nun darf man sich wohl der Hoffnung hingeben, daß nach den Grundsätzen dieses Buches behandelte Waldungen — weil die gefährlichen gleichaltrigen, nur aus einerlei Nadelholz zusammengesetzten Bestände seltener werden sollen — für Insektenvermehrung minder günstige Vorbedingungen bieten werden, aber eine Sicherheit wird nicht gewonnen, auch wird es lange dauern, bis eine wirksame Umgestaltung unserer Waldbestände erfolgt.

Es muß also der ästhetische Forstmann mit noch größerem Eifer als seine schematisierenden Kollegen darauf bedacht sein, Insektenvermehrungen vorzubeugen. Hierzu werden wir uns der Beihilfe der Tierwelt mit um so größerem Eifer bedienen, als die Bereicherung der Fauna schon an und für sich den Wald verschönt. Es ist das Verdienst des Freiherrn von Berlepsch, daß er die Vogelschutzfrage wieder in Fluß gebracht hat.

Besonders wichtig als unsere Verbündeten sind die Höhlenbrüter, für welche jetzt zweckmäßige Bruthöhlen geschaffen werden. Einstweilen bedürfen wir im schulgerechten Normalwald noch dieser Hilfsmittel, denn der allzeit fröhliche Star, die beweglichen Meisen, diese unübertrefflichen Vertilger schädlicher Insekten, sie verziehen sich aus den modernen Waldungen, weil sie keine Brutstätten mehr finden.

Nach meinen Erfahrungen sind die Eichhörnchen die gefährlichsten Feinde der in Nistkästen angesiedelten Höhlenbrüter. Ich hatte einst zur Bekämpfung des großen Rüsselkäfers die Stare zu mir eingeladen, und sie bezogen zahlreich die an Kiefernüberhaltstämmen aufgehängten Bretterkästen. Auch ein Turmseglerpaar fand sich zwar ungebeten, aber doch hochwillkommen ein. Leider dauerte die Freude nur wenige Jahre, dann erweiterten die Eichhörnchen die Fluglöcher und vernichteten die Brut. Ich hoffe jetzt, daß tönerne Nisturnen, die ohnehin billiger und dauerhafter sind, vor den Angriffen der Eichhörnchen Sicherheit bieten werden. Es scheint, daß die Vögel sich an diese Brutgelegenheit gewöhnen. Durch Auspolstern mit schlecht wärmeleitendem Material richten sie sich die irdene Heimstätte wohnlich ein. Ich selbst konnte darüber erst wenig Beobachtungen anstellen, diese decken sich aber mit den maßgeblichen Feststellungen des Professors Röhrich.

Übrigens ist die ganze Nisturnenwirtschaft doch nur ein Notbehelf, denn die angehängten Kästen sehen nicht schön aus und erwecken den Eindruck, daß die armen Vögel zur Miete wohnen müssen, wo sie doch Hausrecht haben sollten. Man sorge daher für Einmischung von Aspen, Weiden und anderen Weichhölzern, in denen der zimmernde Specht schon bei 25 cm Stärke recht bequem für sich und andere die natürlichen Nisthöhlen herstellen kann. Bäume, in denen er schon Wohnungen angelegt hat, verschone man bei Durchforstung und Schlagführung nach Möglichkeit.

In der Letzlinger Heide hat man die Erfahrung gemacht, daß unbesetzt gebliebene Starkästen sofort bezogen wurden, nachdem man durch Herstellung von zementierten Suhlen für Wasser gesorgt hatte.

Jammerschade, daß das für uns ebenso nützliche wie ergötzliche Schwarzwild dem Landmann verhaßt ist, wir müßten es sonst als eifrigen Gehilfen bei der Forstschutzarbeit sorgsam hegen und pflegen. Jetzt wird mir von Oberschlesien aus geschrieben, daß sich dort die Bronzeputer als Ersatz für das ausgerottete Schwarzwild bewähren. Diese stattlichen, prachtvoll befiederten, vorzüglich wohlschmeckenden Tiere sind sehr eifrige Insektenvertilger. Auch im Winter unter der Schneedecke wissen sie die ruhenden Puppen zu finden. Schaden richten sie im Forste niemals an, und auch landwirtschaftlich werden sie kaum merklich unbequem, da sie sehr selten auf die Felder auswechseln. Es ist erfreulich, daß diese ebenso nützlichen wie schönen Tiere durch Festsetzung angemessener Schonzeit in Preußen geschützt wurden.

Der Laie begeht oft den Fehler, alle Insekten ohne Wahl für schädlich oder doch wenigstens für lästig zu halten. Wir wissen, wie grundfalsch diese Anschauung ist, aber wir können leider zur Vermehrung der nützlichen Insekten wenig beitragen. Nur die Vermehrung der Waldameise ist leicht auszuführen, und in ästhetischer Hinsicht ist sie hochwichtig; denn wiederholt ist beobachtet worden — ich habe es selbst feststellen können — daß in Raupenfraßgebieten Einzelbäume oder ganze Horste durch die Insassen eines Ameisenhaufens vor Vernichtung bewahrt worden sind. Nun mag es wirtschaftlich belanglos sein, ob hier und da einige Stämme leben bleiben oder nicht — ästhetisch ist es von hoher Bedeutung, daß das Auge auf der weiten Kahlfläche wenigstens einige Ruhepunkte findet, an denen der Blick mit Befriedigung haften kann.

Der Schutz der ästhetischen Güter gegen menschliche Übergriffe wird zunehmend schwieriger, je größere Volksmassen sich in die Forsten ergießen. Sie bringen mit und lassen liegen, was nicht hingehört, und sie nehmen weg oder verscheuchen, was zum Schmuck des Waldes dient; aber im allgemeinen wird die Erfahrung des Fürsten Pückler noch jetzt zutreffen, daß gut gehaltene Anlagen auch geachtet werden. Die „Übeltätigkeit" wagt sich nur ausnahmsweise an Wohlgepflegtes; aber der Unverstand namentlich großstädtischer Volksmassen treibt doch manchen Unfug, selbst wenn es an der bösen Absicht fehlt. Jeglicher Waldgenuß hört auf, wo Ausflügler zerschlagene Flaschen, Papier, Konservenbüchsen unordentlich verstreut herumliegen lassen. Auch das pflanzliche Leben verarmt, wo jede Blume schon vor der Entfaltung abgerissen, jeder sprossende Trieb geknickt wird. Hiergegen ist einzuschreiten, aber andererseits muß einige Rücksicht gewahrt werden, denn dem Besucher wird die Hauptfreude am Waldausfluge vergällt, wenn er sich nicht „im Freien" fühlen darf, wenn er sich beständig des Zwanges polizeilicher Verfügungen bewußt sein muß. Deshalb dürfen die einschränkenden Bestimmungen und die Aufsicht nicht in Schikanen ausarten. Würde man beispielsweise dem Bergsteiger verbieten, von den Kammwiesen im Riesengebirge einen Teufelsbart abzupflücken und ihn auf seinen Hut zu stecken, so würde man ihm eine von altersher übliche Freude verkümmern, und zwar ganz ohne Not; denn bis jetzt droht die Gefahr der Ausrottung der Alpenanemonen nicht. Anders steht es mit selteneren Pflanzen, wie z. B. dem Edelweiß und der zierlichen Primula minima, die im schlesischen Gebirge als „Habmichlieb" geschätzt wird. Zweckmäßige, nicht engherzige Verordnungen zum Schutze der Pflanzenwelt sind namentlich in Bayern erlassen worden.

Am besten beugt man einer Schädigung des Reviers durch unverständiges Publikum dadurch vor, daß man den Herdentrieb der lieben Mitmenschen sich zunutze macht. Dies geschieht, indem man zu den beliebtesten Ausflugszielen hin und von diesen wieder zurück Wege für Massenverkehr anlegt. Diese Wege müssen so beschaffen sein, daß auch nach Regenwetter der leicht beschuhte Städter trockenen Fußes gehen kann. Bänke an den Wegrändern dürfen nicht fehlen. Der Wegezug muß so gekennzeichnet sein, daß man sich nicht verirren kann. Wenn der Mensch begonnen hat, sich als Publikum zusammenzurotten, dann wird er zum Herdentier, einer läuft dem andern nach. Die wenigen, die sich etwa abzweigen, pflegen harmlos zu sein. Die große Masse strömt dahin, wo die Hauptsehenswürdigkeiten nebst Bier und Kaffee, womöglich auch Musik als Anziehungsmittel ihrer harren. Ausgeruht und gestärkt wollen sie dann wieder zurück, nicht auf dem Wege, den sie gekommen sind, aber so rasch und bequem wie möglich. Baut man also gut gangbare, ausreichend breite Wege zu den Bierquellen, dann hat der übrige Wald Ruhe. Am deutlichsten tritt diese Erscheinung im herrlichen schlesischen Zobtengebirge zutage, wo die Breslauer Ausflügler zum Aufstieg und zum Abstieg immer wieder dieselben Wege benützen, im übrigen aber den an Schönheit so reichen Berg unbehelligt lassen. Jene Straßen, auf denen das Menschengewimmel an Sonn- und Feiertagen dahinflutet, werden von der dortigen Forstverwaltung sehr bezeichnend „Ameisenwege" genannt. — Auch hier in Postel benutzt das Publikum bei Ausflügen zur Johannahöhe nur wenige ganz bestimmte Wege.

Höchst empfindlich können ganze Landschaftsbilder durch die Anbringung von Reklameschildern geschädigt werden. In Preußen kann man gegen diesen Unfug „in landschaftlich hervorragenden Gegenden" auf Grund des Gesetzes vom 15. Juli 1907 einschreiten, aber das Gesetz und seine Handhabung genügen in keiner Weise. Wer von Breslau nach Berlin fährt, sieht von der Bahn aus jede „landschaftlich hervorragende Gegend" durch überaus häßliche Reklameschilder schimpfiert. Solche finden sich selbst im Vordergrund der Aussicht auf das malerisch gelegene Finkenheerd und dicht vor Frankfurt vor dem Ausblick nach der Oder. — Das Gesetz wird also wohl nicht einmal in den bescheidenen Grenzen, die seiner Wirksamkeit gezogen sind, in Anwendung gebracht. — Es wäre noch eher zu ertragen, wenn die verhältnismäßig wenig zahlreichen „landschaftlich hervorragenden" Gegenden schimpfiert würden, dann aber wenigstens einfache und durchschnittliche Verhältnisse in Ruhe gelassen würden. Gerade deren bescheidene Reize vertragen eine Beeinträchtigung am allerwenigsten. Das preußische Gesetz vom 15. Juli 1907 bedarf deshalb einer Abänderung seiner Überschrift und des § 3 dahingehend, daß jegliche Verunstaltung der Landschaft durch Anbringung von Reklameschildern zu verhindern ist.

Sechsundzwanzigstes Kapitel.

Das Weidwerk.

Die Jagd ist, wenn sie weidmännisch betrieben wird, eine Schule der Mannhaftigkeit, indem sie hohe Tugenden entwickelt und bei ihrer Ausübung voraussetzt: Kraftleistung und Selbstbeherrschung, Entschlußfähigkeit und Geduld, Energie und mitleidsvolle Rücksicht, jene Genußfähigkeit, die das Gegenteil von Blasiertheit ist, und die Bereitwilligkeit, Beschwerden und Verdrießlichkeiten aller Art auf sich zu nehmen. Wenn dem Forstmann diese Tugenden zu eigen sind, wenn er sein Fach versteht und respektvoll durch Wahrung alter Sitten und Gebräuche, insbesondere durch Beherrschung unserer ausdrucksvollen Kunstsprache seine Zugehörigkeit zur Zunft kennzeichnet, dann hat er Anspruch auf den Ehrentitel eines Weidmannes.

Ein solcher ist — wenn er auch nicht so malerisch gekleidet einherschreitet, wie einst der wohlausgerüstete, holzgerechte Jäger — eine Zierde des Forstes, ja, dessen vornehmste Zierde. Ich erinnere in dieser Hinsicht an die Ausführungen im 2. Kapitel, wo der Nachweis geführt ist, daß Tugend und Schönheit eng verbunden sind.

Die Jagdpassion soll ein Ausfluß der Herrschergewalt sein, welche dem Menschen in der Schöpfungsgeschichte beigelegt ist. Wird sie nicht gezügelt, dann entwickelt sie sich zur Leidenschaft, zu einer Betätigung der Bestie, die leider auch im Menschen schlummert. Dann wird der Jäger zum Schießer, dem es nicht darauf ankommt, wie viel er zu Holze schießt, wenn er nur mit hohen Ziffern andere übertrumpft. Solche Leute, die sich nicht beherrschen können, taugen nicht zum Vorgesetzten, unter den Forstleuten sollten sie nicht zu finden sein. Deswegen halte ich für eine der wichtigsten Aufgaben, die bei Unterweisung und Erziehung der forstlichen Jugend zu erfüllen sind, daß sie gleich von Anfang an zu guten Jägern erzogen werde. Von diesem Gesichtspunkte aus erscheint mir die Abkürzung des Lehrjahres der Beflissenen auf nur sieben Monate besonders bedauerlich.

Der gute Jäger wird in erster Linie Heger sein, darauf bedacht, die ihm unterstellten Geschöpfe nach Zahl, Art und Entwickelung in

Grenzen zu halten, daß sie einerseits den Charakter der Arten möglichst vollkommen und möglichst schön zur Geltung bringen; daß andererseits Wildschaden, wenn nicht ganz vermieden, so doch auf ein Mindestmaß eingeschränkt und das schöne Gleichgewicht in der Natur erhalten werde.

Zunächst werde ich auf die leidige Wildschadenfrage etwas näher eingehen; denn die Forstästhetik fordert ebenso gebieterisch wie die wirtschaftlichen Rücksichten, daß dem Entstehen von Wildschäden möglichst vorgebeugt werde.

Leider verhalten sich Rehe und Rotwild im Forst nicht immer einwandsfrei. Dem Ästhetiker mag es besonders unbequem sein, wenn seine Bemühungen, den Wald durch neue Holzarten zu bereichern, vom Rehbock und vom Hirsch vollständig falsch aufgefaßt werden. Der Rehbock glaubt, daß junge Lärchenbäume nur dazu da seien, um von ihm gefegt zu werden, der Rothirsch schält die Weymuthkiefer, als sei es seine Aufgabe, sie vor späterem Tode durch den Blasenrost durch rechtzeitige Vernichtung zu schützen. Dergleichen mag noch hingehen. Das beste Gegenmittel ist, die neuen Holzarten einzuzäunen oder sie in solchen Mengen anzubauen, daß nach Vernichtung einiger Prozente immer noch genug übrig bleibt. — Verdrießlicher ist die Schädigung durch Verbeißen. Ausgedehnte Kiefernsaaten und Pflanzungen können in strengen Wintern nahezu vernichtet werden. Fichtenkulturen und Laubholzkulturen können durch regelmäßigen Verbiß ein Jahrzehnt und länger im Wachstum aufgehalten werden. Das Schlimmste ist das Rindeschälen, wo es über bloße Näscherei hinausgehend größeren Umfang annimmt. Geschälte Fichten werden nicht nur bedeutend entwertet, sondern sie sind durch die späteren Überwallungswulste auch merklich entstellt. Das gebräuchlichste Gegenmittel, Eingatterung der Jungwüchse, ist kostspielig, ist nicht immer wirksam und ästhetisch ist es nicht einwandsfrei, denn die eingegatterten Hegen stellen sich im Revier als Fremdkörper dar, die störend wirken, wenn sie vielfach und ausgedehnt angetroffen werden. — Es ist hier nicht der Ort, auf die tausend Schutzmaßregeln einzugehen, welche in der forstlichen und jagdlichen Literatur empfohlen und in Revieren mit mehr oder weniger Erfolg angewendet worden sind. Vom forstästhetischen Standpunkt aus wird die befriedigendste Lösung da gefunden worden sein, wo zwischen der naturgemäßen Äsung und dem Wildstand ein Gleichgewicht hergestellt ist, und wo der Weidmann bei aufmerksamer Wildpflege diejenigen Stücke abzuschießen beflissen ist, die durch schädliche Gewohnheiten sich mißliebig machen.

Die reichliche Darbietung naturgemäßer Äsung bleibt immer die Hauptsache. Ich möchte besonders eine Einrichtung empfehlen, für die der Ausdruck „Gehölzwiese“ passen würde. Diemitz schildert die weiten Flächen ehemaligen Waldes in Bosnien, die von Weidevieh, besonders von Ziegen, so kurz gehalten werden, daß man vergeblich nach einem Reis suchen würde, stark genug, als Reitgerte zu dienen. Ähnliches können wir auch haben, wenn wir Lichtholzbestände mit Weißbuchen unterbauen und diese kurz halten. Ich bitte nachzulesen, was im Kapitel über die Weißbuche diesbezügliches gesagt ist. Zu jeder Jahreszeit werden so bestockte Flächen reichliche Äsung bieten. Übrigens: Eiche, Esche, Rotbuche usw. leisten auf geeigneten Böden annähernd dieselben Dienste. Ich kann den Nachweis führen, daß diese Holzarten dreißig und vierzig Jahre lang, vermutlich auch noch viel länger, den Verbiß aushalten, ohne ihre Entwickelungsfähigkeit einzubüßen. In Postel sind prachtvolle Eichenstangenorte vorhanden, die aus derartigen Verbißkusseln mit ungeahnter Schnelligkeit erwachsen sind, nachdem sie freigestellt worden waren. — Auf den vorangegangenen Seiten, ich erinnere an die Kapitel: Wahl der Holzart, Waldwiesen, Wegebau (Ansäen von Wegen mit Grassamen und Serradella) ist schon mancherlei anempfohlen worden, was nebenbei auch zur Verminderung von Wildschaden dienen kann.

Erstaunlich ist die Gleichgültigkeit, mit welcher der Forstmann unzählige Wagenladungen der wertvollsten Futter- und Düngemittel aus seinem Gebiete fortschleppen läßt. Ich meine das schwache Reiserholz. Das ist ja allgemein bekannt, daß Aspen- und Obstbaumrinde eine vorzügliche Äsung für Rot- und Rehwild und für Hasen sind. In harten Wintern läßt man Aspen fällen, um dem Wilde Rindenäsung zu bieten. Daß aber auch die Zweigspitzen aller andern Laubhölzer, insbesondere die Kätzchen tragenden Birkenruten fast ebensogut sind, daran wird viel zu wenig gedacht. Jahrelang habe ich Fleiß und Geld den Versuchen mit der von Jena-Rahmannschen Reisigfütterung gewidmet. Die Sache scheiterte schließlich an der Mangelhaftigkeit der Zerkleinerungsmaschinen, aber als bleibender Nutzen ist mir die Erkenntnis zurückgeblieben, daß in den Zweigspitzen unserer Laubhölzer sehr erhebliche Nährstoffmengen und Aschenbestandteile enthalten sind, die man, soweit irgend möglich, dem Wildstand dienstbar machen oder doch wenigstens im Walde zurückbehalten sollte. Ich habe deshalb angeordnet, daß in den Schlägen und bei den Durchforstungen die Zweigspitzen liegen bleiben, wie ich mir schmeichle, zum Vorteil für Wild und Wald. — Auch der

Astungsbetrieb liefert viel wertvolles Material zur Wildfütterung, denn sehr gern äst das Wild die zur Verbesserung der Baumform im Winter abgeschnittenen Zweigspitzen. Im Sommer lasse ich aus der Form herauswachsende Äste zurückschneiden, die belaubten Spitzen werden dann in Bündel gebunden, getrocknet und im Winter zur Fütterung verwendet. Am liebsten wird Pappellaub, am schlechtesten Rotbuchenlaub angenommen.

Der Eifer im Zurückdrängen von Schädlingen sollte — wenn ich von der Kreuzotter absehe — nicht bis zu deren völliger Ausrottung gehen, denn sie alle haben mehr oder weniger großen, zum Teil sehr großen, ästhetischen Eigenwert. Sie kompensieren auch vielfach den Schaden, den sie anrichten, durch anderweitigen Nutzen und der Mensch soll aus Ehrerbietung vor der Natur sich hüten, daß er nicht schärfer in deren wohlgefügtes Räderwerk eingreift, als unbedingt erforderlich ist. Wir haben es deshalb höchlichst anzuerkennen, daß die preußische Staatsforstverwaltung den Elch und den Biber in geeigneten Schonrevieren hegt, wir müssen uns freuen, daß seinerzeit durch den Fürsten von Pleß dem gewaltigen Wisent eine Heimstätte auf deutschem Boden bereitet worden ist. — Kleinere Leute mögen das Beispiel der großen Verwaltungen je nach ihren Verhältnissen nachahmen, was u. a. dem zwar übeltätigen, aber so anmutigen Eichkätzchen zugute kommen mag. Besonders sollte man darauf bedacht sein, daß die Baummarder nicht gänzlich ausgerottet werden. — Der ärgste Schädling, das bewegliche Kaninchen, weiß selbst für seine Erhaltung zu sorgen. Von seiner Sippe werden trotz aller Verfolgung mehr übrig bleiben, als gut ist.

Wenn der Waidmann nicht selbst Naturforscher ist, wird er sich wenigstens als dessen Gehilfen ansehen müssen, weil er ihm für manchen geleisteten guten Dienst Gegendienste schuldet. Er wird nicht ausrotten dürfen, was der Zoologe hoch schätzt, auch wenn es ihm schwer fallen mag, auf die Erlegung dieser oder jener Seltenheit zu verzichten, selbst dann, wenn das seltene Stück, wie z. B. der Uhu, bemerkbar jagdschädlich auftritt. Auch in diesem Sinne war mein Lehrherr — im ehrenvollen Alter von 85 Jahren ist er im vorigen Jahre verschieden — der alte Prasse, ein trefflicher Jäger, denn er hat sich nie beikommen lassen, die Kolkraben und die schwarzen Störche, von denen je ein Paar in den Katholisch-Hammerschen Forsten horstete, zu belästigen. Dem dortigen Reiherhorst wurden auch nur hin und wieder Besuche abgestattet, denn die Fischräuber sollten zwar vermindert, aber nicht ausgerottet werden.

Es tut jetzt nicht mehr not, in dieser Hinsicht weitere Mahnungen auszusprechen; denn von den ostpreußischen Elchrevieren bis zum Schwarzwald hin hat sich die Erkenntnis Bahn gebrochen, daß Tierarten, die als Naturdenkmäler anzusehen sind, in gewissen Grenzen geschont werden müssen. Dafür sorgt jetzt schon der Verein Heimatschutz. Die Köngl. Preußische und andere Staatsregierungen, auch parlamentarische Körperschaften unterstützen in weitem Entgegenkommen dessen Bestrebungen. Auch der Allgemeine deutsche Jagdschutzverein verdient rühmliche Anerkennung für verständnisvolle Wildhege. Die guten Erfolge der jetzt so viel besseren Wildhege treten unter anderem auf den alljährlich in Berlin stattfindenden Geweihausstellungen deutlich zutage.

Vom Standpunkt der Forstästhetik ist es erwünscht, daß das Wild recht oft sichtbar erscheine. Die Wahl der Stellen für die Fütterungen kann diesem Zwecke dienen. Das Wild wird vertrauter, wenn es sich öfters genötigt sieht, zur Fütterung aus den Dickichten herauszuwechseln.

Vom ästhetischen Standpunkt ist es ebenso verwerflich wie vom jagdlichen, wenn das Wild durch Fehlschüsse beunruhigt wird. Es sollte niemand auf größere Entfernung schießen dürfen, als er sicher ist, seine Kugel gut anzubringen.

Eigenartige Verhältnisse herrschen in solchen Revieren, wo aus besonderen Gründen ein stärkerer Wildstand erhalten werden muß, als es den wirtschaftlichen Verhältnissen nach angemessen erscheint. Dies gilt unter anderem von Hofjagdrevieren und Tiergärten. Da wird es manchmal das Richtige sein, dem ganzen Revier oder einem zu Wildkammern besonders geeigneten Teile desselben den Charakter als Wirtschaftswald zu nehmen. Schon der Sprachgebrauch deutet auf die Angemessenheit einer solchen Regelung hin, denn niemals spricht man von Tierforsten, man gebraucht nur die Bezeichnung Tiergarten oder Tierpark. Hierdurch wird von vornherein die Kritik entwaffnet, indem der Besucher nicht den Maßstab anlegt, der sonst für Forsten gültig ist.

Zur Hegung eines starken Rotwildstandes sollte man sich nur entschließen, wo dreierlei verschiedene Wildkammern zur Verfügung stehen, zu denen das Wild nach Bedarf wechseln kann, um seine jeweiligen Lebensbedingungen erfüllt zu sehen. Das Wild braucht ein Wiesen- und Bruchrevier für Frühling und Sommer, Bestände mit verschiedenartigen, Mast tragenden Bäumen für Herbst und Vorwinter (diese mögen dem Charakter des alten Hudewaldes sich nähern), mit Heidekraut für den Nachwinter. Als Mast tragende Holzarten kommen Eichen und Rotbuchen, Wildobst, Sorbusarten und Weißdorn, sowie die Roßkastanie in Betracht. Durch Düngung mit Phosphaten, Kalk und Kalisalzen kann man der Natur zu Hilfe kommen. Anlage von Futterschlägen und herbeigeschaffte Futtermittel mögen vorübergehenden Mangel abhalten. Es macht einen jammervollen Eindruck, wenn große Flächen unter Verzicht auf forstlich normale Wirtschaft der Wildhegung eingeräumt werden, dabei aber die Düngung unterbleibt, so daß sie wegen falscher Sparsamkeit dem Wilde nicht so viel bieten können, als nach ihrer Bodengüte und sonstigen Beschaffenheit möglich wäre.

Am besten verträgt sich das Schwarzwild mit den Anforderungen ästhetischer Forstkultur. Höchst lehrreich war mir in dieser Hinsicht im Grunewald ein Blick in die Saubucht. Dort sah ich alles üppig gedeihen. Der Boden war geschützt durch reichliches Unterholz, während im übrigen in den Kiefern Baum- und Stangenorten sich nur wenige Pflanzenarten vor dem äsenden Damwild behaupten konnten; ich erinnere mich nur auf die Nessel, die sich zu verteidigen weiß, und die Bogenschmiele, die auf dortigem Standorte nicht auszurotten ist.

Der Forstmann, welcher als Heger und Jäger seine Schuldigkeit tut, wird auch an Tracht und Ausrüstung zu erkennen sein müssen, damit er in Wesen und Erscheinung übereinstimmt.

Die alten Knasterbärte, die wir als weidmännische Vorbilder (ich denke an einige jüngere Zeitgenossen des alten Diezel) noch in Erinnerung haben, gaben, ihres innern Wertes sich wohl bewußt, zu wenig auf ihr Äußeres, aber Schiller hatte doch recht, als er das Distichon schmiedete:

> Gott nur siehet das Herz! — Drum eben, weil Gott nur das Herz sieht,
> Sorge, daß wir doch auch etwas Erträgliches sehn.

Es ist ein entschiedener Fortschritt unserer Zeit, daß es jetzt Jagdgewandungen gibt, die zweckmäßig und kleidsam sind, ohne in das Gigerlhafte zu verfallen.

Zum Weidmann gehören seine treuen Hunde. Zwar ist mancher Hund brauchbar, dem man es nicht ansieht, aber es ist doch erwünscht, daß auch beim Hunde Erscheinung und Wesen sich decken, darum führe der Weidmann durchgezüchtete Rassehunde, deren ebenmäßiger, muskulöser Körperbau und intelligenter Gesichtsausdruck schon äußerlich erkennen lassen, welcher hohen Leistungen sie fähig sind. Das Pflichtbewußtsein und die aufopfernde Treue muß man ihnen sozusagen an den Augen ablesen können! Man sollte schon den Beflissenen im Lehrrevier niemals ohne Hund sehen. Wieviel kann nicht der junge Jäger vom alten Hunde lernen, und einen jungen Hund abrichtend erzieht er sich selbst.

Ich schließe diesen Abschnitt mit dem Hinweis auf „Die Philosophie des Weidwerkes" von Konrad Eilers, Verlag von Neumann in Neudamm, ein empfehlenswertes Buch, durch welches die Lücken dieses Kapitels ausgefüllt werden.

Siebenundzwanzigstes Kapitel.

Das Forsthaus.

Die Baukunst befindet sich seit Jahrzehnten in einem Gärungszustande; alteingebürgerte Bauweisen hat man verlassen und über die neu einzuschlagenden Wege ist man sich nicht einig. Von überall her und aus allen Zeiten wurden Vorbilder entnommen von Baustilen, die man nicht verstand, und die weder zum Charakter der Gegend noch für die Zweckbestimmung des Bauwerkes paßten. Unglaublich Geschmackloses wurde in Stadt und Land zutage gefördert. Es ist das Verdienst von Schultze-Naumburg, daß er mit vernichtender Kritik diese Schäden aufgedeckt hat. Aber nicht zu kritisieren ist hier meine Aufgabe, wichtiger ist die Aufstellung von einfachen Regeln, bei deren Befolgung nicht leicht etwas ganz Häßliches, wohl aber bei einigem Geschmack etwas Schönes oder doch wenigstens Hübsches geleistet werden kann. — Zunächst warne ich vor dem neuesten Irrweg:

Vielfach und von sehr maßgebender Seite ist neuerdings der Versuch gemacht worden, durch Rückkehr zum Fachwerkbau eine Gesundung der ländlichen Bauweise herbeizuführen. Für forstliche Dienstgebäude und Arbeiterwohnungen haben selbst Staatsbehörden wenigstens für den Oberstock Fachwerkkonstruktion bevorzugt. Derartige Häuser sehen manchmal recht schmuck aus; ich betrachte aber das Verfahren doch, soweit es sich um menschliche Wohnungen handelt, für einen Kulturrückschritt. Nur in Gegenden, wo der Fachwerkbau altherkömmlich ist, wird man ihn, soweit es sich nicht um Wohnräume handelt, unter gewissen Voraussetzungen festhalten dürfen. Diese Voraussetzungen sind: Reichliches Vorhandensein preiswerten, dauerhaften Holzes in genügenden Abmessungen und handwerkmäßige Tüchtigkeit der Zimmerleute, damit man so standhaft und so schön bauen kann, wie unsere Vorfahren im Mittelalter es getan haben. Die damaligen Bauhandwerker setzten ihren Stolz unter anderm auch darein, selbst krumme Holzstücke zweckmäßig und dabei dekorativ zu verwenden. Was in Nachahmung solcher Technik jetzt geschieht — Einsetzen von Krummstücken, die ungeschickt aus Bohlen herausgeschnitten wurden, und ähnliche sinnlose Künsteleien — ist einfach kläglich. Doch ich will an dieser Stelle nicht wiederholen, was ich seinerzeit in Darmstadt gegen den Fachwerkbau vorgebracht habe. Für nützlicher erachte ich es, anzugeben, wie man auf andere Weise unseren Häusern ein freundliches Ansehen verleihen kann.

Wie unsere Vorfahren einst zeitgemäß und daher zweckmäßig und schön bauten, so sollen auch wir zeitgemäß, das heißt unter Anwendung des jetzt am besten geeigneten Baumaterials und unter Berücksichtigung der heutigen Lebensansprüche zweckmäßig bauen, dann werden — vollendete Technik vorausgesetzt — unsere Gebäude ganz von selbst schön werden.

Der Baustil sollte, wo ein guter oder doch wenigstens entwickelungsfähiger Stil in der Gegend vorhanden ist, diesem angepaßt werden und womöglich eine vorteilhafte Weiterentwickelung desselben darstellen.

Was verlangt nun die Zweckmäßigkeit? Indem ich mich auf das Wohnhaus des Forstbeamten beschränke, erwidere ich: Die Hauptsache ist die Raumeinteilung im Innern, die auf die äußere Gestaltung bestimmend einwirken soll, wobei aber der Architekt doch nicht so weit gehen darf, daß er einzelne Räume erheblich aus dem rechteckigen Grundriß hervorspringen läßt. Alleinstehende Häuser sind ohnehin nicht gut zu heizen, daher ist es erwünscht, daß die Wandfläche nicht durch Wärme ausstrahlende Vorbauten übermäßig vergrößert werde. Es empfiehlt sich, die zumeist gebrauchten Räume alle in einem Stockwerk unterzubringen, um der Frau Försterin das Wirtschaften zu erleichtern. Der jüngste für die Forsthäuser der Königl. preußischen Staatsforstverwaltung vorgeschriebene Normalplan entspricht durchaus diesen Anforderungen. (Deutsche Forst-Ztg., Neudamm 1910, Nr. 17 u. 42.)

Man baue das Gebäude aus dem Boden heraus. Für den Sockel wähle man besonders dauerhaftes Material, wodurch er sich vorteilhaft von den Wandflächen abhebt. Zur Höhe des Erdgeschosses soll entweder eine kleine Rampe führen oder — und das ist noch hübscher — man bringe vor der Haustür einen durch Stufen zugänglichen Auftritt an. Dabei bietet sich treffliche Gelegenheit, durch hübsche schmiedeeiserne Geländer den Eingang zu zieren.

Türen und Fenster gehören dahin, wo sie für die Innenräume gebraucht werden; ihre Lage und ihre Größe bestimme das Bedürfnis. Mindestens zwei Fenster auf verschiedenen Seiten des Hauses müssen vergittert sein, damit nach heißen Tagen die ganze Nacht durch gelüftet werden kann, ohne daß die Frau Försterin bei Abwesenheit des Gatten das Einsteigen von Übeltätern zu befürchten hat. Auch diese Gitter bieten Gelegenheit, durch geschmackvolle Ausführung das Haus zu zieren.

In südlicheren Gegenden und im wärmeren Westen Deutschlands sind die Wandflächen der Wohngebäude in der Regel durch nach außen aufschlagende Schiebeläden (Fensterjalousien) belebt und geschmückt, und wir sollten uns das zum Beispiel nehmen, denn auch bei uns tut es oft not, die Wärme abzuhalten. Besonders leiden im Hochsommer die südwestlichen und südöstlichen Zimmer von der Hitze. Schiebeläden in ihrer Nützlichkeit, durch ihre bei aller Einfachheit zweckmäßige Gliederung und durch die Möglichkeit, hübsche Farben anzubringen — man wird sie meist grün anstreichen — gehören zum angemessensten Schmuck, den ein einfaches Forsthaus erhalten kann.

Von besonderer Wichtigkeit ist die gute Bedachung. Die Dachfläche durch aufgesetzte Türmchen oder dergleichen zu beleben, paßt nicht für Forsthäuser; denn jegliche Unterbrechung der Dachfläche begünstigt das Einregnen, und Bauhandwerker zur Abstellung der Schäden sind selten zur Hand, und deren Heranziehung verursacht Kosten. Als zulässige Belebung der Dachfläche möchte ich das Abwalmen der Giebel bezeichnen. Auch das Mansardendach erscheint unbedenklich. Selbstverständlich ist auch für das Dach bestes feuerfestes Material zu wählen.

Weit vorspringende Dachtraufen schützen nicht nur das Haus, sondern sie machen auch einen traulichen Eindruck, und gereichen dabei zur Zierde. Nicht nur über den Längswänden, sondern auch am Giebel vorspringende Dächer (mit sog. Freisparren) empfehlen sich daher für Forsthäuser ganz besonders. Der Reiz der „Schweizerhäuschen" beruht ganz wesentlich auf ihrem vorspringenden Dach, und Balkone, wie sie zum Schweizerhaus gehören, sind dann besonders hübsch und zweckmäßig, wenn sie unter dem Schutz weit vorspringender Dachtraufen liegen.

Recht unschön ist eine rote Wand unter einem roten Dach, wenn Mauern und Dachziegeln Farbentöne haben, die nicht zueinander passen. Erst im Laufe von Jahrzehnten verschwindet allmählich dieser Übelstand, nachdem Staub und Flechten das schreiende Rot der Dachsteine dämpften. — Unter roter Bedachung sollten daher die Hauswände stets abgeputzt werden. — Einigermaßen erträglich ist die Zusammenstellung von rotem Dach über roter Mauer nur dann, wenn eine weit vorspringende Traufe eine starke Schattenlinie auf die Mauer wirft, und dadurch trennend wirkt.

Selbst an sich minder schöne Gebäude lassen sich durch **Beigaben aus dem Pflanzenreiche** wesentlich verschönen, während ein tadelloser Neubau kahl aussieht, solange er der pflanzlichen Beigaben ermangelt. An den Fenstern wenigstens eines Zimmers sind **Blumenbretter** anzubringen, auf denen die Frau Försterin im Sommer Blumen ziehen, im Winter die Vögel füttern kann. Durch hübsche, aus Schmiedeeisen oder aus farbig gestrichenem Holz hergestellte Umgitterung wird das Blumenbrett schon an und für sich dem Hause zur Zierde gereichen können. Auch für **Wandbekleidungen mit Obstbäumen und Schlingpflanzen** ist zu sorgen. Andere Länder sind uns darin weit voraus. In Frankreich sah ich bei Neubauten die Form des zukünftigen Spalierbaumes schon von vornherein durch eingeschlagene Haken vorgezeichnet. In Schottland liegt, wie ich mir habe sagen lassen, die Tür eines jeden Bauernhauses verborgen unter Efeu und Kletterrosen. Solche Beispiele sollten wir zum Muster nehmen. — Wo es sich um mehrstöckige Gebäude handelt, sind Efeu und der „selbstklimmende" wilde Wein zur Bekleidung der oberen Wandflächen besonders empfehlenswert, da sie ohne jegliche Pflege hoch hinauf wachsen. Die rote Herbstfarbe des wilden Weines bildet zum dunklen Grün des Efeus einen wundervollen Gegensatz. Zwar nicht an glatter Wand, aber überall da, wo sie an Gittern oder dergleichen auch nur die geringste Stütze finden, sind Vitis riparia, Vitis labrusca und einige andere winterharte nordamerikanische Weinsorten zu bevorzugen, weil sie durch den Duft der Blüten, manche auch durch genießbare Früchte, sich nützlich machen. **Es ist ein unbegründetes Vorurteil, daß Schlingpflanzen den Gebäuden Schaden tun.** Ich selbst verfüge in dieser Hinsicht über fünfzigjährige Erfahrung, und habe noch niemals beobachtet, daß das Mauerwerk durch Schlingpflanzenbekleidung gelitten hätte oder auch nur feucht geworden wäre. Dem Efeu rühmt man meines Erachtens mit Recht nach, daß er die Gebäude trocken und warm erhält.

In allen Teilen des Baues sollen möglichst harmonische Verhältnisse herrschen. Für die Höhenabmessungen sind die Verhältniszahlen des goldenen Schnittes beachtenswert, und diese können auch in seitlicher Richtung zur Geltung gebracht werden, falls nicht symmetrische Anordnung den Vorzug verdient.

Besonders wichtig erscheint es, **daß das Forsthaus seine Bestimmung schon äußerlich deutlich erkennen läßt.** Der übliche **Schmuck** — an den Giebeln und über der Haustür angebrachte Hirschgeweihe — dient diesem Zweck sehr gut. Auf das Forsthaus in Kraschnitz ist ein aus Eisenblech geschnittener balzender Birkhahn als Wetterfahne aufgesetzt; diese nimmt sich sehr gut aus und paßt dahin, weil im dortigen Revier viel Birkhähne balzen.

Das schönste Forsthaus wird seine Wirkung verfehlen, wenn es nicht an günstiger Stelle steht. In den Wald hineingebaute Wohnhäuser sollten so zu stehen kommen, daß man sie schon aus einiger Entfernung sehen kann, also etwa in der Verlängerung eines breiten Forstgestells, an einer Waldwiese oder an der Krümmung eines Baches. Das Forsthaus soll den Wald zieren, dies geschieht aber nur in geringem Maße, wenn es nur für denjenigen sichtbar wird, der dicht davor steht. — Mein eigenes Haus steht in der Verlängerung von vier fächerartig geordneten Forstgestellen. Jetzt ist leider der Ausblick verwachsen, aber jahrelang war es mir eine Freude, wenn ich heimkehrte, bei Tage den Turm, in später Abendstunde den Lichtglanz zu sehen, den eine am Turmfenster stehende Lampe ausstrahlte. — Die Ermöglichung freieren Ausblicks gewährt den Bewohnern des Hauses schwerwiegende Vorteile; denn das menschliche Auge fühlt das Bedürfnis, hin und wieder den Blick in die Ferne schweifen zu lassen. — Sehr günstig zur Belebung des Waldsaumes wirkt der Bau eines Forsthauses am Waldesrand. — In Dörfer hinein sollte man Forsthäuser nicht bauen; aber etwas abseits vom Dorf in der Richtung nach dem Walde hin nehmen sich Forstgehöfte auch sehr gut aus. Sie müssen dann von einem größeren, standhaft umzäunten Garten umgeben sein, der auf den ersten Blick erkennen läßt, daß er einem Gehölzkundigen untersteht. Hiervon soll der nächste Abschnitt handeln.

Achtundzwanzigstes Kapitel.

Der Garten des Forstmannes.

Um die neuzeitliche Gartenkunst steht es fast noch schlimmer, als um die Baukunst. Zwar fehlt es nicht an hervorragenden Künstlern, die großartige Anlagen zu schaffen vermögen und auch kleineren Gärten ihre Kraft widmen, aber nur selten zieht man sie zu Rate. In der Regel glaubt der Laie genug von der Sache zu verstehen, um selbständig oder unter Zuziehung eines handwerksmäßigen Stümpers seinen Garten anlegen zu können. Da fallen dann die Leistungen recht kläglich aus. Auch in dieser Beziehung hat Schultze-Naumburg scharfe und berechtigte Kritik geübt.

Die alten Traditionen des regelmäßigen Gartens, der mit seinen geraden Wegen, seinen Blumenrabatten, seinen Lauben und Hecken nur noch hier und da als sogenannter „Bauerngarten" fortlebt, sind verloren gegangen, aber die Kunstregeln des neueren, des landschaftlichen Gartenstiles, der ersteren verdrängt hat, sind noch immer nicht zum Gemeingut der Gebildeten geworden. Bei dieser Sachlage erscheint ein kurzes Eingehen auf gärtnerische, ästhetische Fragen geboten.

Die Vorfrage, ob gradlinige Garteneinteilung, oder der vom Fürsten Pückler-Muskau zur höchsten Vollendung gebrachte landschaftliche Gartenstil den Vorzug verdiene, kann nicht allgemein beantwortet werden.

Für Gärten von beiderlei Art gilt der Ausspruch Pücklers: „Ein Garten ist Gegenstand der Kunst allein, und er muß auch als solcher in die Erscheinung treten."

Für den Garten des Forstmannes wird die Erwägung Platz greifen, daß wir daheim eine andere Einteilung sehen wollen, als wir alltäglich draußen vor Augen haben. Darum wird der Forstmann, der in einem regelmäßig-rechteckig eingeteilten Kiefernrevier seinen Dienst verrichtet, gern daheim einen landschaftlichen Garten mit Rasenplatz und geschwungenen Wegen haben wollen; wer aber in der großartigen oder anmutigen Gebirgs- oder Hügellandschaft zu tun hat, der muß sich sagen, daß ein kleines Landschaftsgärtchen dagegen nicht aufkommt. Er wird einen regelmäßigen Garten bevorzugen, der gewissermaßen als eine ins Freie ausgedehnte Wohnung sein Heim erweitert und ihm solche Bedeutung verleiht, daß es einigermaßen den Vergleich mit der Außenwelt ertragen kann. Das ist dann ganz im Sinne des Fürsten Pückler, der in großartig entwickelter Landschaft weder einen Park noch einen Landschaftsgarten für angebracht hielt. Für solche Verhältnisse empfahl er die Anlehnung an italienischen und französischen Gartengeschmack. Ich zitiere wörtlich, indem ich aber einige Zeilen unterstreiche: „Wo eine überreiche, pittoreske Natur schon die ganze umgebende Gegend selbst idealisiert und sie sozusagen als ein unabsehbares nur vom Horizont umschlossenes großes Kunstwerk hingestellt hat, wie in vielen Teilen der Schweiz, Italiens, Süddeutschlands, auch unseres Schlesiens zum Teil, da bin ich der Meinung, daß alle Anlagen der erwähnten Art nur ein hors d'oeuvre sind. Es kommt mir vor, als wenn man auf einem prächtigen Claude Lorrain in einer Ecke eine besondere kleine Landschaft malen wollte. Dort bescheide man sich, nur mit Anlegung guter Wege einzugreifen, um den Genuß bequemer zu machen und hier und da durch Hinwegnahme einzelner Bäume eine Aussicht zu eröffnen, welche die um die Ausstellung ihrer Schönheit so unbesorgte Natur mit zu dichtem Schleier bedeckt hat. Um sein Haus aber begnüge man sich mit einem reizenden Garten von geringem Umfange, womöglich im Kontrast mit der Gegend, in dessen engem Raume dann nicht mehr landschaftliche Mannigfaltigkeit sondern Bequemlichkeit, Anmut, Sicherheit und Eleganz bezweckt wird. Die Gartenkunst der Alten, welche im XV. Jahrhundert in Italien durch das Studium der klassischen Schriftsteller und vorzüglich durch die Beschreibungen, welche Plinius von seinen Villen uns hinterlassen hat, wieder in Anwendung gekommen ist, und aus welcher späterhin die sogenannte französische Gartenkunst in einer kälteren, weniger gemütlichen Form hervorging, verdient hierbei große Berücksichtigung. Diese reiche und prächtige Kunst, welche ein Hervorschreiten der Architektur aus dem Hause in den Garten genannt werden könnte, wie die englische ein Herantreten der Landschaft bis an unsere Türe, möchte also zu dem genannten Zweck am passendsten angewendet werden. Man denke sich z. B. in den Felsen in der Schweiz zwischen Abgründen und Wasserstürzen, dunklen Fichtenwäldern und blauen Gletschern, ein antikes Gebäude oder einen Palast aus der Straße Balbi, verziert mit allem Glanz und Schmuck der Architektur, umgeben von hohen Terrassen, reichen Parterres vielfarbiger Blumen, durch schattige Rosen und Weinlauben, kunstreiche Marmorstatuen und plätschernde Springbrunnen belebt — vor diesem Garten aber die ganze natürliche Pracht dieser Berge weit ausgebreitet rings umher. Ein Schritt nur seitwärts in den Wald getan und verschwunden, wie durch einen Zauberschlag sind Schloß und Gärten, um der ungestörtesten Einsamkeit und der Wildnis einer erhabenen Natur wieder Platz zu machen, bis später vielleicht eine Biegung des Weges unerwartet eine Aussicht öffnet, wo in weiter Ferne das Werk der Kunst aus den düsteren Tannen von neuem in der glühenden Abendsonne hervorblitzt, oder über dem dämmernden Tale im Glanze angezündeter Lichter auftaucht, wie ein verwirklichter Feentraum. — Würde ein solches Bild nicht zu den reizendsten gehören und grade dem Kontrast seine Hauptschönheit verdanken!"

Der bescheidene Forstmann kann sich leider zu fürstlich großartigen Anlagen, wie Pückler sie an dieser Stelle schildert, nicht aufschwingen; aber die entwickelten Regeln passen auch für kleinere Verhältnisse. In schöner Gegend werden vor dem bescheidenen Forsthaus einige Reihen Rosenbäume und mit Buchsbaum eingefaßte Blumenbeete dem Bedürfnis genügen. Ein landschaftlich angelegter Garten könnte den Vergleich mit der schönen Wirklichkeit ringsum nicht aushalten.

Gradlinige Einteilung ist auch für den Nutzgarten gewiesen. Überall, wo man des öfteren mit dem Spaten hantieren muß, sind krumme Linien zu vermeiden, weil solche jedesmal nach der Arbeit neu abgesteckt werden müssen, was Schwierigkeiten bereitet; Gemüse- und Obstgärten müssen daher gradlinig angelegt werden. Ihre Schönheit beruht auf Regelmäßigkeit und Sauberkeit. Blumen auf den Rabatten, Lauben, womöglich ein Springbrunnen genügen als Schmuck der Anlage.

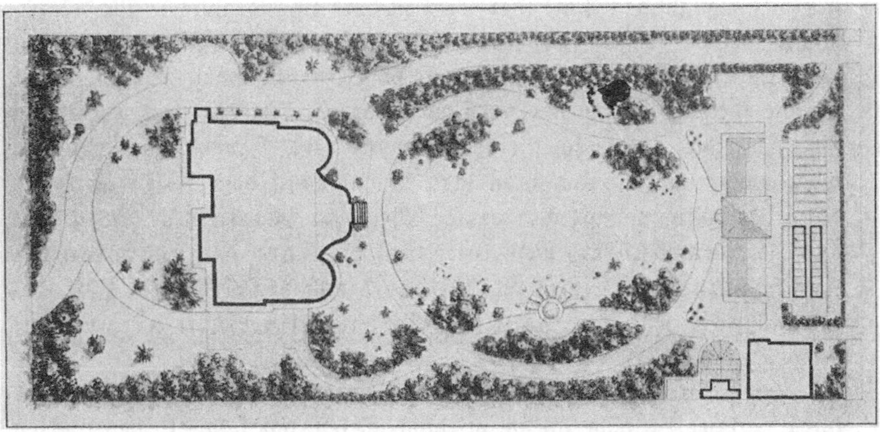

Abb. 93. Plan für einen kleinen Landschaftsgarten. (Zu Seite 322.)

Wo die Gegend überhaupt, und besonders das unterstellte Revier, erhebliche landschaftliche Reize nicht bietet, da wird ein Landschaftsgarten vor regelmäßigen Anlagen den Vorzug verdienen. Selbst auf kleinstem Raum läßt sich ein geschmackvoller Garten im natürlichen Stil anlegen. Die Mehrzahl der winzig kleinen, aber doch reizend hübschen Gärtchen vor den an der Tiergartenstraße in Berlin gelegenen Villen beweist das.

Für den Anfänger gebe ich hier einige Kunstregeln, welche für Gärten im landschaftlichen Stil allgemeine Beachtung verdienen:

Die Wege sind durch die Gehölzgruppen hindurch, aber nicht um diese herum zu führen, denn sie zerreißen sonst den Zusammenhang der Rasenflächen. Besonders wichtig ist es, daß alle Wegekreuzungen in das Innere der Gruppen verlegt werden. Bei solcher Anordnung genießt der Wandernde am meisten den Schutz, welchen Gehölze gegen

Wind und Sonnenbrand gewähren. Aus dem Schatten hervortretend würdigt man mit erfrischtem Auge desto besser den Glanz der besonnten Rasenflächen und des Laubwerks, der farbigen Blumen und der fruchtbeladenen Bäume.

Wie man unter einfachen Verhältnissen nach diesen Regeln einen Garten anlegen kann, möge der eingeschaltete Grundriß beweisen, welchen Herr A. Späth mir freundlichst zur Verfügung gestellt hat. (Abb. 93.)

Daß man gegen diese Kunstregeln so oft sündigt, erklärt sich aus der deutschen Eigenart, Fremdes gern ohne gehörige Prüfung nachzuahmen. — Der landschaftliche Gartenstil ist nämlich aus England zu uns gekommen. Im englischen Park (der Park ist dort eine idealisierte Weidelandschaft) weiden große Viehherden. Um dieser willen muß man die Gehölzgruppen einzäunen und man muß daher im englischen Park die Wege um die Gehölze herumführen. Das schadet in England weniger als bei uns, denn die Sonne scheint dort niemals heiß, man verlangt also weniger nach Schatten und man legt, da man auf dem Rasen geht und reitet, verhältnismäßig nur wenige Wege an. Es ist das Verdienst des Fürsten Pückler-Muskau, daß er gegen die gedankenlose Nachahmung englischer Vorbilder durch Schrift und Beispiel angekämpft und für deutsche Verhältnisse einen neuen Stil entwickelt hat.

Schon in dem Abschnitt über die Verwendung fremdländischer Holzarten habe ich darauf hingewiesen, daß solche in den Garten gehören. Die Begründung für diese Forderung gebe ich mit den Worten des geistreichen Ästhetikers Bratranek. Was dieser vom Blumenschmuck schreibt, gilt auch für die Holzpflanzen:

„Je mehr von der Alltäglichkeit abweichend, desto mehr tragen sie den weitgehenden Einfluß des Besitzers zur Schau ... Da nun der Garten der Ort ist, an welchem sich der Mensch seines menschlichen Teiles gegenüber der alltäglichen Bedürfnisbefriedigung erfreut, so ist es begreiflich, daß er auch nur die außergewöhnlichen Pflanzen in seinem Garten als Blumen hegt. Mögen die um ihn herum wachsenden Pflanzen noch so reizende Formen und Farben darbieten, er wird sie schon deswegen nicht in seinem Garten aufnehmen, weil dieser seine Pflanzung ist, und das, was von selbst überall sich darbietet, zu sehr an die Wildnis mahnt, die er durch seine Kultur zu bewältigen strebt."

Man wird in größeren Gärten wohl daran tun, die Spielarten einer Holzart vollzählig zu besitzen. So z. B. habe ich einst die 36 Spielarten der Stieleiche und 15 Spielarten der Traubeneiche, welche in den „Muskauer Baumschulen“ vermehrt werden, von dort bezogen.

Selbstverständlich ist nicht wahllos alles Fremde oder jegliche Spielart der einheimischen Gewächse im Garten des Forstmannes aufzunehmen, sondern nur Schönes unter Bevorzugung des Nutzbaren und des zur Charakterisierung eines Förstergartens besonders Geeigneten. In letzterer Hinsicht werden Holzarten, die nicht jeder anpflanzt, besonders solche, welche in der Jugend einiger Pflege bedürfen, den waltenden Baumfreund kennzeichnen. Was sonst, abgesehen von Schönheit, bei der Gartenbepflanzung zu beachten ist, fasse ich in die Forderungen zusammen: Windschutz und Schatten, Bienenweide und nutzbare Früchte. — Die lange Zeit dichtbleibende Schimmelfichte mag den Westwind abhalten, Walnußbäume mit ihrem herrlichen, von Insekten fast immer gemiedenem Laub mögen Schatten und Früchte liefern. Erste Bienenweide liefern die Hasel, die gelbblühende Kornelkirsche, der gleichzeitig mit ihr schön rot blühende Rotahorn. Die ersteren erfreuen im Herbst die Jugend durch reichen Fruchtansatz, der letztere verdient seiner zeitig eintretenden prachtvollen Herbstfarben wegen ganz besondere Beachtung. Amerikanische Linden und Silberlinden mögen im Garten den Bienen ihre honigreichen Kelche öffnen, wenn an der Landstraße und im Forst die heimischen Linden längst verblüht sind.

Auch ein kleiner Obstgarten gehört zum Forsthaus. Es würde zu weit führen, wenn ich mich über die Schönheiten eines solchen hier verbreiten würde, nur zwei Bemerkungen seien gestattet: Wir Norddeutschen denken manchmal mit einigem Neid an die Blütenpracht klimatisch begünstigter Gegenden, wo im Frühling zum Blütenschnee der Kirschbäume das zarte Rosa der Mandel- und Pfirsichbäume als liebliche Ergänzung hinzutritt. Solche Pracht aber können wir jetzt bei uns auch haben. Die Pfirsichsorten „Proskauer Pfirsich“, „Amsden“ und „Eiserner Kanzler“ halten selbst die strengen schlesischen Winter unverpackt ganz gut aus, wenn sie als Buschbäume frei stehen. Von der Erstgenannten kann ich aus Erfahrung sagen, daß sie aus dem Kern gezogen meist wieder echt ist. Man stecke den Kern alsbald nach dem Verzehren der Frucht gleich dahin, wo man den Baum haben will, und schon im dritten Jahr wird man diese kleine Mühe durch Blüten und Früchte überreich belohnt sehen. Dem malerisch sich ausbreitenden, ganz ohne jede Pflege reichtragenden Mispelstrauch möge auch ein sonniger Platz gegönnt werden.

Grade zur Pflanzzeit kann sich der Forstmann seinem Garten am wenigsten widmen, und auch die Frau kann dem Garten gleichmäßige Fürsorge nicht zuwenden. Darum sind Gehölze und Stauden zu bevorzugen, die ohne jegliche Pflege ausdauern. Die winterharten Strauchrosen, insbesondere die altehrwürdige Zentifolie, deren Blüte noch immer nicht ihres Gleichen hat, die einfach blühenden Rosa lucida und Rosa rugosa, welch letztere sehr schätzbare Früchte bringt, sind für den Förstergarten wie geschaffen. Von Staudenpflanzen nenne ich Nieswurz, Päonien, Feuerlilien, Rittersporn, Mohn und Phlox. — Auch im Gehöft sollte kein verfügbares Plätzchen unbenutzt bleiben. Widerstandsfähiges Strauchwerk, wie z. B. der blütenreiche Flieder in seinen Arten und unzähligen Spielarten, kann am Brunnen, am Zaun und sonst in Ecken und Winkeln angebracht werden.

Der landläufigen Einrede: „Bei mir ist der Boden zu schlecht, da gedeiht das alles nicht" — begegne ich mit dem Hinweis, daß man auch unter ungünstigen Verhältnissen mit geringem Aufwand Gutes leisten kann, wenn man einige Bodenverbesserungen vornimmt. Es ist der Vorteil kleiner Gärten, daß man in solchen mit geringem Aufwande auskommt. Gerade der Forstmann wird oft in der Lage sein, aus nächster Nähe Heideboden heranzuziehen und auf solchem die schönsten Blütensträucher anzusiedeln. Ich denke dabei besonders an die so willig blühenden, vollkommen winterharten Pontischen Azalien, welche auf geeignetem Boden (Heideerde, Lauberde und Moorerde gemischt) ohne weitere Pflege alljährlich sehr viel Freude machen. Auf feuchtem, gegen die Morgensonne geschütztem Standort ist das Heidebeet durch Anpflanzung von winterharten Rhododendronarten noch wesentlich zu bereichern. — Wenn man nicht Holz, sondern nur Blütenfülle verlangt, dann passen auch die Akazien auf armen Sandboden. Spielarten der Klebakazie (Robinia viscosa) und ein Blendling dieser Art und der gemeinen Akazie, (Rob. dubia Decaisneana), bringen durch lebhaft rosa gefärbte Blüten Abwechselung in den rahmfarbigen Akazienflor. — Ich bemerke, daß die bezeichneten schönen Spielarten der Akazie sich durch Samen leidlich gut vermehren lassen.

Die vorstehenden Ratschläge mag mancher Leser für selbstverständlich und daher für überflüssig halten; aber es ist erstaunlich, wie selten man sie in der Wirklichkeit angewendet findet. Möchten diese Zeilen zu nützlicher Anregung dienen!

B. Schmuck des Forstes durch besondere, vorzugsweise im Schönheitsinteresse erfolgende Maßnahmen.

Neunundzwanzigstes Kapitel.

Park oder Forst?

Vielfach ist mir vorgeworfen und auch ebenso oft nachgerühmt worden, daß ich den Forst zum Park zu machen bestrebt sei. Meinerseits bin ich immer geneigt gewesen, in solchen Bemerkungen eher einen Vorwurf zu erblicken; denn ich sehe den Park fast als ein — unter Umständen allerdings notwendiges — Übel an. Im Park stört mich die Vorstellung, daß große Flächen der Nutzbarkeit entzogen sind. So sehr ich es betone, daß man einmal ausruhen will an einer Stelle, wo nicht alles nach Nutzen und Prozenten riecht, so will man doch auch nicht große Flächen haben, von denen man sagen muß: Hier geschieht wenig oder gar nichts, daß der Mensch auch davon leben könnte. Ganz im Gegenteil bedarf der Park einer sorgsamen und kostspieligen Mühe und Unterhaltung. Wo es daran fehlt, gibt er Anlaß zu gerechter Kritik. Sieht man auch vom Kostenpunkte ab, so wird es gleichwohl in der Nähe größerer Waldungen nur ganz ausnahmsweise angezeigt erscheinen, einen Park anzulegen. Wo nicht der Wald so dürftiger Natur ist, wie ihn Fürst Pückler in der Umgebung von Muskau vorfand, da werden ein gut gehaltener Garten und der Forst, ohne das vermittelnde Bindeglied eines Parkes nebeneinander gestellt, jedes in seiner Art am besten zur Geltung kommen. Läßt sich der Forst nicht bis unmittelbar an den Garten heranziehen, so ist mittels freier Anlagen eine vor Wind und Sonne geschützte Verbindung oft noch herzustellen.

Der moderne Geschmack verlangt im Gegensatz zu den Einengungen der Lebensführung, welche die hochentwickelte Kultur mit sich bringt, nach Freiheit. Zeitweise sind uns Gärten und Parkanlagen noch zu unfrei. Solchem Empfinden gab unter anderen Oberbürgermeister Werner in Kottbus bei Begrüßung der deutschen dendrologischen Gesellschaft im Jahre 1909 Ausdruck, als er sagte: „Ich hatte kürzlich Gelegenheit, in England zehn Tage lang durch Parkanlagen von paradiesischer Schönheit zu wandern. Am elften Tage kam ich dann in einen Naturwald. Dieser wirkte nach all der Kunst, die in den Parkanlagen geboten worden war, befreiend und belebend auf mich ein."

Der „Verein deutscher Gartenkünstler“ hat mir neuerdings Gelegenheit gegeben, meine diesbezüglichen Gedanken in Görlitz bei der dort stattgehabten Versammlung ausführlich zu entwickeln, und ich habe damit die Zustimmung der gewiß nicht gegen den Park voreingenommenen Vertreter der Landschaftsgartenkunst gefunden. — Solche Gesinnung ist vielfach durch rühmliche Opferwilligkeit großer Gemeinden betätigt worden, so besonders von Köln und anderen rheinischen Städten durch den Ankauf und auch durch Neuanpflanzungen von Waldungen, besonders aber seitens der Stadt Wien, deren Vertretung 50 Millionen Kronen für einen Wald- und Wiesengürtel um die Stadt bewilligt hat.

Nebenbei gesagt: Das berechtigte Bedürfnis des Großstädters nach Aufenthalt im Freien kann weder durch Park- noch durch Wald- und Wiesenanlagen in genügendem Maße befriedigt werden. Dazu bedarf es völliger Umwandlung der städtischen Bauweise, wie die moderne Gartenstadtbewegung sie anstrebt. Leider hat diese Bewegung 100 Jahre zu spät eingesetzt. Was in den vergangenen Jahrzehnten des Städtewachstums verfehlt worden ist, läßt sich nicht wieder gut machen!

In der forstlichen Literatur wird vielfach vorgeschlagen, Teile des Waldes parkmäßig zu behandeln, um auf diese Weise das Publikum zufrieden zu stellen oder einem sonstigen Bedürfnisse zu entsprechen. Aus neuerer Zeit sind mir besonders drei derartige Kundgebungen aufgefallen, die ich hier einschalte:

Weise stellt die „Parkwirtschaft“ zwischen den ungeregelten und den geregelten Plenterwald. Er schreibt darüber:

„Die Parkwirtschaft ist bisher nicht als eine forstliche Betriebsart angesehen worden. Bei dem immer schärfer hervortretenden Bedürfnis, in der Nähe der Städte und vielbesuchter sogenannter Sommerfrischen dauernd schattigen Wald zu haben, sollte der Forstmann sich mit einer solchen Wirtschaft und der Schönheitspflege des Waldes wohl vertraut machen, zumal die räumliche Ausdehnung einer solchen Wirtschaft nur eine sehr bescheidene zu sein braucht, und meist ein schmaler Schleier genügt, um dahinter die Waldwirtschaft in beliebiger Form unbehelligt durch den Einspruch des Publikums treiben zu können.“

„Bei der Parkwirtschaft soll der einzelne Baum durch die Schönheit seines Aufbaues, die Gruppe entweder durch Mächtigkeit oder durch Gegensätze in Färbung und Beleuchtungsart wirken. Das läßt sich bei dem einzelnen Baum nur dadurch erreichen, daß man ihn völlig frei von Jugend an aufwachsen läßt. Die zu Gruppen vereinigten Stämme müssen so weitständig gepflanzt werden, daß jeder einzelne zu voller

Krone und damit in der Gruppe zur Geltung kommen kann. Neben Laubholz muß wintergrünes Nadelholz gepflanzt werden. Sein landschaftlicher Wert ist im Sommer am schwächsten hervortretend, stellt sich aber bei den bunten Bildern des Herbstes schon mehr in den Vordergrund, um im Winter voll anerkannt zu werden. Sehr wirkungsvoll erscheint endlich auf dem dunklen Hintergrunde des Nadelholzes das Maigrün der Laubhölzer."

Ich habe geglaubt, diese Anweisungen um der einflußreichen Persönlichkeit willen, von der sie ausgehen, unverkürzt wiedergeben zu müssen, obwohl ich sie nur zum kleinen Teil für richtig halte, wie die folgenden Seiten ergeben werden.

In ähnlichem Sinne wie Weise hat sich auch Kraft ausgesprochen:

„Der ausgebildete Park ähnelt ja auch dem regelmäßigen Plenterwalde, welcher sich durch räumliche Trennung der Altersklassen in kleinere oder größere Gruppen charakterisiert, und ist von diesem nur darin verschieden, daß er außer der gruppenweisen Baumbestockung auch Boskets und Rasenflächen usw. enthält, die gewissermaßen der jüngsten Altersklasse des Plenterwaldes an die Seite gestellt werden können, wenngleich sie in der Regel eine erheblich größere Flächenquote vom Ganzen umfassen, als es bei der jüngsten Altersklasse des Plenterwaldes der Fall ist."

Ferner hat — auch schon vor Jahren — das preußische Herrenhaus die Frage erörtert, was ein parkmäßig bewirtschafteter Forst sei. Graf von Tschirschky-Renard hat einen Antrag eingebracht, das Forstrevier Grunewald zum Staatspark zu erklären. Das Ziel war „die Heranbildung eines durch die Natur errichteten und durch die Kunst der Axt verschönten Urwaldes". Unter Ablehnung dieses Antrages wurde beschlossen, „die Königliche Staatsregierung zu ersuchen, dafür Sorge zu tragen, daß das Forstrevier Grunewald parkmäßig im Interesse des Publikums und mit besonderer Rücksicht auf die Erhaltung des alten Baumbestandes bewirtschaftet und durch Abverkäufe nicht geschmälert werde".

Den Ausdruck „parkmäßig" bemängelte alsbald der Finanzminister von Miquel, weil er „dehnbar und dunkel" sei. Schwerlich werde ich irren, wenn ich annehme, daß dem hohen Hause eine Wirtschaftsform vorgeschwebt haben mag, über welche Kraft schreibt:

„Von der eigentlichen Parkwirtschaft ist als eine damit verwandte zweite Wirtschaftsform diejenige Art der Behandlung des Waldgrundstücks zu unterscheiden, bei welcher zwar der eigentliche Waldcharakter im wesentlichen erhalten bleiben soll, die aber nicht auf die höchste forsttechnische Ausnutzung des Waldes, sondern in erster Linie auf die Verwirklichung forstästhetischer Forderungen gerichtet ist."

Im vorstehenden Satze sind es die (von mir) unterstrichenen Worte, an welchen ich Anstoß nehme. Weise ebenso wie Kraft haben eine Wirtschaftsform im Auge, welche dem forstlichen Betrieb Schwierigkeiten bereitet. Das kann und muß durchaus vermieden werden. Solange die Forderungen des Ästhetikers in forstästhetischen Grenzen bleiben und der Landschaftsgärtner nicht das erste Wort spricht, wird die „höchste forsttechnische Ausnutzung" ungeschmälert bleiben. Im Gegenteil erblicke ich „in der Pflege des Schönen im Walde eine Blüte der wohlgeordneten, auf der Höhe ihrer Zeit stehenden Wirtschaft", wie eine besonders wohlwollende Besprechung der ersten Auflage dieses Buches mir bezeugt hat.

Unter einem parkmäßig behandelten Forstrevier würde ich mir ein Revier denken, welches forstlich ganz besonders umsichtig und mit peinlicher Sorgfalt (elegant) bewirtschaftet wird, und in welchem dem Landschaftsgärtner gestattet ist, noch nebenbei diejenigen Maßnahmen, die er seinerseits für erwünscht ansieht, so weit durchzuführen, als durch dieselben die forstlichen Zwecke gar nicht oder nur sehr unwesentlich geschmälert werden.

Die Möglichkeit von Reibungen zwischen dem Forstmann und dem Landschaftsgärtner wird da ausgeschlossen sein, wo in einer Person beide Eigenschaften sich vereint finden. Das kommt nicht gar so selten vor, und ich lernte zahlreiche Schöpfungen von Forstmännern kennen, an denen der Landschaftsgärtner kaum etwas zu bessern gefunden hätte. Um ein recht bekanntes Beispiel anzuführen, erinnere ich an die Waldungen bei Eisenach.

Man wolle nicht befürchten, daß das im Walde Erholung suchende Publikum dabei zu kurz kommen könnte.

Ganz zutreffend war schon in der Kommision des Herrenhauses bei Beratung des Tschirschkyschen Antrages bemerkt worden, „daß es viel interessanter und lehrreicher sei für die Bevölkerung Berlins, wenn sie durch den Anblick eines forstwirtschaftlich verwalteten Waldes sich belehren könne, wie man einen Wald aufziehe und erhalte, als wenn sie einen kümmerlichen Urwald sähe".

Man glaube nicht, daß Laien, selbst wenn sie massenhaft zusammengeschart als großstädtisches Publikum auftreten, für gute Wirtschaft keinen Sinn hätten. Wenn ein Betrieb ganz auf der Höhe steht, wenn er sozusagen elegant ist, dann macht sich das jedermann gegenüber geltend. Auch der Nichtsoldat würdigt einen tadellosen Vorbeimarsch, auch der Nichttechniker bewundert die zweckmäßige Bewegung einer Dampfmaschine; so entgeht es auch dem Laien nicht, wenn sich ein forstlicher Betrieb weit über den Durchschnitt verwandter Leistungen erhebt.

Das Gegenteil von Befriedigung muß eintreten, wenn man nicht weiß, ob man sich im Forst oder im Park befindet. Die forstliche Maßregel wird man verurteilen, weil sie nicht parkmäßig ist, ein landschaftsgärtnerischen Interessen gebrachtes Opfer wird andererseits der Forstmann mißbilligen. Die ästhetischen Forderungen der Einheit, der Übereinstimmung von Erscheinen und Sein, lassen sich durch ein Mittelding zwischen Forst und Park nicht erfüllen.

Deutliche Scheidung hat schon Fürst Pückler vorgeschrieben. Er will den Landschaftsgarten vom Park, diesen wieder von der umgebenden Landschaft durch deutliche Begrenzung scheiden.

Ein gutes Beispiel solcher Scheidung sah ich in den Großherzoglich Oldenburgischen Staatsforsten bei Eutin. Dort sind Geländestreifen, welche neben den Parkwegen nicht forstlich, sondern nur nach Schönheitsrücksichten bewirtschaftet werden sollten, deutlich sichtbar durch behauene Steine vom Forst geschieden.

Derartige Abgrenzung entspricht den tiefgreifenden Unterschieden, welche zwischen Forst und Park bestehen.

Während der Forst um so vollkommener ist, je mehr er einbringt, darf der Landschaftsgärtner nach materiellem Gewinn nicht streben. Manche Gartenkünstler machen es sich sogar zum Grundsatz, alles Einträgliche, z. B. Obstbäume, zu beseitigen.

Wie verschieden der Forstmann und der Landschaftsgärtner zu Werke gehen müssen, mögen einige Beispiele zeigen: Ein Plenterwald soll, wenn er Bestandteil eines Parkes ist, möglichst viele malerische, möglichst verschiedenartige Baumformen aufweisen. Der forstliche Plenterwald, soweit er nicht in Hochgebirgslagen lediglich Schutzwald ist, soll vor allen Dingen Nutzholz erzeugen. Danach werden sich ganz erhebliche Verschiedenheiten in Führung der Axt herausstellen. Die geraden astfreien Stämme wird der Forstmann begünstigen, die knorrigen Protzen aber wird er heraushauen, und er wird nutzholztüchtige Holzarten vor minderwertigen bevorzugen. Der Forstmann wird im Plenterwald bei den Läuterungen, um möglichst geschlossene Verjüngungshorste zu erzeugen, zugunsten von Anflug oder Aufschlag der nutzholztüchtigen Bäume gegen Besamung von Gesträuch, wie z. B. Holunder, scharf vorgehen. Der Landschaftsgärtner hat das nicht so eilig. Seine Buchen, seine Kiefern dürfen 100 Jahre länger stehen, als die im Forst — warum da schon verjüngen! Er begünstigt unter Umständen das Strauchwerk als Unterholz so sehr, daß er vielleicht freiwillig erscheinende junge Buchen weghacken würde, um wilden Schneeball, Stechpalme oder Wacholder zu retten. — Der Forstmann wird sich angelegen sein lassen, verdämmende Weichhölzer rechtzeitig auszuhauen. Der Landschaftsgärtner wird, wo er der sogenannten „edlen Holzarten" genug vorfindet, die zeitig blühenden Weiden hier und da vor den Eichen bevorzugen — er wird sich darin sogar auf Kraft selbst berufen können, der ihm anrät, „zur Gründung der Parkgruppen Holzarten mit abweichender natürlicher Lebensdauer" zu wählen.

Der schroffste Unterschied zeigt sich in der Wegeführung. Wir vermeiden „verlorenes Gefälle", der Landschaftsgärtner bringt gern mehr Wechsel in seinen Weg, indem er ihn bergauf — bergab führt, er liebt es, nahezu ebene Strecken mit steileren wechseln zu lassen, die ihm Gelegenheit geben, Stufen anzubringen. — Dergleichen Unterschiede ließen sich noch viele anführen.

Der folgende Abschnitt dieses Buches ist daher nicht eine Anleitung zur Landschaftsgärtnerei, sondern es sollen nur Winke gegeben werden, wie der Forst durch einige der Gartenkunst entlehnte Maßnahmen verschönt werden mag, und wie man die vorhandenen Schönheiten am besten zur Geltung bringen kann.

Das Verhältnis zwischen Forstkunst und Gartenkunst ist dabei ein ähnliches, wie zwischen Baukunst und Plastik, wenn der Baumeister den Bildhauer heranzieht, um durch seine Reliefffriese, durch Statuen und tragende Konsolen ein Bauwerk auszuschmücken.

Das Vollkommenste in dieser Hinsicht wird erreicht, wenn, wie Michel Angelo und Schlüter, der Künstler zugleich Baumeister und Bildhauer ist. Schlüters Masken sterbender Krieger im Berliner Zeughause sind ein besonders passendes Beispiel gut gewählten bildnerischen Schmuckes. Michel Angelo war sogar noch Maler; aber es wolle doch niemand annehmen, daß jeder Forstmann ohne weiteres mindestens zwei Künste beherrschen, ganz von Natur auch Gartenkünstler sein könne.

Die Warnung ist keineswegs überflüssig, denn ein solches Zusammentreffen einer doppelten Begabung wird in der Regel als etwas Selbstverständliches vorausgesetzt. Dies beobachtet man bei Forstleuten, welche dem Landschaftsgärtner Regeln vorschreiben wollen, ohne auch nur ein einziges Buch über Gartenkunst auch nur durchblättert zu haben, und nicht minder beim Publikum, ja selbst bei hohen Staatsbehörden, welche ohne Wahl den ersten besten gebildeten Forstmann mit gärtnerischen Aufgaben betrauen, welche nur einzelne, besonders für solche Leistung vorgebildete Personen zu lösen vermögen. Die Enttäuschung pflegt dann nicht auszubleiben.

Dies schreibe ich nicht, um Fachgenossen von der Schönheitspflege abzuhalten, da doch der ganze Zweck dieses Buches dahin geht, zu solcher anzuregen. Die vorstehenden Ausführungen sollen nur jene Stimmen bekämpfen, welche dem Forstmann raten, einen Teil seines Wirkungsgebietes in Park umzuwandeln, und welche ihn zu der Annahme verleiten, daß er dazu ohne Hilfe des Landschaftsgärtners imstande sei. Bisweilen wird das Verhältnis des Forstmannes zum Landschaftsgärtner ähnlich sein, wie dasjenige des Bauherrn zum Baumeister. Dies z. B. überall da, wo fiskalische Parkanlagen der Oberaufsicht der Kgl. Regierung und dadurch tatsächlich der des Oberforstmeisters unterstellt sind.

Zur Hebung des Ansehens des forstlichen Berufes kann es viel beitragen, wenn der Forstmann sich dieser Aufgabe gewachsen zeigt.

Bis jetzt ist das nur selten der Fall gewesen. In diesem Sinne schreibt Wilbrand, über vorgekommene Mißgriffe klagend: „Der Forstmann wird in den Augen der wirklich Gebildeten in so lange nicht ganz als voll angesehen, als er nicht nur derartige Fehler vermeidet, sondern bis er es dahin gebracht hat, bezüglich der Pflege des Schönen in der Landschaft die Führerrolle zu übernehmen, eine Rolle, zu der er recht eigentlich berufen ist".

Dreißigstes Kapitel.

Verschönerter Forst.

Einen Forst, in welchem ohne wesentliche Beeinträchtigung des auf Reinertrag gerichteten Strebens den Schönheitsrücksichten ganz besondere Aufmerksamkeit und einiger Aufwand gewidmet werden, nenne ich verschönerten Forst. Der Ausdruck „Luxuswald", dessen ich mich in der ersten Auflage bediente, befriedigt mich ebensowenig wie die in Österreich beliebten Bezeichnungen „Voluptuar- oder Dekorationswald"; denn man kann verschönern, ohne Luxus zu treiben, und die österreichischen Fremdworte treffen auch nicht das Wesen der Sache. Deshalb ziehe ich es vor, den Begriff nur durch die Worte „verschönerter Forst" zu umschreiben.

Nur die Bezeichnung ändernd, halte ich aufrecht, was ich sachlich in der ersten Auflage schrieb:

In der Nähe von Städten oder bei Badeorten, auch in der allernächsten, oft besuchten Umgebung ländlicher Wohnsitze mag es durchaus angezeigt sein, daß der Besitzer — nicht nur der Privatmann, sondern Staat und Gemeinde erst recht — im Forst darauf Bedacht nehme, daß alles möglichst schön, und daß das Schöne auch zugänglich sei, und zwar in höherem Maße, als man es auf der ganzen Forstfläche durchzusetzen vermöchte, aber die Wirtschaft darf unter solchem Bestreben nicht leiden. Diese muß ganz unbehindert nach ihren eigenen Prinzipien ihren eigenen Weg gehen dürfen, während der Besitzer aus seiner Privatschatulle etlichen bescheidenen Luxus anzubringen sich gestattet, als z. B. recht sauber ausgearbeitete Jagensteine, hübsche Wegweiser, ein besonders freundliches Forsthaus, einen Ausbau der Wege und Stege über das Bedürfnis des Holzfuhrmannes und des mit Wasserstiefeln wohl versehenen Försters hinaus, besonders aber angemessene Erhöhung des Umtriebes.

Die Hauptsache wird sein, daß man für ein derartig zu bevorzugendes Revier einen Beamten auswähle, welcher für Pflege des Schönen Lust und Verständnis besitzt. Dessen Wirkungskreis werde nicht allzu groß bemessen, damit ihm Zeit und Frische bleibe, um sich durch Beobachten und Nachdenken von handwerksmäßigem Schlendrian freihalten zu können. Der Beamte muß auskömmlich besoldet sein, damit er sorgenfrei schalten könne. Zu Studienreisen sind ihm Mittel zu bewilligen.

Vor einer naheliegenden Gefahr aber muß man sich hüten: Fürst Pückler legte großes Gewicht darauf, den Pleasureground durch sichtbare Abgrenzung deutlich vom Park zu trennen, so daß letzterer niemals auch nur auf einen Augenblick als die schlechter gehaltene Fortsetzung des ersteren erscheinen konnte. Noch viel mehr werden wir uns davor hüten müssen, daß wir ja nicht Dispositionen treffen, infolge deren unser Forst als schlecht gehaltener Park verdächtigt werden könne.

Hält man sich in den so vorgezeichneten Grenzen, dann werden die Kosten nie erheblich anschwellen können.

Um eine bestimmte Ziffer anzugeben, vermerke ich, daß die „Waldverschönerung" in den Eisenacher Forsten jährlich 1100 Mark kostet, und zwar im Forstrevier Eisenach 700 Mark, in Ruhla und Wilhelmstal 400 Mark. — Das war vor etwa 10 Jahren.

In obigen Beträgen ist allerdings die Hauptsache, die Unterhaltung der Wartburg, nicht inbegriffen, die doch den Anlagen erst ihren Wert verleiht.

Wo Touristen ihr Wesen treiben, wird der Waldbesitzer unbedenklich die Verschönerungsvereine zu den Kosten mit beisteuern lassen.

Abb. 94. Johannas-Höhe in Postel.

Wie es Goethe — ich komme im nächsten Kapitel darauf zurück — fast als selbstverständlich voraussetzt, sollte es dem verschönerten Wald nicht an einer Baulichkeit fehlen, welche als Ziel von Ausflügen sich darbietet. Deren Größe wird zu dem Umfang der Anlagen in einigermaßen passendem Verhältnis stehen müssen. Von der einfachen Schutzhütte bis zum Jagdschloß gibt es unzählige Abstufungen, und es fehlt nicht an guten Vorbildern. Den Posteler Verhältnissen angemessen, hat mein Vater in den Jahren 1849 und 1850 die „Johannas Höhe“ erbaut. (Abb. 94.)

Der auf „Johannas Höhe“ hausende Waldwärter darf Milch ausschenken. Er hält sich zwei Kühe, und es sind ihm in der Nähe geeignete Hütungsflächen zugewiesen, die auch dem Publikum als Spielplätze dienen können. Bei zahlreicher besuchten Ausflugsorten wird die Milchwirtschaft auszudehnen sein, und da mag es sich dann wirtschaftlich wie ästhetisch rechtfertigen, eine Meierei und zugehörigen Hudewald anzulegen. Für das große Publikum bietet der Hudewald sehr viele und meist größere Vorteile, als der Plenterwald. Zu den Reizen des Hudewaldes gehört die Absonderlichkeit seiner Erscheinung und die Belebtheit durch das weidende Vieh. Wieviel Großstädter gibt es wohl in Norddeutschland, die schon einmal eine Ziege auf der Weide beobachtet haben?! — Ich will aber an dieser Stelle nicht alles wiedergeben, was ich schon weiter oben zum Lob des Hudewaldes geschrieben habe!

In meinen der Reinertragslehre gewidmeten Auseinandersetzungen habe ich nachgewiesen, daß man den Ertrag an Schönheit dem Wertzuwachs zuzählen muß. Von Revieren, die als zu verschönernder Wald ausgeschieden werden, gilt das natürlich vorzugsweise, und zwar nicht nur hinsichtlich der Bemessung des Umtriebes, sondern auch bei Wahl der Holzart und Betriebsart. Ein hierher passendes, hübsch gewähltes Beispiel hat Leuer angeführt:

„Es ist keineswegs unwahrscheinlich, daß bei leidlichem Preise der Eichenlohrinden die Rechnung ergibt, daß die finanziell vorteilhafteste Bewirtschaftung der Waldungen in der Umgebung von Baden-Baden die Eichenniederwaldwirtschaft ist. Nun denke man sich, die Forstverwaltung ginge demgemäß vor. Der entzückende Tannenwald, der sich als sammetgrüner Kranz um das Badener Tal windet und ihm seinen Hauptreiz verleiht, würde niedergeschlagen und auf den entblößten Hängen würden Lohhecken erzogen, die alle anderthalb Dezennien umgehauen werden und den wüsten Anblick der Kahlhiebflächen bieten. Ja, wäre das denn überhaupt möglich, ohne einen Schrei der Entrüstung durch ganz Deutschland und über seine Grenzen hinaus, ohne ein einstimmiges Vernichtungsurteil der gebildeten Welt hervorzurufen und ohne einen großen Teil der Fremden zu verscheuchen, die in Baden-Baden Gesundheit und Erholung suchen und denen die Stadt ihren zunehmenden Wohlstand verdankt?“

Die Großherzoglich Hessische Forstverwaltung hat, solchen Anschauungen Rechnung tragend, verfügt, bei dem aufstrebenden Weltbad

Nauheim den sehr gut rentierenden Schälwaldbetrieb einzustellen und die Eichen zunächst hochwaldartig emporwachsen zu lassen, geleitet von der gewiß zutreffenden Annahme, daß die indirekten Vorteile sich als reicher Ersatz für den Ausfall der Rindennutzung erweisen werden.

Anderweit kann man sich vielleicht veranlaßt sehen, die Unbequemlichkeit des Plenterbetriebes im Schönheitsinteresse in den Kauf zu nehmen; dies allgemein anzuraten, würde ich aber für falsch halten.

Abb. 95. Die Susannen-Kiefern in Postel. (Zu Seite 336.)

Das unter Umständen berechtigte Verlangen des Publikums, gewisse Wege immer gegen Sonne und Wind geschützt zu finden, läßt sich auch im Hochwaldbetrieb erfüllen, wenn man natürlich oder unter Schirm verjüngt und an den Wegen reichlichen Überhalt stehen läßt. Dem gleichen Zweck dienen auch Alleen, deren Anlage ein besonderes Kapital gewidmet werden wird.

Alles im Abschnitt A dieses Teiles Gesagte wird im verschönerten Forst sorgsam zu beachten sein, besonders aber die Ratschläge Seite 275, betreffend das Auszeichnen der Schläge und Durchforstungen. Es sind mir zwei Beispiele bekannt, daß zur Erhaltung des Waldes dringend erforderliche Aushiebe unterbleiben mußten, weil das durch vorzeitig gehauene Schalme erschreckte Publikum sich Beschwerde führend an sehr hohe Persönlichkeiten gewendet hatte. Langsam vorrückende Ab-

Abb. 96. Waldsaum auf Kieferboden V. Klasse.

säumungen sind besonders geeignet, einen Bestand zu verjüngen, ohne daß man die Gefühle des Publikums verletzt. Die eingeschaltete Abb. 95 zeigt die Posteler „Susannen-Kiefern", welche durch Randabsäumung in einen Eichenbestand übergeführt werden, nachdem eine Borggrevesche

Plenterdurchforstung vorangegangen ist. In dieser Weise vorschreitende Verjüngungen bieten auch den Vorteil, den Wald sehr undurchsichtig zu machen, was besonders für Randjagen wichtig ist.

Aus Kittlitztreben erhielt ich das Bild eines Kiefersaumes, der — 200 Jahre alt — gleichfalls den Waldrand verschönt. Er beweist, daß selbst auf Kieferboden V. Klasse noch keineswegs auf jede Hoffnung zu verzichten ist. (Abb. 96.)

Soviel im allgemeinen. Die folgenden Kapitel werden sich noch mehr in Einzelheiten vertiefen, doch stelle ich eine Warnung voran:

Der bedeutende englische Kunstschriftsteller Morris hat seinen Landsleuten, insbesondere den Kunsthandwerkern zugerufen: „Aber Sie, die Sie nichts als Verzierungen machen, denken Sie, bitte, stets daran, daß ein Stück weißes Papier oder eine eichne Füllung hübsche Dinge sind, und verderben Sie sie nicht.“ Sollte Ähnliches nicht auch für uns gelten?! Sollten nicht die deutschen Forsten noch mehr als bloß hübsche Dinge sein, welche durch Verzierungen zu verderben wir uns ernstlich hüten müssen?

Einunddreißigstes Kapitel.

Die Einrichtung und Bewirtschaftung freier Anlagen.

Im ersten Kapitel dieses Abschnittes versuchte ich den Nachweis, daß der Forstmann einen Fehler begehen würde, wenn er einen Teil der Forstfläche in einen Park umwandeln wollte. Dem Landschaftsgärtner soll er nichts abtreten, im Gegenteil wird er gut tun, auf friedliche Eroberungen auszugehen, indem er über die Grenzen des geschlossenen Waldes seine Pflanzungen in das Gelände vorschiebt, d. h. indem er „freie Anlagen“ einrichtet.

Verlangt man eine Begriffsbestimmung für „freie Anlagen“, so möchte ich sagen: Sie sind nutzbare Landschaft, geschmückt mit Holzungen, zugänglich durch gut geführte, aber anspruchslos gehaltene Wege.

Schon von der Borch, der älteste deutsche Forstästhetiker, hat den Schönheitswert der in der Landschaft verteilten kleineren Holzungen richtig erkannt, aber Landschaftsgärtner und Dichter sind ihm in deren Würdigung weit vorausgeeilt. Die vermutlich älteste Verherrlichung der Feldbüsche fand ich auf, als ich in müßiger Stunde einen uralten Klassiker durchblätterte. Das war eine im Jahre 1574 herausgekommene Verdeutschung des Josephus. In der alten Schreibweise gebe ich seine Klage über die Verwüstung des jüdischen Landes wieder:

„Wiewohl aber die Römer mit furgenommenem Baw / auch Zuführung des Holtzs / große arbeit hatten / so ward doch die Schütte innerhalb eyn- und zwenzig tagen von ihnen auffgeführt / auch alle Wäld und Höltzer auff eilf meil wegs umb die Statt gefellt / daher das Jüdisch Land gar öd und ungestalt worden / welches zuvor mit grünen Wäldern und hübschen Lustgärten gezieret war. Nach dem aber die Bäume allenthalben nieder gehaven / sahe es einer Wildniß gleich und war dermaßen verwüstet / daß kein Ausländer / so vormals das herlich Land und die gewaltigen Vorstätt gesehen / jetzunder aber die Verhungerung anschawet / sich des weynens und seuffzens von beschehener aenderung wegen enthalten kont. Dann der Krieg hett alle zierd und schönheit hinweg genommen / und wan jemann / den zuvor das Land wohl bekannt gewesen / unversehens dahin kommen wer / hett er gewißlich das ort nicht mehr kennt / sondern als eyn Frembdling erst nach der Statt fragen müssen".

Die moderne Gartenkunst hat es sich gleich beim Entstehen angelegen sein lassen, ganze Landschaften durch Feldbüsche zu verschönen, aber es zeigte sich, daß es nicht leicht war, durch die Kunst wieder herzustellen, was die Gleichgültigkeit und Kurzsichtigkeit vernichtet hatten.

Als in England der natürliche Stil in der Gartenkunst noch etwas Neues war, beeilten sich die Leute, auf jeden Hügel mitten darauf ein Wäldchen aus Lärchenbäumen zu begründen, das sah dann aus „wie ein kleiner Hut auf dem Haupte eines Riesen" — die eingeschaltete Abb. 97 zeigt, wie man es hätte machen sollen.

Neben den ersten Meistern der englischen Gartenkunst und diese überflügelnd, haben Goethe und Fürst Pückler bessere Wege gewiesen. Goethe in den Wahlverwandtschaften. In diesem großartigen Roman sind die Geschicke der vier Hauptpersonen mit der Verschönerung einer weiten Landschaft so eng verknüpft, wie in der Iliade die Geschicke der Griechen mit dem Kampf gegen Troja. Man wolle sich erinnern: Eduard hat die Sorge für den Garten übernommen, ungehörigerweise, denn das hätte er seiner Frau überlassen sollen („der Garten ist die ins Freie erweiterte Wohnung", sagt Fürst Pückler, daher darf in ihm die Laune walten). Währenddessen arbeitet Charlotte an den freien Anlagen. Nun kommt der Hauptmann und macht beiden klar, daß Charlotte der Sache nicht gewachsen ist. Charlotte sieht ein, daß er recht hat. Anfangs etwas beleidigt, arbeitet sie alsdann mit ihm vereint in größerem

Maßstabe. Dabei verliebt sie sich in den Hauptmann. Ich übergehe nun die Umgestaltungen im Park, an welche manch denkwürdiges Ereignis angeknüpft ist, um nur noch zu erwähnen, wie Ottilie es ist, die mit feinem Instinkt den einzig richtigen Platz für das in den Anlagen zu erbauende Lusthaus entdeckt, worauf dann Eduard sich noch mehr als bisher in Ottilien verliebt.

Wer sich nicht recht klar machen kann oder will, daß solche Anlagen

Abb. 97. Lärchenbäume in Pontresina.

wirklich eine ernsthafte und wichtige Sache sind, der wolle doch ja die Wahlverwandtschaften noch einmal nachlesen.

Auch in Wilhelm Meister findet sich darüber manche wertvolle Bemerkung. So sind in der dort eingeschobenen Novelle „Wer ist der Verräter?“ (achtes Kapitel des I. Buches der Wanderjahre) die wohlgelungenen Anlagen des „Oberamtmannes“ ausführlich beschrieben:

„Der Oberamtmann ... hatte nach eigenem Blick und Einsicht, nach Liebhaberei seiner Frau, ja zuletzt nach Wünschen und Grillen seiner Kinder erst größere und kleinere abgesonderte Anlagen besorgt und begünstigt, welche mit Gefühl allmählich durch Pflanzungen und Wege ver-

Abb. 98. Wilder Birnbaum an der Posteler Schule.

bunden, eine allerliebste, verschiedentlich abweichende, charakteristische Szenenfolge dem Durchwandelnden darstellten . . . .
An die Haupt- und Wirtschaftsgebäude fügten sich Lust-, Obst- und Grasgärten, aus denen man sich unversehens in ein Hölzchen verlor, das ein breiter, fahrbarer Weg auf und ab, hin und wieder durchschlängelte. Hier in der Mitte war auf der bedeutendsten Höhe ein Saal erbaut, mit anstoßenden Gemächern."

Der Goetheschen Anregung folgend nehme ich hier den Hinweis vorweg, daß die Dorfstraßen wichtige Verbindungsglieder freier Anlagen zu sein pflegen. Der Einfluß des angesehenen Forstbeamten oder Gutsbesitzers kann bisweilen viel tun, um diese selbst zu verbessern, und deren Umgebung zu verschönern. In solchem Geiste handelte mein Vater, als er einen auf der Dorfaue stehenden wilden Birnbaum als Zierde für den Schulgarten umzäunen ließ unter der ausdrücklichen Verwahrung, daß der Wipfel nicht durch Veredelung verunstaltet werden dürfe. Die eingeschaltete Abb. 98 zeigt diesen Baum im Schmuck von winterlichem Rauhreif.

Zu allgemeineren Betrachtungen zurückkehrend empfehle ich die freien Anlagen für alle Gegenden mit im ganzen armem Boden, alle rauhen und alle solchen Lagen, welche stellenweise der landwirtschaftlichen Nutzung Schwierigkeiten bereiten (also Terrains mit flachgründigen Kuppen, Letteadern u. dgl.), endlich und ganz besonders für solche Örtlichkeiten, wo dem Jagdbetriebe größere Wertschätzung zuteil wird. — Man vergleiche Abb. 99 mit 100 und 101 mit 102.

Es wäre aber falsch, zu glauben, daß alle sogenannten guten Gegenden den freien Anlagen verschlossen bleiben müßten, daß selbige überall die Rübenwüste zu bleiben hätten, als welche sie vielfach erscheinen. Gerade auf gutem Boden ist auch der Holzwuchs sehr günstig, und entsprechend wohlhabende Ortschaften in nächster Nähe gestatten hohe Verwertung aller Erzeugnisse, wie sie namentlich der Mittelwald bietet (von dem Besenreis an bis zur Mühlwelle), und welcher Rehstand, welche Fülle von Fasanen lassen sich hegen in 10 ha Busch, wenn 1000 ha bester Äcker und Wiesen dazugehören! —

Je kleiner die Holzflächen sind, um so freiere Bewegung wird dem Wirtschafter gestattet werden dürfen. In kleinen Verhältnissen ist es ja möglich, nicht nur jeden Bestand, sondern geradezu jeden Baum individuell zu behandeln und jedem wechselnden Bedürfnis der Holzkäufer sich anzupassen. In diesem Umstande liegt ein besonderer Vorzug

Abb. 99. Vor der Einrichtung freier Anlagen. (Zu Seite 301 u. 341.)

Abb. 100. Nach der Einrichtung freier Anlagen. (Zu Seite 301 u. 341.)

der Wirtschaft in den kleinen Büschen freier Anlagen und es bilden diese um solcher Freiheit willen wohl das dankbarste Gebiet der Forstkunst.

Weideflächen und Wasserspiegel müssen in die freien Anlagen Licht bringen, welches in der Nachbarschaft düsterer Forsten besonders willkommen ist. Ein großer Fehler würde es sein, die kleinen Wiesentümpel, wie sie in dem norddeutschen Tiefland sich vielfach finden, durch geschlossene Saumpflanzungen zu verstecken und zu verdüstern.

Wer für Anlage und Bewirtschaftung freier Anlagen den Rat eines bewährten Landschaftsgärtners gewinnen kann, der lasse solche Möglichkeit nicht ungenutzt. Auf diese Art ist Kratzkau verschönert worden. Dies an der Weistritz unterhalb Schweidnitz gelegene Gut überkam mein Vater im Jahre 1848. Er fand daselbst ein sehr stattliches Wohnhaus vor. Dieses aber, zwischen Wirtschaftshof und Busch im sumpfigen Wallgraben gelegen, bot aus seinen Fenstern nichts weniger als eine erfreuliche Aussicht. Dorthin entsendete die Huld Friedrich Wilhelm IV. (der König kannte den Ort von flüchtigem Sehen bei Gelegenheit eines Manövers) zu zwei verschiedenen Malen den Kgl. Generalgartendirektor Lenné, einen der ersten Landschaftsgärtner jener Tage, damit er für die Verschönerung des Besitzes einen Plan entwerfe. Lennés Werk war die Zeichnung für einen nur sehr kleinen Garten, aber für ausgedehnte freie Anlagen, mit denen es alsbald rasch vorwärts ging. Genau in Befolgung des künstlerischen Planes wurden schön abgegrenzte Wiesen durch Rodung gewonnen, auf diesen wurden auf geeigneter Stelle Horste von Buschwerk, sowie einzelne Bäume übergehalten, nach Erfordernis auch mittels Pflanzung (ein Fichtenhorst, eine Eschengruppe) ergänzt. In der Folge ward dann auch für schön geführte Fuß- und Fahrwege, die zugleich wirtschaftlichen Zwecken dienen, gesorgt. Das Gelingen steigerte die Freude am Schaffen. Dem Lennéschen Plan ist später manch wertvolles Glied (durch Rönnenkamp) hinzugezeichnet und von meinem Bruder verwirklicht worden. Fährt nun jemand, der die Geschichte dieses landschaftlichen Kunstwerkes nicht kennt, durch die Gegend, so sagt er: Wie schön, wie herrlich, hier sieht man doch wieder einmal: „Die freie Natur ist und bleibt allemal das Allerschönste."

Die eingeschaltete Abb. 103 gibt einen Ausblick in die Kratzkauer freien Anlagen wieder. Die beiden Eichen im Mittelgrund waren früher, bis unten hin beastet, schöner als jetzt, sie verdeckten aber den Hintergrund. Auf Anregung des Feldmarschalls Grafen Moltke wurden die untersten Äste dicht am Stamme abgesägt und nun beweist dies Landschaftsbild, wieviel durch verständige Ästung geleistet, wie große Wirkungen bisweilen durch kleine Mittel ohne Kosten herbeigeführt werden können, wenn die Einzelheiten mit Rücksicht auf das Ganze behandelt werden.

Wem aus Mangel an Mitteln oder aus anderer Ursache nicht ver-

Abb. 101. Vor der Einrichtung freier Anlagen. (Zu Seite 341.)

gönnt ist, einen Landschaftsgärtner zu Rate zu ziehen, wird in kleineren Verhältnissen bei genauer Kenntnis des Geländes langsam vorgehend auch Gutes zuwege bringen, wenn er sich vor Schematismus hütet. Wer aber von dem sicher leitenden Pfade der Zweckmäßigkeit abweichend jeden Hügel bewalden, jedes Wasser mit Weidengebüsch verhüllen, jeden Weg mit stattlichen Alleen einfassen wollte, wer die gekrümmten

Wege alle gerade legen oder die geraden alle krümmen wollte, der würde damit zwar nicht unverständiger handeln, als schon oft gehandelt worden ist, das vorgesteckte Ziel würde er aber verfehlen.

Auch wer den Landschaftsgärtner zu Rate zieht, muß vorher die Auf-

Abb. 102. Nach der Einrichtung freier Anlagen. (Zu Seite 341.)

gabe gründlich erwägen, die er diesem stellen will, deshalb muß er von der Sache selber etwas verstehen. Ich halte es daher für geboten, hier einige Regeln einzuschalten, deren Beachtung bei Begründung freier Anlagen vor manchem Fehler bewahren kann:

Auf der verfügbaren Fläche suche man alle die Stellen auf, auf denen Landwirtschaft nicht oder nicht mit genügendem Vorteil betrieben wird, also neben allen bereits bestehenden Buschpartien und alten Lehm- und Mergelgruben alle Brandadern, Sumpflöcher, die flachgründigen und die steilen Ackerstücke. Diese denke man sich mit Gehölzgruppen besetzt und frage sich, welchen Eindruck das hervorbringen werde. Danach scheide man diejenigen, deren Bepflanzung das Gesamtbild nur unruhig gestalten würde, wieder aus, und fahre fort, sich mit diesen landwirtschaftlich weiter zu quälen; die anderen aber nehme man in angemessene

Abb. 103. Kratzkau, Durchblick unter aufgeästeten Eichen. (Zu Seite 343.)

forstliche Benutzung. Stellt es sich dann als erwünscht heraus, den Holzgruppen eine bessere Form und eine angemessene Verbindung unter sich zu verleihen, so möge hier und da ein Stückchen besseren Ackerlandes solchem Zwecke geopfert werden.

Wie auf den möglichst günstigen **Grundriß**, so ist auch auf vorteilhaften **Aufbau der Gruppen** zu achten. Empfehlenswert ist daher, von vornherein Pflanzmaterial von ungleicher Höhe zu benutzen, es darf aber keineswegs jede Gruppe immer gerade in der Mitte am höchsten sein, vielmehr denke man an die Teilung nach dem **goldenen**

Schnitt, wie sie im I. Teil gelehrt wurde. Die Natur liefert vorzügliche Vorbilder, wie Gehölze nach Art und Größe schön zusammenzustellen sind; man muß nur das Auge in der Kunst, solche Muster unbefangen zu prüfen und zu würdigen, fleißig üben.

Meinerseits habe ich mir in schwierigen Fällen damit geholfen, daß ich einige Wagenladungen bei Läuterungen und Durchforstungen gewonnener, zwei bis fünf Meter hoher Birken und Kiefern in den Boden gespickt habe, um den Eindruck der beabsichtigten Pflanzungen ausprobieren und verbessern zu können. Wer mehr Übung besitzt als ich, wird schon mit einigen Strohwischen dasselbe erreichen.

Landschaftsgärtner sind bisweilen in der angenehmen Lage, das Gelände nicht nur benutzen, sondern umgestalten oder geradezu neu schaffen zu können, wie solches z. B. vom Fürsten Pückler in Branitz und für den Herzog von Braunschweig in Sibyllenort geschehen ist. Für

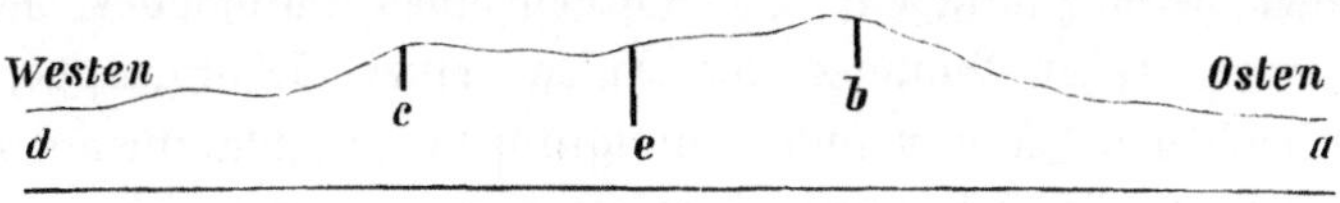

Abb. 104. Schematische Darstellung eines Dünenrückens.

freie Anlagen dürfen ähnliche Opfer nicht gebracht werden, hier ist unsere Aufgabe nur, die charakteristischen Eigentümlichkeiten der Landschaft zur schönsten Anschauung zu bringen, die Höhen sowohl wie die Tiefen. Einige einfache Beispiele werden besser als eine lange Abhandlung zeigen, wie das gemeint ist:

Gesetzt, man habe in sonst ebener Gegend eine Sanddüne, im Längsdurchschnitt so erscheinend, wie die Abb. 104 sie zeigt, sie sei mit gleichalterigen Kiefern bepflanzt. Da empfiehlt es sich, den ersten Schlag bis b zu führen, dann nach einigen Jahren den zweiten bis c, später den dritten bis d. An diesen Punkten unterstützen die steile Holzwand am Anhieb und der stärkere Neigungswinkel des Hügels gegenseitig ihre Wirkung. Gerade das Gegenteil würde zutreffen, wenn der Hieb in einem Jahre bis zur Mitte und demnächst bis zum Ende beliebt würde.

Ferner: Eine Höhendifferenz von wenigen Metern ändert im Flachlande oft den ganzen Charakter eines Grundstückes. Die tieferen Lagen werden mit Vorliebe der Wiesenkultur überlassen. Unter solchen Verhältnissen werden Holzsäume auf den Linien, wo das Terrain wechselt, stets besonders gute Wirkung tun. Sie brauchen natürlich nicht einen ununterbrochen fortlaufenden Saum zu bilden, im Gegenteil müssen Durchblicke von oben herab nach der Wiese hin vorhanden sein. Wiesenflächen an Berghängen soll man nicht bis an den Grat hinaufführen, wenn dessen Profil nicht besonders malerisch geformt ist; denn das Verschleiern hat seine Reize.

Die tiefsten Einsenkungen bezeichnet der Verlauf der Wassergräben. Selbst kleine, nur zeitweise Wasser führende Gräben können eine gewisse Bedeutung für die Landschaft gewinnen, wenn ihre Ränder hübsch bewachsen sind. Das Charakteristische an den Landgräben ist ihr geschlängelter Lauf, welcher mit der Baum- und Strauchvegetation im engsten ursächlichen Zusammenhange steht, denn oft sieht man den Bach durch einen einzigen alten Erlenstock gehemmt eine ganz veränderte Richtung annehmen. Da gilt es, durch Erhalten von Wesentlichem, durch Beseitigung von mehr Zufälligem, durch verständiges Ergänzen Holzwuchs und Wasserlauf einander anzupassen. Gerade in der Ebene, der diese Beispiele entlehnt sind, genügen oft sehr geringe Mittel, um große Wirkungen hervorzubringen. Das Öffnen eines Durchblickes, das Freistellen eines großen Baumes, die Anlage einer Gehölzgruppe, wo es den vorhandenen Häusern und Baumgruppen an Zusammenhang fehlt, können oft zur Verschönerung eines Landsitzes mehr beitragen, als mit Tausenden von Talern durch Gartenanlagen zu leisten wäre. Es wird das lange noch nicht genug anerkannt, ja es geschieht sogar oft das Gegenteil durch überflüssige Grabenregulierungen.

Gerade in den reichsten Gegenden kann man recht oft wahrnehmen, daß hier und da ein vermögender Mann an seinem Gehöft ein Stück Land mit Mauer oder Zaun rechteckig abgrenzt und es sich zum Garten einrichtet. Rings dicht umpflanzt gewährt dann dieser auch nicht den geringsten Einblick in sein Inneres, er scheint geradezu feindlich gegen die Außenwelt abgeschlossen zu sein. Noch isolierter liegen oftmals Kirchhöfe in der Feldmark, ja in Schleswig-Holstein, so sagte man mir, werden in guten Gegenden selbst die der Holznutzung dienenden Büsche in gleicher Weise abgeschlossen. Wall und Graben umgibt sie, und Schlagbäume versperren den Zugang. In solcher Abgeschlossenheit gehalten erscheint dann die Baumwelt nicht als zugehöriger Schmuck der Landschaft, sondern als düsteres, fremdartiges Beiwerk. Dieser ungünstige Eindruck läßt sich mindern oder aufheben, wenn eine Verbindung solcher Pflanzungen hergestellt wird.

Dies geschieht in Schleswig-Holstein sehr oft durch Knicks, es kann auch durch Alleen und andere Pflanzungen geschehen. Den Alleen wird ein besonderes Kapitel gewidmet werden. Hinsichtlich der Knicks wiederhole ich die Bemängelung, daß sie die Gegend unübersichtlich verhüllen. Wenigstens streckenweise sollten sie durch niedrig gehaltene Hecken ersetzt werden, wie der Großherzog von Oldenburg auf seinen holsteinischen Besitzungen vielfach veranlaßt hat, um schöne Aussichten frei zu halten. Wo der Grund und Boden nicht so wertvoll ist, daß man gar zu sehr damit geizen müsse, oder wo die Jagdnutzung für einige Einbuße am Gutsertrage Ersatz verspricht, empfiehlt sich statt der Alleen mehr eine Einrichtung, wie sie vom Fürsten Pückler nach englischem Muster in Branitz geplant, zum Teil auch ausgeführt wurde; ich möchte sie daher Pückler-Hecke nennen. Er selbst schreibt darüber:

„Es wird auf beiden Seiten längs der Straße ein nach Befinden bald schmalerer, bald breiterer Strich rigolt und dieser wie eine Waldpflanzung mit jungem Holz ganz voll gepflanzt, dazwischen aber einzelne höhere Gruppen, die eine Art fortlaufender unregelmäßiger Allee über dem niedrigen Gebüsch bilden, verteilt. Wo das angrenzende Terrain mir nicht eigentümlich gehört, begnüge ich mich damit, diese höheren Gruppen allein ohne weitere Pflanzung am Wegrande schmal fortzusetzen."

„Das junge Holz wird in der Regel als Unterbusch behandelt und alle 6—10 Jahre abgetrieben, die größeren Bäume aber ihrem Wachstum überlassen."

„Man sieht leicht ein, daß auf diese Weise selbst eine arme Gegend bald von der Straße aus ein freundlicheres Ansehen gewinnen muß, wobei man später durch verschiedenartige Behandlung, durch das Hochwachsenlassen größerer Massen, Aufputzen einzelner älterer Bäume, Niedrighalten anderer usw. noch eine Menge mannigfaltiger Effekte hervorbringen und endlich das Störende der äußeren Landschaft, wo diese reizlos ist, immer beliebig durch einen willkommenen dichten Laubschirm gänzlich verdecken kann."

In manchen Gegenden, wo die Leute die Landwirtschaft mit einer Art von Fanatismus betreiben und sie jeglichen Opfers wert erachten, sind hohe, ausgespaltene Granitsteine an die Stelle der Straßenbäume getreten. Für solche Verhältnisse sind Pücklers Vorschläge nicht gemeint. Dort muß man froh sein, wenn wenigstens hier und da ein einzelner Baum der Vernichtung entgangen ist. Dies schreibend gedenke ich einer alten Weide in Rosenthal bei Breslau. Keineswegs ist sie ein sonderlich großer und schöner Baum, aber sie ist eben der einzige Baum dort, und allemal, wenn der Blick einen Anhaltspunkt sucht, einen anderen, als vereinzelt ausgeschoßte Rübenstengel ihn gewähren, da schweift er hin zu jener Weide. Welche Fülle von Erinnerungen knüpfen sich dort für Herrschaft, Gesinde und Tagelöhner an jenen Baum! Ist er es doch, der den nächsten wertvollen Ackerstücken gewissermaßen als Wahrzeichen dient; auf der Hühnerjagd spielt er eine wichtige Rolle (dorthin wird das Frühstück bestellt); die Feldarbeiter rasten in seinem Schatten; jedermann dient er zur Orientierung.

In die freien Anlagen können auch die Obstpflanzungen eingeschaltet werden. — Eingedenk der ausgezeichneten Wirkung, welche in meinem Heimatskreis alte in der Landschaft auftretende halbwilde Birnbäume tun, habe ich zahlreiche Obstbäume in den freien Anlagen untergebracht, und wie jene alten Birnbäume unregelmäßige Gruppen bilden, so glaubte ich, unregelmäßig pflanzen zu müssen. — Das war aber falsch. Weil zwischen den unregelmäßig gepflanzten Bäumen nicht geackert werden konnte, sind sie nur mäßig gut — einige überhaupt nicht — gewachsen.

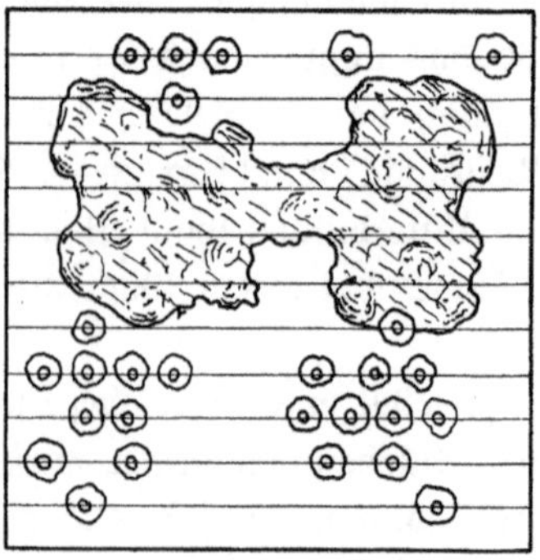

Abb. 105. Schematische Darstellung einer Obstpflanzung in freien Anlagen.

Besser hätte ich getan, die Bäume in Reihen zu setzen, aber allseitig regelmäßiger Verband wäre auch falsch gewesen. Die Stämmchen hätten in gradlinige Zeilen, aber innerhalb der Zeilen mit ungleichen Abständen gepflanzt werden sollen. Auf diese Art kann man ganz leicht vom Wege aus Fernsichten frei halten, wo es angezeigt ist, und der Blick auf die Anlage begegnet, wenn man seinen Standpunkt nicht zufällig in der Verlängerung der Pflanzreihen wählte, keinen störenden graden Linien. Die eingeschaltete Abbildung 105 erläutert das Gesagte.

Geschwungene Wege sollte man nicht durch gradlinige Pflanzungen leiten. Kann man es nicht vermeiden, so dürfen die Wege keinesfalls alleeartig bepflanzt werden, damit sie möglichst unauffällig bleiben.

Will und kann man bei Auswahl der Obstsorten auf die Schönheit der Anlage Rücksicht nehmen, so sind für regelmäßige Pflanzungen die streng pyramildal wachsenden Birnbäume, wie gute Luise von Avranches, zu bevorzugen, bei anderen Anlagen Birnbäume, die sehr groß werden und malerische Formen annehmen, z. B. Kuhfuß. Bei Apfelbäumen kommt es besonders auf die Blüte an. Durch sehr große, strahlend weiße Blüten zeichnen sich die Grafensteiner aus, sehr anmutig rosa sind die Blütenbüschel des Edelborsdorfers gefärbt, prächtig, dunkelrosa prangt der pupurrote Cousinot. Es gibt keinen Zierapfel, der schöner blühte, als diese bescheidene alte „rote Reinette“.

Vielfach herrscht in Deutschland das Vorurteil, daß Obstbäume häßlich seien; aber nur dann, wenn der Baumgärtner durch unverständiges Ausputzen sie entstellt hat, oder wenn Boden und Klima der betreffenden Sorte nicht zusagen, sind Obstbäume unschön. — Wer in der Schweiz (besonders auf den grünen Wiesenmatten am Vierwaldstädter See) die üppig wachsenden Apfel- und Birnbäume, und am Eingang in die Via mala, bei Thusis, die Walnußbäume gesehen hat, muß zugeben, daß selbst von der Natur überaus begünstigte, anmutige sowohl wie romantische Gegenden durch Obstbäume verschönert werden können. — Um wieviel mehr eine Gegend, der es an natürlichen Reizen gebricht!

Von Jahr zu Jahr verdichtet sich das Eisenbahnnetz. Immer zahlreicher werden die Schädigungen der Landschaftsbilder durch hochaufgeschüttete Bahndämme. Durch Vorpflanzung kann man deren gradlinigen Verlauf für das Auge stellenweise unterbrechen, und die Dämme sind mit Obst oder mit Strauchwerk zu bepflanzen. Für sandige Böschungen empfehle ich zu diesem Zweck in erster Reihe die verschiedenfarbigen, zum Teil im Jahre zweimal blühenden Spielarten der Klebakazie, die noch bereitwilliger als die gemeine Akazie Wurzelausläufer bildet. — Für besseren Boden ist die Auswahl der geeigneten Holzarten sehr groß — man wolle die Seiten 80 bis 121 dieses Buches nachlesen. — Ich empfehle außerdem noch den chinesischen Flieder, der prächtig blüht und gute Wildremisen bildet. Weil die Bahndämme ohnehin künstliche Anlagen sind, ist die Verwendung dieses Gartengehölzes gerechtfertigt. — Die Bahnverwaltung wird, wenn sie nicht Obstbäume setzt, gegen die Anpflanzung kaum Bedenken haben, weil der Flieder die Böschungen befestigt und schätzbares Faschinenreisig liefert. Es ist mir auch bekannt, daß solche Bepflanzung des Bahndamms dem angrenzenden Grundbesitzer schon einmal gestattet worden ist (Sorquitten).

Doch ich habe mich etwas weit vom Wege weg verirrt. Schon wird in manches Lesers Gemüt die vorwurfsvolle Frage laut, was denn das alles, was freie Anlagen überhaupt mit dem Forstwesen zu tun hätten. In der Tat muß ich zugeben, sie sind ein streitiges Gebiet. Die Landschaftsgärtner haben bereits geglaubt, dasselbe für sich annektieren zu dürfen, und der Landwirt (seine Flur ist es ja, die verschönert werden soll) hat auch sein Wort mitzusprechen. Landwirt und Gartenkünstler, der eine immer, der andere nur ausnahmsweise auf Ertrag bedacht, werden sich aber schwer miteinander verständigen. wenn nicht forstlich geschulte Anschauungen vermittelnd sich Geltung verschaffen.

Als gelungen wird man die freien Anlagen dann ansehen dürfen, wenn zutrifft, was Goethe der Schöpfung des Oberamtmanns und seiner Töchter nachrühmt: „Es war nicht zu beschreiben wie hübsch! Schon überall glaubte man es gesehen zu haben, aber nirgends in seiner Einfalt so bedeutend und so willkommen."

Derartiger ästhetischer Gewinn ist oft kostenlos, meist aber mit ganz geringen Kosten zu erlangen. Ich schätze, daß 10 Mark, für freie Anlagen verausgabt, zur Verschönerung eines Besitzes so viel beitragen, wie 100 Mark im Park und wie 1000 Mark im Garten.

Zweiunddreißigstes Kapitel.

Waldverschönerung durch Anlage und Ausschmückung von Wegen. (Wegekreuzungen, Wegweiser.)

Während im ersten Abschnitt dieses Teiles die für den Entwurf des forstlichen Wegenetzes maßgebenden Gesichtspunkte entwickelt worden sind, bleibt noch zu erörtern, welche Maßnahmen hinsichtlich der Wege vom rein ästhetischen Standpunkt aus erwünscht erscheinen können.

Es kann sich dabei um zweierlei handeln, um Vermehrung der Zahl der Wege und um ihre Ausschmückung. Außer den Forstwegen und Begangssteigen noch andere Wege im Schönheitsinteresse anzulegen, kann angezeigt sein, um Schönheiten des Reviers, zu welchem die vorhandenen Wege nicht hinführen, zugänglich zu machen, und um den Verkehr des Publikums vom Holzabfuhrwege abzulenken. Unter Umständen kann es angezeigt sein, besondere Fahr-, Reit- und Radlerwege einzurichten, damit man sich schiedlich — friedlich sondern könne.

Jeder normale Park soll einen „Umfahrungsweg" enthalten, der an den wesentlichsten Schönheiten vorüberführt. Auf diesen Wegen soll der Wanderer den Eindruck haben, als seien alle diese Herrlichkeiten für ihn, zu seiner Freude, zu seinem Genuß dargeboten. Vermögenden Besitzern ist anzuraten, auch im Forst eine ganz einheitlich ausgestaltete Straße auszubauen, zu ihrer eigenen Freude und zu Nutz und Frommen anderer Menschen. Bei Wiesbaden sind solche vorhanden. Man nennt sie dort Rundfahrwege. Der Weg muß ohne Wegweiser den Wandernden führen können.

An kleineren Nebenwegen und Stegen, die zu abgesonderten Plätzen führen, darf es daneben nicht fehlen, besonders da nicht, wo viele und erholungsbedürftige Menschen sich ergehen und ruhen wollen; denn wie das kranke Wild, so wünscht auch der leidende Mensch von seinesgleichen sich abzusondern, allein zu gehen, allein zu sitzen. Es müssen daher auch Sitzgelegenheiten vorhanden sein. Bänke unter Fichten und Buchen bieten am längsten Schutz vor Regen. Unter Buchen darf der Wanderer selbst ein Gewitter ohne Furcht vor Blitzschlag abwarten. Eichen haben neben ihrer Blitzgefährlichkeit noch den großen Fehler, daß sie weit öfter als anderes Laubholz von Raupen heimgesucht werden, wodurch ihre Nähe dem Publikum oft verleidet wird. — Wo ein Berg mit Serpentinen erstiegen wird, gehören Bänke jenseits der Brechungspunkte, damit Gehende und Sitzende gesondert seien (Abb. 106).

Eine Überzahl von Bänken und Wegen stört die Ruhe des Waldbildes. Es dürfen deren nicht mehr angebracht werden, als nötig sind, und man vermeide es, sie durch Bauart oder Anstrich augenfällig hervortreten zu lassen.

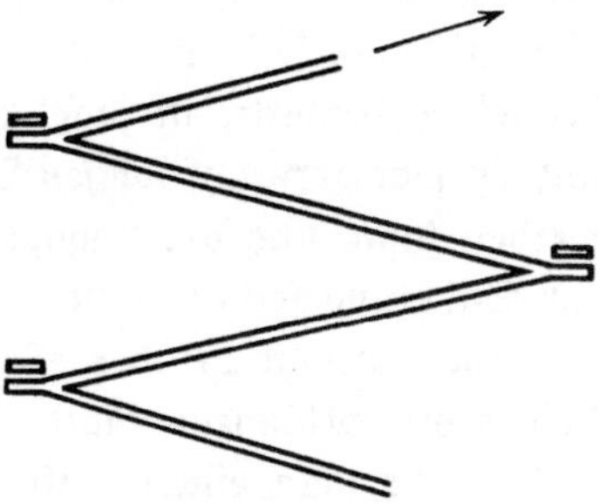

Abb. 106. Schematische Darstellung eines Serpentinen-Weges mit Bänken.

Zwischen Haupt- und Nebenwegen muß die Art der Unterhaltung einen Unterschied erkennen lassen. Es schadet natürlich niemals, wenn Wurzeln und Steine sorgsam entfernt, Löcher und Geleise gut eingeebnet sind, dagegen darf man die Nebenwege nicht alle scharf begrenzen, nicht alle mit hellem Kies färben, nicht alle von Laub und Graswuchs frei halten; es entsteht sonst der Begriff des Badewäldchens, der in den Forst durchaus nicht hineinpaßt.

Neu ausgebaute Wege sind ohnehin immer sehr augenfällig, und wo viele Wege gleichzeitig hergestellt werden, machen sie für ein bis zwei Jahre den betreffenden Forstort zu einem Gegenstand unliebsamer Urteile. Die „vielen Wege" sollen dann die „ganze Waldespoesie" vernichtet haben. Solchem Übel läßt sich durch Grasansaat auf dem frischen Planum leicht und rasch abhelfen. Man bedarf dazu nicht teueren Grassamens, sondern der sogenannte Heusamen vom oberförsterlichen Pferdestallboden leistet für den Zweck ganz vorzügliche Dienste. Es schadet ja nichts, wenn außer den Gräsern sich einige sogenannte Unkräuter, Wegebreit z. B., mit ansiedeln. Dieses Verfahren, in Postel seit Jahren erprobt und bewährt, hat auch vom jagdlichen Standpunkte aus, der Äsung für das Wild wegen, viel für sich, ich empfehle es aber natürlich nur für unversteinte Wege. Für Wegeböschungen und verbreiterte Kurven wähle man den Heusamen von recht blumenreichen Waldwiesen, auch ist reichlich blühendes Strauchwerk (Ginster, Rosen usw.) auf den Wegeböschungen sehr am Platze.

Dr. Kienitz in Chorin besät unbenützte Wege, nachdem er sie oberflächlich verwundet und mit Mineraldünger gedüngt hat, mit Serradella, ein Verfahren, welches der Jagd ebenso zu gute kommt, wie der Ästhetik.

Beachtet man die vorstehenden Regeln und gibt man den Nebenwegen eine nur mäßige Breite (3—3$^1/_2$ m), so mag man deren getrost so viele anlegen, als das Bedürfnis erfordert. Vom Kronendach überschirmt, mit Gräsern und anderen Pflanzen bewachsen, oder mit Waldstreu bedeckt, werden sie kaum störend auffallen. Man verbirgt solche Wege auch dadurch einigermaßen, daß man sie mehrfach bricht, so daß der Blick den Verlauf der Geleise nur auf kurze Strecken verfolgen kann. Dies ist, nebenbei sei es bemerkt, in jagdlicher Hinsicht sehr nützlich. Das Wild steht und äst sehr gern auf solchen Wegen, wo es nicht von fern her beobachtet werden kann, und der Jagdgeber vermag die Biegungen beim Anstellen zur Sicherung seiner Gäste bei Kugeljagden vortrefflich auszunützen.

Die Vorsicht bei der Wegeführung muß um so größer werden, je kleiner die Geländeabschnitte sind, deren Schönheit gezeigt werden soll. Unterbricht man einen sanft abfallenden Berghang durch einen in der Mitte eingelegten Horizontalweg, dann kann leicht der ganze Eindruck des Geländes verändert werden. Wer in der Ebene schmale, tief eingeschnittene Schluchten besitzt, wolle ja nicht voreilig der Versuchung folgen, unten am Bachufer entlang einen Steig auszubauen. Ich habe wiederholt bemerkt, daß solche kleine Verhältnisse selbst die Anlage eines schmalen Fußweges nicht vertragen, ohne an ihrer ästhetischen Wirkung Einbuße zu erleiden. Es empfiehlt sich daher, den Pfad oben am Rande zu führen und ihn mittels eines leichten hölzernen Steiges an einer besonders hübschen Stelle die Schlucht überschreiten zu lassen, um zur Abwechselung auch einen Längsblick zu gewinnen. Diese Steige bilden dann selbst eine hübsche Belebung des Waldbildes, wenn sie von einem weiter unten liegenden Übergang aus sichtbar werden. — Nebenbei bemerkt: die Regel gilt auch für die großartigsten Verhältnisse. Wer die Albulabahn mit ihren herrlichen Viadukten kennt, wird deren großartige ästhetische Wirkung nie vergessen.

Für die Anlage der Hauptwege genießt die Wirtschaft nicht so große Freiheit wie bei Nebenwegen. Die Richtung derselben wird ihr meist bestimmt vorgezeichnet sein, kleine Korrekturen wird man sich aber erlauben dürfen, und es läßt sich durch solche an den Kreuzungspunkten viel ausrichten. Schon Burckhardt empfiehlt, daß man „die langen und langweiligen Bahnen der Kieferwaldungen an den Durchkreuzungspunkten mit gepflegten Hörsten freundlicher Holzarten stopft und den Verkehr von Fuhrwerk durch Abstumpfen der Bestandesecken ermöglicht." Ich denke, er meint es so, wie die Figuren A—D zeigen, doch kann man sich die Sache auch leichter machen. Schon die einfache Figur E kann sich im Reviere recht gut ausnehmen.

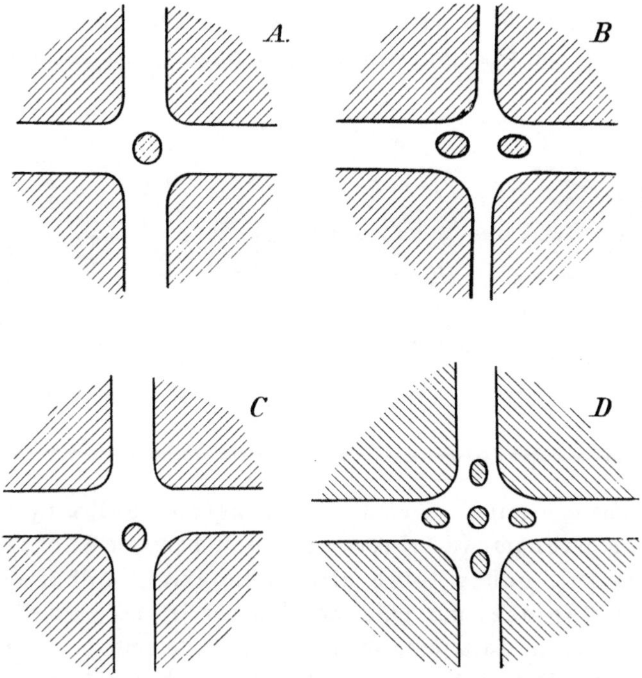

Abb. 107.

Gleichfalls empfehlenswerte Formen zeigen die Figuren F und G, denen sich noch manche ähnliche hinzufügen ließe, wie denn überhaupt schon bei rechtwinkeliger Kreuzung von nur zwei gerade verlaufenden Gestellen der Phantasie ein reichlicher Spielraum offen steht. Noch größere Mannigfaltigkeit gestatten geschwungene Wege, schiefe Kreuzungen, die Gabelung eines Weges in zwei Arme, die Vereinigung von mehreren Wegen in einen Wegestern. Völliges Stopfen der Bahnen kann an Waldränder seine Berechtigung haben. Sorgsam zu erwägen ist in jedem Falle, ob man am Waldrand durch Wegeanlagen Ausblicke eröffnen soll, oder nicht. Wo der Ausblick nicht besonders hübsch zu gestalten ist (man vergleiche das Kapitel Fernblick), da ist es meist richtiger, die Möglichkeit des Ausblicks zu vermeiden. Dies gilt besonders für kleine Waldungen. Gabelung des Waldweges an der Waldgrenze ist in der Regel eine einfache Abhilfe, die nebenbei die Holzabfuhr erleichtert. Zumal bewegtes Terrain ermöglicht, durch Abzweigungen in den Kurven, durch Steigen und Fallen der Wegezüge, die allerverschiedenartigsten Veranstaltungen. Diese können durch passend übergehaltene Bäume, in Ermangelung solcher durch geschmackvolle Umpflanzung, jede noch ihren besonderen Reiz gewinnen. Die Zahl der denkbaren, ja sogar diejenige der empfehlenswerten Ausgestaltungen von Wegekreuzungen

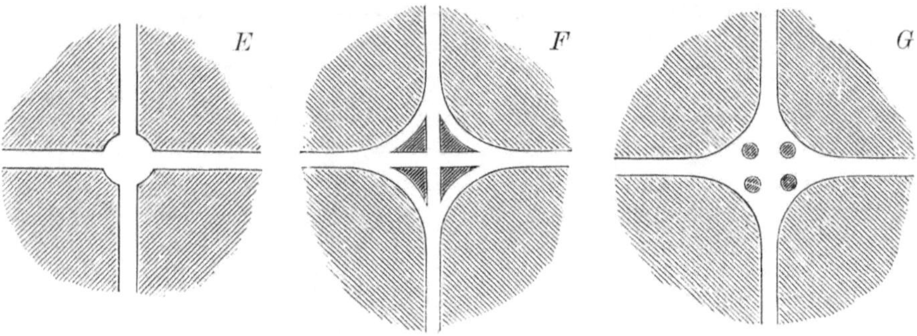

Abb. 108.

ist also überaus groß. Selbst in größeren Waldungen jedem einzelnen Kreuzwege seinen ganz bestimmten Charakter aufzuprägen, ist daher keine allzu schwierige, dabei eine sehr dankbare Aufgabe, nur hüte man sich vor jedem „zu viel". Ich sah einst einen kleinen Carrefour, zwar nur nach der einfachen Figur E abgesteckt, aber sehr sauber geebnet und mit Fichten umsäumt. Der Verschönerungseifer eines Forstmannes hatte ihn hergestellt, während noch die zuführenden Gestelle in wenig gut fahrbarem Zustande sich befanden. Dieses Umstandes wegen machte das an sich Löbliche damals einen unmotivierten, fast abgeschmackten Eindruck.

Das „Stopfen" darf nicht in der Weise erfolgen, daß der Blick ganz gehemmt wird. Die „freundliche" Holzart muß dem Bilde Reiz verleihen, sie darf aber die Aussicht nicht versperren.

Im Berliner Tiergarten findet man zwei vorzügliche Vorbilder, wie man es machen, und was man vermeiden muß. In ersterer Hinsicht empfehle ich die dunkeln Eibenbüsche am Floraplatz der Beachtung, welche aus der Ferne in der Mitte der Alleen erscheinend einen sehr anziehenden

Abb. 109. Allee mit dunklem Abschluß.

Anblick gewähren, wie die Abb. 109 erkennen läßt. Im Forst würde man an Stelle des beschnittenen Eibenbusches einen pyramidal wachsenden Wacholder pflanzen.

Vor dunklem Grunde nimmt sich ein heller Baum besser aus. Die eingeschaltete Abb. 110 zeigt eine Traubeneiche, die im Kiefernwald die Wegekreuzung ziert

Fehlerhaft ist die Umpflanzung des Sockels der Löwengruppe unweit des Brandenburger Tores. Zu hoch emporgewachsen, „stopft" sie den „Ahornsteig" in unerwünschter Weise.

Als der naturgemäßeste Schmuck an Wegekreuzungen, mit welchem niemals etwas zu verderben ist, werden sich alte Bäume erweisen. Ich habe einst einen ganzen Tag Arbeit daran gesetzt, zwei ziemlich lange Gestelle so zu richten, daß drei besonders malerische Kiefernüberhälter auf die Ecken zu stehen kamen, und ich kann sagen, daß sich mir diese Mühe täglich belohnt, sooft ich in den Wald komme. Solche Bäume kann man nun leider, wo sie fehlen, nicht gleich schaffen; eher lassen sich schon einige große Steine in möglichst ungezwungener Weise aufstellen. Diese können nebenbei zur Aufnahme einer Inschrift, ja sogar als Wegweiser, Verwertung finden.

Gerade für die Aufstellung von Wegweisern werden Mittelstücke nach dem Burckhardtschen Muster (Abb. 107 A—D) einen ganz vorzüglichen Standpunkt gewähren, sie müssen sich aber in ihrer Ausstattung so bevorzugten Platzes auch einigermaßen würdig zeigen, wenn auch bearbeitete steinerne Säulen — (der gediegenste Luxus) — immer zu den Seltenheiten werden gehören müssen. Die Schrift („Hu wie hass' ich schwarz und grau! Minder weiß und gelb und blau" singt v. Wildungen), sei gelblich weiß auf dunklem, grünem oder steinfarbigem Grunde und recht hübsch leserlich geschrieben.

Als der Quell oft unliebsamer Überraschungen und unerwarteten Verdrusses, indem sie häufig mehr Zweifel wachrufen als lösen, vertragen die Wegweiser die Entfaltung von einigem Humor recht gut. So ist deren einer weit berühmt, weil er inmitten hasenreicher Kiefernschonungen die Silhouetten von fünf flüchtigen Hasen statt der Arme ausstreckt; ein anderer wahrte seine Stellung gegenüber dem Publikum mittels der Inschrift:

„Den Weg zu weisen bin ich gericht,
Mitzugehen aber nicht verpflicht't".

Der Humor davon ist, daß er trotzdem gestohlen worden ist. Solche Scherze, die überhaupt nur ganz vereinzelt vorkommen dürfen, wird man sich am ersten da erlauben können, wo der Wanderer durch eintönige Verhältnisse gelangweilt jede Art von Anregung dankbar hinnimmt.

Man wolle ja nicht, wie es oft geschieht, aus übel angebrachter Sparsamkeit Wegweiserarme oder sonstige Schrifttafeln an lebende Bäume annageln. Es berührt immer peinlich, wenn man einen lebendigen Stamm durch einen groben Nagel verletzt findet.

Abb. 110. Wegekreuz nach Abb. 107 C.

Neumeister bemerkt in dieser Hinsicht: „Es ist eine gewiß eigenartige Erscheinung, daß die berufenen Hüter und Pfleger des Waldes, die Forstleute und Jäger, sich nicht freihalten von Beschädigungen des Holzbestandes, ja oft dieselben geradezu systematisch unterstützen. Wandert man durch einen Wald, so sieht man vielfach die Wegweiser und die Warnungstafeln und die Abteilungsnummerschilder an Bäume angenagelt oder angeschraubt. Es bedarf keines Beweises, daß auf diese Weise viele und oft gerade die wertvollsten Bäume auffällig beschädigt werden, und zwar meist an einer Stelle, welche in dem erfahrungsmäßig nutzbarsten Teile eines Stammes liegt . . . . Zur Beseitigung dieser Mängel seien nachstehend die Mittel angegeben, welche schon seit Jahren in einigen Waldungen mit vielem Vorteile Anwendung gefunden haben:

1. Wegweiser, Verbotstafeln und Orientierungsschilder, wie z. B. für die Abteilungsnumeration, dürfen keinesfalls an lebende Bäume angenagelt oder angeschraubt werden. Sie sind vielmehr an geschälten Pfählen anzubringen, welche am Fußende angekohlt und geteert und an den betreffenden Stellen eingerammt worden sind.

2. Zur Ersparung von Pfählen ist an den passend stehenden Bäumen die Abteilungsnummer mit weißer Firnisfarbe in angemessener Höhe anzuschreiben. Um gleichmäßige Ziffern zu bekommen, empfiehlt es sich, Schablonen aus Pappe herzustellen, welche auf die betreffende Baumstelle aufgelegt und mit einem den Farbstoff tragenden Pinsel überfahren werden. Die Farbe ist aus Bleiweiß, Firnis und Terpentin zu mischen. Die Stelle des Baumes, welche die Nummer bekommen soll, ist vorher mit einer Wurzelbürste oder durch leichtes Abschuppen der Borke zu glätten, wodurch sie zugleich eine bessere Grundfarbe bekommt.

Die Gesamtkosten einer derartigen Abteilungsbezeichnung, einschließlich des Zeitverlustes durch die erforderlichen Wege von Punkt zu Punkt, betragen höchstens 10 Pf. Die Erfahrung hat gelehrt, daß solche Nummern viele Jahre lang stehen und nicht mehr Reparaturkosten beanspruchen als die Nummerschilder."

Wo Verschönerungsvereine walten, hat das farbige Bezeichnen der Wege oft alles Maß überschritten. Mit Recht wird darüber geklagt, es sei „an jedem zehnten Baume eine Farbenskala der grellsten Töne streifenweise hingemalt, wodurch das Bild verunziert und die Augen derart gemartert werden, daß das Gehen zwischen diesen schreienden, einmal rechts, einmal links befindlichen Anstrichen, vom Schönheitsstandpunkte aus betrachtet, einem Spießrutenlaufen gleichkommt." So weit darf man den Führereifer nicht treiben.

Ebenso hübsch wie zweckmäßig und dauerhaft denke ich mir die Bezeichnung, welche auf dem Plateau des Meißner den Weg zur Kalbe kenntlich macht. Dort sind nämlich, wie mir geschrieben wurde, sechsseitige Basaltsäulen aufgestellt.

Wie man durch Baumpflanzungen Wege kennzeichnen kann, lehrt das folgende Kapitel.

Dreiunddreißigstes Kapitel.

Pflanzungen an Wegen und Gestellen.

Schon das vorangehende Kapitel war der Ausschmückung der Wege gewidmet, demselben Zweck soll auch dieses dienen, doch ist sein Gegenstand so wichtig, daß er selbständige Behandlung erheischt. Die Ausschmückung der Wege und Gestelle mittelst Bepflanzung der Ränder gehört nämlich zu den wirksamsten Maßregeln der Waldschönheitspflege. Es kann mittelst derselben viel Gutes geleistet, aber auch viel Schaden angerichtet werden. Schaden insofern, als es keineswegs angezeigt ist, jeden Weg durch besondere Bepflanzung auszuzeichnen. Ich wiederhole (für solche werte Leser, welche nur einzelne Kapitel durchblättern, sei es auch an dieser Stelle gesagt): Je mehr ein Weg als solcher sich abzeichnet, um so weniger wird man auf ihm das Gefühl haben, im Walde zu sein. Man ist dann eben auf dem Weg, oder gar auf der Straße, und durchaus nicht innerhalb des Bestandes; und doch liegt gerade in jenem dicht von Wald Umschlossensein ein besonderer Reiz, den z. B. auch der Nichtjäger empfindet, wenn er den Pirschsteig begeht. Aus diesem Grunde möchte ich im Forst Alleen nur da sehen, wo ein Weg durch seine Breite ohnehin den Eindruck der Waldumschlossenheit hindert, oder wo wichtigere Wegezüge, wie die Zufahrtstraßen zur Oberförsterei oder zum Jagdschloß, besonders hervorgehoben werden sollen, endlich an geradlinigen Gestellen und Schneisen, sofern diese die Wirtschaftsfiguren und damit auch verschiedene Altersklassen voneinander trennen. Niemals aber seien die ins Innere der Jagen und Distrikte hineinführenden, lediglich zur Erschließung der einzelnen Abteilungen bestimmten „Wege 4. Ordnung" durch regelmäßige Pflanzung abgegrenzt und kenntlich gemacht.

Auch bei Wegen, welche an sich eine Alleepflanzung vertragen, wird man doch an solchen Stellen, wo sie einen Wiesenschlund überschreiten, Sorge tragen müssen, daß der Blick über die Wiese nicht in unvorteilhafter Weise unterbrochen werde. Man kann dies vermeiden durch unregelmäßige Stellung der Bäume, oder durch die streckenweise wechselnde Anwendung von hoch gehenden und niedrig bleibenden Arten, auch durch die Vorpflanzung von Gruppen, sicherer noch durch völligen Übergang zur freiesten Wegebepflanzung, zur „Pücklerhecke", wie wir sie im einunddreißigsten Kapitel Seite 339 kennen lernten.

Oft wird man an solchen Stellen auf Wegebepflanzung ganz verzichten müssen.

Vorstehende Warnungen erschienen nötig zur Hemmung allen Übereifers. Vom Negativen (wie man es nicht machen soll) gehe ich aber nun zum Positiven über.

Ich unterscheide zwei *Klassen von Wegeeinfassungen*, nämlich *erstens solche, die zur umgebenden Landschaft, beziehentlich zum nächsten Holzbestande in so enger Beziehung stehen wie zum Wege selbst, und zweitens eigentliche Alleen*. Zur ersteren Klasse gehören die mehrfach erwähnten *Pücklerhecken*, ferner die

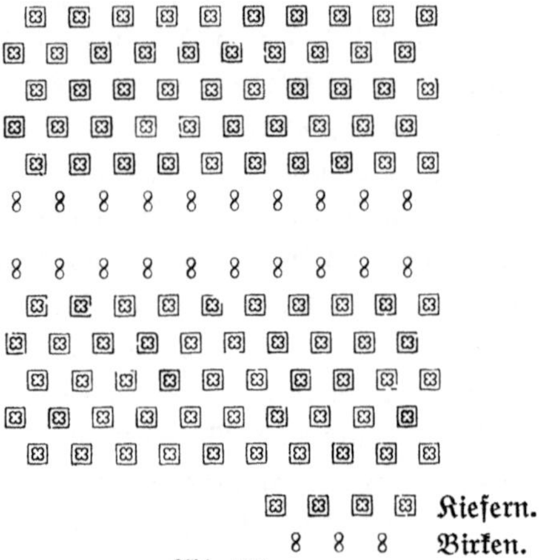

Abb. 111.

Bestandesumsäumungen. Diese, obwohl Alleen sich aus ihnen erziehen lassen, machen doch anfangs einen ganz anderen Eindruck als letztere, sie unterliegen daher auch den im Eingang gegen Alleen aufgeworfenen Bedenken in etwas geringerem Maße. *Bestandesumsäumungen sind nämlich solche Pflanzungen, welche nur durch die gewählte Holzart vom Bestande selbst sich unterscheiden, durch die Stellung aber diesem sich einfügen*, wie die eingerückten Figuren besser als viele Worte klarmachen. Es versteht sich, daß die durch die Randstellung bevorzugten Holzarten vor den im Bestande herrschenden gewissermaßen als die vornehmeren zu erscheinen haben, man wird daher z. B. nicht Laubholz mit Fichten, wohl aber Kiefern mit Fichten umsäumen dürfen. Fichten ihrerseits können einen Saum von Tannen erhalten. Die Muster der Figuren 112 u. 113 eignen sich vorzugsweise für die Aufschmückung von Kieferbeständen durch Laubholz. Bei solcher

Stellung hat man es für den zweiten Umtrieb in der Hand, die Eichen, oder welches sonst die begünstigte Holzart sei, teilweise überzuhalten, wodurch eine von vornherein so stattliche Allee gewonnen werden kann,

$^1/_{500}$

Eichenheister in Kiefer-Saat.

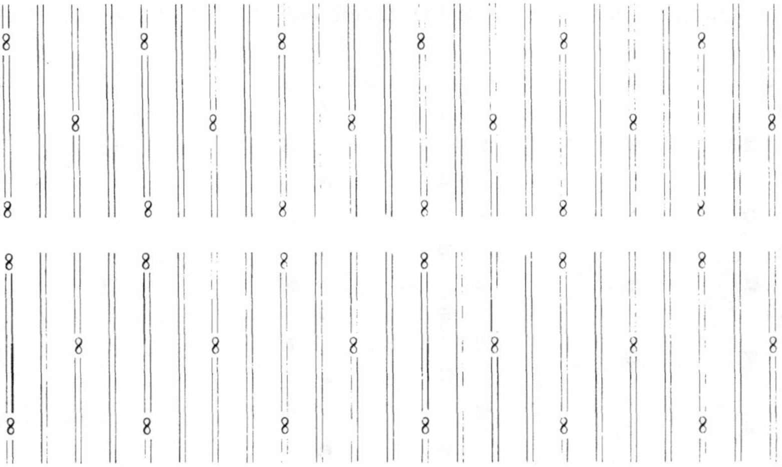

Abb. 112.

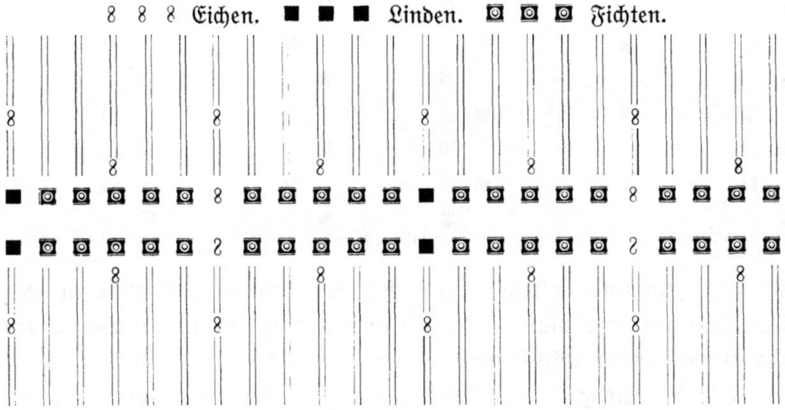

Abb. 113.

daß sie durch ihre Schönheit alle sonst an sich wohlberechtigten Einwände zum Schweigen bringen mag.

Die Alleen im engeren Sinne, die Baumpflanzungen, welche mehr zum Wegekörper als zum benachbarten Forstort zugehörig erscheinen sollen, lassen sich in zwei Klassen sondern, je nachdem die Straßenbäume eng gepflanzt ein zusammenhängendes Laubdach bilden, oder weiter voneinander entfernt jeder einzeln zur Geltung kommen.

Diejenigen ersterer Gattung, geschlossene Alleen möchte ich sie nennen, können bei einigermaßen günstigem Baumwuchs von großartiger Wirkung werden. Um diese Wirkung zu sichern, beschränke man sich auf nur einerlei Holzart, und wähle womöglich eine solche, deren Kronen

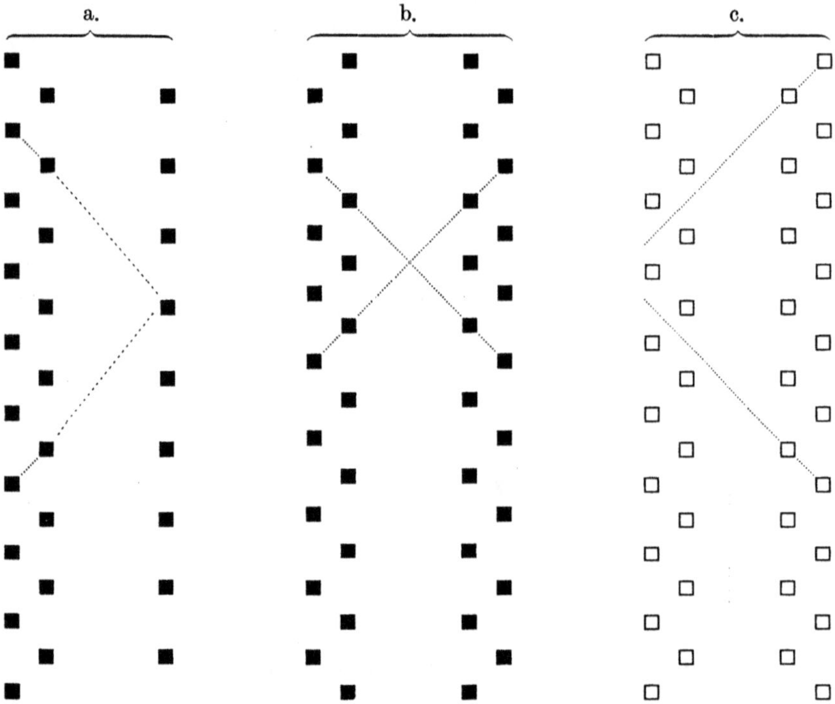

Abb. 114.

sich eng zusammenschließen, wie Linden, Kastanien, Rotbuchen es tun. Die Stämme setze man in den Reihen nicht weiter auseinander, als fünf Meter höchstens.

Die Großartigkeit der Wirkung wird noch ganz wesentlich gesteigert und manche Annehmlichkeit (besonders ein gewisses Gefühl der Sicherheit) wird nebenbei gewonnen, wenn zu beiden Seiten des Hauptweges, oder doch wenigstens zu einer Seite desselben, Fußwege angelegt und gleichartig bepflanzt werden.

Da Regelmäßigkeit jeder geschlossenen Allee zur Zier gereicht, ist darauf zu sehen, daß nach allen Richtungen, nicht nur in der Längsrichtung, die Bäume nach der Schnur gesetzt werden. Es gelingt dies ohne Schwierigkeit mittels des beim Kulturbetrieb üblichen Quadratschlagens. Als wollte man die ganze Wegefläche nebst Seitensteigen in eine Quadratverbandskultur mit 120 m Pflanzenabstand verwandeln, so werde abgesteckt. Dann ist nichts leichter, als die geeigneten Pflanzstellen für die Heister so zu wählen, daß alles stimmt. Wer mit Millimeterpapier umzugehen weiß, kann sich die Sache vom

Abb. 115. Buchenallee bei Schloß Uhlenburg, Kreis Herford. (Zu Seite 366.)

Schreibtisch aus noch bequemer einrichten. Es versteht sich, daß auch neben den Wegen hin verlaufende Gräben bisweilen zur Begründung von vierfachen Baumreihen Anlaß bieten können. Die Abb. 114 a und b mögen hinsichtlich der geradlinigen Anordnung auch nach der Richtung der Diagonale als Muster dienen, daneben zeigt Figur c, wie man es nicht machen soll.

Hier und da muß auf gleichmäßige Abmessung der Entfernungen verzichtet werden; denn sonst verfällt man in den Fehler, Stämme auf Plätze zu pflanzen, wo sie der Beschädigung ausgesetzt sind. Besonders wo von Seitenwegen aus Langholz einer Straße zugeführt wird, muß man mit Pflanzung der Straßenbäume auf die Verkehrsbedürfnisse Rücksicht nehmen, andernfalls werden die Stämme schwer beschädigt.

Die hier eingeschaltete Abb. 115 stellt eine 700 m lange, geschlossene etwa 100 Jahre alte Buchenallee dar. Die Stämme haben 3—4 m Umfang, der Fahrdamm ist $15^1/_2$ m breit und zu beiden Seiten laufen 3 m breite Fußwege. — Die Anlage macht einen gewaltigen, domartigen Eindruck.

Schlimm ist, daß der Wegekörper der starken Beschattung wegen um so schlechter austrocknen wird, je stattlicher die Allee heranwächst. Aus diesem Grunde sind die offenen Alleen für viele Verhältnisse empfehlenswerter. Diese müssen so gepflanzt und (durch) rechtzeitiges Herausziehen von Stämmen) so unterhalten werden, daß niemals eine Baumkrone die andere beengt, sondern daß jeder Baum einzeln als für sich bestehendes Ganzes betrachtet und gewürdigt werden kann. Auch offene Alleen dürfen aus einerlei Holzart auf längere Strecken hin gepflanzt werden und zwar besonders in Örtlichkeiten, wo sonst viel zu sehen ist, die Allee also gewissermaßen nur als nebensächliches Glied der Landstraße auftritt, so z. B. in einer hübschen Gebirgsgegend. Bergansteigende Alleen einerlei Holzart haben noch den besonderen Reiz, daß sie für das Höhenklima einen Gradmesser abgeben. So erinnere ich mich einer Straße mit Ebereschen, deren Früchte, im Tal schon rot, beim Aufstieg alle Schattierungen durch orange oft bis zum grün zeigten.

Wo es angezeigt ist, eine offene Allee an großartiger Wirkung der geschlossenen nahe zu bringen, läßt sich dieses Ziel immer nur durch Beschränkung auf eine oder auf allenfalls zwei besonders gut zueinander stimmende Holzarten, und zwar am sichersten wohl mit Pyramidenbäumen erreichen.

Leider haben lombardische Pappeln und die noch ungleich schöneren Pyramideneichen den Fehler, daß sie, in lange Reihen gestellt, den Überblick über eine Gegend wie ein Gitter oder wie eine Mauer versperren. Sie sind daher nur da am Platze, wo an der Gegend weiter nicht viel zu verderben ist, oder wo von Überblick überhaupt nicht die Rede sein kann. Eine Allee von Pyramidenbäumen darf nicht zu kurz sein, sonst kommt keine Massenwirkung zustande; auch nicht zu lang, drei Kilometer höchstens, sonst wird das Einerlei der gleichartigen Stämme langweilig. In den Hochwald paßt sie nicht hinein, weil der Seitenschatten die Bäume unten kahl und damit unansehnlich macht. Zur Verbindung zwischen einem bewohnten Ort und dem Forst eignen sich dagegen Pyramidenbäume desto besser, weil Häuser und Forst ihren Reihen einen guten

Abschluß geben, dessen eine Allee um so weniger entbehren kann, je stattlicher sie ist.

Aus mehreren Holzarten eine Allee zusammenzustellen, ist eine oft dankbare, aber immer schwierige Aufgabe. Keinenfalls wird dabei planlos verfahren werden dürfen. Stets bedenke man bei der Auswahl, wie sich die Baumreihen von der Seite aus gesehen ausnehmen werden, damit einerseits die Allee selbst ein schönes Profil erhalte, andererseits der Überblick über die Landschaft nicht durch hochragende Baumkronen gerade an unerwünschter Stelle verschleiert werde.

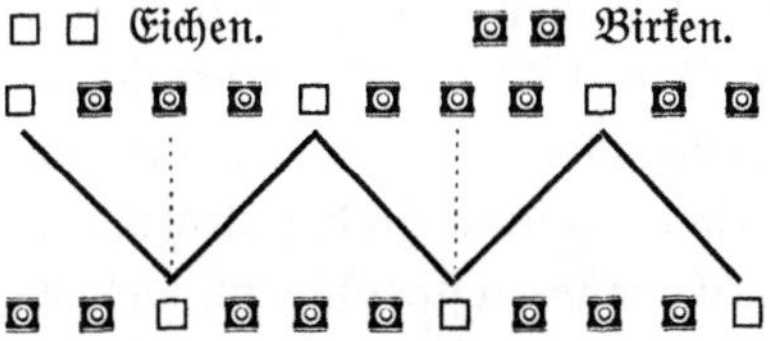

Abb. 116a.

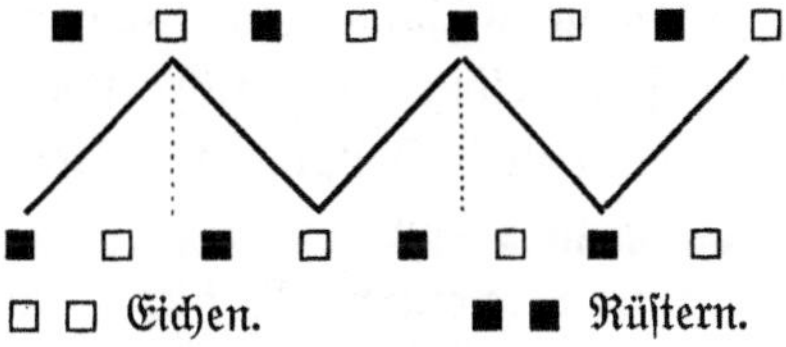

Abb. 116b.

Je weiter die Bäume auseinanderstehen, desto willkürlicher darf die Auswahl verfahren, bei minder weitem Stand (enger als 10 m) tut man dagegen gut, ein ganz bestimmtes System walten zu lassen. Ich gebe dafür einige Fingerzeige, die sich aber stets auf offene Alleen beziehen:

Sind die beliebten Holzarten von ungleicher Dauer, so ist darauf zu achten, daß diejenigen von voraussichtlich kürzerem Lebensalter mit langlebigen so abwechseln, daß nach Entfernung der ersteren doch ein regelmäßiger Verband übrig bleibe. Als Muster möchte ich Abb. 116a empfehlen.

Eine Verteilung schräg auf die Lücken, wie Abb. 116b sie zeigt, bietet den Nachteil, daß eine genaue Regelmäßigkeit der Abstände sich später, wenn Bäume herausgehauen werden sollen, nicht mehr erzielen läßt, man müßte sich denn entschließen, immer gleich zwei nebeneinanderstehende Bäume auf einmal wegzunehmen und das Mischungsverhältnis von zwei Holzarten beizubehalten, was natürlich nur bei entsprechender Wahl derselben auf die Dauer möglich ist. Die bis zuletzt stehen bleibenden Stämme sind auf den Figuren durch Striche verbunden.

Die Pflanzung wird eine um so wechselvollere, um so reichere sein müssen, je öfter und je langsamer man den betreffenden Weg zurücklegt, also an Wegen in der Nähe der Wohnung und da, wo Sand oder Steigung des Terrains zu gemächlicher Schrittfahrt zwingen. Besonders vorteilhaft sind solche *Zusammenstellungen, welche möglichst zu jeder Jahreszeit dem Auge etwas Hübsches zeigen*. Darum vereine die Pflanzung die spät ergrünende Eiche mit der zeitigen Birke oder Eberesche, andererseits die Birke stets mit solchen Holzarten, welche gerade im Hochsommer am schönsten sind (z. B. mit Akazie oder Eberesche). Selbst mit Nadelholz dürfen Laubhölzer in Wechsel treten. Besonders gut paßt Fichte zur Linde, aber nicht gut zur Eiche. Immer sind Holzarten zu wählen, welche denjenigen der Nachbarbestände ästhetisch mindestens ebenbürtig sind — demnach darf also die Aspe z. B. zwar im Kieferwalde als Alleebaum eine Stelle finden, nicht aber im gemischten Laubholzmittelwalde. Die Zahl der zulässigen Zusammenstellungen ist eine geradezu unendlich große und es ist darum unmöglich, selbige in erschöpfender Weise zu besprechen, ich werde daher vorziehen, einem Beispiel aus eigener Praxis statt langer Erörterungen hier Raum zu geben:

Den Zufahrtsweg nach meinem Wohnort fand ich als sandigen, teilweise verhältnismäßig stark ansteigenden Weg, deutlicher Begrenzung ermangelnd, unregelmäßig besetzt mit alten geschneidelten Pappeln und morschen Aspen.

Dieser Weg, nunmehr entsprechend reguliert, hat jetzt, so weit das Dorf ihn begleitet, Lindenallee erhalten, und zwar als offene Allee von sechs verschiedenen Arten Linden. Dann am Walde hin folgen geradlinig geordnet bis zum ersten Knie des Weges Traubeneichen, deren Reihe durch mehrere Pyramideneichen ihren Abschluß findet. Weiter unten, wo der Weg von zum Teil fremden Ackerstücken begrenzt wird, Flurschaden durch Beschattung also möglichst vermieden werden mußte, stehen Gleditschien im Wechsel mit Sorbus, letztere sieben verschiedenen Arten angehörig, aber immer zwei gleiche gegenüber. Die Gleditschien sind insofern keine glückliche Wahl, als fortgesetzt darüber gewacht werden muß, daß kein Zweig in den Weg wachse, denn sonst können ihre Dornen Unheil anrichten. Die reiche Abwechselung unterhält mich jedesmal angenehm, sooft ich die Strecke bergan im Schritt heimfahre. Im Forst dagegen habe ich der Versuchung, bunt zu mischen, bisher widerstanden.

Dort habe ich niemals mehr als zwei Holzarten (Eiche mit Linde, Eiche mit Birke, Eiche mit Ahorn) wechseln lassen. Nur zur Ausschmückung der Wegekreuzungspunkte habe ich allenfalls eine dritte Art hinzugenommen.

Noch ein anderes Beispiel aus meiner Nachbarschaft möge Platz finden, dies nicht ganz der Wirklichkeit entnommen, sondern etwas ideal ausgestaltet.

In Länge von etwa zwanzig Kilometern verbindet eine Landstraße zwei vornehme Herrensitze, deren jeder sich unmittelbar an eine Stadt (Trachenberg und Sulau) anlehnt. Nächst den Schlössern und den Städten finden sich dicht gepflanzte Doppelalleen von Linden und Roßkastanien für des Städters Feierabendspaziergänge; dann folgt Obst: Kirschen eine Strecke, dann Birnen, endlich Äpfel.

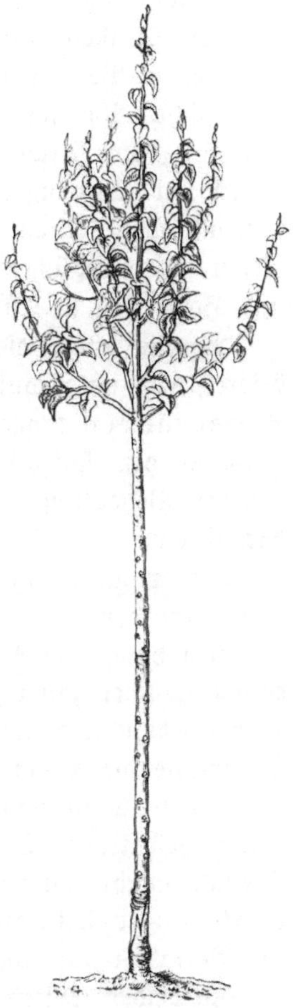
Abb. 117.

Man wolle nicht einwenden, daß Obstbäume immer unschön seien. Wer das annimmt, wird an Gestalten denken, wie der unheilvolle „Kesselschnitt" der Kronen sie hervorbringt; die Obstzüchter haben diesen aber längst verworfen. Die eingeschaltete Abb. 117 zeigt, wie ein gut gezogener Obstbaum in der Jugend aussehen soll. Solche Formen gewährleisten günstige Kronenentwickelung auch für später.

Eine derartig zusammengestellte Obstallee wird zu fünf verschiedenen Zeiten das Auge erfreuen, durch Kirschblüte, Birnblüte, Apfelblüte, Kirschen in Reife, Äpfel in Reife.

Mitteninne zwischen beiden Orten liegt Forst, Teiche und Wiesen umschließend, teilweise eingegattert und reich besetzt mit Wild aller Art, gut bestanden mit Kiefer, Fichte, Eiche, Buche und Erle. Für die ganze Strecke im Forst ist als Alleebaum Ahorn gewählt, und zwar derart, daß immer der zweite Baum auf jeder Seite ein Ahorn ist, streckenweise Bergahorn, streckenweise Spitzahorn. Zwischen je zwei Ahornen steht immer je ein Baum anderer Holzart, wie sie für den besonderen Standort vorzugsweise paßt oder andere Umstände die Wahl vorzeichnen, also im Tiergarten als Äsung für das Wild die Roßkastanie, am Teich und an den

Wiesen Eschen und Rüstern. An Brücken oder wo sich Nebenwege abzweigen, stehen Linden zwischen den Ahornen. Die gewöhnlichen Formen der letzteren sind an solchen Stellen durch die prachtvolle Spielart des Bergahorns mit unterseits dunkelrotem Laube ersetzt. — So weit das Beispiel.

Bekanntlich werden in Belgien Laubholzsämereien in großen Mengen von den Straßenbäumen gewonnen. Nicht nur der eigene Bedarf wird auf diesem Wege gedeckt, sondern auch eine bedeutende Ausfuhr wird ermöglicht. Wir sollten auf Ähnliches bedacht sein, besonders die Anpflanzung von Traubeneichen und von Kiefern an den Straßen zum Zweck der Samengewinnung erscheint mir angezeigt. Die Chausseeverwaltungen sollten darauf hingewiesen werden, daß Traubeneichenalleen sich einträglicher gestalten können, als Obstalleen, wenn man Frucht- und Holzertrag in Ansatz bringt.

Bereits oben, als ich die Begrenzung der Wirtschaftsfiguren erörterte, habe ich darauf hingewiesen, daß unter Umständen *mehrreihige Kiefernalleen* große Vorteile bieten können. Die Frage ist jetzt, im Zeitalter der Aufforstungen und des Kiefernsamenmangels, von besonderer Bedeutung, und ich gehe daher an dieser Stelle ausführlicher darauf ein:

Wo es sich um umfangreiche Aufforstungen handelt, wie solche z. B. nach ausgedehntem Raupenfraß, nach erheblichen Waldbränden und zur Gründung von Waldungen in großen Ödlandgebieten vorkommen, da hat man der Feuersgefahr wegen den Bahnen sehr breite Abmessungen — bis 100 m und darüber — gegeben. Kann man bei entsprechender Bodengüte die Bahnen landwirtschaftlich benützen, so ist gegen offene Bahnen nichts einzuwenden, sonst aber bedecken sie sich mit feuergefährlichem Heidekraut. Sie sehen dann öde aus und verfehlen ihren Zweck. Deshalb möchte ich vorschlagen, *die breiten Feuerbahnen der Anzucht von forstlichen Elitesämereien zu widmen.* Ich denke mir das Verfahren wie folgt:

Zu beiden Seiten der Forstgestelle werde ein 45 m breiter Streifen mit Pflanzen besetzt, die aus Samen von erstklassigen Bäumen unter selbstverständlicher Berücksichtigung geeigneter Herkunftsgebiete erzogen worden sind. Ballenpflanzung ist zu bevorzugen und weitständiger Verband zu wählen. Im Lauf der nächsten Jahre sind diese Streifen dann ebenso zu behandeln, wie nach Vorschrift des Dr. *Kienitz* die Feuerstreifen an den Eisenbahnen behandelt werden sollen. Dies geschieht durch Beseitigung der Waldstreu und sonstigen brennbaren pflanzlichen Abfälle, und Aufschneidelung der jungen Kiefern. Durch Düngung mit Mineralstoffen wird Bodenverarmung zu verhindern sein.

Bei dem weitständigen Pflanzenverband wird sich bald herausstellen, welche Kiefern günstige Eigenschaften besitzen. Als beste Stämme würde ich diejenigen ansehen, deren Schaft gerade emporstrebt, an welchen Zwieselbildungen nicht vorkommen, und deren Beastung annähernd wagerecht gestellt und nicht zu stark entwickelt ist. Nach diesen guten Eigenschaften wähle man die zu bevorzugenden Pflanzen aus, um ihnen weitere Pflege zu widmen. Auf jeder Seite der Straße mag eine dreifache Reihe stehen bleiben und bei etwa 15 m Reihenweite werden ungefähr 18 m Entfernung der Stämme voneinander innerhalb der Reihen das richtige sein. Die Bäume sind auf die im Holzhandel übliche Länge für Brettklötzer, also auf 5 m, oder auf besserem Boden auf 8 m, höchstens auf 10 m, durch Anwendung der Baumsäge astrein zu erziehen, wobei allmählich vorgegangen werden muß, weil übermäßig stark ausgeästete Kiefern sehr schwere Benadelung erzeugen, und dann oft unter Schneebruch leiden.

Ich zweifle nicht, daß solche Baumreihen gegen Flugfeuer eine viel bessere Sicherung gewähren als offen daliegende Gestelle, und die Zeit wird kommen, wo man derartig auserwählte, bei ihrer freien Stellung reichlich Samen tragende Bäume sehr hoch schätzen wird. Schließlich bringen dann die astreinen, in der Freistellung sehr stark gewordenen Stammklötzer auch noch annehmbare Holznutzung.

In Danzig, als ich bei der Versammlung des deutschen Forstvereins — damals leider nur andeutungsweise — die Erziehung von Kiefern als Alleebaum um der Samengewinnung willen empfahl, wurde meinem Vorschlag keine Bedeutung beigelegt, weil auf diesem Wege der große Bedarf an gutem Kiefersamen nicht gedeckt werden könne. Man muß aber doch das Gute nehmen, wo man es haben kann, besonders wenn mit der vorgeschlagenen Maßregel noch andere Vorteile, wie z. B. Herabminderung der Feuersgefahr, erreicht werden. Die in weitem Verband stehenden sechsfachen Kiefernalleen werden natürlich auch einen unübertrefflichen Schutz gegen Sturmschaden bieten und die Wirtschaftsführung daher in mehrfacher Weise sichern.

In die Forstästhetik gehört die Sache insofern hinein, als Kiefern zu den schönsten Alleebäumen gehören. Man wende nicht ein, daß bei dem Heraussuchen der Elitestämme öfters vom regelmäßigen Verbande würde abgewichen werden müssen, und daß die unregelmäßige Stellung der Alleebäume unschön sei. Ein Hinweis auf die mächtige Kiefernallee in Schönberg (Westpreußen) macht diesen Einwand zunichte. Auch haben die Landschaftsgärtner längst eingesehen, daß es falsch ist, alle Baumpflanzungen an Straßen in pedantischer Regelmäßigkeit anzuordnen

Zu bedauern ist es, daß unverständige Behandlung den ästhetischen Wert der Alleen sooft in sein Gegenteil verwandelt, indem namentlich die Laubhölzer durch grausame Ästungen viel leiden müssen. Es sollte keiner mehr Alleen anlegen, als er sorgsam zu pflegen vermag. Rechtzeitig, solange sie noch schwach sind, werde das Wachstum jener Zweige, die nach der Fahrbahn hinstreben, durch mäßiges Einstutzen gehemmt, damit nicht wenige Jahre darauf häßliche Amputationen stark gewordener Äste unvermeidlich werden. Nähere Anweisung zur Baumpflege durch Ästung ist bereits oben, Seite 277, gegeben.

Viel Schädigungen erleiden Alleen durch die Maßnahmen der Telegraphenverwaltung, deren Verlangen, daß ihre Drähte vor Berührung mit Baumzweigen gesichert seien, berechtigt ist. Ein Baumschnitt, wie ich ihn angebe, wird meist die Baumkronen rasch über den Bereich der Drähte hinausführen.

Neuerdings wird ein isolierender Anstrich der Telegraphendrähte empfohlen. Möchte das Verfahren sich bewähren! Für Obstalleen an Straßen wäre das sehr wichtig.

Für alle Alleen, besonders aber für die „geschlossenen", ist gleichmäßige Entwickelung der Stämmchen von Wichtigkeit. Es ist daher ratsam, gleichzeitig mit der Gründung einer Allee auf geeigneter Stelle (Baumakademie!) einige Heister gleicher Art unterzubringen, damit sie mit den Alleebäumen im Wachstum Schritt haltend zu Ergänzungen als genau zupassender Ersatz für den Fall des Bedarfs bereit seien.

Alleen, die bald als „geschlossen" erscheinen sollen, muß man dicht pflanzen, und es kann daher nicht lange ausbleiben, daß die Kronen sich beengen. Werden hierdurch Aushiebe erforderlich, so vergehen mehrere Jahre, bis die Allee sich wieder schließt und wie zuvor einen ganz guten Eindruck macht. Wilbrand zeigte mir in Nauheim, wie sich letzterem Übelstand vorbeugen läßt: Es waren dort in einer ausgedehnten Allee die Kronen immer des zweiten Baumes mäßig eingestutzt worden. Diese im Kampfe um das Dasein in Nachteil gesetzten Bäume wurden von den anderen überwachsen, die sich über ihnen schlossen. Der Aushieb der zurückgeschnittenen Stämme konnte wenige Jahre später erfolgen, ohne merkliche Lücken zu hinterlassen.

Die in diesem und dem vorigen Kapitel durchgesprochenen forstlichen

Maßregeln haben den Vorzug gemein, daß mittels ihrer bei einigem guten Willen und leidlich günstigen Verhältnissen schon in wenigen Jahren das ganze Ansehen eines Reviers in vorteilhafter Weise umgestaltet werden kann. Wer militärische Uniform getragen hat, wird sich erinnern, wieviel ein neu eingezogener Vorstoß am Kragen und gut geputzte Knöpfe dazu beitragen, daß der Rock nicht nur, sondern der ganze Mann einen propern Eindruck macht. Ganz so viel macht die angemessene Ausschmückung der Forstwege für die Toilette des Reviers aus; aber wie Knöpfe und Kragen den Soldaten noch nicht machen, so dürfen wir auch über den Wegen die Bestände selbst nicht vergessen.

Wenn neben einer Straße, wie das für Kunststraßen oft verlangt wird, ein holzfreier Streifen liegen bleibt, dann hält es mancher für schön, wenn der benachbarte Bestand bis unten hin überall als geschlossene Laubwand sich darstellt. Schon König schrieb vor, „alle Mäntel der Waldbestände soviel als möglich geschlossen und begrünt zu erhalten." Daß diese Forderung in ihrer Allgemeinheit zu weit geht, ist schon oben (S. 288) nachgewiesen. Es ist schön und belebt das Interesse, hin und wieder einen Blick in das Innere der Bestände tun, auch ab und zu einen Stamm unter günstigerem Gesichtswinkel, als im Waldesinnern möglich ist, bewundern zu können. In Frankreich wird neben den Chausseen zu jeder Seite ein sehr breiter Streifen Landes vom Holzwuchs frei gehalten, damit die Straße besser austrockene. Über diesen Streifen hinweg trifft der Blick nach dem Forst allenthalben einerlei tief herabreichenden Waldmantel. Das ist auf die Länge zum Verzweifeln langweilig. Ein höherer Offizier, nachdem er von Wörth nach Hagenau geritten war, also durch den herrlichen Hagenauer Forst mitten hindurch, konnte mir einst mit gutem Grunde klagen, er habe auf dem ganzen Wege keinen einzigen großen Baum gesehen. Der reichste Reichswald war ihm arm erschienen, weil er seine Schätze nicht gehörig präsentiert hatte.

Um der Feuersgefahr willen werden die Gestelle nicht selten mit mehrfachen Birkenreihen eingefaßt. Anfänglich sieht das ganz gut aus, und erfüllt auch seinen Zweck; aber man darf nicht darauf rechnen, daß die Birken alt werden. Solche Einfassungen sind nach 30 Jahren lückig und unter ihnen verangert und verheidet der Boden. Man sollte darum wenigstens alle 15 m eine Traubeneiche oder eine Rotbuche einschalten, und deren Wachstum durch Bodenverbesserung sichern. Anfänglich überwachsen, werden sie doch später, zum mindesten beim zweiten Umtriebe, zur Geltung kommen.

Nicht immer werden die Baumreihen zu beiden Seiten eines Weges parallel gepflanzt. Damit eine Allee länger erscheine als sie ist, läßt man ihre Linien in der Ferne näher zusammenrücken. Eins der bekanntesten Beispiele dieser Art ist die Bellevueallee im Berliner Tiergarten, welche aber so breit angesetzt und so stark verengert ist, daß die beabsichtigte Täuschung nicht zustande kommt. — Man vergleiche auch Abb. 50.

Wenn mir öfters der Vorwurf gemacht worden ist, ich wolle den Wald zum „reinen Park" machen, so erweist die Ausdehnung des vorstehenden Kapitels, wie unzutreffend dieser Vorwurf ist; denn in den Park gehören Alleen bekanntlich nicht hinein. Selbst Petzold, obwohl sonst ein warmer Freund der Alleepflanzungen, bekennt in seiner „Landschaftsgärtnerei": „Völlig unzulässig ist aber eine Allee in einer landschaftlichen Gartenanlage im modernen Stile." Wenn ich nun meinerseits in den freien Anlagen einige, im Forst viele Alleen anzulegen rate, so geschieht das also nicht, um Landschaft und Forst zu Teilen des Parkes zu machen, sondern um sie recht deutlich von solchem zu unterscheiden. Hingegen wird eine besonders sorgsame Alleepflege ein Kennzeichen jener „verschönerten Forsten" sein, mit denen sich dieser ganze letzte Abschnitt (II B) der Forstästhetik beschäftigt.

Während zwischen dem Gebiet der Forstkunst und demjenigen der modernen Landschaftsgärtnerei ein scharf ausgeprägter Unterschied besteht, fehlt solche bestimmte Scheidewand zwischen Forstkunst und jenem älteren Gartenstil, dessen Eigentümlichkeit hauptsächlich auf Anlage geradliniger Schattengänge beruhte.

Aus diesem Grunde war es kein Fehler des Tiergartens in Berlin, daß man stellenweise dort nicht sagen konnte, ob man sich noch im verschönerten Forst, oder, wie der Name schon andeutet, im (Tier-)Garten befand. In der Eilenriede, dem Stadtwalde von Hannover, hat man dagegen sehr wohl getan, durch Verzicht auf geradlinige Alleen und allen sonstigen Prunk (als z. B. fremde Holzarten u. dgl.) die Waldpartien in rechten Gegensatz zu den bei Hannover so überreichlich vorhandenen Parkanlagen und Gärten neuen sowohl als alten Stiles zu setzen. — Dies gilt von der Eilenriede, wie ich sie vor Jahrzehnten gesehen habe. Ob es jetzt noch zutrifft, weiß ich nicht.

In der Regel haben sich die Wege dem Gelände anzupassen, und bei ihrer Anlage sind die vorhandenen Verhältnisse zu berücksichtigen. Es kommt aber auch vor, daß die Behandlung des Geländes durch Rücksicht auf die Bestimmung der Wege beeinflußt wird.

Man sollte ganz verschieden pflanzen, je nachdem eine Gegend vorzugsweise vom langsam wandelnden Fußgänger betrachtet wird, oder vom Wagen aus, oder gar aus dem Schnellzug. Einzelheiten, die den Wanderer erfreuen, entgehen dem eilig Reisenden. Für letzteren muß man größere Bilder aus mehr gleichartigen Bausteinen zusammenstellen. Dem Wanderer kann es Freude machen, wenn ein größerer Fliederstrauch in drei hübsch zusammen passenden Farben blüht — aus dem Schnellzug wird man sich einer neu auftretenden Farbe nur dann bewußt, wenn sie nicht ganz sparsam die Netzhaut trifft. An der Böschung des Eisenbahndammes würde ich es daher für richtig halten, Flächen von immer mehreren Ar Größe gleichartig zu bepflanzen.

Ich habe mit einem vielleicht etwas kleinlich gewählten Beispiel begonnen, kann aber auch Beobachtungen aus großen Verhältnissen anführen: Am Isarlauf unterhalb München sah ich weithin Silberweiden und Fichten in schönster Zusammenstellung die Landschaft beleben. Der Reisende könnte die Schönheit dieser Zusammenstellung übersehen, wenn sie sich nur wenige Minuten seinem Auge darböte, so aber macht ihre vielfache Wiederholung auf jeden Empfänglichen einen unauslöschlichen Eindruck. Ähnliches gilt von der Zusammenstellung der Roterle mit der Goldweide, welche namentlich im Winter der Gegend bei Neutomischel weithin zur Zierde gereicht.

Daß für den langsam Fahrenden schon wenige Bäume genügen, um einen unverlöschlichen Eindruck zu machen, davon überzeugte ich mich, als der deutsche Forstverein im Dampfer von Elbing aus zum Kurischen Haff fuhr. Da spielte neben dem Fahrwasser der Wind im Laubwerk dunkler Eschen und heller Silberweiden. Wir fuhren langsam, und ich hatte völlig Zeit, die wundervollen Kontraste in mich aufzunehmen. Obwohl es sich nur um etwa 12 Bäume handelte, die aus dem Schnellzug gesehen gar keinen Eindruck gemacht haben würden, blieb doch das Bild in der Erinnerung haften.

Noch wichtiger als die Zusammenstellung der Holzarten ist die Abgrenzung der Form der Bodenbenützung. Eine kleine Waldwiese, die den Pürschjäger entzückt, verschwindet fast unbemerkt für den, welcher mit flottem Juckergespann vorüberfährt. Ausgedehnte gleichartige Flächen können den Wanderer abspannen und ermüden, wenn sie auch noch lange nicht groß genug sind, um die Aufmerksamkeit des im Kraftwagen Vorüberrasenden rege zu machen.

Wo die Landstraße oder ein Schienenweg eine Kurve macht, da gewährt es dem Reisenden angenehmen Zeitvertreib, Verschiebungen im Gelände zu beobachten; baumlose Flächen lassen die perspektivischen Verschiebungen aber nur schwer erkennen, und rundliche Gehölzgruppen, die von jeder Seite aus einerlei Anblick bieten, gewähren auch keinen Wechsel der Bilder; Pflanzungen dagegen, die — etwa einen Wiesenschlund oder einen Graben begleitend — mehr langgestreckt als rund geordnet werden, zeigen einen überraschend schnellen Wechsel der Bilder, wenn man sich ihnen auf geschwungenen Wegen nähert. Die eingeschaltete Abb. 118 erläutert das einfacher, als durch viele Worte geschehen kann. Wenn man sich vorstellt, daß man von A nach B wandernd die Verschiebungen der Bäume betrachtet, wird man sich des fast jähen Wechsels der Bilder ohne weiteres bewußt.

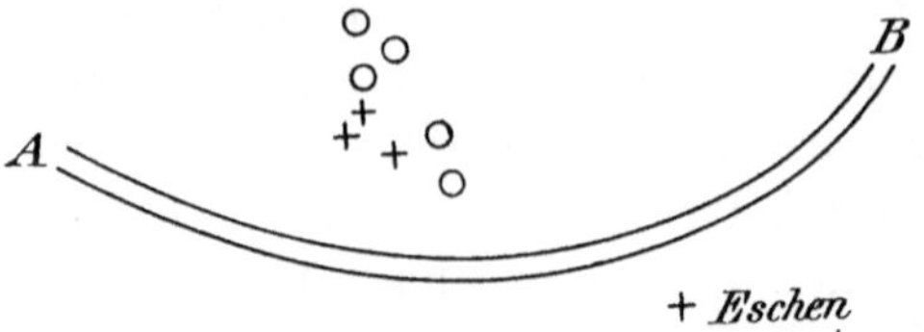

Abb. 118.

Vierunddreißigstes Kapitel.

Alte Bäume als Schmuck der Waldungen.

„Das Schönste freilich, was der Wald besitzt", sagt Burckhardt, „sind seine altehrwürdigen Bäume und Bestände". Zwar „der alte Baumbestand muß endlich fallen, doch schone seiner, wo er eine seltene Erscheinung ist, bis andere Rücksichten ihr Recht fordern. Dem alten Eremiten aber, dem Zeugen mächtiger Naturkraft, an dem Jahrhunderte und ganze Generationen mit ihrer Geschichte vorübergingen, der vielleicht unter Millionen Bäumen seinen besonderen Namen führt und weithin bekannt manchen längst schlummernden Sohn des Waldes unter seinem Dache sah — ihm gönne seine Stätte, bis der Sturm ihn bricht oder sein letztes Blatt verblichen ist. Dann setze ihm einen jungen Stamm zum Andenken und zum Namenserben, ein Merkzeichen des Orts im weiten Walde."

Solch pietätvolles Handeln ist auch in anderer als in rein ästhetischer Hinsicht ersprießlich. Alte Bäume sind eine gar wertvolle Illustration zum Hauptmerkbuch. In seiner kraftvollen Sprache drückt diesen Gedanken König also aus:

„Seltene, besonders große, herrliche Bäume und Bestände sollte man erhalten solange als möglich, müßten auch gewöhnliche Wüchse zu ihrem Bestande mit stehen bleiben. Vernichten wir vollends die letzten riesigen Überbleibsel der Vorzeit, so bleibt nichts, was die Zukunft mahnen könnte an treuere Befolgung ewiger Naturgesetze; die leidige Selbstsucht hielte am Ende wohl noch die verkünstelten Zwerggestalten der neuen Wälder für etwas Rechtes."

Hinsichtlich der Eiche dürfen wir im allgemeinen nicht klagen, deren werden eher zu viele als zu wenige übergehalten, bei uns in Schlesien wenigstens ist es so; aber gar selten läßt man andere Holzarten zu ehrwürdigem Alter heranreifen. Es leitet die Forstleute und die Waldbesitzer bei diesem Verfahren wohl weniger ein bewußtes eigenes Geschmacksurteil, als der fortgesetzte Einfluß, den Dichter und Maler mit Wort und Bild und die von selbigen abhängige öffentliche Meinung auf uns ausüben. Ja, es gibt sogar der Reviere genug, wo auch nicht eine einzige ältere Eiche eingeschlagen wird, sie mag so abständig sein, wie sie will. Solange sie noch ein Büschel grüner Blätter aufweisen kann und darüber hinaus nichts als kahle Trümmer, läßt man sie stehen. Selbst da, wo sie durch ihre Stellung im Revier wenig Wirkung tun, selbst dann, wenn man von den alten Eichen noch die reichlichste Fülle besitzt, genießen sie vielfach den Vorzug, unbedingt mit der Axt verschont zu werden. Es geht das offenbar zu weit. Übermäßiger Vorrat kranker Bäume ist für ein Forstrevier kein Schmuck. Barbarisch wäre es, wenn jemand an die Trümmer der sechs Schuh starken Eiche die Axt wollte legen lassen, wenn er nur eine solche Eiche oder deren nur wenige besitzt, aber vermorschte Stämme zu hunderten sind keine Zierde für den Forst; daher müssen wir dem Mykologen beipflichten, wenn er fordert, die Zahl der Brutstätten Krankheit erzeugender Pilzsporen zu vermindern.

Für forstästhetisch geschulte Leser hätte also R. Hartig nicht nötig gehabt, seinen Standpunkt gegen Mißdeutungen zu verteidigen, wie er es in einem beachtenswerten Abschnitt seiner „Zersetzungserscheinungen" getan hat, denn schon um drei Menschenalter früher war Gilpin zu demselben Ergebnis gelangt, als er über die Eichen von New-Forest klagte: „Viele von ihnen sind beschädigt und struppicht. In der Zusammenstellung können solche Bäume zwar oft Wirkung tun, erscheinen sie aber in einer reichen Waldszene zu häufig, dann beleidigen sie das Auge."

Wenn Gilpin schreibt „in der Zusammenstellung", so meint er damit, daß die anbrüchigen Eichen mit anderem, jüngerem Gehölz, mit einem Gebäude oder Felsblock zu einem Gesamtbild sich vereinigen müssen, daß sie aber nicht auf weiter Fläche vereinzelt stehen dürfen.

In solcher Stellung ist schon der gesunde Baum von melancholischer Wirkung (man gedenke an Heines: „Ein Fichtenbaum steht einsam"), bei dem absterbenden wäre der trübe Eindruck ein zu starker. Allerdings wohnt dem Erhabenen auch im Untergange hohe Schönheit inne, die tragische Schönheit; gedenken wir aber solche zu verwirklichen, so dürfen wir nicht unbeachtet lassen, wie es die Dichter beginnen: Ihren Helden lassen sie nicht ganz allein stehen, sie umgeben ihn mit mittelmäßigen Naturen, die ihn fördern oder bekämpfen, keiner von allen aber darf sich mit ihm messen können. So sollen auch wir nicht Mittelmäßiges, sondern nur ganz ansehnliche Stämme (alte Kämpfer, die manchen Sturm erlebt) als Ruinen verfallen lassen. Wollten wir es anders machen, wollten wir neben den uralten Riesenstämmen (sei es nun einer, oder seien es mehrere, zu einer Gruppe vereinigt) die gleichfalls starken, aber doch etwas geringeren stehen lassen, so würden wir den rechten Maßstab für ihre Größe verlieren, oder, richtiger gesagt, wir würden einen Maßstab gewinnen, dessen Anwendung aber nachteilig ist; denn die stärksten vergleicht man bequem mit den minder starken, diese mit den schwächeren, und so kommt man dahin, auch die ersteren nicht mehr übergroß zu finden. Was wir aber beurteilen und schätzen können, hört auf, den Eindruck des Erhabenen auf uns zu machen, und der tragische Eindruck kann zum kläglichen herabsinken. Nicht immer ist es der Vorzug größerer Massenverhältnisse, oft ist es auch die vorteilhaftere Stellung, welche für die Auswahl der zu erhaltenden Stämme maßgebend wird. So waren auf einer Schlagfläche der Oberförsterei Altenplathow, als ich dort försterte, etwa zwölf ziemlich anbrüchige Eichen in ganz unregelmäßiger Verteilung zunächst versuchsweise übergehalten worden, an welchen es alsbald ersichtlich wurde, daß sie dem Revierteil so nicht zur Zierde gereichten. Sie brachten im Gegenteil den Eindruck des Unwirtschaftlichen hervor, weshalb nur die drei an günstiger Stelle befindlichen beibehalten wurden. Diese als Gruppe zusammenzufassen, wurde dem Auge leicht, und sie erschienen nun imposanter, als vorher die ungeordnete Menge.

Denkwürdige oder besonders schöne, alte Bäume muß man nicht nur mit der Axt verschonen, man soll sogar zur Verlängerung ihrer Lebensdauer tätig eingreifen.

Ich hoffe, dem Leser eine besondere Freude zu machen (wie ich selbst Fickert, dem damaligen Verwalter der Oberförsterei Werder, für die Mitteilung zum größten Danke verpflichtet bin), wenn ich mit dessen eigenen Worten berichte, in welch denkwürdiger Weise die Herthabuche auf Rügen bis in unsere Tage hinein erhalten worden ist. (Abb. 119.) Fickert hatte die Güte, mir zu schreiben:

„Als ich am 1. Juli 1852 als Oberförster nach Rügen kam, fand ich die seit 8 Jahren mir bekannte Herthabuche (ich machte 1844/45 einen

Abb. 119. Herthabuche auf Rügen.

Betriebsplan für die Oberförsterei Werder) in einem traurigen Zustande. Kaum der vierte Teil der ihr zugehörigen Blätter war daran, und was vorhanden war, war fahl, kaum grünlich, grau und gelb und kaum halb so groß, wie sichs gehörte. Das tat mir sehr leid; die geht auch nun den Weg alles Irdischen, läßt aber eine sehr fühlbare Lücke auf Erden

— so dachte ich — aber an die Möglichkeit zu helfen, dachte ich nicht. Da kam Hilfe von oben. Im August kam Majestät Friedrich Wilhelm IV. nach Stubbenkammer. Es wurde auch ein Gang nach dem Herthasee gemacht, bei welcher Gelegenheit ich mich mit Erlaucht Stolberg-Wernigerode, dem Minister des Königlichen Hauses, ganz hinten in der langen Reihe des Gefolges befand, als atemlos der Landrat ankam: „Herr Oberförster, Majestät befiehlt Sie!“ Gut, also in Trab gesetzt. „Aber sagen Sie, die schöne Herthabuche stirbt ja ab.“ Zu Befehl, Majestät. „Ja, zu Befehl, habe den Teufel befohlen; aber sagen Sie, was ist das?“ Wird ihr natürliches Lebensende erreicht haben, Majestät. „Ach was, natürliches Lebensende; das kann nicht sein, das darf nicht sein; o hätte ich das gewußt, ich wäre nicht hierher gegangen, meine schöne Jugenderinnerung! — aber hören Sie, lieber Oberförster, seien Sie mal recht nett zu ihr, helfen Sie ihr wieder auf die Beine; aber hören Sie, auch wirklich!“ Zu Befehl, Majestät. „Ja, zu Befehl, sagt er,“ äußerte der König, sich wieder dem Herthasee zuwendend, „wird ihr auch wohl nichts tun können“. Den Vorgang nahm ich mir zu Herzen und trat sofort in die Untersuchung ein. Graf Stolberg sagte: „Ja, lieber Oberförster, das ist eine schlimme Aufgabe; tun müssen Sie irgend etwas, denn wenn Majestät, wie zu erwarten, im nächsten Jahre wiederkommt und Sie könnten dann nicht sagen und zeigen, was geschehen ist, dann würde Majestät sehr ungnädig sein; sehen wir doch mal die Rasenbank näher an.“ Dies geschah, und es fand sich bald, daß dieselbe aus lauter Wurzeln bestand, auf welchen eine etwas vegetierende Rasendecke lag. Wir hatten also schon Wesentliches entdeckt, und ich mußte mir Vorwürfe machen, daß ich nicht schon selbst auf den Gedanken gekommen war, einen Versuch zur Konservierung zu machen. Am Abend kam Majestät auf die Buche zurück und sagte: „Na, vergessen Sie die Herthabuche nicht“, und als ich sagen konnte: Majestät, ich glaube schon einen beachtenswerten Fingerzeig gefunden zu haben, war der König sichtlich erfreut, und ich mußte mein Projekt vortragen. Nun suchte ich den ältesten Waldarbeiter, einen Mann von 82 Jahren, auf und hatte sogleich den gefunden, welcher mir noch allein und die beste Auskunft geben konnte. Acht Tage darauf war er bereits tot. Er sagte aus: Etwa 1822 mußte ich im Auftrage des Oberförsters Köhn, er war 1815 von Schweden übernommen, die kleine Anhöhe, auf welcher die Buche stand, abtragen, den Platz gut planieren und so viel um die Buche herum stehen lassen, daß eine Rasenbank blieb, wie sie jetzt noch ist. Viele Wurzeln wurden abgehauen, so daß mir die Operation für die Buche sehr gefährlich schien.

Die Frau Oberförster war eine sehr lustige Frau, tanzte sehr gern und wollte um die Herthabuche herum tanzen; darum geschah dies, und nachher wurde da gar oft zum Tanz aufgespielt.

Nun ließ ich die Rasenbank tüchtig begießen, bis alle Wurzeln frei waren; es war ein ganz dichter Wurzelfilz, wie eine dichte Bürste standen die Faserwurzeln als Kranz um den Baum. Ein Wall von guter Humuserde wurde aufgeschüttet und nun von diesem Material so lange zwischen den Wurzeln eingeschlämmt, bis diese und der Raum zwischen ihnen und der Umwallung ganz geschlossen ausgefüllt war; es wurde 5 Tage daran gearbeitet. Dann wurde das Terrain um die Buche wieder hergestellt und zwar von guter Humuserde, so wie der alte Arndt mir beschrieben hatte, daß es ehedem gewesen. Im nächsten Jahre sah die Belaubung schon viel besser aus und 1854 stand sie in alter Fülle wieder da. Im August dieses Jahres kam der König wieder, Erlaucht Stolberg leider nicht mehr. Er war inzwischen gestorben. Zunächst meldete ich mich bei unserem Minister, Exzellenz von Bodelschwingh, erzählte die Überraschung, welche Sr. Majestät warte, wie die Vorgeschichte. Exzellenz, höchst erfreut, sagte, kommen Sie, das müssen Sie dem Ministerpräsident, Exzellenz von Manteuffel erzählen; es geschah, und bald war das ganze Gefolge in freudigster Stimmung ob des glücklichen Erfolges; aber stillgeschwiegen, nichts verraten! Da wurde zur Tafel befohlen. Sowie Majestät meiner ansichtig wurde, erging mit freundlich drohendem Finger die Frage: „Herthabuche?" Gut, Majestät, antwortete ich. „Ihr Glück," sagte Majestät, „erst essen und trinken und dann sehen". Majestät war äußerst heiter. Auf einmal, gegen Ende der Tafel, entstand allgemeine Bewegung; Majestät wurde aufgehoben, sah ganz entsetzlich elend aus, wurde ins Bett gebracht und so am andern Morgen aufs Schiff, und kehrte nicht wieder nach Rügen, denn bald danach brach die unheilbare Krankheit aus, und somit ist demselben die Freude nicht zu teil geworden, den merkwürdigen Baum in der Verjüngung wiederzusehen. Ich habe mich noch 22 Jahre daran erfreut." — So weit Fickert.

Die Herthabuche besitzt 4 m Umfang dicht unter dem Kronenansatz, welcher schon bei 1,3 m Höhe erfolgt. Ihr Alter mag 480 Jahre betragen. (Der verstorbene Oberforstmeister Smalian hat im Jahre 1844 den Stamm angebohrt und danach das Alter berechnet auf 410 Jahre damals). Noch heute läßt ihr Gedeihen nichts zu wünschen übrig.

Nur selten werden die Verhältnisse so schwieriger Natur sein, wie sie bei der Herthabuche waren. Für meine stärkste Eiche hier in Postel genügte vorsichtiges Lockern des Erdreiches unter ihrer Krone, nebst

Zufuhr von etlichen Fudern Lauberde, um sie erfolgreich zu neuem kräftigen Zuwachs anzuregen, nachdem sie etliche Jahre lang gekränkelt hatte.

Diese „dicke Eiche", eine Stieleiche, hat in Brusthöhe 630 cm Umfang, ihr Durchmesser beträgt rund 200 cm. Auf den äußersten Zentimeter entfallen 10 Jahrringe, ihr Alter schätze ich auf etwas über 400 Jahre.

Besonders sorgsam werden im Großherzogtum Hessen die altehrwürdigen Bäume gepflegt. Wie man einst die berühmte Klipsteineiche bei Darmstadt vor Fäulnis bewahrt hat, erzählt Wilbrand sehr anschaulich:

„Aus einem hochangesetzten, starken, ziemlich steil aufsteigenden Aste der Klipsteinseiche sah man Wespen fliegen. Der Baum wurde bestiegen und untersucht. Es ergab sich, daß an der Stelle, wo zwei mächtige Äste einander berührten, am unteren Ast eine Höhlung entstanden war, die in demselben weit in der Richtung des Stammes verlief. Es wurde für rätlich befunden, den kranken Ast zu entfernen. Ein Dachdecker übernahm die Arbeit. Von den Zweigspitzen aus wurden Stücke des unteren kranken Astes an den oberen gesunden Ast angeseilt und in kurzen Abschnitten hinter dem Seil durchgesägt. Die abgesägten Stücke wurden mit dem Seil herabgelassen, damit sie im Unterholze und an dem unter der Eiche befindlichen Grabdenkmal des Präsidenten von Klipstein keinen Schaden anrichten konnten. So wurde der starke Ast, der über 5 Raummeter Scheitholz ergab, bis zum Stamm abgenommen. Es zeigte sich, daß die Faulstelle nur noch wenig in den eigentlichen Stamm hineinragte. Dieselbe wurde sorgfältig ausgekratzt, mit Asphalt ausgegossen, dann die Abschnittfläche des Astes mit einer Mischung von Asphalt und Zement dick überzogen, modelliert und die Rindenborke eingezeichnet. Der Baum wurde gerettet, und die wenigsten seiner zahlreichen Besucher bemerken, welche gewaltige Operation derselbe durchgemacht hat."

Bemerkenswerte hohle Bäume sucht man in Hessen durch Ausmauerung zu erhalten. Die erprobte Anweisung dazu verdanke ich gleichfalls Wilbrand. Sie möge hier Platz finden:

„Vor der Ausmauerung eines hohlen Baumes wird vor allem alles faule Holz an den Seitenwänden und insbesondere auf dem Grund der Höhlung sorgfältig entfernt. Das Ausmauern mit Backsteinen (rauhe Steine halten nicht lange) geschieht in der Weise, daß ein breites Fundament (nur dies allenfalls mit rauhen Steinen), welches den Grund der

Höhlung ausfüllt, hergestellt wird, auf welchem dann, nach oben sich verjüngend, eine schmale Mauerschicht, welche die Höhlung nach unten abschließt, aber nicht die ganze Höhlung auszufüllen braucht, aufgemauert wird. Diese Aufmauerung kann jedoch, wenn erforderlich, so stark ausgeführt werden, daß sie dem Baum zugleich als Halte- und Stützpunkt dienen kann.

Zum Mauern wird $^1/_3$ Zement und $^2/_3$ Sand (kein Kalk) verwendet. Zur Ausfüllung der Lücken an den Seiten verwendet man Steinkeile und gießt schließlich noch verbleibende Hohlräume mit Zement aus.

Zum äußeren Verputz wird $^1/_2$ Zement und $^1/_2$ Sand verwendet, wozu zur Herstellung der Rindenfarbe etwas graue, grüne, auch gelbe Farbe zugesetzt wird. Die Rindenform wird mit einer feinen Kelle hergestellt.

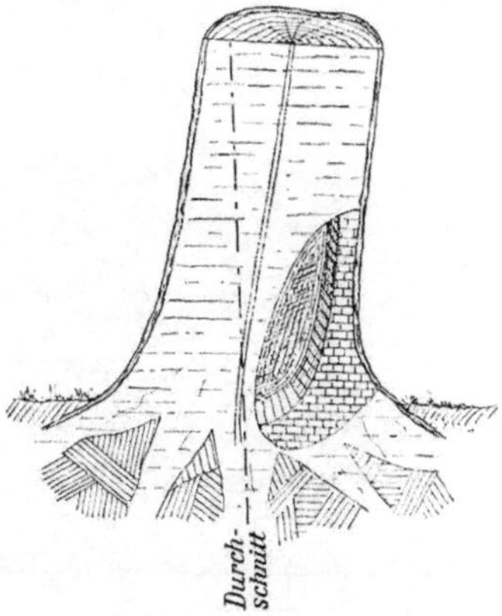

Abb. 120.

Es empfiehlt sich Übertragung der Arbeit nur an einen in Zementarbeit bewanderten Maurer."

Bei Eiche und Buche habe ich nun lange, fast zu lange verweilt, und muß mich nun mit den anderen Holzarten kurz fassen. Für die Erhaltung und die Erziehung ansehnlicher Bäume führt König als Grund an, daß jene die Zukunft mahnen sollen an die „treuere Befolgung ewiger Naturgesetze". Diesem Zwecke entspricht unser Tun nur dann vollkommen, wenn wir uns bestreben, alle Holzarten, die auf dem Standort heimisch sind oder (nur durch unsere Eingriffe verdrängt) einst heimisch waren, wenigstens in einigen ansehnlichen Musterbeispielen jeder Gattung zu hegen, damit das die Vegetation beherrschende „ewige Naturgesetz" möglichst vielseitig zur Erscheinung komme. Die altehrwürdigen, nun fast verschwundenen Eibenbäume danken in manchem Revier lediglich solcher Pietät die Erhaltung spärlicher Überreste. Fremd stehen sie da in der neuen Zeit des Kahlschlagbetriebes, ohne Nachkommen, wie Chingachgock, der letzte Mohikaner, ein einsames Dasein verträumend, meist in ihrer Art schön, interessant aber immer. — Selbst eine Kiefer auf Boden V. Klasse kann schmücken! (Abbildung der etwa 200 Jahre alten Kiefer aus Kittlitztreben, Abb. 121.)

Nun ist ja leider Tatsache, daß nicht jeder Waldbesitzer sein Revier alsbald mit einem 1000jährigen Baume versehen kann, aber selbst eine große Pappel, eine freistehende alte Birke, eine starke Erle sind jede in ihrer Art gar schöne Dinge, und ein Menschenalter genügt für diese, um von gewöhnlicher Stärke zu verhältnismäßig außerordentlicher heran-

Abb. 121. 200jährige Kiefer auf Boden V. Klasse. (Zu Seite 383.)

zuwachsen. Im Jahrbuch (für 1883) unseres Forstvereines fand ich den Nachruf, den Kirchner einer Erle seines Revieres widmete. Unter der Überschrift „Betrübendes aus dem Walde" meldet er ihren Untergang. Sie hatte bei 1 m Durchmesser auf dem Stammabschnitte 32 m Höhe.

Nur einem „unglückseligen Mißverständnis“ war sie zum Opfer gefallen. Dies Beispiel zeigt, was selbst aus Erlen werden kann, man muß sie nur wachsen lassen, und wo der Standort so große nicht trägt, da können auch mindere schon imponieren.

Abb. 122. Emilienbuche in Postel. (Zu Seite 386.)

Die Erle würde wohl schwerlich gefällt worden sein, hätte sie einen Namen gehabt. Ich möchte glauben, daß Namengebung ein ganz besonders geeignetes Mittel ist, bemerkenswerten Bäumen Beachtung und Schonung zu sichern. Eine „Danckelmann-Kiefer“ fällen zu lassen, wird nicht leicht ein Vorgesetzter dem Oberförster vorschreiben!

Auch die Eintragung in die Hauptmerkbücher (Kapitel Revierbeschreibung) und in die forstbotanischen Merkbücher ist geeignet, die Erhaltung denkwürdiger Stämme zu sichern. Diesbezügliche Vorschriften sind für die preußischen Staatsforsten bereits erlassen.

Die Schätze, welche einem Revier eigen sind, müssen nicht nur gepflegt, sie sollen auch in vorteilhafter Weise gezeigt werden.

Die Standorte alter Bäume muß man zugänglich machen, aber man würde fehlgreifen, wollte man jeden einzelnen Baumriesen ganz in derselben Weise wie alle andern sehen lassen.

An manche werde ein Weg dicht herangeführt, die Mehrzahl zeige man nur aus einiger, bald größerer, bald geringerer Entfernung. Nicht alle stelle man ganz und gar frei. Von einigen lasse man den Stamm sehen, bei anderen öffne man einen Blick nur auf den Wipfel, und man richte sich dabei nach den besonderen Vorzügen eines jeden Baumes. Unter dem günstigsten Gesichtswinkel sieht man einen Baum, wenn man doppelt so weit absteht, als der Baum hoch ist.

Auf die stärkste Posteler Buche, die Emilienbuche, habe ich von drei

Abb. 123. „Fichtenleiche" im „toten Walde" am Schneeberge in der Grafschaft Glatz.

Seiten Blicke eröffnet. Einen solchen aufgehauenen Durchblick zeigt die Abb. 122. Die Maße der Emilienbuche sind: Umfang in Brusthöhe 420 cm, Durchmesser 135 und 145 cm, Höhe bis zu dem Astansatz 3,50 cm. Ihr Alter schätze ich auf 260 Jahre.

Einen abgestorbenen Baum wird man nur ganz ausnahmsweise stehen lassen, etwa an der Grenze des Baumwuchses, wenn ihm sonst schöne Beastung oder ein malerisches Äußere eigen ist. (Abb. 123.)

Fünfunddreißigstes Kapitel.

Ästhetische Verwendung von fremdländischen Holzarten und von Spielarten der einheimischen.

Vielfach ist die Meinung verbreitet, daß die Verwendung fremdländischer Holzarten ein Hauptmittel der Waldverschönerung sei. Diese Auffassung kann ich nicht teilen, und ich will mich bemühen, den Nachweis zu führen, daß wir mit den Schätzen der einheimischen Flora ganz gut auskommen können. „Fremder Leute Brot ist den Kindern Kuchen" — dies schlesische Sprichwort hat sich insofern auch an mir bewahrheitet, als ich in meiner forstästhetischen Kindheit den Wert der fremden Holzarten erheblich überschätzt habe. Dies ist um so weniger entschuldbar, als mir viele Mißerfolge vor Augen standen.

Mein Vater hat in großer Zahl Roßkastanien und Akazien in den Forst verpflanzt, er hat eine größere Ackerfläche mit Weißerlen aufgeforstet. Von den Kastanien behaupteten sich, durch Freihiebe begünstigt, 15 Stück. Von den Akazien nehmen nur noch zwei am Bestandesschlusse teil. Die Weißerlen haben ihr Wachstum eingestellt. Großenteils sind sie durch üppig wachsende Eichen, die dem fleißigen Häher ihr Dasein verdanken, ersetzt worden.

Meinerseits mache ich Versuche mit Douglasien und schwarzer Walnuß. Diese Holzarten pflanze ich aber versuchsweise in der Hoffnung an, daß sie waldbaulich gute Dienste leisten werden, nicht zur Verschönerung, und darum verstecke ich sie im Innern der Bestände.

Ich verteidige die fremdländischen Holzarten nur unter nachstehenden Verhältnissen:

1. Im besonders für diesen Zweck bestimmten Versuchswalde, ferner auf kleinen, im Innern der Bestände verborgenen Versuchsflächen.

2. Überall da, wo es durch langjährige Erprobung erwiesen ist, daß sie in forstlicher oder jagdlicher Hinsicht mehr leisten, als unter gleichen Umständen eine einheimische Holzart. (Tiergärten, Wildremisen!)

3. Bei Ödlandsaufforstungen.

4. In kleinen Forsten, wo es darauf ankommt, auf der kleinen Fläche möglichst viel Abwechselung zu schaffen.

5. In der Nähe der Forsthäuser, gewissermaßen als Wahrzeichen des Kultureifers.

6. Auf Kunststraßen als Alleebäume. Die letzteren Verwendungsarten gestatten die meiste Freiheit, weil der streng forstliche Zweck, die Erziehung der Bäume um des Ertrages willen, neben anderen Rücksichten minder in das Gewicht fällt.

Wenn ich den Verteidigern der fremdländischen Holzarten nicht weiter entgegenzukommen vermag, so liegt meiner Zurückhaltung zum Teil eine persönliche Geschmacksrichtung zugrunde; denn ich bin der Meinung, daß die fremden Holzarten zu den unsrigen nicht recht passen, ohne daß ich im einzelnen dies ungünstige Urteil immer zu begründen wüßte. Doch darüber läßt sich streiten, und anderer Leute Geschmack mag anders urteilen; sicher aber ist, daß mit noch nicht genugsam erprobten Ausländern leicht Fehler beim Anbau gemacht werden, die den ungünstigen Eindruck verschärfen. Wenn eine fremde Holzart, die den Blick des Vorübergehenden auf sich lenkt, kränkelt, so schadet das weit mehr, als die gleiche Erscheinung bei zahlreicher verbreiteten Holzarten.

Weisen wir aber den Fremdlingen nur die besten Plätze des Reviers an, den Boden noch durch tiefe Lockerung oder gar durch Komposterde zurichtend, dann entwickeln sie einen geradezu unbescheidenen Jugendwuchs, und die heimischen Arten stehen daneben da, wie Aschenbrödel. Besonders der bescheidene Schmuck, welchen unser Wald in den Herbsttagen anlegt, so wohltuend durch zarte Farbenabstufungen Auge und Gemüt berührend, wird durch die grellen Farben der Ausländer geradezu tot gedrückt. Fehler bei Auswahl des Anbauverfahrens und bei der Zusammenstellung werden sich allerdings mit zunehmender Erfahrung vermindern, vielleicht ganz vermeiden lassen; zwei Bedenken stehen aber selbst der geschicktesten Anwendung gegenüber:

Die fremden Holzarten *stören uns in der Illusion, „im Freien“, das heißt, von einer sich selbst überlassenen Natur umgeben zu sein, und sie mindern den doch erwünschten Kontrast zwischen Forst und Garten.* . . . .

Erkennt man an, daß in nächster Nähe der Wohnung Fremdländer zu pflanzen sind, so ist damit eigentlich schon zugestanden, daß sie in das Innere zusammenhängender Waldungen nicht hineingehören. Wenn wir in den Wald „flüchten“, so wollen wir auf Augenblicke wenigstens vergessen können, daß es nicht die mütterliche Sorgfalt der Natur *allein* gewesen, welche hier gewaltet hat. Wie können wir uns aber in solchen Illusionen wiegen, wo auf Schritt und Tritt Fremdlinge uns begegnen, die ohne menschliches Hinzutun sich hier nie hätten eindrängen oder gar vordrängen können, wenn wir die alten Bekannten auch im Walde wiederfinden, die bei jedem Blick aus dem Fenster in den Garten wohlgepflegt ins Auge fallen.

Nun trifft der letztere Einwand allerdings nicht überall zu; denn nicht jeder besitzt in seinem Garten zahlreiche fremdländische Holzarten, auch muß ich zugeben, daß manchen Fremdlingen in der Tat ein Nutzwert innewohnt, um dessentwillen wir sie nicht ganz aus den Forsten verbannen dürfen. Dies gilt im nördlichen Deutschland vom Lärchenbaum, der Edeltanne, der Weißerle, in ganz Deutschland von der Weimutskiefer, der Roßkastanie, der Akazie, ganz besonders aber von der kanadischen Pappel. Diese Tatsachen würdigend bleibe ich zwar dabei stehen, daß in größeren zusammenhängenden Forsten nicht allenthalben in den Beständen mit sogenannten Akklimatisationsversuchen herumgeflickt werden darf; in ganz kleinen Verhältnissen aber, wenn die Holzbodenfläche zu gering ist, um durch Größe einen Eindruck als Forst zu machen, der Boden zu arm ist, als daß die Üppigkeit des Gedeihens großer Bäume für die Kleinheit der Fläche Ersatz böte, da ist ja nicht viel zu verderben. In solchen kleinen, ich möchte sagen, kleinlichen Verhältnissen ist Zierlichkeit, Sauberkeit und ein gewisser Putz meist von allerbester Wirkung. Unter solchen Umständen zum Ausputz ist vorsichtige Verwendung von Weimutskiefern, Schwarzkiefern, roten Eichen, Akazien usw. nicht nur erlaubt, sondern geradezu angezeigt, und zwar hauptsächlich an den Wegen. Die Akazie läßt sich sehr bequem auch als hübsches Unterholz selbst auf ärmeren Kieferböden verwenden. Man hat nur nötig, bei der Kultur einige wenige Akazienstämmchen mit einzupflanzen. Von diesen können dann bei jeder Durchforstung einige abgehauen werden, um Wurzelbrut hervorzulocken, die sich erfahrungsmäßig unter Kiefern lange Jahre am Leben erhält.

Ganz anders ist aber, wie gesagt, in größeren Forsten zu verfahren. Wer in solchen aus dendrologischer Passion oder in der Hoffnung, daß es seinen Enkeln zu Nutz und Frommen gereichen werde, die Amerikaner und Asiaten ansiedeln will, der wolle ein geeignetes Stück Land als Versuchswald ausscheiden, daselbst alles Einheimische verbannen und dort ein Stück Kanada oder Kalifornien oder Japan gründen, er mag es auch so benennen. Als Goldgrube wird sichs freilich kaum erweisen, aber schön kann es immerhin sein. Weimutskiefern und Douglastannen, die roten Eichen, der Silberahorn, die schwarze Walnuß nebst vielerlei Eschen und Birken die Bestände bildend, und als Alleebäume; an den Rändern aber und als Unterholz Schierlingstanne, Schimmelfichte, virginischer Wacholder. Eine Fülle prächtiger Blütensträucher als Zugabe vervollständige das Idealbild. Ich möchte denken, wer 1000 ha Forst und nebenbei sonst noch einiges Vermögen besitzt und Freude an dergleichen hat, der dürfte wohltun, etwa 100 ha solchem Experimente einzuräumen.

Einen derartigen Versuchswald konnte ich bei Graf von Wilamowitz-Möllendorf in Gadow bewundern.

Wo es gilt, in baumloser Gegend einen Wald ganz neu anzulegen, da ist die Waldbegründung schon an und für sich oft als ein gewagter Versuch anzusehen, und der ganze Wald wird von selbst zum Versuchswalde. Daß ein solcher dann auch durch die Holzarten seinen Charakter als Versuchswald deutlich und dauernd beurkunde, wird (um einen modernen Ausdruck zu gebrauchen) ganz stilvoll sein. Die herrlichen Lütetsburger Tannen, deren hohe, dunkle Kronen ich den Stürmen der Nordsee an der Ostfriesischen Küste Trotz bieten sah, sie werden sich, selbst Fremdlinge im Lande, gewiß nicht verwundern, daß auch Douglastannen und sonstige Ausländer über das Parkgatter zu ihnen hinaus wandern.

Vorstehende Ausführungen sind mit geringfügiger Ergänzung aus der ersten Auflage der Forstästhetik übernommen, obwohl sehr gewichtige Autoritäten meinen Standpunkt nicht für richtig halten. So schrieb unter anderen R. Hartig:

„Ich gebe gerne zu, daß wir im Laubholzwalde da, wo wir es mit günstigen Standortsverhältnissen zu tun haben, der Exoten nicht bedürfen, um die höchsten Ziele der Forstästhetik zu erreichen, ja daß ein Fremdling uns unter Umständen stören kann. Dabei wird man aber doch nach den einzelnen Arten zu unterscheiden haben. Douglasfichten und Nordmannstannen dürften in der Regel nicht stören, da sie auf uns kaum einen fremdartigen Eindruck hervorrufen, wogegen ich gern zugestehen will, doß uns Zypressen im Walde stören können. Durch ihren fremdartigen Habitus sind sie geeignet, gewisse Illusionen zu beeinträchtigen."

„Dagegen muß ich bei den meisten monotonen Waldungen, insbesondere den Nadelholzwäldern, für die Verwendung der Exoten eintreten. Ist das Auge und der Geist ermüdet bei der Durchwanderung eintöniger Kiefern- oder Fichtenwaldungen, so wirkt ein einzelner Baum oder eine Gruppe schöner ausländischer Koniferen auf das Gemüt des Forstmanns, wie der Anblick eines guten Rehbocks."

„Wie wir unsere Wohnungen durch Gemälde, durch Statuen, durch schöne Pflanzen schmücken, um den Aufenthalt in ihnen angenehm zu machen, so können wir auch in unseren Waldungen durch den Anbau schöner Exoten eine willkommene Abwechselung in die Eintönigkeit mancher Waldgebiete bringen. Unsere modernen Nadelholzforste sind ja doch, zumal in der Ebene, weit davon entfernt, den Eindruck hervorzurufen, als seien sie „der sich selbst überlassenen Natur entsprungen". In ihnen wird eine Gruppe schöner Exoten in der Regel keine „Illusionen" zerstören können. Ich zweifle nicht, daß Herr v. Salisch wenigstens in der vorstehenden Begrenzung den Exoten ihre Berechtigung im deutschen Walde zugestehen wird."

Nun ist so viel gewiß richtig, daß in manchen eintönigen Waldungen sozusagen nichts zu verderben ist. Jede Abwechselung wird man in solchen freudig begrüßen, und eine an und für sich so schöne Holzart, wie Douglasfichten und Nordmannstannen, wird gewiß niemand häßlich finden, wenn sie gedeihen. Aber bedürfen wir ihrer denn?

Wenn wir dieselben Kosten und denselben Fleiß der Laubholzeinsprengung widmen, erreichen wir mit Buchen, Eichen, Birken, Ahornen dasselbe, ja noch mehr, und wir vermeiden dabei die Gefahr unschöner Mißerfolge. — Die überwachsene Buche begrüßt man überall freudig als wertvolles Bodenschutzholz; kümmerlich wachsende Ausländer aber sieht man mit mitleidigem Auge an.

Wenn der geneigte Leser sich die Mühe machen will, zurückzublättern zum fünften Kapitel, um die große Zahl der verwendbaren Spielarten heimischer Holzarten nochmals durchzugehen, so wird man mir wohl zugeben müssen, daß für jeden ästhetischen Zweck das geeignete Material in der heimischen Flora sich darbietet.

Ich schließe diese Betrachtung mit einem Hinweis auf Fürst Pückler, der sich zur Frage der Ausländer wie folgt geäußert hat:

„Im Park benutze ich in der Regel nur inländische oder völlig akklimatisierte Bäume und Sträucher und vermeide gänzlich alle ausländischen Zierpflanzen; denn auch die idealisierte Natur muß dennoch immer den Charakter des Landes und Klimas tragen, wo sich die Anlage befindet, damit sie wie von selbst so erwachsen erscheinen könne und nicht die Gewalt verrate, die ihr angetan ward. Wir haben eine Menge blühender, sehr schöner Sträucher, die bei uns in Deutschland wild wachsen, und diese mögen vielfach benutzt werden; aber wenn man eine Zentifolie, einen chinesischen Flieder, oder Klumpen solcher Sträucher in der Wildnis findet, so macht dies eine höchst widrige, affektierte Wirkung, ausgenommen sie befinden sich in einem getrennten, für sich abgeschlossenen Raume, z. B. einem umzäunten Gärtchen neben einer Hütte, welche schon wieder Nähe und Kultur des Menschen hinlänglich durch sich selbst anzeigt. Einige ausländische Bäume, wie die Weimutskiefern, Akazien, Lärchenbäume, Platanen, Gleditschien, Blutbuchen, kann man wohl als gänzlich einheimisch annehmen; indessen gebe ich doch bei uns den Linden, Eichen, Ahornen, Buchen, Erlen, Rüstern, Kastanien, Eschen, Birken usw. den Vorzug."

Alle von Pückler angeführten Gründe gelten im Forst noch mehr, als im Park; wo man aber Fremdländer, deren Hauptreiz in den Herbstfarben beruht, doch anwendet, da vergesse man das Grün nicht. Das Goldgelb der amerikanischen Eschen und der Tulpenbäume wird vor den lange grün bleibenden Erlen besonders schön zur Geltung kommen, und die roten Farben der amerikanischen Eichen und Ahorne vor lange grün bleibenden Spielarten der deutschen Eichen, wie man solche meist im eigenen Walde findet. Bis starke Fröste eintreten, bleibt unter anderen Qu. ped. tarda Nördlinger grün.

Einige ganz besonders auffallende Spielarten der heimischen Bäume, wie z. B. die in allen Gärten eingebürgerten Blutbuchen, Trauereschen, seltsam belaubten Eichen, stehen ihren Stammformen der äußeren Erscheinung nach noch fremdartiger gegenüber, als manche Ausländer ihrer Sippe, auch ist ihr Jugendwuchs meist ein so schwacher, daß sie auf unrajoltem Forstboden die Kinderkrankheiten nicht überwinden. Von den im Eingang dieses Kapitels entwickelten Bedenken werden sie daher nicht unberührt bleiben, andererseits aber spricht zu deren Gunsten, daß ihre Verwendung nicht so unbedingt gegen die Natur ist. Ja, man könnte sogar sagen, es sei in einem Reviere einer Holzart, der Eiche z. B., noch nicht ihr Recht geworden, solange sie nicht in allen ihr eigentümlichen Spielarten darin vertreten sei. Wer, wie es jetzt leider die Regel ist, nur in Revieren wirtschaftet, welche seit Menschenaltern dem alles nivellierenden Kahlschlagsystem unterliegen, dem wird es selten in genügendem Maße bewußt sein, wie gern und wie reich die Natur die Formen einer Art in verschiedener Richtung ausbaut und umgestaltet. In der nächsten Nähe meines Wohnortes — es herrschen hier zum Glück noch nicht so ganz zivilisierte Verhältnisse — entdeckte ich, ohne danach zu suchen, Traubeneiche und Weißbuche von schönem Pyramidenwuchs, Rotbuche und Fichte mit herabhängenden Zweigen, auch eine Schlangenfichte, ferner zwei verschiedene Zwergfichten (den bekannten Gartenspielarten Gregoriana und Clanbrasiliana ähnlich), auch Eichen und Birken mit an Form und Farbe auffallendem Laube. Es sind dies so deutlich charakterisierte Formen, daß sie vor 60 Jahren, als die Sortimente der Handelsgärtner noch nicht wie heute überreich ausgestattet waren, zu den wertvollsten Neuheiten gehört haben würden. Solche von der Natur selbst dargebotene Gaben durch besondere Fürsorge einem Reviere zu erhalten, ist gewiß angezeigt. Zu größerer Sicherheit von dem betreffenden Mutterexemplar einige Edelreiser zu entnehmen und zu gelegentlicher Verwendung im Forstgarten Nachkommenschaft davon zu erziehen, scheint doch auch unbedenklich, und warum sollte man den Samen, den die Natur selbst freiwillig erzeugt, ungenützt lassen? Gerade die von der gewöhnlichsten Form am weitesten sich entfernenden Spielarten erweisen sich oft sehr samenbeständig. Die Natur hätte ja selbst den Fingerzeig dazu gegeben. Die Blutbuche, der unterseits rote Bergahorn, die Pyramideneiche vererben ihre Eigenart bekanntlich ziemlich sicher durch Samen. Wie oben (S. 161) nachgewiesen wurde, sind die Blutbuchen, die Pyramiden- und Goldeichen deutschen Ursprunges. — Warum sollten wir uns da Zwang auferlegen, warum in partikularistischer Engherzigkeit darauf verzichten, eine effektvolle Wechselallee, aus Blutbuchen und Goldeichen zum Beispiel, zu pflanzen? — Nun, partikularistische Engherzigkeit ist es gewiß nicht, die uns daran hindern soll, um so mehr aber rechtes Verständnis der Natur. Überall legt die Natur sich weise Beschränkung auf, sie hascht nicht nach Effekten. Nur selten und vereinzelt bringt sie jene „Naturspiele" hervor, ebenso selten nur und vereinzelt sollen auch wir von ihnen Gebrauch machen. Wer aus dendrologischer Passion auch außerhalb des Gartens ein Arboretum haben will, der mag Sortimente am Wege als „offene Allee" zusammenstellen. Es ist dies die einzige Art, wie die zahlreichere Anpflanzung von dergleichen außerhalb des Gartens unbedenklich wird erfolgen dürfen. — Der reichlicheren Anwendung von nur einerlei Spielart stehen mindere Bedenken gegenüber, und da ist es besonders die Pyramideneiche, zu deren Gunsten ich erhebliche Zugeständnisse zu machen bereit bin. Ist doch diese als einheimisch jedenfalls berechtigt, zum mindesten an die Stelle der Pyramidenpappel zu treten, vor welcher sie so große Vorzüge voraus hat. Welche Rolle sie als Alleebaum zu spielen berufen ist, ward oben bereits erörtert. Einzeln dürfen Pyramidenbäume in der Landschaft nicht angewendet werden, sondern nur in Gruppen von mindestens drei Stück; es sei denn, daß sie gewissermaßen als stattliche

Pfeiler an Toren oder Brücken stehen. An solche Stellen passen sie sehr gut, wie überhaupt überall hin, wo es gilt, etwas von fern her zu zeigen (wie die Lage des Heims, dem wir zustreben, den Kreuzweg, den wir nicht verfehlen dürfen). Sie besitzen auch den Vorzug, daß sie einen vorteilhaften Maßstab für Höhenverhältnisse bieten. In den Grund des Talkessels oder an den Saum des Hügels gestellt lassen sie die Bodenerhebungen und Senkungen größer erscheinen, als sie in Wirklichkeit sind. Unwillkürlich überschätzen wir die Höhe ihrer langgestreckten Formen, weil sie im Verhältnis zur geringen Breite so bedeutend ist, und der Irrtum kommt dann der Würdigung der Terrainverhältnisse mit zugute. Es geschieht das ganz ebenso, wie man die Höhe eines Zylinderhutes an der Wand immer um ein Drittel zu hoch vorzeichnet.

Wo es gilt, lange horizontale Linien zu unterbrechen, da sind Pyramidenbäume gleichfalls am Platze. Man stellt sie daher gern vor Gebäuden und vor einem ausgedehnten Horizonte auf, oder man läßt sie einen Waldsaum, welcher den Blick gradlinig oder in eintönigen Wellen begrenzt, überragen. Sie passen auch sehr gut an das Wasser. Mittelwaldungen, welche die Stromufer begleiten, werden häufig Gelegenheit bieten, Pyramideneichen in der geschilderten Weise zu verwenden, und wer die Wirkung schneller haben will, mag Pyramidenpappeln dazwischen pflanzen. Abb. 124 dient zur Erläuterung des Gesagten.

Für alle Bäume, deren Erscheinung von der Umgebung erheblich abweicht — seien es fremdländische, seien es einheimische — gilt die vom Fürsten Pückler aufgestellte Regel, daß man sie an Wegen nicht einseitig verwenden, sondern daß man auf ein gewisses Gleichgewicht Bedacht nehmen soll. — Dies gilt nicht nur für Einzelbäume und Gruppen in freien Anlagen, sondern ebenso für das Innere der Bestände.

Findet man — ich entnehme dies Beispiel der Posteler „Buchenbanklinie“ — auf einer Seite eines Gestells eine mit Fichten unregelmäßig umsäumte Kieferndickung, auf der anderen Seite 70jährige Kiefern, dann wäre es falsch, unter letzteren nur den von Natur vorhandenen Buchen- und Eichenaufschlag als Unterholz zu hegen. Es müssen wenigstens am Rande auch einige Fichten hinzugefügt werden.

Abb. 124. Pyramiden-Pappeln am Rhein. Blick von der Insel Mönchsau auf Reichartshausen.

Sechsunddreißigstes Kapitel.

Verschönerung der Waldbestände durch Pflege des Strauchwerks und der Bodenflora.

Die Weidegerechtigkeit alter Zeit, die Streunutzung und der Kahlschlagbetrieb haben auf unsere Strauchvegetation so schädlich eingewirkt, daß manches Revier kaum noch die Hälfte der Arten birgt, die es haben könnte. Das sollte nicht so sein und nicht so bleiben; denn wie schön sind sie nicht, unsere Sträucher, wie verschieden die Arten, und wie mannigfach wechselnd die Erscheinung einer jeden Art, je nachdem sie frei erwachsen durfte oder am Bestandessaum oder unter dem mehr oder weniger gelichteten Schirm der Stangenorte und haubaren Bestände, wie zieren sie den Wald durch Blatt, Blüte und Frucht, und wie schmücken sie indirekt das Revier durch das Tierleben, dem sie die Lebensbedingungen gewähren. Der König des Waldes, der edle Hirsch, er ist auf Armenunterstützung am Wildschuppen jämmerlich angewiesen, wo ihm nicht Heide und Wacholder die bescheidenste Winteräsung mehr bieten. Nicht wie der König als schuldigen Tribut, nein, als Bettler empfängt er die zugemessene Ration eingeschrumpfter Roßkastanien. Kleinere Leute leiden noch mehr, zumal leiden die gefiederten Sänger. Wie arm ist nicht die Vogelwelt nach Art und Zahl, wo sie nicht mehr im Gesträuch Wohnung und gedeckten Tisch bis in den Herbst hinein findet! Ja selbst das Insektenleben verarmt. Wo es an Strauchwerk gebricht, da wird der Schmetterling dem Reviere nicht mehr zum Schmuck, sondern zur Gefahr. Wo nicht mehr eines Schillerfalters Raupe auf einer Weide sich ernähren kann, wo der Zitronenfalter ein Schießbeerblatt vergeblich sucht, sein Ei darauf abzulegen, da finden unwillkommene Gäste (die plumpen Spinner, die flatterhaften Spanner) sich gerade am liebsten ein.

Der Mehrzahl der werten Fachgenossen liegt die Fürsorge für die Strauchvegetation so fern, daß ich kaum hoffen darf, sie durch Aufführung unserer Pflanzenschätze im fünften Kapitel für die Beachtung derselben gewonnen zu haben.

Haben doch schon andere vergeblich die künstliche Erziehung schmückender Sträucher empfohlen, so z. B. ist Burckhardt dafür eingetreten In dem erst nach seinem Ableben veröffentlichten Aufsatze: „Die Schutzholzarten und ihre Wirkungsweise“ führt er mehrere Kleinsträucher als schätzenswert auf. Einige, darunter zwei Ausländer (Diervilla und Mahonia), will er teils durch Samen, teils durch Wurzelbrut erzogen wissen.

Leichter als das Neuwiedereinführen ist das Erhalten von Vorhandenem. Trifft es sich, daß gerade auf der zur Fichtenpflanzung bestimmten Kulturfläche ein im Reviere seltener Strauch sich ansiedelte (aus eigener Praxis denke ich an Seidelbast, rotbeerigen Holunder und Berberitze), da ist es meist nur eine geringe Mühe, solchen auf eine geeignete Stelle in der Nachbarschaft unterzubringen, damit er sich unbehindert weiter entwickeln könne. Auch bei den Läuterungen und Durchforstungen läßt sich dann noch manches retten. Was an einem Orte massenhaft auftretend unbequem wird, kann einige Meilen davon als Seltenheit Fürsorge verdienen, so z. B. hier der Efeu. In meinen Laubholzbeständen fristete er bisher nur ein kümmerliches Dasein, in langen Ranken auf der Erde hinkriechend. Stets mißlangen seine Versuche, aufwärts zu klimmen, und ich meinte, der Winterfrost sei daran schuld, bis ich ermittelte, daß die Rehe im Winter jede Ranke beim Abäsen des Laubes zerreißen. Diesem Übelstande ward alsbald mit einigen Dornen abgeholfen, und ich sehe jetzt zu meiner Freude an mehreren Stämmen den Efeu hoch emporsteigen und blütentragende Zweige entwickeln.

Am schwierigsten gestaltet sich die Sache in Tiergärten, während andererseits gerade diese, die doch in gewissem Sinne „Gärten“ sind, besonders schön erscheinen sollten.

Am dankbarsten ist die Anpflanzung von Sträuchern, die lange Schosse treiben können, gleich bei der Bestandesgründung am Rande. Solche werden dann von den nutzbaren Holzarten mit in die Höhe genommen. Hier in Postel blüht die Hundsrose bis zu 5 m hoch zwischen Fichtengezweig.

Manchen Forstort gibt es, dessen eigenartigen Charakter bestimmen weniger die Holzgewächse, als die nichtholzigen Standortsgewächse. Jene Niederungswaldungen, deren Boden im ersten Frühjahr weiß ist von Schneeglöckchen, dann gelb von Schlüsselblumen, jene Vorberge, wo die Leberblume den blauen Frühlingshimmel von der Erde wiederzuspiegeln scheint, jene auch, welche vom dichten Grün des Maiglöckchens (Springauf, sagen wir Schlesier) überzogen, aus tausend weißen Kelchen die Luft würzen, sie alle prägen sich dem Gedächtnis ein, mehr um des Blumenschmuckes als um der Holzart willen, die sie tragen. Es liegt darum nahe, zu versuchen, solchen willkommenen Schmuck, wo er fehlt, einzuführen; leider muß ich aber gestehen, daß die Sache nicht so leicht ist, als man denken sollte. Überaus gewählt sind jene Frühlingskinder hinsichtlich des Standortes, und von meinen vieljährigen Bemühungen mit ihnen ist nur gar wenig Erfolg zu verspüren. Mag sein, daß es anderen besser gelingt. So sah ich wenigstens einen gelungenen Versuch auf märkischem Sandboden (teils II., teils III. Klasse für Kiefern) in Rogäsen unweit der Königl. Oberförsterei Altenplathow. Dort sind in einem auf ausgebautem Acker begründeten Kiefernbestande, einem verschönerten Wäldchen dicht am Garten, gleich bei der ersten Durchforstung Erdbeeren, Farren verschiedener Art, Maiglöckchen und dergleichen mit solchem Erfolge angepflanzt worden, daß alter Waldboden daran kaum reicher sein könnte. Dank einiger Bodenvorbereitung auf geeigneten frischeren Plätzen gedeiht dort sogar roter Fingerhut in überraschender Üppigkeit und besamt sich weiter. Die Pflanze war zur Erinnerung an eine Gebirgsreise als einziger Fremdling den sonst nur standortsgemäßen Gewächsen beigesellt worden.

Solche Versuche jedoch gelingen (auf Grund langjähriger Mißerfolge muß ich es wiederholen) nur ausnahmsweise. Je schwieriger es nun aber ist, Fehlendes einzuführen, desto eifriger sei der Waldbesitzer bestrebt, wenigstens das Vorhandene zu erhalten. Mancher Seltenheit wird ja gar unverständig nachgestellt, und wie es in der Schweiz verboten worden, Edelweiß mit der Wurzel auszugraben (nur mit dem Messer soll die Blume abgeschnitten werden), so verdienen auch von unseren Gewächsen einige ähnlichen Schutz.

Humorvoll und nicht ganz vergeblich wendete sich Graf Moltke an die Besucher der Kreisauer Anlagen durch eine Inschrifttafel, deren Mahnung mir im Gedächtnis geblieben ist:

„Für jeden Fuß ist jeder Gang,
Für jeden Müden jede Bank,
Für jedes Auge jede Blume
In diesem schönen Eigentume;
Für Herz und Sinn ich alles weihe dir,
Doch nichts ist für die Finger hier.“

Ähnliche an das Publikum gerichtete Ermahnungen haben auch hier Beachtung gefunden.

Siebenunddreißigstes Kapitel.

Schmuck der Waldungen durch Steinblöcke.

Vom Wert der Steine für die Landschaft handelte das dritte Kapitel dieses Buches.

Daß man besonders schöne Steinpartien zugänglich zu machen habe, ist bereits im Kapitel über Wegeführung angegeben worden. Dem

Mangel an schönen Steinen, wo über solchen zu klagen ist, künstlich abzuhelfen, ist recht schwierig und auch teuer, was mich aber doch nicht abhält, nachstehenden Regeln hier Raum zu geben, denn ich habe recht oft wahrgenommen, daß man trotz der Mühe und Kosten mit Steinen im Walde herum experimentiert und dabei Fehler macht.

Der naive Anfänger freilich ahnt von der Schwierigkeit nichts. Der Durchschnittsgärtner nicht nur, auch hier und da der Landmann hält die Aufgabe nicht für zu schwer. Der ostfriesische Bauer z. B. schüttet mit Vorliebe in seinem Gärtchen einen kleinen Hügel auf, um auf dieser hervorragenden Stelle Findlinge anzusammeln. Diese werden dann tunlichst senkrecht aneinander gestellt, damit der Beschauer von dem herbeigeschafften Material möglichst viel zu sehen bekommt.

„Ein guter Mensch" — unzweifelhaft gehören die ostfriesischen Bauern zu den guten Menschen — „ist sich in seinem dunklen Drange" des rechten Weges aber doch teilweise bewußt, sofern Bodenbewegung eine Voraussetzung wirksamer Anbringung von Steinen ist.

Auch Gartenkünstler können fehlgreifen. Im Jahre 1880 hat R. Geschwind ein Buch von 346 Seiten über „die Felsen in Gärten und Parkanlagen" in Stuttgart erscheinen lassen. Sein Verdienst besteht darin, daß er darauf dringt, die Natur zur Lehrmeisterin zu nehmen: „Man hüte sich hierbei" (so schreibt Geschwind in seinem der Anlage steiniger Hügel gewidmeten Abschnitt) „ängstlich, Unnatürliches ins Leben zu rufen, sondern studiere die Beschaffenheit solcher Steinhügel im Freien." — Aber daß er selbst der Natur ihre Geheimnisse so abgelauscht hätte, um anderen das Verständnis eröffnen zu können, dafür fehlt der Beweis. A. a. O. z. B. sagt er: „So wie das Zuviel zu vermeiden ist, so schadet das Zuwenig, auch vermeide man das senkrechte Aufstellen aller Steine, und bringe flachliegende mit spitzzackigen untermischt, hier scharfe Kanten, dort förmliche Absätze an; ja es gibt Fälle, wo sogar das Hervorragen größerer säulenartiger Gebilde ganz am rechten Orte ist."

Dies wird dem Anfänger wenig helfen, soweit es richtig ist, z. T. aber ist der Rat ganz irre führend. „Zu wenig" kann nie etwas verderben, „senkrecht aufstellen" darf man Steine nur ganz ausnahmsweise, am ersten wohl noch, wenn sich glaubhaft machen läßt, daß der Stein beim Umstürzen eines Stammes mit dem Wurzelstock emporgehoben und aus seiner ursprünglichen natürlichen Lage herausgerissen worden sei. — Es finden sich auch geradezu unrichtige Angaben, wie z. B.: „Die größten Steine bilden selbstverständlich die Stütze der Gruppe." In der Natur findet man öfter das Gegenteil.

Für mich, der ich im Diluvium zwischen Findlingsblöcken lebe, war die von Mächtig, dem genialen Erbauer der Kreuzbergfelsen, aufgetürmte Gruppe erratischer Blöcke im Humboldthain besonders interessant und lehrreich. Die Lagerung dieses künstlichen Geschiebes kann als Beweis dienen, daß nicht „selbstverständlich" die größten Steine unten hin gehören.

Ist das Gelände für die Lagerung der Blöcke richtig gewählt oder von der Kunst angemessen gestaltet worden, dann ist zu unterscheiden zwischen „gewachsenem" Gestein und zwischen „angeschwemmtem". Hat man nur kantige Steine zur Verfügung, so müssen die Erscheinungsformen des ersteren ausschließlich maßgebend sein, wie sie Seite 73 beschrieben worden sind; besitzt man nur Gestein mit abgerundeten Kanten, dann müssen die sonstigen Lagerungsgesetze zur Richtschnur dienen. Wer über beiderlei Art verfügt, muß die Verteilung so vorsehen, daß die kantigen am Hange und am Uferrand von Wasserläufen untergebracht werden. Im Bereich aber des natürlichen oder künstlichen Wasserlaufes sind diejenigen zu lagern, welche mehr oder weniger deutlich die Spuren des Schwemmtransportes aufweisen. Vereinzelt mögen scharfkantige Steine dazwischen gemengt werden, als wenn sie eben erst „abgestürzt" wären, wie das in der Natur auch vorkommt.

Die richtig gewählten Steine sind im Schwemmgebiet so niederzulegen, daß sie die „seinerzeitigen Strömungen" erkennen lassen; denn nur so folgen wir der Natur, verknüpfen die Steine durch ein einheitliches Band und leihen der Gruppe Anmut.

Steine anmutig?! — In gewissem Sinne können sie es gar wohl sein; denn es kann zwar, wie Schiller mit Recht sagt, „Anmut nur der Bewegung zukommen, aber" — so fährt er fort — „dies hindert nicht, daß nicht auch feste und ruhende Züge Anmut zeigen könnten. Diese festen Züge waren ursprünglich nichts als Bewegungen, die endlich bei oftmaliger Erneuerung habituell wurden und bleibende Spuren eindrückten".

Die Ausführlichkeit der auf Seite 69ff. vorangeschickten Darlegungen überhebt mich näheren Eingehens; denn ich könnte mich nur wiederholen, wenn ich auch hier wieder die Lagerungsgesetze entwickeln wollte, um bei jedem zu bemerken: Man nehme sich die Natur auch hierin zum Vorbild.

Daß sich Steine am wirksamsten im und am Wasser verwenden lassen, darauf hat mich zuerst eine Stelle aus Moltkes Briefen hingewiesen. Graf Moltke schreibt in seinen „Briefen aus Rußland" über einen künstlichen Bach in Peterhof: „Was mir an diesem Park am besten gefallen und zugleich mich am meisten überrascht hat, war ein Bach, ein wirklicher, deutscher Bach mit kristallhellem Wasser, der über große Granitblöcke dahinrauscht. So viel Gefälle hätte ich im ebenen Rußland vom Waldai bis zum Meeresspiegel nicht gesucht."

„Es ist mir immer unbegreiflich gewesen, wie die Gartenkünstler des Flachlandes Wasserfälle anlegen mögen, anstatt das mühsam erstrebte Gefälle zu nutzen, um wenigstens auf eine kurze Strecke einen plätschernden und murmelnden Bach herzustellen. Da springt so ein künstlich gemartertes Wasser über ein Brett in einen sechs Fuß tiefen Abgrund, um dann beschämt weiter zu schleichen, nicht mehr wissend, wohin, wenn es nicht bergauf laufen soll. Es fehlt nur noch, daß der Katarakt erst losgelassen wird, wenn der Zuschauer mit hochgezogenen Brauen dasteht, um zu erstaunen."

Wer nach Anleitung der Abb. 83 dieses Buches den Abfluß eines Teiches regelt, wird diese Winke beachten müssen.

Es ist mir der Vorwurf gemacht worden, das alles gehöre nicht in die Forstästhetik, sondern in ein Lehrbuch der Landschaftsgärtnerei; doch ich kann mich auf Burckhardt berufen, welcher dem Forstmann die Aufgabe zuweist, er solle „die Quelle und den Wassersturz ordnen"; auch kann ich für mich anführen, daß tatsächlich vielfach Forstleute der Versuchung nicht widerstehen, solche Bauten auszuführen. Diese aber sind meist fehlerhaft angelegt, und darum muß gelehrt werden, wie es besser zu machen sei.

Die Gesetze, die ich vor Jahren aufgefunden zu haben glaube, halte ich auch heute noch für richtig, aber deren Anwendung ist eine sehr schwierige Aufgabe künstlerischen Taktes, zudem ist die Bewegung großer Blöcke schwer und kostspielig. Um so wichtiger ist daher, daß man diejenigen ansehnlichen Steine, welche schon von Natur an passenden Stellen liegen, erhält und vorteilhaft zur Anschauung bringt.

Läßt man Steine zu gewerblichen Zwecken werben, dann schließe man alle irgend bemerkenswerten Blöcke von der Gewinnung aus. Weil die Arbeiter nur zu sehr geneigt sind, durch Sprengen der größten frei hervortretenden Blöcke sich rasch Gewinn zu schaffen, müssen die zu verschonenden Steine für so lange, als die Rodungen im Reviere währen sollen, deutlich gekennzeichnet und womöglich numeriert werden.

Finden sich Steine von ansehnlichen Größenverhältnissen in dem Boden so weit eingesunken, daß sie nur noch wenig hervorragen, dann können sie gehoben werden. Einfacher aber ist es bisweilen, durch Abtragen von Erdreich ihnen zu besserer Wirkung zu verhelfen.

In der Schorfheide ist der Hubertusstock, nach welchem das Jagdschloß den Namen erhielt, auf einem tief im Boden eingesunkenen Findling nach Zeichnung des Königs Friedrich Wilhelm IV. errichtet worden. Dies einfache Denkmal würde sehr gewinnen, wenn nach Muster der Abb. 125 der Stein durch eine geringfügige Erdbewegung etwas frei gelegt werden würde.

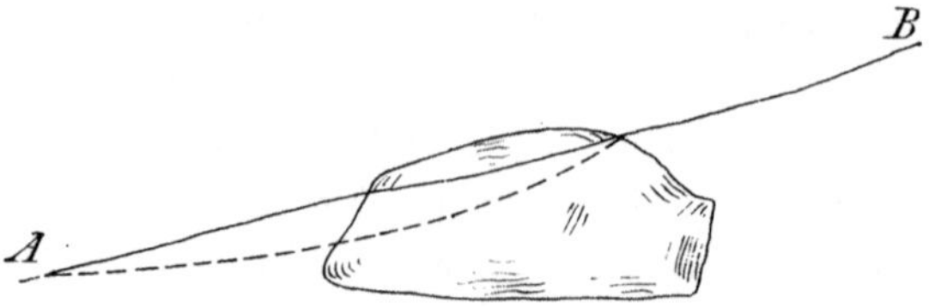

Abb. 125. A—B gewachsenes Erdreich. Punktierte Linie: Aufgegrabener Stein.

Muß man Steine heranschaffen, so wähle man, damit die Wirkung der aufgewendeten Mühe entspricht, tunlichst solche von malerischer Gestalt und schöner Farbe. Ist das Gewicht der ausgesuchten Blöcke zu groß, als daß ihre Beförderung im Ganzen möglich wäre, so müssen sie gespalten und stückweise abgefahren werden. Als einen zulässigen Trug würde ich es entschuldigen, wenn jemand aus einem einzigen

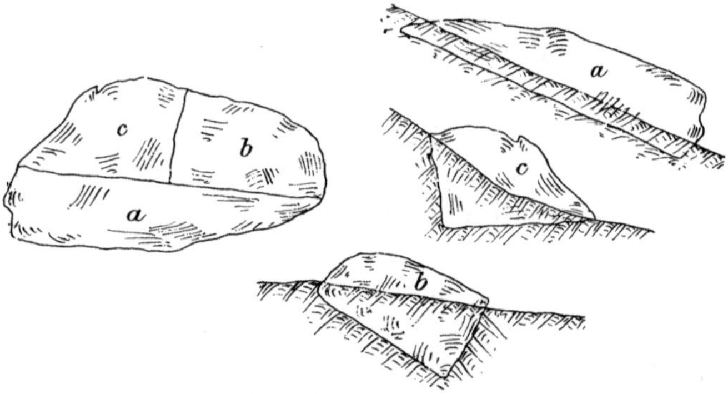

Abb. 126. Gespaltener und dann einzeln verwendeter Stein.

großen Stein deren zwei oder mehrere macht, um jedes Bruchstück für sich so zu verwenden, daß es einen ganzen Findling darstellt, wie die Abb. 126 zeigt.

Für minder ratsam halte ich es, mittels Zement oder Mörtel (der dem Steine möglichst ähnlich zu färben ist, wie Geschwind vorschlägt) den Block an der neuen Lagerstatt zu seiner alten Form wieder zusammenzusetzen. Will man die Massenwirkung heben, deren Wert ich keineswegs verkenne, dann stelle man die ursprüngliche Form ohne Anwendung von Bindemitteln, wenn auch nur annähernd, wieder her, so daß man glauben kann, im Laufe der Jahrtausende habe der Frost den Stein gesprengt.

Dieser Anschein kann allerdings nur dann hervorgerufen werden, wenn der Stein seiner natürlichen Aderung gemäß gespalten wurde, was viel Sachverständnis voraussetzt. Naturgemäßes Spalten gelingt bei Anwendung von Keilen leichter, als bei Benutzung der in ihrer Wirkung schwer zu berechnenden Sprengmittel.

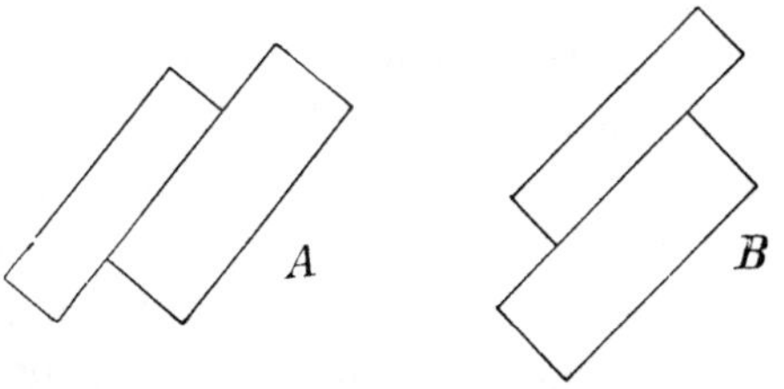

Abb. 127.

Die beim Zusammenfügen verbleibenden Klüfte kann man mit gutem Boden füllen, um Farnkräuter, Vogelbeeren, Birken usw. hineinzupflanzen. Es wird dadurch noch mehr glaubhaft gemacht, daß die Natur selbst,

Abb. 128. Wegweiserstein in Postel.

der Pflanzenwurzel sich als Treibmittel bedienend, anfänglich kleine Sprünge zu durchgehenden Rissen erweitert habe.

Damit die Pflanzen freudig gedeihen, ist es wichtig, auf die Wasserzuführung Bedacht zu nehmen. Die scheinbar natürlichen Klüfte müssen so angeordnet werden, daß das Wasser aufgefangen wird.

Also wäre in schematischer Darstellung A richtig, B falsch geschichtet (Abb. 127 S. 403).

Ich verdanke diesen Hinweis Wocke, dessen vortreffliche Anleitung zum Aufbau von Steingruppen jeder zu Rate ziehen sollte, der größere derartige Unternehmungen plant.

Nicht selten werden sich beim Sprengen der Findlinge so schöne oder so interessante Bruchflächen dem Auge des erstaunten Beschauers offenbaren, daß man sich nicht entschließen mag, sie zu verbergen. Wer möchte einen schimmernden Schriftgranit, einen Turmalingranit, einen Porphyr mit großen Kristallen, einen seltenen Grünstein so der Abb. 126 entsprechend in die Erde vergraben, daß nur die unscheinbare, verwitterte Außenseite zu sehen bleibt! Dazu würde ich mich nur sehr schwer entschließen. — Solche seltene Prachtstücke gehören nicht in die Steingruppen. Man verwendet sie wirkungsvoller bei Feldsteinrohbauten an augenfälliger Stelle. Bei diesem Vorschlag denke ich an eine Anzahl mir bekannter, ganz oder zum Teil aus Findlingen erbauter Aussichtstürme, Kriegerdenkmäler und sonstiger monumentaler Bauten. Aber auch ganz bescheidene Bauwerke bis herab zur Böschungsmauer am Wegeeinschnitt oder zum Wegweiser auf dem Kreuzweg können sehr gewinnen, wenn sie aus besonders farbenprächtigem Gestein hergerichtet werden. Im nächsten Kapitel wird davon die Rede sein. Hier mag nur ein Wegweiserstein Platz finden. (Abb. 128 S. 403.)

Achtunddreißigstes Kapitel.

Ruinen, Schanzen, Denkmäler.

Das Wort: saxa loquuntur gilt nicht nur vom natürlich vorhandenen Gestein, sondern noch mehr von den Resten menschlicher Baukunst.

Ehrwürdige steinerne Zeugen vergangener Jahrhunderte haben sich gerade in den deutschen Waldungen recht zahlreich erhalten; wohlgemeinter Eifer hat aber fast noch mehr wie sorglose Gleichgültigkeit dazu beigetragen, den Reichtum dieser Schätze zu mindern.

Jetzt ist das besser geworden. Das Verständnis, wie dergleichen zu pflegen, ist durch eine reiche Literatur gefördert worden. Man hat eine eigene Wissenschaft daraus gemacht.

Wie eine Burgruine zu behandeln sei, darüber gibt Goethe sehr ausführliche Anweisung in einer „Novelle", welche sich bei den „Unterhaltungen deutscher Ausgewanderter" vorfindet. Dasselbe Thema und die Bedeutung der Architektur in der Landschaft überhaupt behandelt trefflich und dabei in der anziehendsten Form Utis in seiner schon mehrfach von mir zitierten Novelle „Der falsche Baurat".

Handelt es sich nur um unbedeutende Erdwerke (Ringwälle, alte Schanzen), dann wird man diese künstlich erhalten können, wenn man bei der Kultur ihre Linien berücksichtigt. Man ziehe nicht etwa die Pflanzleine querüber, sondern man passe die Linien den Resten der alten Werke an, und man versäume nicht, durch Wahl abweichender Holzarten die Aufmerksamkeit des Beschauers auf das Bemerkenswerte hinzuleiten. Den altehrwürdigen Eibenbaum möchte ich als besonders „stimmungsvoll" für solche Stätten empfehlen.

Hünengräber und sonstige kleinere, aber interessante Reste vergangener Zeiten sollte man niemals völlig in Dickungen verschwinden lassen. Will man ihre nächste Umgebung nicht vom Wirtschaftsbetrieb absondern, so ist um sie herum zu plentern, so daß die Örtlichkeit nie ganz kahl und auch nie ganz undurchsichtig werde.

Im sentimentalen Zeitalter hat man Ruinen künstlich hergestellt. Diese Verirrungen hat Goethe in seinem „Triumph der Empfindsamkeit" grausam verspottet. Jetzt baut man keine Ruinen, aber wir leben im Zeitalter der Denkmäler, deren hier und da zu viele errichtet werden; deshalb ist es nicht überflüssig klarzustellen, welchen Anforderungen ein Denkmal entsprechen muß, damit sein Dasein berechtigt erscheine. Viererlei gehört dazu: Das Denkmal muß schön sein, der Aufwand muß in richtigem Verhältnis stehen zu der Tatsache oder Person, an welche die Erinnerung festgehalten werden soll, es muß an einer geeigneten Stelle stehen, und die Art der Ausführung muß zu der Umgebung passen. Will der Forstmann Denkmäler schaffen, so wird er am sichersten gehen, wenn er Erinnerungsbäume pflanzt, oder vorhandene Bäume Erinnerungszwecken weiht, wie das bereits oben angeraten worden ist. Wo Findlinge zur Verfügung stehen, wird man diese zu Denkmälern benutzen können. Dabei wird man gerade umgekehrt verfahren müssen, als bei meinem Kapitel über Verwendung der Steine zum Schmuck der Landschaft gelehrt worden ist. In jenem handelte es sich darum, anzugeben, wie Steine möglichst natürlich zu lagern sind, hier handelt es sich um deutliche Charakterisierung der menschlichen, geistigen und körperlichen Tätigkeit. Deshalb sollen Denksteine aufgerichtet stehen, und zwar so, daß sie möglichst schöne Flächen und eine interessante Silhouette zeigen.

Will sich der Forstmann auf seine eigene Kraft, d. h. auf die Hebel,

Ketten, Hebeladen, Waldteufel und Schlitten verlassen, dann wird das Gewicht von 300 Zentner die äußerste Grenze bezeichnen, bis zu welcher Steinblöcke regiert werden können. Der Findling, den ich zu Ehren des verdienten Revierförsters Eduard Labitzky im vorigen Jahre hier habe aufrichten lassen (Abb. 129), war nicht ohne viel Mühe und nicht ganz ohne Gefahr zu regieren.

Abb. 129. Labitzky-Denkmal.

Als wir den etwa 300 Zentner schweren Findling glücklich auf dem Schlitten hatten, und er im Gang war, zogen ihn 4 Pferde auf ebenem Gelände mit der größten Leichtigkeit, aber die Beförderung bergab war gefährlich, denn der Schlitten war schwer zu bremsen.

Einfache Obelisken, die Quellenfassungen, wie man sie bei Gräfenberg sieht, die Kreuze und sonstigen Marterln, die an Unglücksfälle erinnern, sie alle sind geeignet, den Wald zu bereichern, nur muß man sich vor einem Übermaße hüten. Großartige plastische Schöpfungen, wie z. B. die

Hubertusgruppen im Tiergarten am Stern, gehören nur in Waldungen, die auch sonst auf die Entfaltung von Prunk eingerichtet sind. An anderen Standorten würde der Vorwurf gerechtfertigt sein, daß sie die Einheitlichkeit des Waldbildes anmaßlich stören.

Die Zusammenstellung von Bäumen und Steinen wird besonders wirksam sein. Handelt es sich nicht um Beschützung vorhandener alter Bäume, sondern um Anpflanzung junger Stämmchen, dann ist regelmäßige Pflanzweise zu bevorzugen, also z. B. Kreisstellung um einen Stein.

Neununddreißigstes Kapitel.

Fernsichten.

Säen, Pflanzen, Pflegen, wovon in früheren Kapiteln die Rede war, das ist jedermanns Freude, aber an das Schlagen gehen viele ungern. Mancher Waldbesitzer kann sich zeitlebens nicht dazu entschließen, mancher Beamte steckt den Schlag nur widerwillig aus, gezwungen vom bösen Etat. Wenigen nur ist es recht bewußt, daß ein Holzschlag, geschickt begrenzt, oft mehr zur Verschönerung einer Gegend beitragen kann, als mit Aufforstungen von großen Flächen in langer Zeit zu erzielen ist. Die Fälle sind nämlich gar nicht selten, daß man den Wald vor Bäumen nicht sieht, oft fehlt es an der Möglichkeit eines Überblickes, eines Ausblickes, den nur geschickt geführte Hiebe schaffen und erhalten können. Um das nun nicht nur handwerksmäßig, sondern wirklich gut zu machen, ist Belehrung, Übung und angeborenes Talent erforderlich. Zu Petzold, dem damaligen Direktor des Muskauer Parkes, sagte einst angesichts einer wahrhaft poetischen Fernsicht, die er eröffnet hatte, die Generalin R. v. Schlegell: „Sie müssen Dichter sein.“ „Ich dichte mit der Axt“, war seine Antwort. Wegen seines Dichtens mit der Axt hat Petzold übrigens manche Anfeindung durchmachen müssen, und ebenso ergeht es jedem Landschaftsgärtner, wenn er einem Baume einmal notgedrungen zu Leibe geht.

Man erinnere sich des Entrüstungssturmes, welchen die im Berliner Tiergarten vorgenommenen Lichtungen vorübergehend heraufbeschworen haben. Da sind wir Forstleute besser daran. Uns verzeiht man's schon eher. Diesen Vorzug aber in verständiger Weise uns zunutze zu machen, dürfen wir nie außer acht lassen; es können dann die Schöpfungen der Forstkunst den Park gar oft in Schatten stellen. Sie haben vor diesem die räumliche Größe meist, die angenehme Ideenverknüpfung der Nutzbarkeit immer voraus.

Will man ein Landschaftsbild schematisch in seine Teile zerlegen, so ist Vordergrund, Mittelgrund und Hintergrund zu unterscheiden. Im Vordergrund treffen wir auf die stärksten Gegensätze zwischen Licht und Schatten und auf reine Farben. Im Mittelgrund sind die Töne schon mehr verwaschen, im Hintergrunde kommt die Luftperspektive voll zur Geltung. Die Auffassung eines Landschaftsbildes wird uns erleichtert, wenn die angegebene Gliederung deutlich hervortritt. Deswegen ist der Blick von hohen Bergkuppen in eine weite Ebene oder ein flach gewelltes Hügelland nur bei niedrigem Stand der Sonne schöner, als der Ausblick von der halben Höhe des Berges. Die Mittagsonne, welche beide Seiten von Hügelketten annähernd gleichmäßig beleuchtet, verwischt nämlich die Geländeunterschiede im Mittelgrunde und macht ihn uninteressant.

Es sei mir gestattet, Ausführungen des Fürsten Pückler über Fernsichten hier einzuschalten. Im Gedanken an Garten und Park geschrieben, werden sie aber auch für die Verhältnisse der Forstkunst fast unveränderte Geltung beanspruchen dürfen.

„Jeder Gegenstand in der entfernten Landschaft, der irgendein Interesse gewähren kann, werde sozusagen in unsere Besitzung hineingezogen, alle äußeren Strahlen in diesem focus vereinigt und dadurch eine scheinbare Größe des Umfanges hervorgebracht, welche, geschickt benutzt, die wirkliche oft unendlich übersteigt. Diese fernen Punkte müssen aber durchaus so menagiert werden, daß man die Grenze zwischen ihnen und seinem Standpunkte nie sinnlich gewahr wird, wenn man sich auch denken kann, daß sie zu entfernt sind, um noch im wirklichen Bereiche der Anlage zu liegen; auch sollen sie so wenig als möglich irgendwo ganz unter demselben Gesichtspunkt wiederkehren. Z. B. ein Gebirge lasse man immer teilweise sehen, und nur einmal in seiner ganzen Ausdehnung; eine Stadt teile man ebenso ein, und vermeide, denselben einzelnen Gegenstand öfter wiederkehren zu lassen. Das effektvolle Verbergen und Ahnenlassen ist schwerer, als das offene Zeigen. Wenn die Beschauer eine Aussicht überraschend schön finden und nachher bei längerer Verweilung äußern: Schade, daß der große Baum da noch davor steht, wieviel herrlicher noch würde sich alles entfalten, wenn der auch weg wäre — dann eben hat man es gewöhnlich richtig getroffen, und die guten Leute würden sich sehr wundern, wenn man ihnen den Gefallen täte, den kondemnierten Baum wirklich wegzunehmen, und sie nun mit einem

Male gar kein Bild vor sich hätten — denn ein Garten im großen Stile ist eben nur eine Bildergalerie, und die Bilder verlangen ihren Rahmen.

. . . .

. . Gebäude sollen nie ganz frei gezeigt werden, sonst wirken sie wie Flecken und stehen als Fremdlinge, mit der Natur nicht verwachsen, da. Das halb Verdeckte ist ohnehin jeder Schönheit vorteilhaft, und es bleibe in diesem Gebiete der Phantasie immer noch etwas zu raten übrig. Oft ruht das Auge mit mehr Wohlgefallen auf einem bloßen Schornstein in der Ferne, der seine grauen Rauchwölkchen aus der unabsehbaren Waldfläche in den blauen Äther hinaufwirbelt, als auf einem nackten Palast, der von allen Seiten zugänglich, dem Blicke keine einzige belebende Unterbrechung darbietet und dem sich noch nirgends die Natur heimisch und liebend angeschmiegt hat."

Vorstehendem Zitat (die Ausnutzung des Hintergrundes lehrt es in erschöpfender Weise) füge ich über Mittelgrund und Vordergrund aus eigener Praxis heraus noch einige Bemerkungen hinzu:

Für den Mittelgrund ist von größter Wichtigkeit eine übersichtliche, ruhige Gruppierung der Massen. Dies wird man besonders beim Überhaltbetriebe zu beachten haben. Zwar wird man bisweilen aus wirtschaftlichen Gründen Bedenken tragen, die überzuhaltenden Stämme in Gruppen zu vereinen, doch werden selbige meist derartig in unregelmäßige Reihen geordnet werden dürfen, daß sie von den wichtigsten Standpunkten aus perspektivisch zusammenrücken.

Angemessener Gruppierung entbehrend kommen selbst die schönsten Stämme nicht recht zur Geltung, wovon ich mich hier überzeugen durfte: Als Rest eines wertvollen Bestandes alter Eichen waren im Posteler „Kälberwinkel" eine ganze Anzahl der stattlichsten Stämme am Waldsaume übergehalten worden. Sie bildeten aber eine nur lückenhafte Reihe, und weder sie selbst noch der Hintergrund kamen recht zur Geltung. Da entschloß ich mich, die vereinzelt stehenden Stämme herauszuschlagen, und nun ordnen sich die verbleibenden dem Auge des Beschauers ganz unwillkürlich in drei kraftvolle Gruppen, die sich als dunkle Massen von dem hellen Hintergrund der inzwischen freudig gediehenen Jungwüchse prächtig abheben.

Ich würde als forstästhetischer Anfänger kaum erkannt haben, was geschehen müsse, um jenen Waldsaum zu verschönen, wenn mir nicht Petzold in seiner Landschaftsgärtnerei Gelegenheit gegeben hätte, einen der geistreichsten Entwürfe Reptons zu studieren, der in mehr als einer

Hinsicht lehrreich ist. Abb. 130 und 130a auf Seite 411 geben als Beispiel und Gegenbeispiel diese Kunstleistung wieder, ein treffliches Vorbild, wie man mit der Axt dichten kann.

Den werten Leser bitte ich, sich des im ersten Teil geführten Nachweises zu erinnern, daß der Mensch nicht nur mit dem leiblichen, sondern auch mit dem geistigen Auge sieht. Gerade vor Fernsichten kann man das beobachten. Wer das flache Dach der Johannashöhe betritt, pflegt zunächst, bezaubert von dem ihm zu Füßen liegenden Waldbild, einem rein ästhetischen Genuß sich hinzugeben. Bald aber verlangt der Fremde allerlei Auskunft, er will sich orientieren. „Sehen Sie," wird ihm erwidert, „dort liegt Trachenberg und Winzig, hier der Zobten, dort die Schneekoppe" — und hat der Gast diese und andere bemerkenswerte Punkte entdeckt, so steigert das sein Vergnügen, obwohl er nicht jene Städte, sondern nur ihre Kirchtürme gesehen hat und statt des Zobtenberges nur einen bläulichen Hauch; von der Schneekoppe aber pflegt man nur bei besonders klarer Luft etwas wahrzunehmen. Meist muß der Fremde es seinem Führer glauben, daß sie bisweilen erscheint, und mit der Phantasie ergänzen, was er körperlich nicht sieht. Die für den Genuß einer Landschaft richtige Orientierung ist aber nirgends so schwer zu gewinnen, wie in gleichförmig gewölbter Hügellandschaft, wenn der Weg, sei es Kunststraße, sei es Eisenbahn, in Kurven auf- und abwärts führt. Das ist fast wie auf dem Meere, wenn das Schiff zwischen flachen Inseln ein schwieriges Fahrwasser verfolgt. Aufmerksam schauen alsdann Passagiere wie Schiffsmannschaft nach den Leuchttürmen und den Baken, welche die einzelnen Inseln und Landvorsprünge kennzeichnen, und wer auch nur die Bake erkannt hat, freut sich, als hätte er die ganze Insel gesehen. In ähnlicher Weise schaut der Wanderer in der Hügellandschaft nach einzelnen ihm bekannten Kirchtürmen, Baumgruppen oder großen Bäumen aus, um sich in der Gegend zurechtzufinden.

Diesem Bedürfnis kann der Forstmann durch Überhalthorste am besten entgegenkommen.

Einzelne Stämme als Wahrzeichen einer ganzen Gegend auf Hügeln stehen zu lassen, ist aber fast immer ein Mißgriff. In ihrer Vereinsamung schutzlos den Unbilden der Witterung preisgegeben, machen sie alsbald einen Mitleid erweckenden Eindruck und gehen meist nach wenig Jahren traurig zugrunde.

Das hat schon Jesaias erkannt. Das traurige Verhängnis, welchem seine Zeitgenossen entgegeneilten, schildert er (30, 17) mit den Worten: „Denn eurer tausend werden fliehen vor eines einigen Schelten, ja vor

Abb. 130 und 130a. Beispiel und Gegenbeispiel einer durch Aushieb verschönerten Landschaft nach Repton.

fünfen werdet ihr alle fliehen, bis daß ihr überbleibet wie ein Mastbaum oben auf einem Berge, und wie ein Panier oben auf einem Hügel."

Es ist also ganz besonders auf Berghöhen angezeigt, die Zahl der Überhälter nicht zu knapp zu bemessen. Als eines guten Beispieles erinnere ich mich des Elfbuchenberges aus der Kgl. Oberförsterei Kirchditmold im Regierungsbezirk Kassel. Wie der Name besagt, schmücken elf übergehaltene Buchen den Berg und durch diesen die ganze Gegend.

Zu weit geht jetzt der Eifer vieler Verschönerungsvereine, die sich, wie es den Anschein hat, zur Aufgabe stellen, alle bemerkenswerten Bergkuppen durch hohe Aussichtstürme zu kennzeichnen. Ein Aussichtsturm unmittelbar neben einer Stadt, wie z. B. der bei Eberswalde, wird nicht stören, im Innern des Waldes aber zügle man den Eifer der Vereine und der Architekten. Die Architektur darf nicht über das praktische Bedürfnis hinaus sich hervordrängen wollen, deshalb dürfen die Türme nicht erheblich über den umgebenden Wald hervorragen. — So ist der Elisabethturm bei Eutin anfänglich nur so hoch gebaut worden, daß er die benachbarten Buchenwipfel überragte, und erst später, als die Buchen empor wuchsen, ist er höher hinauf ausgebaut worden. Hoch hinauf geführte Aussichtstürme darf man auch nicht nachträglich durch Kahlhiebe freistellen. Diese Regel betätigte ich hier, indem ich bei der Johannahöhe 5 ha als Plenterwald ausschied, obwohl dieses breiter angelegte Bauwerk eine Freistellung schon eher vertragen hätte und es doch mehr darstellt, als nur einen Aussichtsturm. — So bezieht sich auch Pfeils schönes Gedicht, dessen erste drei Strophen ich einschalte, nicht auf einen modernen Aussichtsturm, sondern auf ein bewohnbares hohes Jagdhaus:

„Tief in des Buchenwaldes Schweigen,
Da liegt ein kleines enges Haus,
Das schaut, umschirmt von hohen Eichen,
Weit in die blaue Fern' hinaus.

Kühn hebt der Bau sich aus den Bäumen,
Zu Füßen liegt der Wälder Grün,
Die Bode hört man unten schäumen,
Die Berge sieht man abends glüh'n.

Das birgt in seinen engen Räumen
Die schönste, reinste Jägerlust,
Und wenn ich mich dahin kann träumen,
Schwellt mir die Sehnsucht oft die Brust."

In späteren Jahren hat Pfeil neben seinem Jagdhäuschen, welches er an Stelle jenes Turmes erbaute, eine Eiche zum „Luginsland" ein=

gerichtet, indem er einen festen Altan oben im Wipfel sicher anbrachte und durch eine feste Leiter zugänglich machte.

In fremden Revieren ist mir auf Kulturflächen sehr oft die Frage vorgelegt worden, ob vorhandene Vorwuchshorste beizubehalten oder zu beseitigen seien. Solche Vorwüchse sind auf großen Kahlschlagflächen oft von hohem ästhetischen Wert, weil sie als Mittelgrund dienen, und ihre Beseitigung zerstört leicht die schönsten Bilder. Es gilt aber von Vorwuchshorsten dasselbe, was ich bezüglich der Überhaltstämme bemerkte: Sie müssen, um schön zu erscheinen, in malerischer Gruppierung verteilt sein.

Abb. 131.

Die hier eingeschaltete Abbildung bleibt hinter der Wirklichkeit zurück, weil der photographische Apparat zwar sehr schön den Mittelgrund wiedergegeben hat, nicht aber den Altholzbestand im Hintergrunde, dessen Ansicht die Vorwuchshorste einrahmen. (Abb. 131.)

Mehr noch als den Mittelgrund haben wir den Vordergrund in unserer Gewalt, nur wird diese Gewalt leider bisweilen mißbraucht. Wenigstens habe ich mehrfach gesehen, daß Fernblicke durch Entwipfeln von Bäumen frei gehalten wurden. Ich habe das schon oben bei Besprechung des Plenterwaldes als ein ungehöriges Verfahren bezeichnet und füge hier noch hinzu, daß eine vorsichtige, durch Schematismus nicht eingeengte Hiebsführung meist in der Lage sein wird, eine Aussicht, die an einer Stelle verwächst, von anderem Orte aus wieder zu eröffnen. Auch diesen allmählich sich vollziehenden Wechsel der Bilder hat der Forst vor dem Park als wesentlichen Vorzug voraus.

Da wo das Terrain einigermaßen steil abfällt, ist es tunlich, auch im Inneren des Forstes einen bestimmten Fernblick dauernd freizuhalten, ohne zu jenem verpönten Mittel (dem Köpfen der Bäume) greifen zu müssen, wenn man sich zu einem anderen kleinen Opfer entschließen will: Wo das Terrain felsig ist, empfehle ich nämlich, die nächsten 15 m abwärts das Gestein vom Boden zu entblößen, so daß es aussieht, als habe auf ihm nie etwas anderes als Farnkraut und Eberesche ein bescheidenes Plätzchen finden können. Weiter herab am Berghang ist dann, soweit nötig, zu plentern, d. h. Bäume, deren Wipfel in störender Weise den Hintergrund verdecken, sind rechtzeitig herauszuhauen. Wo aber der Boden flachliegende, steinige Unterlage nicht besitzt, ist die Bestandeslücke so zu behandeln, daß sie erscheint, als hätten Schneebruch oder sonstige außerhalb dem Belieben des Wirtschafters liegende Umstände sie geschaffen. Haseln, Holunder und sonstiges niedrig bleibendes Gesträuch sind, wenn sie nicht von selbst kommen, alsbald anzusiedeln. Am natürlichsten macht sich die Sache, wo der Blick unter den Kronen alter Stämme offen gehalten werden kann, denn diese sorgen am besten dafür, daß nicht die Heckenschere gegen vorwitzige Jungwüchse in Tätigkeit treten müsse. Bei den Landschaftsmalern ist solche Umrahmung des Bildes auch von oben her ganz besonders beliebt. Wie oft sieht man nicht Rom mit solchem Vordergrunde (vom Monte Pincio aus) abgebildet. Diese Bilder von Rom haben alle das gemeinsam, daß man auf ihnen Rom nicht sieht; nur angedeutet wird die heilige Stadt durch die Umrisse einiger Hauptgebäude, dagegen ziert den Vordergrund außer den großen breitkronigen Bäumen eine stattliche steinerne Schale. Solche können wir nun im Walde nicht aufstellen, aber die natürlichen Schätze des Reviers an Steinblöcken leisten oft entsprechende Dienste. Namentlich sind die Findlingsblöcke der Ebene und des Hügellandes ein sehr verwertbarer Schmuck des Vordergrundes, der durch Anpflanzung schönen Strauchwerkes (Rose, wilder Schneeball usw.) noch bereichert werden kann.

Wie ich schon im Eingang bemerkte, suchen wir im Vordergrund starke Gegensätze von Licht und Schatten und bunte Farben. Diese Vorzüge werden wir bei unserem z. T. großlaubigen, durch lebhafte Blüten und Früchte gezierten Strauchwerk öfter antreffen, als bei den nutzbaren Holzgewächsen.

Eine eigenartige Schwierigkeit bieten langgestreckte schmale Täler und Gewässer, wenn sie annähernd geradlinig begrenzt sind; denn solche eröffnen nur von den Endpunkten aus einen weiten Blick.

An drei Orten habe ich nachahmenswerte Einrichtungen angetroffen, welche diesem Übelstand abhelfen: Bei Lauterberg im Harz fand ich neben dem Weg, welcher eine Talsohle begleitete, eine bastionsartige Anschüttung hergestellt, um für Kohlenmeiler die nötige, anderweit nicht zu beschaffende ebene Fläche zu gewinnen. Von da aus konnte man sehr schön aufwärts und abwärts das Tal überblicken. Dergleichen läßt sich gelegentlich beim Wegebau ohne erhebliche besondere Mehrkosten schaffen, und der geringe Aufwand wird durch mancherlei Bequemlichkeiten (Ruheplatz für Gespann, Platz zum Wenden, Holzstapelplatz) reichlich ersetzt werden. Lediglich im Schönheitsinteresse hat Wilbrand bei Darmstadt Ähnliches hergestellt. Neben einem Bach, dem „Darm", läuft im Holz am Wiesenrand ein Promenadenweg, welcher auf der Talseite durch Anschüttung sogenannter Kanzeln an mehreren Stellen erweitert ist. Diese Kanzeln sind auf der Bachseite durch Trockenmauern mit ziemlich steilen Wänden gesichert. Oben sind sie durch eine Brustwehr aus berindetem Eichenholz abgegrenzt. Der Blick von diesen Kanzeln erfreut durch Gegensatz um so mehr, als der Weg im übrigen innerhalb des Bestandes so geführt ist, daß man auch die Querblicke über das Wiesental nur von ihnen aus frei genießen kann, entsprechend einer von Wilbrand vorgeschriebenen Regel: „Fußpfade zum Lustwandeln lege man in der Nähe von Städten unweit des Waldrandes, so daß zwischen dem Pfad und der Waldgrenze noch ein schmaler, einige Meter breiter Holzstreifen zu liegen kommt. Behält der letztere seine Randzweige von unten auf, so erstrahlt dem in der Richtung der Sonne Schauenden die Laubwand in heller, schimmernder Vergoldung."

Abb. 132. Aussichtskanzel am Wasser (nach Willy Lange).

Am Wasser sind es Landungsbrücken und Buhnen, welche neben praktischen Aufgaben auch Schönheitszwecken dienen, indem sie Fernblicke eröffnen. Gleichzeitig schmücken sie das Wasser durch Unterbrechung der oft eintönigen Linien. Die kleine künstliche Landzunge beim Jagdschloß Grunewald erfüllt diesen doppelten Zweck. — Abb. 132 gibt die sehr hübsche Darstellung einer Kanzel am Wasser.

Ich schließe dieses Kapitel mit einer Gilpin entnommenen allgemeinen Betrachtung:

„Die Würdigung eines Fernblickes hängt nicht allein von der Landschaft, sondern auch nicht minder vom jeweiligen Zustand des Beschauers ab. Man ist nicht immer aufgelegt, großartige Eindrücke auf sich wirken zu lassen. Der ermüdete Körper, noch mehr der ermüdete Geist werden eine gewisse Beschränkung vorziehen."

Für eine sorgsame Behandlung eines verschönerten Waldes ergibt sich hieraus die Regel, daß für das verschiedenartige Bedürfnis sehr verschiedenartige Veranstaltungen zu treffen sind. Handelt es sich um großartige Bilder, dann wird man gut tun, durch kleinere Ausblicke, die der Wanderer unterwegs mitnehmen kann, auf den großen Eindruck vorzubereiten. Bietet die Landschaft geringere Reize, dann wird man das Schönste, das Interessanteste, worüber man verfügt, möglichst überraschend vorführen müssen. So handelte Fürst Pückler im Branitzer Park. Als ich vor langen Jahren jene geistreichste Schöpfung der Gartenkunst besuchte, überraschte mich anfangs die Eintönigkeit des „Umfahrungsweges", dessen Ränder so dichte Pflanzungen umsäumten, daß auch nicht der geringste Ausblick zu gewinnen war. Dann ward eine steinerne Bank und ein ebensolcher Tisch sichtbar, um die Aufmerksamkeit zu wecken, und zu diesen gelangt fand ich einen Durchblick freigehalten nach der Spitze jener großen, am künstlich ausgehobenen Spreearm aufgefahrenen Pyramide, welche der Schöpfer des Parkes sich als Grabdenkmal geschichtet hat.

Im Forst wird man das oft nachahmen können. Sei es der Ausblick auf einen Wasserlauf, auf einen schönen Baum, auf ein Forsthaus usw.: soll er recht gewürdigt werden, dann muß man nicht nur das Bild, sondern auch den Beschauer entsprechend vorbereiten.

Aber nicht nur in dieser Hinsicht, ganz allgemein gilt die Mahnung: Der Forstmann soll nicht nur Schönheit pflegen, er soll auch die Waldbesucher dazu erziehen, die dargebotene Waldespracht zu verstehen und zu würdigen!

Schlußwort.

Ich bin am Ende. Verlangt man, daß ich noch einmal mit kurzen Worten das Wesen der Forstkunst angeben soll, so möchte ich antworten:

Die Hauptsache ist kunstgerechter Wirtschaftsbetrieb, die Pflege der standortsgemäßen Baum- und Straucharten, die Hegung altehrwürdiger Bäume, die Erschließung der Bestände durch Wege, die in das Innere hineinführen.

Abb. 133. Durch Ausgraben freigelegter Stein in Postel.

Findet sich Gelegenheit, durch hübsche Bauten, durch ästhetische Gestaltung von Wiesen und Gewässern, durch Felsblöcke und Steine einigen Schmuck hinzuzufügen, so soll man sie nicht versäumen.

Ausblicke mögen dem Auge gestatten, daß es in die Ferne schweife.

Bemerkungen zu den Abbildungen.

Abb. 33 S. 157. Stelzenkiefern. Nach Dr. Klein.
Abb. 34 S. 159. Zitzenfichte. Nach Dr. Klein.
Abb. 35—43 S. 163. Eichenblätter. Handzeichnung des Verfassers nach der Natur.
Abb. 44 u. 45 S. 164. Von König Wilhelm gefundene bzw. gezeichnete Eichenblätter.
Abb. 46 S. 179. Elchhirsch. Nach einem Gemälde von Friese. (Mit Genehmigung der Illustrierten Zeitung in Leipzig.)
Abb. 47 S. 198. Hutungsrasen im Fichtenwald. Aus Jugowitz „Wald und Weide in den Alpen". (Wien 1908. Wilhelm Frick.)
Abb. 48 S. 199. Wacholderlandschaft aus der Lüneburger Heide. Aus Linde, Die Lüneburger Heide (Bielefeld 1904, Velhagen & Klasing).
Abb. 49 S. 205. Insel im Nesigoder Tiergarten. Photographie von Waßdorff. In der sog. Luge sind zahlreiche derartige Inseln vorhanden, die man fast als schwimmende bezeichnen kann, weil sie, nur durch die Erlenwurzeln verankert, bei heftigem Winde schwanken.
Abb. 50 S. 209. Danckelmann-Linie. Photographie von Waßdorff.
Abb. 51 S. 211. Grundriß eines Hügels. Handzeichnung des Verfassers.
Abb. 52, 53, 54. Beispiel und Gegenbeispiel einer Jageneinteilung. Handzeichnung des Verfassers.
Abb. 55 S. 217. Fußweg im Buchen-Mittelwald. Wettbewerbsentwurf des Gartendirektor Trip † für den Essener Stadtwald. „Gartenkunst" 1908. S. 79.
Abb. 56 u. 57 S. 218. Wegekreuzungen. Handzeichnung des Verfassers.
Abb. 58 S. 220. Durchblicke im Katholisch-Hammerschen Forst. Photographie von Waßdorff.
Abb. 59 S. 221. Grundriß zu Nr. 58. Handzeichnung des Verfassers.
Abb. 60 S. 221. II. Gegenbeispiel zu Nr. 53. Handzeichnung des Verfassers.
Abb. 61 S. 223. Im Fichtenwald aufgehauener Wirtschaftsstreifen. Nach G. F. Schwarz „Forest Trees and Forest Scenery". New York 1901.
Abb. 62 S. 229. Waldrand nach Repton, Beispiel und Gegenbeispiel. Gezeichnet von Fräulein Dora von Kleist, Berlin.
Abb. 63 S. 230. Kopfholz-Heinbuche. Aus „Forstbotanisches Merkbuch Hannover" 1907.
Abb. 64 S. 232. Buchenplenterwald. Nach Photographie von Forstmeister von Arnswaldt, Schlemmin in Mecklenburg.
Abb. 65 S. 234. Kiefernbestand. Photographie von Waßdorff in Postel.
Abb. 66 u. 67 S. 237. Bilder aus mecklenburgschen Forsten. Photographie von Forstmeister von Arnswaldt.
Abb. 68 S. 239. Kiefern-Überhaltstämme aus der Müllerhege in Postel. Photographie von Zeichenlehrer Peltz in Breslau.
Abb. 69 S. 242. Burgberg bei Lehnhaus am Bober. Photographie von Waßdorff.
Abb. 70 S. 245. Erlen-Niederwald mit Überhältern. Photographie von Waßdorff.
Abb. 71 S. 247. Schneidelholzbüsche in Zwornogoschütz, Kreis Militsch. Nach Zeichnung des Landschaftsmalers A. Bethge in Berlin.
Abb. 72 S. 250. Fichten im Mittelgrund vor langgestrecktem Bergrücken. Partie im Langengrund, nach Ansichtskarte.
Abb. 73 S. 253. Kahlhieb am Berghange. Photographie von Direktor Dr. Kuhfahl in Dresden.
Abb. 74 S. 253. Berggrat mit Fichten. Aus Jugowitz „Wald und Weide in den Alpen". (Wien 1908. Wilhelm Frick.)
Abb. 75 S. 265. Eichen-Vorverjüngung. Photographie von Waßdorff.
Abb. 76—78 S. 268. Richtung der Saatstreifen. Handzeichnung des Verfassers.
Abb. 79 S. 270. Eichenstubben. Photographie von Waßdorff. Zu vergleichen „Jahrbuch des Schlesischen Forstvereins für 1910".
Abb. 80 S. 273. Posteler Durchforstung in Buchen. Photographie von Waßdorff.

Abb. 119 S. 378. Herthabuche. Nach einer Photographie der Neuen Photographischen Gesellschaft, Steglitz-Berlin.

Abb. 120 S. 383. Ausgemauerter Baumstumpf. Nach Wilbrand.

Abb. 121 S. 384. 200jährige Kiefer in Kittlitztreben. Photographie von Frau v. Kölichen.

Abb. 122 S. 385. Emilienbuche. Photographie von Waßdorff.

Abb. 123 S. 386. „Fichtenleiche." Nach Photographie von Dr. Schube.

Abb. 124 S. 394. Rheinlandschaft, Blick von der Insel Mönchsau auf Reichartshausen. Nach einer von Dr. jur. Wilhelmj mir zur Verfügung gestellten Photographie des Hofphotographen C. Colberg in Bad Oynhausen.

Abb. 125—127 S. 402 u. 403. Steintrümmer. Nach Handzeichnung des Verfassers.

Abb. 128 S. 403. Wegweisersteine in Postel. Nach einer Ölskizze von Fräulein Gertrud von Schlegell in Dresden gezeichnet von Fräulein Dora v. Kleist, Berlin.

Abb. 129 S. 406. Labitzky-Denkmal. Photographie von Waßdorff.

Abb. 130 S. 411. Beispiel und Gegenbeispiel einer durch Aushieb verschönerten Landschaft. Nach Repton. (Aus Petzold, Die Landschaftsgärtnerei.)

Abb. 131 S. 413. Vorwuchshorste. Nach Photographie von Waßdorff.

Abb. 132 S. 415. Aussichtskanzel. Nach Lange-Stahn „Gartengestaltung der Neuzeit". Leipzig 1907. J. J. Weber.

Abb. 133. Steinblock in der Posteler Kälberhege. Durch Ausgraben besser sichtbar gemacht. (Nach Photographie von Dr. Schube.)

Benutzte Quellen und sonstige Anmerkungen.

Dem Nachweis der von mir benutzten gedruckt vorliegenden Quellen habe ich den Dank voranzustellen für mündliche und handschriftliche Förderung meiner Bestrebungen. Bei Abfassung schon der ersten Auflage haben mich hinsichtlich des allgemeinen Teiles D. Kleinert, Professor in Berlin, für den angewendeten Teil von Bornstedt, zuletzt Landforstmeister in Berlin, durch Literaturnachweis und guten Rat unterstützt; bei der zweiten und dritten Auflage hat Rodig, Kgl. Oberförster, bisher in Kath.-Hammer, jetzt in Jellowa, mir eine wertvolle Mitarbeit zuteil werden lassen.

Zu Seite 1. Krauses Landverschönerkunst ist durch Dr. Hohlfeld und Dr. Wunsche herausgegeben, Leipzig bei Otto Schulze, jetzt im Verlage von Emil Felber, Berlin. Benutzt sind ferner: Krause, Vorlesungen über Ästhetik und System der Ästhetik, Leipzig 1882.

Zu Seite 3. Vischer, Ästhetik Teil II, Die Lehre vom Naturschönen, Leipzig 1847.

Zu Seite 4. Krause, Vorlesungen, S. 187.

Zu Seite 4. G. Heyer, Supplem. zur A. F. und J. Z. X, S. 26.

Zu Seite 5. Guse, Wälder oder Gelder. Forstl. Blätter 1887, S. 200 und Guse, Die Anwendung der Reinertragstheorie auf die Staatswaldungen. Mündener forstl. Hefte 1899.

Zu Seite 5. v. Salisch, Z. f. F. u. J. 1892, „Die Beziehungen zwischen dem Schönen und dem Nützlichen im Forstwesen".

Zu Seite 5. Pfeil, Kritische Blätter, 37 II, S. 197.

Zu Seite 7. Graf v. Moltke, Briefe, Berlin 1891, S. 23.

Zu Seite 9. Schulze, Jahrbuch des schles. F. V. 1879, S. 89.

Zu Seite 9. Gilpin hat noch andere in der Deutschen Vorrede erwähnte Bücher geschrieben, in die ich aber nicht Einblick genommen habe.

Zu Seite 10. Hermann Fürst v. Pückler-Muskau. Verfaßte „Andeutungen über Landschaftsgärtnerei", ein mit großen Bildertafeln versehenes Prachtwerk. Sein Lebenslauf ist von E. Petzold erschienen 1874, Erlangen bei Ferd. Enke. Auch in Pücklers Briefen und sonstigen Schriften sind viele forstästhetisch wichtige Lehren enthalten.

Dr. M. J. Schleiden, Für Baum und Wald, Leipzig 1870, bei Wilh. Engelmann, und „Studien", Leipzig 1857.

Zu Seite 10. Masius, Naturstudien, und: J. Fischbach und H. Masius, Deutscher Wald und Hain in Wort und Bild, München, Friedrich Bruckmann (ein Prachtwerk, ohne Jahreszahl!).

Zu Seite 10. Roßmäßler, Der Wald. Ich zitiere nach der ersten Auflage. Die dritte Auflage hat Willkomm herausgegeben. — Verfaßte auch „Die vier Jahreszeiten", 5. Auflage, 1877 Heilbronn, Gebr. Henninger, und „Das Wasser", Leipzig 1860, Friedr. Brandstetter.

Zu Seite 11. Gayer in F. Zbl. 1897, S. 314 u. 319.

Wilbrand, Forstästh. in Wissenschaft und Wirtschaft, A. F. u. J. Z. 1893.

Ritter von Guttenberg, Die Pflege des Schönen in der Land- und Forstwirtschaft, Österr. Forst-Ztg. 1889.

Oberförster Leuer, Waldästhetik und Fremdenverkehr, Darmstädter tägl. Anzeiger 1893, 18. Juni.

Dr. v. Fischbach, Einige Vorschläge zur Waldverschönerung, Centrbl. für d. ges. Forstwesen, Wien 1893.

Kraft, Zur Ästhetik d. Park- u. Waldwirtschaft, Zeitschr. für. F. u. J. 1895. Sächsischer Forstverein, 41. Versammlung. Bericht S. 56 bis 71.

Forstrat L. Hampel, Die Vereinigung des Wirtschaftlichen mit dem Schönen im Walde, Österr. Forst- u. Jagd-Ztg. 1898, 20. Mai.

Forstmeister Heinrich Fürst, Wie vermögen wir die Naturschönheiten unsrer Kurorte und Sommerfrischen zu fördern? Österr. Forst- u. Jagd-Ztg. 1898, 5. August.

Dr. Franz Baur, Über die ästhetische Bedeutung des Waldes. Forstwissenschaftliches Centralblatt 1887.

Kožešnik, Die Ästhetik im Walde. Wien 1904, Frick.

Dr. Dimitz, Über Naturschutz und Pflege des Waldschönen. (Grüne Zeit- und Streitfragen.) Wien 1903, Moritz Perles.

Dr. Stoetzer, Zur Pflege der Waldesschönheit (in Loreys Handbuch der Forstwissenschaft, Tübingen 1903, H. Laupp).

Schinzinger, Der Schönheitsgedanke in der modernen Waldwirtschaft. — Besondere Beilage des Staatsanzeigers für Württemberg, Stuttgart 1910.

Schier, Aus Wald und Heide. Dresden 1902, C. Heinrich.

Felber, Natur und Kunst im Walde. Huber & Co., Frauenfeld, 2. Auflage 1910.

Göthe, R., Naturstudien. Reiseskizzen eines alten Landschaftsgärtners. Stuttgart 1910, Eugen Ulmer.

Buesgen, Der deutsche Wald. Leipzig, Quelle & Meyer.

Hausrath, Der deutsche Wald Leipzig 1907, B. G. Teubner.

Dr. Dimitz, Entwickelung und praktische Ziele der Forstästhetik. Österreichische Vierteljahrsschrift für Forstwesen, 1909, 2. Heft.

Heinemann, Die Bewirtschaftung der Waldungen in Rücksicht auf landschaftliche Schönheit. (Vortrag bei der XIII. Versammlung des Forstvereins für das Großherzogtum Hessen.)

Forstvereine haben sich vielfach mit der Pflege des Schönen im Walde befaßt. Ich nenne besonders den Deutschen Forstverein (Darmstadt 1905 und Danzig 1906), ferner den Verein Mecklenburgischer Forstwirte (Güstrow 1907).

Die vor dem Jahre 1885 erschienenen forstästhetischen Abhandlungen sind in der ersten Auflage meiner Forstästhetik benutzt und S. 226ff. aufgeführt.

Zu Seite 12. Naturdenkmäler: Als Literatur nenne ich, die Merkbücher für Seite 80 vertagend: H. Conventz, Bericht über die staatliche Naturdenkmalpflege, Berlin, Gebr. Borntraeger 1907 und folgende Jahre.

Dr. Konrad Guenther, Der Naturschutz, Freiburg i. Br. 1910, bei Fr. E. Fehsenfeld.

Heimatschutz in Sachsen, Vorträge von Rich. Beck, Dr. Mammen und anderen, Leipzig 1909, B. G. Teubner.

Zu Seite 15. Dr. Mammen hat sich das Verdienst erworben, die Literatur, welche er zu seinem in Tharandt gelesenen Kolleg „Volkswirtschaftliche Aufgaben des Forstwirtes" benützte, übersichtlich zusammenzustellen. Sie ist als Manuskript bei B. G. Teubner in Dresden 1909 gedruckt.

Über den derzeitigen Stand der Heimatschutzbewegung in Deutschland und außerdeutschen Staaten gibt Auskunft Heft 2, 6. Jahrgang (1910) des Heimatschutz, herausgegeben vom geschäftsführenden Vorstand des Bundes Heimatschutz.

Zu Seite 16. Krause, System, § 7.

Zu Seite 16. Darwin, Band II, S. 375.

Zu Seite 17. Roßmäßler, S. 23 der ersten Auflage.

Zu Seite 18. Th. Hartig, A. F. u. J. Z. 1879, S. 268.

Zu Seite 19. Örsted, Der Geist in der Natur, Leipzig 1854.

Jungmann, Ästhetik, Freiburg i. Br. 1884, Band II, S. 58.

Zu Seite 20. Schinkel, man vergleiche Utis, Der falsche Baurat, S. 85, Frankfurt a. M. 1877.

Zu Seite 22. Sokrates, das Zitat findet sich bei Jungmann, S. 40.

Othello, I. Aufzug, 3. Szene.

Zu Seite 22. Wingolf, 3. Lied.

Zu Seite **23.** Brücken, zu vergleichen
Goethe, Der Triumph der Empfindsamkeit, vierter Akt.
Zu Seite **23.** Fechner, Vorschule der Ästhetik, Leipzig 1876.
Zu Seite **27.** Die Lehre vom goldenen Schnitt ist sehr eingehend entwickelt in Zeisig, Ästhetische Forschungen, Frankfurt a. M. 1885.
Zu Seite **29.** Selenka, Der Schmuck des Menschen, Berlin 1900.
Zu Seite **31.** Fechner (a. a. O.) hat die Lehre von dem „ästhetischen Assoziationsprinzip" besonders ausgebaut.
Zu Seite **35.** von Riesenthal, Trier, Lintzsche Buchhandlung.
Zu Seite **35.** Außer den zu bestimmten Stellen angeführten Werken ist besonders zu beachten Vischer, Ästhetik, Teil II, Leipzig 1847, Berthold, Das Naturschöne, Freiburg i. Br. 1875, Hallier, Ästhetik der Natur, Stuttgart 1890.
Zu Seite **36.** Hermann, Die Ästhetik in ihrer Geschichte und als wissenschaftliches System, Leipzig 1876.
Zu Seite **38.** Jungmann a. a. O. S. 169.
Zu Seite **39.** Zum eingehenden Studium der Farbenlehre empfehle ich Berger, Katechismus der Farbenlehre, Leipzig 1898. In diesem Buche ist weitere Literatur angegeben. Als „Farbenlehre der Landschaft" ist das Werk von Petzold, Jena 1853, beachtenswert. Über das „Sehen" belehrte ich mich vorzugsweise aus Helmholtz (Populäre wissenschaftliche Vorträge), Braunschweig 1876. Neuerdings lernte ich kennen: N. Rood, Die moderne Farbenlehre, Leipzig 1880, F. A. Brockhaus.
Zu Seite **49.** Hermann a. a. O. S. 201.
Zu Seite **57.** Für das fünfte und sechste Kapitel habe ich außer bereits genannten Werken vorzugsweise benutzt:
Wahnschaffe, Die Ursachen der Oberflächengestaltung des norddeutschen Flachlandes, Stuttgart 1901.
Wang, Über die Gesetze d. Bewegung d. Wassers u. d. Geschiebes, Wien 1899.
Ratzel, Glücksinseln und Träume, Leipzig 1905, Fr. Wilh. Grunow.
Ratzel, Über Naturschilderung, München u. Berlin 1904, R. Oldenbourg.
Graf v. Westarp, Ein Winter in den Alpen, Berlin 1885, Friedrich Luckhardt.
Seyfert, Die Landschaftsschilderung, Leipzig 1903.
Cotta, Deutschlands Boden, Leipzig 1854, F. A. Brockhaus.
Wahnschaffe, Die Oberflächengestaltung des norddeutschen Flachlandes, dritte Auflage, Stuttgart 1909.
Grotrian, Der Einfluß der Erdrotation auf den Lauf und die Uferbildung der Flüsse. Allgemeine Fischereizeitung 1904.
Reinke, Die ostfriesischen Inseln, Kiel 1909, bei Lipsius & Tischer.
Roßmäßler, Das Wasser, Leipzig, Brandstetter, 1860.
Augst, Laubholzbau in Sachsen, Bericht über die 47. Versammlung des Sächsischen Forstvereins, gehalten zu Zittau 1903.
Hoffmann, Der Sinn für Naturschönheiten in alter und neuer Zeit. Heft 69 der Sammlung gemeinverständlich-wissenschaftlicher Vorträge, Hamburg, Verlagsanstalt A.-G. (vorm. J. F. Richter), 1889.
Riehl, Kulturstudien, Stuttgart und Berlin, 1903.
J. Walther, Vorschule der Geologie, Jena 1906, Gustav Fischer.
Zu Seite **70.** Moltke, Briefe aus Rußland.
Zu Seite **76.** Siebentes Kapitel. Bratranek, Beiträge zu einer Ästhetik der Pflanzenwelt, Leipzig 1853, F. A. Brockhaus.
Zu Seite **78** und **79.** Carus Sterne, Sommerblumen, Herbst- und Winterblumen. Leipzig 1884 und 1885, G. Freytag.
Ratzel, Glücksinseln und Träume, S. 495.
Zu Seite **80.** Achtes Kapitel. Merkbücher: 1. Westpreußen, Verfasser Dr. Conwentz, 2. Pommern, Verfasser Dr. Winkelmann, 3. Hessen-Nassau, Verfasser Dr. Rörig, 4. Hannover, Verfasser Med.-Rat Brandes, 5. Schleswig-Holstein, Verfasser Dr. Heering. Zu 1, 2, 3, 5 Verlag von Borntraeger, Berlin. Zu 4 Verlag von Karl Brandes, Hannover.
Dr. Schube, Waldbuch von Schlesien, Breslau, Wilh. G. Korn, 1906.

Dr. Schube, Aus der Baumwelt der Grafschaft Glatz, Sonderabdruck aus „Blätter f. Geschichte u. Heimatskunde der Grafschaft Glatz“. Glatz, Arnestus-Druckerei.

Conwentz, Beobachtungen über seltene Waldbäume in Westpreußen. Danzig, Th. Bertling, 1895.

Conwentz, Beiträge zur Naturdenkmalspflege, Heft I u. II, Berlin, Gebr. Borntraeger, 1907.

Dr. Jentzsch, Beiträge zur Naturkunde Preußens, Königsberg 1900, Emil Rautenberg.

Dr. Pfuhl, Deutsche Gesellschaft für Kunst und Wissenschaft in Posen, Naturwissenschaftliche Abteilung, Botanik, X. Jahrgang, 2. bis 6. Heft.

Sitzungsberichte der Niederrheinischen Gesellschaft für Natur- und Heilkunde zu Bonn, 1905, Bonn 1906, Friedrich Cohen.

Schlieckmann, Westfalens bemerkenswerte Bäume, Bielefeld und Leipzig, Velhagen & Klasing 1904.

Dr. Klein, Bemerkenswerte Bäume im Großherzogtum Baden, Heidelberg 1908, K. Winters Universitätsbuchhandlung.

Bemerkenswerte Bäume im Großherzogtum Hessen in Wort und Bild, 1904 Darmstadt, Zedler & Vogel.

Ehwald, Aus den koburg-gothaischen Landen, Heimatblätter, Gotha 1909, Fr. Andreas Perthes.

Stützer, Die größten, ältesten oder sonst merkwürdigen Bäume Bayerns in Wort und Bild, München, Piloty & Boehle 1900.

Eigner, Naturpflege in Bayern, München, J. Lindauersche Buchhandlung. Schöpping 1908.

Dr. Klein, Charakterbilder mitteleuropäischer Waldbäume I, Jena 1905, Gustav Fischer.

Dr. Kanngießer, Über Lebensdauer und Dickenwachstum der Waldbäume. Allgemeine Forst- und Jagdzeitung, Frankfurt a. M., 1906.

Dr. Jugowiz, Wald und Weide in den Alpen, Wien 1908, Wilhelm Frick.

W. Lauche, Deutsche Dendrologie, Berlin 1883, Paul Parey.

L. Beißner, Handbuch der Nadelholzkunde. Berlin 1891, P. Parey.

Beißner, Schelle u. Zabel, Handbuch der Laubholzbenennung, Berlin 1903, P. Parey.

Zu Seite **88**. Grottewitz, Unser Wald. Ein Volksbuch, Berlin 1907, Hans Weber.

Zu Seite **109**. Lohr, Die Linde ein deutscher Baum, Spandau 1889, Gustav Schob.

Zu Seite **110**. Graupappel: Der Vereinsoberförster im Vereinsblatt des Heidekulturvereins in Schleswig-Holstein, XXXI. Jahrgang, S. 18.

Zu Seite **121**. Fremdländische Holzarten. Ausgezeichnete ästhetische Monographien der nordamerikanischen Gehölze findet man in G. Frederick Schwarz Forest trees and forest scenery. New York 1901. The grafton press. — Ferner empfehle ich:

Heinrich Mayr, Fremdländische Wald- und Parkbäume für Europa, Berlin 1906, Paul Parey.

Zu Seite **125**. Neuntes Kapitel: Lichtwark, Blumenkultus. Wilde Blumen. Berlin 1907, Bruno Cassirer.

Lichtwark, Makartbukett u. Blumenstrauß, Berlin, Cassirer.

Zu Seite **130**. Ebermeyer, Die gesamte Lehre von der Waldstreu, Kap. 2.

Homer (siehe Ebermeyer a. a. O.).

Zu Seite **131**. Pflanzengemeinschaften: Graebner, Die Pflanzenwelt Deutschlands, Leipzig 1909, Quelle & Meyer.

Warming, Lehrbuch der ökologischen Pflanzengeographie, übersetzt von Knoblauch u. Graebner. 2. Auflage. Berlin 1902, Gebr. Borntraeger.

Zu Seite **137**. Elftes Kapitel. Die schon bei Seite 80 aufgeführte Literatur.

Dr. C. Schröter, Über die Vielgestaltigkeit der Fichte, Zürich 1898, Fäsi & Beer.

Zu Seite **144**. Der große Wacholder ist abgebildet in der schweizerischen Zeitung für Forstwesen.

Zu Seite **149**. Haselfichte: Dr. Wurm, Waldgeheimnisse, Stuttgart 1895.

Zu Seite **167**. Zwölftes Kapitel. Außer den bereits genannten Schriften von Oersted, Vischer und Masius habe ich benutzt:

Altum, Bernard, 6. Auflage. Münster i. W. 1898. H. Schöningh.

Baethgen, Friedrich, „Hiob". Göttingen, bei Vandenhoeck u. Ruprecht, 1898.

Briefwechsel zwischen Schiller und Körner.

Flöricke, Kurt, „Deutsches Vogelbuch", Stuttgart 1907, Franckh'sche Verlagsbuchhandlung.

Möbius, Karl, „Ästhetik der Tierwelt". Jena 1908, Gustav Fischer.

Parseval, A. von, „Die Mechanik des Vogelflugs", Wiesbaden 1889, J. F. Bergmann.

Hoffmann, Bernhard, „Kunst und Vogelgesang", Leipzig 1908, Quelle & Meyer.

Wackernagel, Voces variae animantium (Universitätsprogramm Basel), 1867.

Brehm u. Roßmäßler, Die Tiere des Waldes, Leipzig u. Heidelberg 1867, G. F. Winter.

Rausch, Die gefiederten Sängerfürsten, Magdeburg 1900.

Zu Seite **194**. Sozialpolitiker: E. M. Arndt, Der Wächter, Band II, S. 1815: „Ein Wort über die Erhaltung der Forsten und der Bauern." (Sonstige Sozialpolitiker, die forstliche Gesichtspunkte beachteten, sind aufgeführt in der I. Auflage d. Forstästh. Anm. 28.)

Zu Seite **194**. Riehl, Land u. Leute (Stuttgart). In poetischer Form hat Holtei demselben Gedanken vortrefflichen Ausdruck gegeben in „Stimmen des Waldes", Prolog, Breslau 1854.

Zu Seite **195**. Schleiden, Für Baum u. Wald, S. 3.

Zu Seite **196**. „Behörden", v. d. Borne, Denkschrift, betreffend die Waldverhältnisse der Provinzen Ost- u. Westpreußen, den Rückgang des Waldes in diesen Landesteilen und die vom Staate angewendeten sowie weiter anzuwendenden Mittel, um den Übelstand der vorschreitenden Entwaldung abzustellen. Danckelmannsche Zeitschrift 1900.

Zu Seite **196**. Keßler, Über die Aufforstung von Ödländereien, Zeitschr. f. F. u. J. Band 15, S. 427.

Zu Seite **197**. Sprengel, Eine forstliche Studien-Reise usw., Berlin 1879.

Zu Seite **200**. Dr. Zwierlein, Vom großen Einfluß der Waldungen auf Kultur und Beglückung der Staaten. (Würzburg 1806, S. 67.)

Zu Seite **200**. Cotta, Die Baumfeldwirtschaft, Dresden 1819, I. Heft.

Zu Seite **201**. Schutzgehege: Mitteilungen aus dem Forstbetrieb im Regbez. Wiesbaden. Zusammengestellt für die im Jahre 1900 in Wiesbaden stattfindende erste Hauptversammlung des Deutschen Forstvereins von v. Bornstedt, weiland Oberforstmeister in Wiesbaden.

Zu Seite **203**. Lichtwark, Park- und Gartenstudien — der Heidegarten. S. 32. Berlin 1909, Bruno Cassirer.

Zu Seite **206**. Fünfzehntes Kapitel. Natürliche Einteilung: Weise, Die Taxation der Privat- und Gemeinde-Forsten, Berlin 1883, § 27.

Zu Seite **207**. „Hamburger Stadtpark", Lichtwark, Park- u. Gartenstudien (Das Problem des Hamburger Stadtparks), Berlin 1909, Bruno Cassirer.

Zu Seite **212**. Neumeister, Forsteinrichtung der Zukunft, Dresden 1890.

Zu Seite **214**. Denzin in A. F. u. J. Z. 1880, S. 126.

Zu Seite **218**. v. Guttenberg, Die Pflege des Schönen in der Land- und Forstwirtschaft, Österr. F.-Ztg. 1889.

Zu Seite **225**. „Schulzes Fleiß", Forstliche Blätter 1888.

Zu Seite **226**. „Urwald". Naturschutzparke in Deutschland u. Österreich. Stuttgart, Franckhsche Verlagsbuchhandlung 1910.

Zu Seite 226. Herrenhausverhandlungen, siehe „Forstästhetische Tagesfragen". Z. f. F. u. J. 1898, S. 333.
Zu Seite 227. Luckenurwald. Gartenlaube 1901, Nr. 48.
Zu Seite 227. Die Angaben über den Neuenburger Urwald verdanke ich handschriftlicher Mitteilung des Großherzogl. Forstmeisters Cropp in Oldenburg.
Im Verlage von J. W. Aquistapace zu Varel a. d. Jade erschien eine Bildermappe mit guten Photographien nach Bildern von J. Preller in Varel und kurzem Text.
Zu Seite 230. Plenterwald: Gegenüber Hochwald gepriesen von Wurm, Waldgeheimnisse, II. Auflage.
Nordwestdeutscher Forstverein Juni 1884, Versammlung in Hameln.
Zu Seite 236. Schleiden, Für Baum und Wald.
Zu Seite 239. Danckelmann, Z. f. F. u. J. 1881.
Zu Seite 241. Oberförster Schrember, Baurs Centralblatt 1877.
Zu Seite 243. Burckhardt, Die Waldflora und ihre Wandlungen. (Aus dem Walde V), S. 104.
Zu Seite 244. Schultze-Naumburg. Kulturarbeiten, Band II, Gärten, München, Kunstwart-Verlag.
Zu Seite 247. Freiherr v. Berlepsch, Der gesamte Vogelschutz, Halle (Saale), Hermann Gusenius.
Zu Seite 249. Wilbrand, A. F. u. J. Z. 1893, S. 77.
Zu Seite 256. „Spielraum", Martin, Die Folgen der Boden-Reinertragstheorie, Leipzig bei Teubner 1894ff.
Zu Seite 257. Preßler, Hochwaldideal, 3. Aufl., S. 160.
Zu Seite 257. Neumeister, Die Forsteinrichtung der Zukunft, Dresden 1890, S. 1 u. 2.
Zu Seite 257. Wilbrand, A. F. u. J. Z. 1893, S. 119 u. 120.
Zu Seite 258. Wilbrand a. a. O. 121.
Zu Seite 260. Pfeil, Kritische Blätter VII, 2, S. 73.
Zu Seite 260. Buche: Preßler, Rat. F. W. Flugblatt I, S. 30, u. Hochw.-Ideal, 3. Aufl., S. 160.
Zu Seite 260. Fabrik: Preßler, R. F. W. Flbl. I, S. 54.
Zu Seite 261. Oberförster Pöpel im Wiener Centralbl. f. d. ges. Forstw. 1890, S. 493.
Zu Seite 262. R. Hartig Forstl. Naturw. Zeitsch. 1892.
Zu Seite 262. Hufnagel, Die Grundzüge der wahren Bestandeswirtschaft, Vereinsschr. d. böhmischen F. V. 1898/99, Heft 5.
Zu Seite 262. „Priester" — Worte des Oberlandforstmeisters v. Hagen beim Jubiläum der Forstakademie zu Eberswalde (Z. f. F. u. J. 1880, S. 416).
Zu Seite 267. G. L. Hartig. Cotta hat die Stelle für seine Baumfeldwirtschaft ausgenutzt; dort habe ich (Heft I, S. 34) das Zitat gefunden.
Zu Seite 267. Forstrat L. Hampel a. a. O. (z. S. 15).
Zu Seite 268. Boden, Kgl. Forstmeister, Die Lärche, Hameln und Leipzig 1899.
Zu Seite 272. Posteler Durchforstung: A. F. u. J. Z. 1893, S. 225. Bericht über die Verhandlungen des nordwestdeutschen Forstvereins zu Han- Münden 1894, S. 50 u. 51. Z. f. F. u. J. 1898, S. 672. Verhandl. d. böhm. Forstvereins 1900 (Vereinschrift 1900/01, Heft 2 u. 3, S. 97).
Zu Seite 274. Ney, Jahresbericht 1890, S. 163.
Zu Seite 274. Plenterdurchforstung. Die modifizierte Plenterdurchforstung, wie sie hier gehandhabt wird, schildert sehr gut von Bentheim in seinen „Anregungen zur Fortbildung von Forstwirtschaft und Forstwissenschaft im 20. Jahrhundert", S. 57 (Trier 1901). Dies Verfahren steht aber meines Erachtens nicht in einem Gegensatz zum Posteler Durchforstungsverfahren, sondern schließt sich diesem, vom ca. 60. Jahre der Bestände ab beginnend, an. Der Übergang wird durch Astung vermittelt. v. Salisch: Erste Durchforstung eines Kiefernbestandes, Z. f. F. u. J. 1898, S. 672.
Zu Seite 277. Astungen: Prof. G. Hempel, Die Astung des Laubholzes, insbesondere der Eiche, Wien 1895, und Th. Heyer, Die Vornahme von Aufästungen in der Oberförsterei Schiffenberg, A. F. u. J. Z. 1901, S. 83.

v. Salisch, Über Aufästungsbetrieb. Im Jahrbuch des Schles. Forstvereins für 1904. S. 45.

Zu Seite **278**. Parisius, Leitfaden für den Betrieb des praktischen Obstbaues, Hildesheim 1889. Gegen den Kesselschnitt auch beim Obstbaum vgl. pomolog. Monatshefte 1901, S. 229.

Zu Seite **282**. Oberförster Teßmann, Burckhardt, Aus dem Walde, Heft 9.

Zu Seite **286**. Gabelung der Wasserläufe: von Dücker, Zur Frage der Wasserpflege, Z. f. F. u. J. XIII.

Zu Seite **318**. Lange, Die Gartengestaltung der Neuzeit, Leipzig 1907, J. J. Weber.

Für ganz kleine Gärten: Gartenkunstbestrebungen auf sozialem Gebiet. III. Arbeitergarten von Hanisch, Würzburg 1906, H. Stürz.

v. Salisch, Geradlinige Wege im Garten und im Park in „Die Gartenkunst", Nr. 9, Band VIII.

Zu Seite **325**. Der Kampf um unsere Wälder. Verhandlungen u. Material des Zweiten Berliner Waldschutztages am 16. Januar 1909, Berlin, Julius Springer.

v. Salisch, Brodersen u. Schneider, Der Waldpark, seine Gestaltung und Erhaltung. Paul Parey, Berlin 1909.

Zu Seite **326**. Weise, Leitfaden für den Waldbau, Berlin 1894, S. 104 u. 105.

Zu Seite **327**. Kraft, Z. Ästh. d. Park- u. Waldwirtschaft, Zeitschrift f. F. u. J. W. 1895, S. 395.

Zu Seite **327**. Herrenhaus, Z. f. F. u. J. Juni 1898.

Zu Seite **328**. „Besprechung der 1. Auflage". Wiener Zentr.-Bl. f. d. ges. F. 1885.

Zu Seite **331**. Wilbrand, A. F. u. J. Z. 1893, S. 73.

Zu Seite **331**. „Voluptuar-Wald", Österr. F. u. J. Ztg. 1898 (20. Mai), Nr. 20.

Zu Seite **332**. Eisenach, Dr. Stötzer, Die Eisenacher Forsten, Eisenach 1900.

Zu Seite **334**. Leuer, a. a. O. (zu vgl. bei S. 11).

Zu Seite **337**. „Freie Anlagen": v. Salisch, Die Bewirtschaftung kleiner und kleinster Waldungen. Heft 6 der Veröffentlichungen der Landw. Kammer für die Provinz Schlesien. — G. Meyer, Lehrbuch der schönen Gartenkunst. 3. Auflage, Berlin 1895, Wilhelm Ernst & Sohn.

Zu Seite **359**. Neumeister, Zur Schonung der Waldbäume, Dresdener Anzeiger 1892.

Zu Seite **359**. „Farbenskala", Hampel a. a. O.

Zu Seite **361**. Über Alleen enthalten die meisten gärtnerischen Werke Angaben. Als Sonderschriften nenne ich: E. Petzold, Die Anpflanzung und Behandlung von Alleebäumen, Berlin 1878. Fintelmann: Über Baumpflanzungen in den Städten, Breslau 1877. Für Kommunalforstbeamte, welche städtische Baumpflanzungen unter sich haben, ist Fintelmanns Schriftchen ganz unentbehrlich, auch andere werden es mit Interesse lesen.

Zu Seite **377**. R. Hartig, Zersetzungserscheinungen des Holzes, Berlin 1878, S. 149.

Zu Seite **378**. Fickert, Kgl. Oberförster in Werder auf Rügen, zuletzt Forstmeister in Altruppin.

Zu Seite **382**. Klipstein-Eiche: Nach schriftl. Mitteilung des Großh. Min.-Direktors Wilbrand, und A. F. u. J. Z. 1893, S. 79.

Zu Seite **390**. R. Hartig, Forstl.-naturwissenschaftl. Zeitschr. 1892, Heft 11 u. 12.

Zu Seite **396**. Burckhardt, Aus dem Walde X, 24.

Zu Seite **400**. Mächtig, weiland städtischer Gartendirektor in Berlin, ist auch der Schöpfer des Viktoriaparkes mit der Felspartie auf dem Kreuzberg. (Gartenflora, Berlin 1894, S. 263.)

Zu Seite **404**. Wocke, Die Alpenpflanzen in der Gartenkultur usw., Berlin 1898.

Zu Seite **412**. Pfeil: Hey, ein Erzieher des deutschen Waldes, Halberstadt 1891, S. 8 u. 37.

Zu Seite **413**. v. Salisch, Das Überhalten von Vorwüchsen, A. F. u. J. Z. 1908.

Zu Seite **415**. Wilbrand, A. F. u. J. Z. 1893, S. 118.

Register.

GPSR Compliance

The European Union's (EU) General Product Safety Regulation (GPSR) is a set of rules that requires consumer products to be safe and our obligations to ensure this.

If you have any concerns about our products, you can contact us on ProductSafety@springernature.com

In case Publisher is established outside the EU, the EU authorized representative is:

Springer Nature Customer Service Center GmbH
Europaplatz 3
69115 Heidelberg, Germany

Batch number: 10844669

Printed by Printforce, the Netherlands